# 电动旋翼航空器电气系统适航审定要求解析

张磊　徐海　李存　陈彦合　著



化学工业出版社
·北京·

## 内容简介

本书系统全面地解析了电动旋翼航空器电气系统的适航审定要求。内容涵盖电动旋翼航空器电气系统的核心适航技术及其符合性验证方法的现状和发展趋势，飞行控制系统、座舱显示系统、大气数据系统、航姿基准系统、通信导航系统、照明系统、告警系统、电气和电源系统及电气设备的功能、组成、型号取证过程中需要验证的条款，并从适航审定的角度解析每一条款对飞机设计提出的符合性要求，解读条款的发展过程，重点提出系统针对该条款的符合性验证思路，最后给出适航审定过程中可接受的符合性验证方法和审查要点。

本书内容新颖实用、案例丰富、数据可靠，对相关专业设计人员、工程技术人员、院校师生等都具有一定的指导意义，民用航空器设计制造人员更可参考本书进行相关系统的适航活动。

**图书在版编目（CIP）数据**

电动旋翼航空器电气系统适航审定要求解析 / 张磊等著. -- 北京 : 化学工业出版社, 2025. 11. -- ISBN 978-7-122-49253-1

Ⅰ. V328.5

中国国家版本馆 CIP 数据核字第 2025XH3546 号

责任编辑：黄　滢　　　　装帧设计：王晓宇
责任校对：宋　玮

出版发行：化学工业出版社
（北京市东城区青年湖南街 13 号　邮政编码 100011）
印　　装：北京建宏印刷有限公司
787mm×1092mm　1/16　印张 $20\frac{1}{2}$　字数 518 千字
2025 年 11 月北京第 1 版第 1 次印刷

购书咨询：010-64518888　　　　售后服务：010-64518899
网　　址：http://www.cip.com.cn
凡购买本书，如有缺损质量问题，本社销售中心负责调换。

定　　价：148.00 元

# 前言

旋翼航空器的电气化革命正以前所未有的速度和深度重塑着飞行器的设计与运行范式。电动旋翼航空器作为这场变革的先锋，凭借其垂直起降能力、低噪声、零排放等优势，已成为城市空中交通领域最具前景的解决方案。然而，其核心——电气系统的复杂性与创新性，也将适航审定工作推向了一个全新的技术高地。

与传统航空器相比，电动旋翼航空器的电气系统已从辅助支持角色跃升为全机的“心脏”与“神经”。高能量密度电池、高功率电推进系统、分布式电传飞控系统、复杂电力分配网络以及高度集成的航电系统，共同构成了一个安全关键等级极高、多物理场耦合极强的综合体系。这套系统的可靠性、冗余性和安全性，直接决定了航空器的适航能力，也使得其审定工作成为整个项目中最具挑战性的环节之一。

本书旨在直面这一挑战，聚焦于国内外主流适航规章体系（如 FAR/CS/CCAR-27/29、EASA SC-VTOL、FAA 适航性标准补充文件等）中与电气系统密切相关的条款，对其进行逐层剖析和工程化解读。不仅阐述条款的字面要求，更深入探讨其背后的安全目标与工程逻辑，并在此基础上系统构建出一套行之有效的符合性验证方法论。

全书内容围绕“方法”展开，并对电气系统的可接受的符合性方法（如基于 DO-160、DO-178、DO-254、DO-311 等行业标准）进行详细阐释。结合条款分析，为如何选择符合性验证方法（MOC）、如何组织符合性证据链以及需要关注的审查要点，提供具有操作性的指导。

本书是《电动旋翼航空器机械系统适航审定要求解析》的姊妹篇，并与其共同构成了在电动航空适航认证领域的系统性思考与实践总结。作者致力于填补从创新概念到适航合规之间的知识鸿沟，既为航空器制造商、系统供应商的工程师和适航工程师提供案头参考，也为适航审定当局的审查员、科研院所研究人员、高校师生以及所有关注电动航空安全与发展的专业人士提供交流与学习的平台。

电动航空适航审定是一个动态发展的领域，规章与技术均在快速迭代中。书中内容虽力求精准与前瞻，然囿于作者水平与时间，不足之处在所难免，恳请广大读者不吝指正。期待本书能够为推动中国电动航空产业安全、高效地跨越适航门槛贡献一份力量，助力中国的智慧航空生态稳健启航，翱翔未来。

在此，感谢中国民用航空沈阳航空器适航审定中心全敬泽、刘建南两位同事，以及哈尔滨飞机工业集团有限责任公司杨春宝、马静宇和宋成艳三位专家给予的专业性指导与帮助。同时，也向为本书编写出版提供支持与帮助的业界同仁、审定机构专家以及合作伙伴，致以最诚挚的谢意！

著者

# 目录

## 第 4 章
## 大气数据系统 / 51



## 第 5 章
## 航姿基准系统 / 71

## 第 7 章 照明系统 / 110

# 第 1 章

# 概述

## 1.1 适航规章框架的演进与现状

电动旋翼航空器作为低空经济的核心载体，其适航认证体系正处于从传统航空规章向新型标准过渡的关键阶段。全球主要航空管理机构针对这个新兴领域采取了差异化的适航审定路径，共同推动着适航技术体系的完善。

国际适航框架的多元化发展：美国联邦航空管理局（FAA）采用渐进式适航审定方法，在现有联邦航空条例（FAR23 部）基础上，针对电动垂直起降（eVTOL）特性发布专用条件（Special Conditions）。欧洲航空安全局（EASA）则发布了全球首部针对垂直起降航空器的专门规章 SC-VTOL，提出了分级认证理念，根据航空器复杂度和风险等级划分了 5 个类别，为各类电动旋翼航空器提供了清晰的认证路径。中华人民共和国民用航空局（CAAC，以下简称中国民航局）在《通用航空装备创新应用实施方案（2024～2030 年）》中明确提出构建“有人无人结合、高低搭配互补”的适航管理体系，并加快完善电推进系统专用条件，如针对电池失效管理、转子超速（××.3327 条款）、耐久性（××.3519 条款）等关键技术要求（表 1-1）。

中国适航体系的加速建设：2024 年 3 月，中华人民共和国工业和信息化部等四部门联合发布的《通用航空装备创新应用实施方案（2024～2030 年）》制定了明确的目标，到 2027 年，形成完善的通用航空法规标准体系和安全验证体系；到 2030 年，实现“短途运输＋电动垂直起降”客运网络的全面运营。中国民航局已发布《电推进系统专用条件编制指南》咨询通告，并建立了随机审定与独立审定双轨制，既允许电推进系统随航空器整机认证，也支持关键子系统独立申请技术标准批准（TSOA）。此外，中国民航大学牵头制定了 4 项电推进系统团体标准，为民航标准的建设奠定了基础。

适航条款的技术深化：针对电动旋翼航空器的特殊性，适航条款在机械系统领域呈现出精细化、专业化的发展趋势。以 EASA SC-VTOL 规章为例，其要求转子系统必须具备足够的“爆裂裕度”，在超过认证工作条件和导致转子超速的失效条件下仍能保持结构完整性，通常要求通过试验和有效的分析方法证明爆裂裕度不低于 1.5 倍最大工作转速。中国民航局规章中的××.3519 条款则强调螺旋桨系统的耐久性要求，涵盖材料选择、应力水平、疲劳性能等关键因素，要求制造商通过静力试验、疲劳试验、耐久性试验等多种验证手段确定翻修间隔期。

表 1-1　主要航空管理机构电动旋翼航空器适航框架比较

| 管理机构 | 核心规章 | 认证路径特点 | 关键技术要求 |
|---|---|---|---|
| FAA(美国) | FARPart 23＋专用条件 | 基于风险的分级审定 | 电池安全、坠落碰撞保护、飞控可靠性 |
| EASA(欧洲) | SC-VTOL | 5 级分类认证 | 爆裂裕度(≥1.5 倍)、结构完整性、飞控冗余 |
| CAAC(中国) | CCAR-23-R4＋<br>特别条件 | 随机审定与<br>独立审定并行 | 转子超速(××.3327)、耐久性<br>(××.3519)、数据链安全 |

## 1.2　机载航电设备核心适航技术突破

电动旋翼航空器机载航电设备的适航验证技术近年来取得了不少重要突破。它涉及综合模块化航电架构（IMA）的应用、严格遵循 DO-178C/DO-254 等软件硬件标准、冗余容错设计、地面与飞行试验的结合，以及审定基础的探索与建立等多个方面。

### 1.2.1　高安全等级飞控与航电系统

电动旋翼航空器对飞控系统的安全性和可靠性要求极高。国内的供应商如边界智控，已开发出三余度双通道飞控计算机 REG300 系列。这种架构意味着系统内部有三个独立的飞控计算机同时运行并实时交叉验证，每个计算机内部还包含两路采用非相似设计（用不同的方法实现同一功能，避免共因故障）的指令和监控通道。这套系统依据 ARP4754A、DO-178C、DO-254 等严格的标准进行开发与验证，旨在满足对适航条款的符合性审查要求，支撑电动旋翼航空器的适航取证。

### 1.2.2　综合模块化航电架构的应用

为了应对电动旋翼航空器对重量、体积和功耗的严苛要求，同时管理日益复杂的航电功能，综合模块化航电（IMA）架构正得到推广应用。例如，华羽先翔与中航工业光电所合作，旨在打造国内首款高安全等级全倾转 eVTOL 智能化航电系统解决方案。这种架构有助于整合多个航电子系统到共享的硬件平台上，减少硬件数量，提高资源利用率，便于升级和维护，并通过统一的平台管理增强安全性。

### 1.2.3　严格的环境适应性与可靠性验证

机载航电设备必须在各种严酷的环境下稳定工作。国内的 eVTOL 研制企业，如时的科技，对其 E20 eVTOL 上所有的航电设备都进行了严格的环境与振动测试，以保证在预期的飞行条件下可以稳定地工作。这包括应对温度、湿度、振动、冲击、电磁干扰等极端情况，确保符合 DO-160G 等标准的要求。

### 1.2.4　动力系统与航电的深度综合验证

电动旋翼航空器普遍采用分布式电推进（DEP）技术，其多个电机、电调（电子调速器）与飞控航电系统深度交连。这意味着适航验证不再是孤立地测试航电或动力，而是高度综合的系统性验证。例如，沃飞长空的 AE200 采用了“八轴内四倾转”设计，通过多冗余动力布局，即使单个或多个电机故障，剩余电机也能通过飞控系统调整推力分配，保障安全。验证时需要模拟大量故障场景，测试飞控算法的正确性和动力系统的响应能力。

## 1.3 适航符合性验证方法创新

全球适航审定机构都在探索电动旋翼航空器的审定方法。国内的审定当局（如民航局）也采用了更具灵活性和前瞻性的方法来支持创新。

(a)“审定计划（CP）先行”：例如沃飞长空 AE200 的审定计划（CP）已全面获得局方批准，为后续符合性验证工作提供了清晰的路线图。

(b)“三证协同”：在争取型号合格证（TC）的同时，并行推进生产许可证（PC）的申请准备工作，以便在型号取证后能快速实现量产和交付。

(c) 自主化验证工具链：为了高效地完成海量的符合性验证工作，主机厂和供应商也在积极开发自主化的验证工具链和测试平台，这些工具本身也需要得到适航审定机构的认可。

(d) 面对极高的技术壁垒和适航要求，国内电动旋翼航空器产业呈现出主机厂、国家级研究所、专业化供应商深度合作的趋势。例如华羽先翔与中航工业光电所的合作，以及沃兰特与边界智控在飞控系统上的合作。这种合作模式加速了关键技术攻关，共同构建自主可控的适航体系和供应链。

## 1.4 挑战与发展趋势

总体来说，国产电动旋翼航空器机载航电设备的适航验证技术正在经历一场深刻的技术变革和创新升级，其核心围绕着极高的安全可靠性要求和应对电动旋翼航空器新构型带来的独特挑战。

未来，随着无人驾驶、人工智能等技术的应用，适航验证技术还将面临新的挑战和机遇，例如人工智能在航电系统中的符合性验证、基于模型的系统工程（MBSE）在适航中的应用以及无人驾驶航空器的自主决策可靠性验证等。国内航空工业界与适航审定方仍需不断努力，才能在全球先进空中交通（AAM）领域占据领先地位。

第2章

# 飞行控制系统

## 2.1 概述

### 2.1.1 系统功能

飞行控制系统应能够提供以下功能。

(a) 飞行模态管理功能。

(b) 基础增稳与控制功能：姿态增稳系统（SAS）。

(c) 偏航阻尼功能（YD）。

(d) 自动驾驶仪功能（AP）。

（Ⅰ）姿态保持模式：（ⅰ）俯仰姿态保持模态（PITCH）；（ⅱ）滚转姿态保持模态（ROLL）。

（Ⅱ）垂直剖面模式：（ⅰ）升降速度保持模态（VS）；（ⅱ）高度保持模态（ALT）；（ⅲ）预选高度与保持功能（ASEL）。

（Ⅲ）水平剖面模式：（ⅰ）空速保持模态（SPD）；（ⅱ）预选航向模态（HDG）；（ⅲ）自动导航模态（NAV）：横向导航（LNAV）；垂向导航（VNAV）。

(e) 飞行指引功能（FD）。

(f) 应急与安全保护功能：

（Ⅰ）复飞模态（GA）；

（Ⅱ）飞行包线保护（FEP）；

（Ⅲ）自动返航（RTH）；

（Ⅳ）故障容错管理（FDIR）。

(g) 系统断开功能：系统应具有快速断开按钮，保证飞行员能够迅速断开 AFCS，以防其干扰飞行员操纵飞机。系统断开开关通常为常闭型开关。当开关断开时，系统不能接通。系统接通后，按压开关，应能快速断开系统。

(h) 系统的自检功能：系统应该具有自检测功能（包括启动自检测和周期自检测），以保证在每次飞行前可以自检，飞行过程中能够实时监控。

(i) 故障显示功能：数字式飞控计算机的非易失存储器应留有足够的存储容量，用于存储故障数据，并在外场级和中间级维修时可重复获得所存储的故障数据，被检测到的故障必须予以通报和显示。

### 2.1.2 系统组成

(a) 硬件：建议采用基于多余度设计的分布式系统架构。

核心处理平台：建议由三台核心处理计算机（或称综合处理模块）构成，这是一种现代综合模块化（IMA）架构，该平台兼具飞控计算机（FCC）和飞管计算机（FMC）的功能，主要提供标准化计算资源和操作系统环境。飞控计算机（FCC）建议核心处理器选用具备高实时性与高可靠性的嵌入式处理器。

(b) 软件：飞管功能与飞控功能都以独立受保护的软件分区形式存在，这种架构严格按照 ARINC 标准，确保不同软件分区之间严格隔离。采用分层、模块化的软件设计理念，将软件划分为硬件抽象层（HAL）、操作系统层（OS）、中间件层和应用层。

(Ⅰ) 操作系统（OS）：选用高可靠性的实时操作系统（RTOS），确保任务调度的确定性和实时性。

(Ⅱ) 应用软件（APL）：包含核心的飞行控制律（FCC）、导航算法、飞管控制器（FMC）、任务管理和故障诊断等功能模块。建议遵循 DO-178C 的设计思想进行开发，以保证软件的高质量和高可靠性。

(Ⅲ) 飞控软件余度：三套飞控软件分区在三台计算机上同步运行，实时进行指令和结果的投票、比较，确保任何单机硬件故障和单点软件异常都不会影响飞行控制。

(Ⅳ) 飞管软件余度：飞管软件安全等级较低，失效后不会直接导致灾难性后果，为了有效利用计算资源，通常不会采用三余度模式运行，更合理的实现方式是在两台计算机上运行一主一备两个飞管分区。主用分区工作，备用分区实时同步数据，当主用分区失效时，备用分区立即接管，或者只运行一个飞管分区，健康监控系统持续监控其状态。

### 2.1.3 工作原理

(a) 任务规划与指令输入（FMS 工作原理）。

(Ⅰ) 长期意图（飞行计划）：飞行员通过驾驶舱多功能显示器，与运行在 IMA 平台上的飞管功能软件分区进行交互。飞行员可以输入起降点，选择预设航线或创建新的飞行计划。FCS 分区根据飞机性能数据库、导航数据库和实时气象信息，计算出一条从起飞到降落的最优化四维飞行轨迹（包含经纬度、高度、速度和时间节点），并将其作为自动驾驶的目标路径。

(Ⅱ) 短期意图（驾驶指令）：飞行员通过侧杆或驾驶盘等操纵设备，直接输入对飞机姿态的实时控制指令。这些原始的杆位移信号被数字化后，直接送入核心处理平台。

(b) 决策与控制律计算（FCS 工作原理）：三台飞控计算机（FCC A/B/C）并行工作，构成系统的“决策大脑”。单个控制器兼顾外设管理、信号处理、控制律计算、信号输出等功能，要求处理器具有高性能。

(Ⅰ) 数据同步与信息处理：各 FCC 独立接收来自多路传感器的输入数据，通过高速的跨计算机数据链，三台 FCC 实时同步和交换各自的传感器数据及内部状态信息。

(Ⅱ) 故障诊断与数据融合（FDIR）：在数据同步的基础上，FCC 内部运行故障诊断逻辑，通过对比冗余传感器的数据，能够实时检测、隔离故障传感器，并融合健康传感器信息，生成一套统一、高可信度的“综合导航源”和“综合大气源”供控制律使用。

(Ⅲ) 控制律解算：FCC根据当前飞行模态、飞行员指令和导航信息，执行相应的飞行控制律，计算出期望的控制指令，包括各旋翼电机的转速和桨距、倾转电机的角度以及各气动舵面的偏转角度。

(c) 控制分配与指令输出（FCS工作原理）：需要将控制律通过“控制分配”模块，转化为多个物理作动器的具体动作指令。

(Ⅰ) 在线最优化：FCS分区内的“控制分配”算法，实时求解一个带约束的最优化问题。在垂直起降模式下，“增加升力”指令主要被分配为“提高所有旋翼的总桨距或转速”，“向前飞”指令被分配为“所有旋翼桨盘前倾”。在固定翼巡航模式下，“抬头”指令主要被分配为“升降舵上偏”。在倾转过渡模式下，这是最复杂的算法，会根据倾转角度和空速，进行平滑的混合分配。例如，一个“滚转”指令可能会同时分配给“左右旋翼的差动桨距”“副翼的差动偏转”以及“左右倾转机构的差动倾转”，以达到最高效、最平稳的控制效果。

(Ⅱ) 指令输出：控制分配算法的输出，是一系列明确的、物理的目标位置指令。例如，1号倾转作动器目标角度为60度，3号旋翼桨距作动器目标角度为8度，以及左副翼作动器目标位置为－1.5度等。

(d) 闭环作动与反馈：FCC计算结果通过作动系统转化为飞机的实时控制动作。

(Ⅰ) 指令下达：这些精确的目标位置指令通过AFDX/CAN总线网络，被发送到飞机上每一个对应的智能作动器。

(Ⅱ) 本地伺服控制：每个智能作动器接收到自己的目标指令后，其内部的伺服控制器立即工作，驱动电机，使其精确地运动到目标位置。

(Ⅲ) 状态反馈：作动器将自己真实的、由内部传感器测得的位置信息，再通过总线反馈给三台飞控计算机。

(Ⅳ) 闭环完成：飞控计算机接收到作动器的真实位置反馈，确认指令已被正确执行。这个信息会在下一个计算周期（通常是百分之一秒内）被用于新的控制律计算。至此，一个完整的“意图→感知→决策→执行→反馈”的控制闭环完成。

### 2.1.4 性能指标

飞行控制功能的性能指标（平稳大气条件下精度要求）如下。

(a) 可靠性与安全性。

(Ⅰ) 灾难性失效率：$<1\times10^{-9}$（源于SAEARP4754A和AC23.1309等适航规章）。

(Ⅱ) 设计保证等级：硬件，DAL-A（DO-254）；软件，DAL-A（DO-178C）。

(b) 动态控制性能（内环）。

(Ⅰ) 姿态控制宽带：俯仰＞5rad/s；滚转＞5rad/s；偏航＞2.5rad/s。

上述指标是现代电传飞控的平均水平，为确保飞机对指令做出快速无延迟的响应，并能有效抑制城市环境下的突发阵风。

(Ⅱ) 姿态稳定保持精度：俯仰≤±1°；横滚≤±1°；航向≤±1°。

为保证乘客的舒适度和任务飞行精度，飞机姿态不能有明显晃动，上述指标是高精度IMU和先进控制律能达到的技术平均水平。

(c) 轨迹跟踪性能（外环）。

(Ⅰ) 定点悬停位置保持精度：≤±1m（城市空中交通在三级风下的运营要求）。

(Ⅱ) 平飞空速保持精度：≤±9km/h（舒适度＋运营要求）。

（Ⅲ）轨迹跟踪精度-横向跟踪误差：≤±10m（适航规章对仪表飞行的隐形要求，未来全天候运行能力的目标，并非强制指标）。

(d) 模态转换品质。

（Ⅰ）过载过程法向过载：1.5g～2.0g。

（Ⅱ）过渡过程姿态角速率：<5(°) /s。

过大的过载和姿态变化会让乘客感觉明显的“颠簸”或“下垂感”是关于乘客体验的顶层需求驱动。

(e) 系统实时性与故障响应。

（Ⅰ）传感器-作动器（端到端延迟）：<100ms。

（Ⅱ）关键故障检测时间：<1s。

（Ⅲ）故障隔离与重构时间：<2s。

数字控制系统的基本原理（乃奎斯特定理）决定了控制回路的延迟必须远小于被控对象的响应时间。为了实现前面高宽带姿态控制，整个系统的反应时间必须被严格限制。25ms是行业内高性能飞控系统追求的先进技术指标。

飞行管理功能的性能指标如下。

(a) 飞行计划与导航。

（Ⅰ）飞行计划容量：（ⅰ）>20条完整计划；（ⅱ）每条计划含100个航路点。

不是适航强制条款，由飞机总体运行概念决定，需保证能存储一个或多个运营基地所有的常用航线。这个容量是当前主流商用FMS的技术平均水平。

（Ⅱ）导航数据库：（ⅰ）符合ARINC 424标准；（ⅱ）支持28ARINC更新周期。

适航强制要求，如果飞机需要执行仪表飞行程序（IFR），就必须使用经过认证且标准化的导航数据库。ARINC 424是全球标准，定期更新是保证飞行数据准确性的强制法规要求。

(b) 性能与能耗计算。

（Ⅰ）航程/续航时间预测精度：5%。

（Ⅱ）最优飞行剖面计算时间：<50s。

精确预测达到目的地的剩余电量，直接关系到飞行员选择继续前飞或降落的决策信心。属于运营安全的总体设计要求指标。同时需系统能快速算出结果，50s是行业可接受水平。

(c) 人机交互（HMI）。

页面相应与创新：95%的页面调用，响应时间<1s（人因工程设计）。

## 2.2 重要条款概述

适用于电动旋翼航空器的飞行控制系统的适航验证包含如表2-1所示重要条款的符合性验证。

表2-1 适航验证重要条款

| 序号 | 条款编号 | 条款名称 |
|---|---|---|
| 1 | EH. 1323 | 空速指示系统 |
| 2 | EH. 1329 | 自动驾驶系统 |
| 3 | EH. 1335 | 飞行指引系统 |

## 2.2.1 EH.1323 空速指示系统

### 2.2.1.1 条款原文

2. 2. 1. 1. 1 CCAR29. 1323 空速指示系统

下列要求适用于每个空速指示系统。

(a) 每个空速指示仪表必须加以校准，在施加相应的总压和静压时，以尽可能小的仪表校准误差指示真空速（海平面标准大气条件下)。

(b) 每个空速指示系统必须加以校准，以确定系统误差（不包括空速表误差)。校准时必须满足下列条件。

(Ⅰ) 速度等于和大于 37. 04 千米/小时（20 节）的水平飞行，与爬升飞行和自转飞行的飞行条件相应的速度全范围。

(Ⅱ) 在起飞中，具有可重复的和易读的指示，以保证：(ⅰ) 与旋翼航空器飞行手册中所规定的各场域长度的要求一致；(ⅱ) 避开第 29. 87 条所确定的极限速度包线的回避区。

(c) A 类旋翼航空器。

(Ⅰ) 指示必须能始终如一地确定起飞决断点。

(Ⅱ) 系统误差（不包括空速表校准误差)：(ⅰ) 在速度超过起飞安全速度 80% 的水平飞行中，系统误差不得超过 3% 或 5 节，两者中取大值；(ⅱ) 在速度从低于起飞安全速度 18. 52 千米/小时（10 节）到超过 $v_Y$ 速度 18. 52 千米/小时（10 节）范围内爬升时，系统误差不得超过 18. 52 千米/小时（10 节)。

(d) B 类旋翼航空器：当遵守第 29. 63 条时，在速度大于爬升速度的 80%，高度达到 15 米（50 英尺）的水平飞行中，系统误差（不包括空速表校准误差）不得超过 3% 或 9. 26 千米/小时（5 节)，两者中取大值。

(e) 每个空速指示系统的安排必须尽可能防止由于湿气、尘埃或其他杂物侵入而失灵或产生严重误差。

(f) 每个空速指示系统必须配备有一个可加温的空速管或等效手段，防止由于结冰而失灵。

2. 2. 1. 1. 2 FAR29. 1323 Airspeed indicating system (Amendment 29-55)

For each airspeed indicating system, the following apply:

(a) Each airspeed instrument must be calibrated to indicate true airspeed (at sea level with a standard atmosphere) with a minimum practicable instrument calibration error when the corresponding pitot and static pressures are applied.

(b) Each system must be calibrated to determine system error excluding airspeed instrument error. This calibration must be determined:

(Ⅰ) In level flight at speeds of 20 knots and greater, and over an appropriate range of speeds for flight conditions of climb and autorotation; and

(Ⅱ) During takeoff, with repeatable and readable indications that ensure:

(ⅰ) Consistent realization of the field lengths specified in the Rotorcraft Flight Manual; and

(ⅱ) Avoidance of the critical areas of the height-velocity envelope as established under Sec. 29. 87.

(c) For Category A rotorcraft:

(Ⅰ) The indication must allow consistent definition of the [takeoff] decision point; and

(Ⅱ) The system error, excluding the airspeed instrument calibration error, may not exceed:

(ⅰ) Three percent or 5 knots, whichever is greater, in level flight at speeds above 80 percent of takeoff safety speed; and

(ⅱ) Ten knots in climb at speeds from 10 knots below takeoff safety speed to 10 knots above $v_Y$.

(d) For Category B rotorcraft, the system error, excluding the airspeed instrument calibration error, may not exceed 3 percent or 5 knots, whichever is greater, in level flight at speeds above 80 percent of the climbout speed attained at 50 feet when complying with Sec. 29. 63.

(e) Each system must be arranged, so far as practicable, to prevent malfunction or serious error due to the entry of moisture, dirt, or other substances.

(f) Each system must have a heated pitot tube or an equivalent means of preventing malfunction due to icing.

2. 2. 1. 1. 3 CS29. 1323 Airspeed indicating system (Amendment 8)

For each airspeed indicating system, the following apply:

(a) Each airspeed indicating instrument must be calibrated to indicate true airspeed (at sea-level with a standard atmosphere) with a minimum practicable instrument calibration error when the corresponding pitot and static pressures are applied.

(b) Each system must be calibrated to determine system error excluding airspeed instrument error. This calibration must be determined:

(Ⅰ) In level flight at speeds of 37km/h (20knots) and greater, and over an appropriate range of speeds for flight conditions of climb and autorotation;

(Ⅱ) During take-off, with repeatable and readable indications that ensure:

(ⅰ) Consistent realisation of the field lengths specified in the Rotorcraft Flight Manual; and

(ⅱ) Avoidance of the critical areas of the height-velocity envelope as established under CS29. 87.

(c) For Category A rotorcraft:

(Ⅰ) The indication must allow consistent definition of the take-off decision point; and

(Ⅱ) The system error, excluding the airspeed instrument calibration error, may not exceed:

(ⅰ) 3% or 9. 3km/h (5knots), whichever is greater, in level flight at speeds above 80% of take-off safety speed; and

(ⅱ) 19km/h (10knots) in climb at speeds from 19km/h (10knots) below take-off safety speed to 19km/h (10knots) above $v_Y$.

(d) For Category B rotorcraft, the system error, excluding the airspeed instrument calibration error, may not exceed 3% or 9. 3km/h (5knots), whichever is greater, in level flight at speeds above 80% of the climbout speed attained at 15m (50ft) when complying with CS29. 63.

(e) Each system must be arranged, so far as practicable, to prevent malfunction or serious error due to the entry of moisture, dirt, or other substances.

(f) Each system must have a heated pitot tube or an equivalent means of preventing malfunction due to icing.

### 2.2.1.2 条款背景和历史沿革分析

#### 2.2.1.2.1 FAA 相关修正案及背景说明

FAR29.1323相关的修正案情况如表2-2所示。

表2-2 相关FAA修正案

| 序号 | 条款号 | 标题名称 | 修正案 | 生效时间 | 现行有效 |
|---|---|---|---|---|---|
| 1 | 29.1323 | Airspeed indicating system | Original Version | 1965.2.1 | 否 |
| 2 | 29.1323 | Airspeed indicating system | 29-3 | 1968.2.25 | 否 |
| 3 | 29.1323 | Airspeed indicating system | 29-24 | 1984.12.6 | 否 |
| 4 | 29.1323 | Airspeed indicating system | 29-39 | 1996.6.10 | 否 |
| 5 | 29.1323 | Airspeed indicating system | 29-44 | 1999.11.17 | 是，与CCAR-29-R2现行有效条款等效 |

经对修正案涉及的NPRM和Final Rule进行分析，情况如下。

(a) 1956年，美国民用航空委员会（Civil Aeronautics Board，CAB）创建了民用航空规章CAR-Part7，用于运输类旋翼航空器适航审定，其中CAR7.612提出了对飞行和导航仪表的要求。

(b) FAA于1961年、1964年先后发布NPRM61-25及NPRM64-30，提出依据原有CAR7重新编排制定FAR29的建议，在NPRM64-30中，FAA建议将原有的CAR7.612(a)重新修订为FAR29中针对飞行和导航仪表的条款。

FAA在Final Rule No.5084（1964年12月3日）中正式发布了FAR29修正案0（Original Version）（1965年2月1日），此修正案在基于NPRM64-30提出的对CAR7.612(a)修订建议的基础上，对其进行了进一步的修订。最终修订结果是原有的CAR7.612(a)被修订为针对飞行和导航仪表的FAR29.1323条款。

此次修订没有对原适航要求进行实质性更改，仅是简化、规范了用语，统一了规章格式，其安全要求和技术内涵与原CAR7规章要求一致。

(c) 1965年12月21日，FAA发布NPRM65-42(1965 Rotorcraft Review; Miscellaneous Type Certification Standards)，建议修订FAR29旋翼航空器适航审定标准。该提案建议如下。

(Ⅰ) 修订29.1323(b)(Ⅱ)，因为目前加速起飞滑行过程中地面影响校准的要求并没有达到目的。

(Ⅱ) 建议将29.1323条中“英里/小时”统一改为“节”。

(Ⅲ) 经验表明，在确定空速系统总误差时考虑空速仪表误差，可能导致在服役后期安装不同误差仪表时出现潜在的危险情况，因此建议删除29.1323(c)(d)中“包括空速表仪表校准误差”；

(Ⅳ) 由于极低速校准的困难，以及由于低速校准的目的是避免起飞过程中的危险的高度-速度组合，目前多发和单发旋翼机的低速校准速度将提高到与避免危险高度和速度一致的最大值。因此，建议将29.1323(c)(Ⅰ)中的“10英里/小时”改为“30节”，将29.1323(d)中的“10英里/小时”改为“20节”。

1968年1月19日，FAA发布Final Rule 7087 (Rotorcraft Type Certification Requirements)，确定按之前的建议修订29.1323条，同时针对29.1323条中“英里/小时”统一改

为“节”的建议，并四舍五入到整数，以避免“节”出现小数，因为目前的规则精确到小数是不必要的。

1968 年 2 月 25 日，FAA 通过修正案 29-3 对 29. 1323 条进行了修订。

(d) 1982 年 4 月 29 日，FAA 发布 NPRM82-12（Rotorcraft Regulatory Review Program Notice Number 2)，建议增加旋翼机适航标准，更新仪表飞行规则（IFR）审定和防冰审定方面的现有标准。该提案建议：

(Ⅰ) 修订空速系统精确度要求，以考虑 A 类和 B 类飞行剖面，而不是按发动机数量进行区分，并阐明飞行校准要求不包括仪表内部的误差；

(Ⅱ) 放宽多发巡航和爬升状况的空速要求。

1984 年 8 月 14 日，FAA 发布 Final Rule 23266（Rotorcraft Regulatory Review Program; Amendment No. 2)，确定按照之前的提议对 29. 1323 条进行修订。

1984 年 12 月 6 日，FAA 通过修正案 29-24 对 29. 1323 条完成了相关修订。

(e) 1990 年 1 月 2 日，FAA 发布 NPRM90-1（Airworthiness Standards; Transport Category Rotorcraft Performance)，建议修订运输类旋翼机性能要求。该提案建议将 29. 1323 (b)(Ⅰ)(ⅱ) 中“limiting height-speed”改为“height-velocity”，将条款号由 29. 79 改为 29. 87，以符合相应条款的修订。

1996 年 5 月 2 日，FAA 发布 Final Rule 24802（Airworthiness Standards; Transport Category Rotorcraft Performance)，确定按照之前的提议对 29. 1323 条进行修订。

1996 年 6 月 10 日，FAA 通过修正案 29-39 对 29. 1323 条完成了相关修订。

1999 年 11 月 17 日，FAA 通过修正案 29-44 对 29. 1323(c)(Ⅰ) 进行了修订，将临界决断点“critical decision point”改为起飞决断点“take-off decision point”。

#### 2.2.1.2.2 EASA 相关修正案及背景说明

CS29. 1323 相关的修正案情况如表 2-3 所示。

表 2-3 相关 EASA 修正案

| 条款号 | 标题名称 | 修正案 | 生效时间 | 现行有效 |
|---|---|---|---|---|
| 29. 1323 | Airspeed indicating system | Initial Issue | 2003. 11. 14 | 是，与 CCAR-29-R2 现行有效条款对应 |

2003 年 11 月 14 日，EASA 首次发布 CS29 Initial，29. 1323 条款对应 FAR 修正案 29-44。至今，未做修订。

#### 2.2.1.2.3 规章差异分析

29. 1323 条款对应关系如表 2-4 所示。

表 2-4 条款对应关系

| 序号 | CCAR29 | FAR29 | CS29 |
|---|---|---|---|
| 1 | CCAR-29 初版，29. 1323 | FAR29，修正案 29-24，29. 1323 | |
| 2 | CCAR-29-R1，29. 1323 | FAR29，修正案 29-44，29. 1323 | CS29 Initial，29. 1323 |
| 3 | CCAR-29-R2，29. 1323 | FAR29，修正案 29-44，29. 1323 | CS29 Initial，29. 1323 |

FAR29 第 44 修正案与 CS29 Initial 无差异。我国现行有效的 CCAR-29-R2 中的 29. 1323 条与 FAR 第 44 修正案中的 29. 1323 条的内容一致。

### 2.2.2 EH.1329 自动驾驶系统

#### 2.2.2.1 条款原文

2.2.2.1.1 CCAR29.1329 自动驾驶仪系统

（a）每个自动驾驶仪系统必须设计成使自动驾驶仪能够满足下列要求。

（Ⅰ）由一个驾驶员足以操控旋翼航空器。

（Ⅱ）任意驾驶员均能迅速确实地断开，以防其干扰驾驶员操纵旋翼航空器。

（b）除非有自动同步装置，否则每个系统必须有设施，向驾驶员及时指示作动装置与受其驱动的操纵系统是否协调。

（c）系统的每个手动操纵器件必须是每个驾驶员易于接近的。

（d）自动驾驶仪系统的设计和调整必须做到：在驾驶员可以调整的范围内，在适于使用自动驾驶仪的任何飞行条件下，无论正常工作或失灵（假设在合理的时间内开始进行纠正），均不会对旋翼航空器引起危险的载荷或使飞行航迹产生危险的偏离。

（e）如果自动驾驶仪综合来自辅助控制器的信号或向其他设备提供信号，则必须有确实的联锁和连接顺序，以免系统不正常动作。

（f）如果自动驾驶仪系统能够与机载导航设备交连，则必须有措施向驾驶员指示当前的工作模式。将选择器开关的位置作为指示措施是不可接受的。

2.2.2.1.2 FAR29.1329Automatic pilot system（Amendment 29-55）

（a）Each automatic pilot system must be designed so that the automatic pilot can：

（Ⅰ）Be sufficiently overpowered by one pilot to allow control of the rotorcraft；and

（Ⅱ）Be readily and positively disengaged by each pilot to prevent it from interfering with the control of the rotorcraft.

（b）Unless there is automatic synchronization，each system must have a means to readily indicate to the pilot the alignment of the actuating device in relation to the control system it operates.

（c）Each manually operated control for the system's operation must be readily accessible to the pilots.

（d）The system must be designed and adjusted so that，within the range of adjustment available to the pilot，it cannot produce hazardous loads on the rotorcraft，or create hazardous deviations in the flight path，under any flight condition appropriate to its use，either during normal operation or in the event of a malfunction，assuming that corrective action begins within a reasonable period of time.

（e）If the automatic pilot integrates signals from auxiliary controls or furnishes signals for operation of other equipment，there must be positive interlocks and sequencing of engagement to prevent improper operation.

（f）If the automatic pilot system can be coupled to airborne navigation equipment，means must be provided to indicate to the pilots the current mode of operation. Selector switch position is not acceptable as a means of indication.

2.2.2.1.3 CS-29.1329Automatic pilot system（Amendment 8）

（a）Each automatic pilot system must be designed so that the automatic pilot can：

（Ⅰ）Be sufficiently overpowered by one pilot to allow control of the rotorcraft；and

（Ⅱ）Be readily and positively disengaged by each pilot to prevent it from interfering with the control of the rotorcraft.

(b) Unless there is automatic synchronisation, each system must have a means to readily indicate to the pilot the alignment of the actuating device in relation to the control system it operates.

(c) Each manually operated control for the system's operation must be readily accessible to the pilots.

(d) The system must be designed and adjusted so that, within the range of adjustment available to the pilot, it cannot produce hazardous loads on the rotorcraft, or create hazardous deviations in the flight path, under any flight condition appropriate to its use, either during normal operation or in the event of a malfunction, assuming that corrective action begins within a reasonable period of time.

(e) If the automatic pilot integrates signals from auxiliary controls or furnishes signals for operation of other equipment, there must be positive interlocks and sequencing of engagement to prevent improper operation.

(f) If the automatic pilot system can be coupled to airborne navigation equipment, means must be provided to indicate to the pilots the current mode of operation. Selector switch position is not acceptable as a means of indication.

### 2.2.2.2 条款背景和历史沿革分析

#### 2.2.2.2.1 FAA 相关修正案及背景说明

FAR29.1329 相关的修正案情况如表 2-5 所示。经对修正案涉及的 NPRM 和 Final Rule 进行分析，情况如下。

表 2-5 相关 FAA 修正案

| 序号 | 条款号 | 标题名称 | 修正案 | 生效时间 | 现行有效 |
|---|---|---|---|---|---|
| 1 | 29.1329 | Automatic pilot system | Original | 1965.2.1 | 否 |
| 2 | 29.1329 | Automatic pilot system | 29-24 | 1984.12.6 | 否 |
| 3 | 29.1329 | Automatic pilot system | 29-42 | 1998.9.8 | 是，与 CCAR 现行有效条款等效 |

(a) 1965 年，FAA 根据原有 CAR，重新编排制定 FAR。以下首先详述 CAR 期间与自动驾驶仪系统相关的修订说明及结果，之后分析此次 FAR 制定过程中的修订内容。

FAA 于 1964 年发布 NPRM，表示将依据现有 CAR 重新编排制定 FAR。在 NPRM64-30（1964 年 5 月 20 日）中，FAA 提出，将原有的 CAR7.612 修订为 FAR29.693，其中 29.693(d) 为“自动驾驶系统”。

FRA5084 最终法规部分采纳了 NPRM64-30 的建议，但将条款 CAR7.612 拆分为好几个条款，其中 CAR7.612(d) 改为了 29.1329 条。

(b) 在针对 FAR29 部进行的第 24 次修订中，FAA 对 29.1329 条进行了修订。在 NPRM82-12（1982 年 4 月 29 日）中，FAA 提出修订 (a) 款并增加新的 (e) 款，如下：

(a) 每个自动驾驶仪系统必须设计成使自动驾驶仪能够满足下列要求：

（Ⅰ）由一个驾驶员足以操控旋翼航空器；

（Ⅱ）任意驾驶员均能随时确实地断开，以防其干扰驾驶员操纵旋翼航空器。

……

(e) 如果自动驾驶仪综合来自辅助控制器的信号或向其他设备提供信号，则必须有确实的联锁和连接顺序，以免系统不正常动作。

会议上的一项提案建议删除现行的 29. 1329(a)(Ⅱ)，增加对两种周期性控制的快速释放控制的新要求，并增加一个相当于 25. 1325(g) 的新要求。针对前两个提议，会议上有很多人表示反对。

会议建议重新安排 29. 1329(a)(Ⅰ) 和 (Ⅱ) 的顺序以使其清晰，通过用“和”代替“或”使 (Ⅰ) 和 (Ⅱ) 的要求成为强制性的，并要求对故障系统有断开能力以防止其进一步干扰旋翼机的控制，这样才能达到可接受的安全水平。“迅速”一词将被改为“随时”，因为“迅速”与运输机控制盘的紧急断开有关。其在旋翼机中的设计目的是让飞行员能够首先强制压制故障的系统，然后断开其连接来控制旋翼机。

此外，29. 1329(e) 中提出了与 25. 1329(g) 类似的要求，这些要求证明了运输飞机的可接受安全水平，因为第 25 部分飞机中使用的相同复杂系统也用于旋翼机。

FRA 23266 最终法规（1984 年 8 月 14 日）采纳了 NPRM82-12 的建议，没有评论者提出反对意见。有评论者建议要求系统显示自动驾驶仪的运行模式，并在其停止正常运行时发出警告。虽然该评论者的建议超出了 NPRM 的范围，但关于显示操作模式的建议被保留下来，以便将来可能采取行动。因此，该修正案按建议被采纳。

(c) 在针对 FAR29 部进行的第 42 次修订中，FAA 对 29. 1329 条进行了修订。在 NPRM97-8（1997 年 5 月 30 日）中，FAA 提出，将 29. 1329 条增加一个新的段落，如下。

(f) 如果自动驾驶仪系统能够与机载导航设备交连，则必须有措施向驾驶员指示当前的工作模式，将选择器开关的位置作为指示措施是不可接受的。

要求向飞行员显示自动驾驶模式。现行第 23 和第 25 部分要求：“如果自动驾驶系统可与机载导航设备连接，则必须向机组提供指示当前操作模式的方法，选择开关位置不能作为手段指示。”在第 23 和第 25 部分采用显示自动驾驶模式要求之前，由于飞行员不知道当前自动驾驶模式，发生了飞机事故。这种事故可能发生在旋翼机上。要求向旋翼机飞行员显示自动驾驶模式，可提高安全性。这将使第 27 和第 29 部分与相应的 JAR 相协调。

FRA28929 最终法规（1998 年 8 月 7 日）采纳了 NPRM97-8 的建议，没有评论者提出反对意见。

2. 2. 2. 2. 2　EASA 相关修正案及背景说明

CS29 修正案不涉及 29. 1329 条。

2. 2. 2. 2. 3　规章差异分析

(a) FAR29 与 CS29 规章差异。

CS29. 1329 条与 FAR29. 1329 条第 42 次修正案内容完全一致。

(b) CCAR-29-R2 与 FAR29 规章差异。

CCAR-29 29. 1329 中的内容与 FAR 第 24 次修正案的内容大部分相同。但是 FAR 第 24 修正案 (a)(Ⅱ) 中对自动驾驶仪的要求是“能随时确实地断开”，而 CCAR 是“能迅速确实地断开”。

CCAR-29-R1 29. 1329 中修订的内容与 FAR 第 42 次修正案相同。

(c) CCAR 与 FAR、CS 条款及修正案等效对照表见表 2-6。

表 2-6 CCAR 与 FAR、 CS 条款及修正案等效对照表

| 关系 | CCAR | FAR | CS |
|---|---|---|---|
| | | 29. 1329 Original(1965) | |
| 等效 | 29. 1329 R0(1988) | 29. 1329 29-24(1984) | |
| 等效 | 29. 1329 R1(2002) | 29. 1329 29-42(1998) | 29. 1329Original(2003) |

注：同一行的条款互为等效。

#### 2.2.2.3 条款的发展方向

航空器加装自动驾驶仪系统能够提高稳定性和操纵性，降低飞行员的工作负担。自动驾驶仪系统对于旋翼航空器的稳定操纵尤为重要。随着航空器技术的发展，对自动驾驶仪系统实现的功能要求更高，系统的操纵权限不断扩大，基于数学模型的系统开发技术得到广泛应用。29. 1329“自动驾驶仪系统”条款将来的发展方向是考虑针对基于数学模型设计大权限自动驾驶仪系统的安全性设计及验证要求。试验室仿真试验将在整个验证过程中发挥越来越重要的作用，应重点关注。同时，对于安装电传飞控系统的旋翼航空器，应关注与该系统之间的交连影响和界面分工。

## 2.2.3 EH.1335 飞行指引系统

### 2.2.3.1 条款原文

2.2.3.1.1 CCAR29.1335 飞行指引系统

如果装有飞行指引系统，则必须有向飞行机组指示其当时工作状态的手段。选择器转换开关的位置不可作为一种指示手段。

2.2.3.1.2 FAR29.1335 Flight director systems (Amendment 29-55)

If a flight director system is installed, means must be provided to indicate to the flight crew its current mode of operation. Selector switch position is not acceptable as a means of indication.

2.2.3.1.3 CS29.1335 Flight director systems (Amendment 8)

If a flight director system is installed, means must be provided to indicate to the flight crew its current mode of operation. Selector switch position is not acceptable as a means of indication.

### 2.2.3.2 条款背景和历史沿革分析

2.2.3.2.1 FAA 相关修正案及背景说明

FAR29.1335 相关的修正案情况如表 2-7 所示。

表 2-7 相关 FAA 修正案

| 序号 | 条款号 | 标题名称 | 修正案 | 生效时间 | 现行有效 |
|---|---|---|---|---|---|
| 1 | 29. 1335 | Flight director systems | 29-14 | 1977. 9. 1 | 是，与 CCAR-29-R2 现行有效条款等效 |
| 2 | NA | NA | 29-59 | 2023. 4. 11 | 否，条款已删除 |

经对修正案涉及的 NPRM 和 Final Rule 进行分析，情况如下。

(a) 1975 年 2 月 27 日，FAA 发布 NPRM No. 75-10 (Airworthiness Review Program, Notice Number 2; Miscellaneous Proposals)，考虑通过修订更新和改进航空器审定规章、运行规章及适航标准和相关的程序要求。该提议考虑到在现代飞机中使用飞行指引系统使得 23. 1335 条用语概念陈旧，作为适航要求已经没有意义，因此建议删除 23. 1335 条。

1975 年 5 月 19 日，FAA 发布 NPRM75-23 (Airworthiness Review Program, Notice No. 5:

Equipment and Systems Proposals)，认为固定翼飞机和旋翼机审定部分适航标准在可行性范围内应保持一致。

1977 年 9 月 1 日，FAA 通过修正案 29-14 增加了 29. 1335 条。

（b）2017 年 11 月 1 日，FAA 发布 NPRM2017-23360，建议修订 FAR29，以减轻申请人的负担，拟议的改动将减少或消除目前旋翼航空器审定所需的某些专用条件。FAA 建议将 29. 1329 条与 29. 1335 条合并为自动飞行和飞行指引系统，以适应现代设计。

2023 年 2 月 10 日，FAA 发布 Final Rule 2023-02771，通过了修订提案。2023 年 4 月 11 日，FAA 通过修正案 29-59 删除了 29. 1335 条。

2.2.3.2.2　EASA 相关修正案及背景说明

CS29. 1335 相关的修正案情况如表 2-8 所示。

表 2-8　相关 EASA 修正案

| 条款号 | 标题名称 | 修正案 | 生效时间 | 现行有效 |
|---|---|---|---|---|
| 29. 1335 | Flight director systems | Initial Issue | 2003. 11. 14 | 是，与 CCAR-29-R2 现行有效条款等效 |

2003 年 11 月 14 日，EASA 首次发布 CS29 Initial，29. 1335 条对应 FAR 修正案 29-14。

2. 2. 3. 2. 3　规章差异分析

29. 1335 条对应关系见表 2-9。

表 2-9　条款对应关系

| 序号 | CCAR29 | FAR29 | CS29 |
|---|---|---|---|
| 1 | CCAR-29 初版，29. 1335 | FAR29，修正案 29-14，29. 1335 | CS29 Initial，29. 1335 |
| 2 | CCAR-29-R1，29. 1335 | FAR29，修正案 29-14，29. 1335 | CS29 Initial，29. 1335 |
| 3 | CCAR-29-R2，29. 1335 | FAR29，修正案 29-14，29. 1335 | CS29 Initial，29. 1335 |

（a）FAR29 第 24 修正案与 CS29 Initial 规章差异。

FAR29 第 14 修正案与 CS29 Initial 无差异。

（b）CCAR-29-R2 与 FAR 第 24 修正案规章差异

我国现行有效的 CCAR-29-R2 中的 29. 1335 条与 FAR 第 14 修正案中的 29. 1335 条的内容一致。

#### 2.2.3.3　条款的发展方向

FAA 通过 FAR29-59 号修正案，对 29. 1335 条进行了修订，将 29. 1335 条并入 29. 1329 条。CCAR29 亦将进行相应修订，将本条款并入 29. 1329 条。

## 2.3　符合性验证思路

### 2.3.1　EH.1323 空速指示系统

通过符合性说明表明空速指示仪表符合相应标准，说明其按照标准和设计规范进行了校准，通过引用设备供应商提供的设备合格证明文件等表明其精度满足要求。

通过符合性说明和图纸表明空速指示系统设计应尽可能防止由于湿气、尘埃或其他杂物侵入而失灵或产生严重误差。

通过符合性说明表明空速指示系统配备了可加温式空速管或等效手段的工作原理，并说明其安装、加温原理、加热功率、告警方式等应符合相应要求。

用图纸表明设备的安装方法和限制要求（如有），图示设备的安装符合对设备安装的限制要求。

进行空速指示系统装机后的地面气密性试验，应表明系统气密性满足相关要求。

进行空速指示系统装机后的飞行试验，应在条款要求的各种飞行条件下验证系统的功能和性能，试验应按照经批准的试验大纲和程序进行。通过飞行试验报告表明系统在装机后对相关条款的符合性。

利用设备供应商提供的设备合格证明文件表明设备是经过合格鉴定的，设备的种类和设计与预定功能相适应。

### 2.3.2 EH.1329 自动驾驶系统

设计报告叙述自动驾驶仪系统的组成、技术参数、功能、工作原理、安装和故障状态下的转换。

用图纸表明：自动驾驶仪系统部件按设计报告的要求进行了安装，能够达到实现设计功能的目的。

自动驾驶仪系统安全分析，应按 SAEARP4754A 和 SAEARP4761 的要求进行，主要工作包括 FHA、FMECA、SSA 等。对故障结果为“危险性事故（HAZ）”及以上的事件进行了故障树分析。分析自动驾驶仪系统时应注意排除单点失效和潜在失效，应设计、进行合理的试验以发现潜在故障。对于 A 类旋翼航空器，安全性分析的结果应表明，导致航空器发生灾难性事件的自动驾驶仪系统的故障概率应达到 $10^{-9}$ 数量级；导致航空器发生危险性事件的自动驾驶仪系统的故障概率应达到 $10^{-7}$ 数量级。

自动驾驶仪系统试验室试验大纲和报告应表明：

(a) 自动驾驶仪系统的功能逻辑正确，可以按照设计预期实现功能通断、模式转换、控制动作、信息输出、故障告警等功能；

(b) 自动驾驶仪系统控制律仿真结果正确，控制律响应正常，无异常发散、振荡现象；

(c) 自动驾驶仪系统在设计预期的环境下可以正常工作，满足航空器使用的环境因素、电源特性、电磁兼容等工作要求。

自动驾驶仪系统地面试验大纲和报告应表明：自动驾驶仪系统的功能逻辑正确，系统控制动作极性正确，故障告警逻辑正常，信息输出正常。

(a) 自动驾驶仪功能性能试飞，测试自动驾驶仪能够实现设计预期的控制功能，评价系统的控制精度和飞行品质能够满足设计预期要求。

(b) 进行故障模拟试飞，模拟引入故障，在考虑飞行员识别故障时间延迟的情况下，评估故障的安全性影响。

(c) 试飞机组评定：对自动驾驶仪相关的显控部件的人机功效进行评估。

自动驾驶仪系统航空器检查大纲和报告应表明：自动驾驶仪相关的驾驶舱操纵部件易于识别、便于接近、容易操作，相关的显控部件人机功效良好。

供应商提供产品合格鉴定资料，包括图样、工艺目录以及试验室试验大纲和报告、软件及复杂电子硬件的符合性等，表明产品满足技术规范的要求。

### 2.3.3 EH.1335 飞行指引系统

编制符合性说明，该文件中应包括系统构型、设备组成、设备预期实现的功能、技术参数、工作原理、制造过程和相应的计算方法等。

用图纸表明飞行指引系统部件按设计报告的要求进行了安装，能够达到实现设计功能的目的。

飞行指引系统地面试验大纲和报告应表明：系统的功能逻辑正确，系统指示极性正确，故障告警逻辑正常。

进行飞行指引功能试飞，评价飞行指引功能指示的合理性。

供应商提供产品合格鉴定资料，包括图样、工艺目录以及试验室试验大纲和报告等，表明产品满足技术规范的要求。

# 2.4 条款解析

## 2.4.1 EH.1323 空速指示系统

### 2.4.1.1 条款安全意图

本条款是关于空速指示系统的专用条款，它对系统的组成、校准、设计等方面做出了明确的规定。

### 2.4.1.2 条款实质要求

所有与旋翼航空器速度有关的飞行试验数据的精度，均取决于空速指示系统的校准。根据这个理由，应尽早在大纲中确定空速系统的位置误差。

由于空气密度随高度变化，因此空速读数只有在标准海平面条件下才正确，然而在实际安装中，即使在标准的海平面条件下，指示器的读数也可能不同于校准空速，这是因为静压系统感受不到真实的静压。这种静压检测误差称为位置误差，它是由在飞行中的旋翼航空器周围形成的压力场引起的。这种压力场会随动压急剧变化，使位置误差成为校准空速的函数。又因为空速信息是以“指示空速”提供给机组的，因此需要确定旋翼航空器的位置误差，以利于飞行安全。

### 2.4.1.3 条款关键点分析

29. 1323(a) 是对空速指示仪表的要求。每个空速指示仪表必须加以校准，在施加相应的总压和静压时，以尽可能小的仪表校准误差指示真实空速（海平面标准大气下），以满足设计规范和相关标准的要求。

29. 1323(b) 是对空速指示系统的要求。每个空速指示系统必须加以校准，以确定系统误差（不包括空速表误差）。

确定位置误差有各种不同的方法，如拖曳弹、空速航线、悬吊系统等。每一种方法都有各自的优缺点；如果做法正确，都会获得满意的结果。空速系统应在旋翼航空器的整个空速范围内和在巡航、爬升、标准的自转等各种飞行状态下校准。另外，还应考察总重量和重心的影响。

校准应在 20 节和更高的平飞速度以及爬升、自转、起飞等飞行状态的相应空速范围内测定。就飞行手册中规定的机场长度而言，并且避开 29. 87 条定义的高度-速度限制包线，其起飞校准应是可重复的。

## 2.4.2 EH.1329 自动驾驶系统

1329(a) 要求，对于自动驾驶仪系统的设计，必须保证飞行机组能够具有优先操控航空器的能力，保证单个驾驶员足以超越系统故障对航空器进行操纵，并能够确实、轻易地断开系统功能。

1329(b) 要求，除非有自动同步装置，否则应采取某种办法，以向驾驶员指示作动装置的对中情况。这个要求的目的，是提供一种措施以防驾驶员无意中接通系统导致“急偏”状态。达到此目的的一种方法是采用伺服测力计，它能监控进入伺服电机的电流，并向驾驶员指示系统接通前是否有信号传送到伺服机构。曾有过几种已批准的自动驾驶仪系统被要求使用监控器，因为它们不能满足对“急偏”故障的要求，这些批准涉及寻找等效安全性。如果申请人考虑这样的设计，则申请人和审定中心（审定办公室或工作组）就应同旋翼航空器标准局的专家联系，以请求指导。

1329(c) 要求，自动驾驶仪系统操纵器件的安装位置应正确标明其操作，且使驾驶员易于接近。信号器的颜色符合 29. 1322 条所规定的颜色。另外，对操纵器件进行评定时，还应确定在所有预期的驾驶舱照明条件下，操纵器件、操纵标牌及其他标牌都是易读和易识别的；自动驾驶仪的驾驶舱操纵器件的动作和效果应符合 29. 779 的要求。任何自动驾驶仪的脱开都应有告示。

1329(d) 集中关注系统的安全性要求。应对自动驾驶仪系统进行评定，以演示它能否完成其预定的驾驶旋翼航空器飞行的能力，并且应符合安装、使用和故障弱化要求。在演示自动驾驶仪系统的故障时，伺服作动器急偏通常是最严酷的故障。如果有这种情况，自动驾驶仪系统已采用与增稳系统（SAS）相同的伺服机构和伺服放大器，以及自动驾驶仪的功能不会造成比增稳系统更严重的“急偏”，那么对这种故障就不要求另加考虑，只要利用附录 B 的指南进行评定就够了。大多数经批准的自动驾驶仪都使用像增稳系统所要求的串联作动器或伺服机构，这并不妨碍对使用外环并联驱动的自动驾驶仪系统的批准。这种类型的自动驾驶仪在目视飞行规则运行的航空器上可能特别有用。详细评定程序参见后文。

1329(e) 关注系统的联锁和连接顺序。较多的自动驾驶仪系统都采用飞行前测试来保证足够的可靠性，然而常常产生的问题是：是否应将其飞行前试验的功能联锁设计成“如未进行飞行前测试，自动驾驶仪就接不通?”过去回答这个问题所用的原则是：如果飞行前测试足够简单快捷且有理由预料驾驶员能完成这个测试，则不要求联锁；如果飞行前测试很复杂、很费时，而且驾驶员有可能迫于进度而遗漏这个试验，则其飞行前测试就应联锁。关于自动驾驶仪与其他系统的交连，为避免交连系统故障导致自动驾驶仪功能故障进一步导致危险性影响，应采取联锁和连接顺序措施，以确保信号的可靠性，防止自动驾驶仪由于以下原因出现操作导致危险：

（Ⅰ）自动驾驶仪系统接通；

（Ⅱ）能够导致自动驾驶仪系统输出极大控制指令的输入或反馈信号故障。

1329(f) 是关于自动驾驶仪系统与其他系统交连的要求，规定了应该提供向飞行员提示自动驾驶仪当前工作状态的必要措施，且将功能控制装置的位置作为指示状态的唯一措施是不可接受的。

为防止由于自动驾驶仪系统的任何故障或失效导致可能的危险情况，应评定下列故障。这项评定还应考虑因驾驶员的无意行为而引起的任何危险。应使用 AC29 附录 B 的指南来确定驾驶员对自动驾驶仪故障人为反应的响应时间。

(a) 爬升、巡航和下降飞行阶段。应把下列较关键的信号引入自动驾驶仪系统：

（Ⅰ）任意轴向上任何单个故障等效累积后果的信号，包括自动配平（如果安装）；

（Ⅱ）任何单个部件故障引起多轴故障时所有相关轴向的组合信号。

(b) 限制载荷。所模拟的故障及随后的纠正措施不应引起超过结构限制的载荷、危险的动力学状态或危险的航迹偏离。其他有关确定驾驶员的识别时间及因模拟故障引起合理航迹偏离的方法指南，都包含在AC29附录B中。如果进行充分的分析和试飞测量，在进行临界评估和考虑对结构加载参数（即重心、载荷分布、操纵系统变化、机动程度等）变化影响等因素的情况下，确定没有载荷超过结构限制，则飞行载荷超出包线（0～2)g可以接受。也可以仅用分析来确定当航空器载荷处于线性加载范围时（即飞行状态的气动系数充分确定，且不存在明显的非线性气动载荷）不会超出限制。如果可能存在明显的非线性影响，则有必要进行飞行载荷测量，以证实不会超过限制。爬升功率对于以下情况最关键：

(Ⅰ) 用于爬升性能的演示；

(Ⅱ) 用于纵向稳定性试验；

(Ⅲ) 控制爬升速度的实际使用。

评定中应测量高度损失。

(c) 机动飞行。评定时同样应像(a)款那样将故障引入自动驾驶仪系统中。采取纠正动作时，总的载荷和速度不应超过(b)款中的规定。机动飞行试验应包括带着引入的故障转弯，转弯时应已建立系统正常运行的最大侧倾角，并处在临界的航空器构型和(或)使用自动驾驶仪时可能遇到的飞行阶段。评定中应测量高度损失。

(d) 振荡试验。

(Ⅰ) 应该评估使每个驱动控制动作装置的伺服放大器饱和的振荡信号的影响。评估应包含可能由自动驾驶仪系统和其功能交连系统故障所引起的振荡频率范围。

(Ⅱ) 评估结果应表明因施加了振荡信号而作用到航空器部件上的峰值载荷仍在这些部件的限制载荷内。

(Ⅲ) 评估既可以通过分析辅以飞行试验来完成，也可以通过飞行试验辅以分析来完成。

(Ⅳ) 进行飞行试验时，其信号频率应在某一范围内连续扫描，频率的变化率应放慢，慢到足可确定当以试验范围内的任何临界频率稳频振荡时其任何部件的响应幅值。

(e) 飞行操纵的恢复。为了便于旋翼航空器发生故障后的恢复，单个驾驶员应能凭人力操控自动驾驶仪，然后不费力地使之脱开，并应维持脱开状态直到驾驶员再次接通时止。断开自动驾驶仪的操纵，应易于和便于正承受着自动驾驶仪故障力的驾驶员来执行。建议将脱开按钮装在周期操纵杆上，并应为红色，明显打上"自动驾驶仪脱开"(或等效内容)的标记。驾驶员应全凭人力操纵就能使旋翼航空器回到正常飞行姿态，而且不会超过1329(b)中规定的载荷或速度限制，也不会在恢复期间加入任何危险的机动。用于这些试验的最大伺服权限不应超过旋翼航空器设计的结构限制范围所指明的那些值。评定时应测量在这些试验期间所遇到的最大高度损失。

(f) 外部接口。自动驾驶仪系统对其接口应有相应的联锁，以确保它不会因外部装置或系统提供的无效信息而运行异常。这样的实例有导航接收机和罗盘系统，如果自动驾驶仪正使用这些系统的信号做某一特殊方式的运行，则只要一收到系统的无效信息，自动驾驶仪就应被锁住而不再以这类方式运行。

关于自动驾驶仪仪表进场的评定和批准，一般需要考虑如下因素。

(a) 在整个进场期间，模拟自动驾驶仪系统任何单个故障或失效累积后果的信号或信号组合（垂直陀螺的机械故障除外），都不应有危险的航迹偏离或任何程度的操纵失控。

(b) 应以申请人规定的构型和进场速度驾驶航空器通过仪表着陆系统（ILS）下降进场。应在沿ILS的所有临界点引入模拟的自动驾驶仪故障，以考虑自动驾驶仪在灵敏度和权限方面所有可能的变化。各轴都应引入故障。尽管驾驶员可能知道飞行目的，但除了整个航空器的动作、操纵行程以及其他可接受的警告装置外，不应告诉驾驶员大概何时引入故障或已经引入了故障。

(c) 在实施自动 ILS 进场期间，一台发动机故障不应导致航空器横向航迹的速率大于 3 度/秒，或产生危险的姿态。

(d) 如果要求批准在一台发动机不工作情况下开始的 ILS 进场，则自动驾驶仪也应能实现这种进场。

(e) 相对于 ILS 的航迹偏离应按下列办法进行评定。

(Ⅰ) 旋翼航空器应设置记录下列信息的仪器：旋翼航空器的航迹（相对正常下滑航迹而言）；沿着下滑航迹引入模拟故障时的点；驾驶员指出已识别故障时的点；以及沿着旋翼航空器的航迹开始恢复动作时的点。

(Ⅱ) 根据驾驶员指出故障的点到旋翼航空器重新与下滑航迹交会或进入平飞的点之间所获得的数据就能确定航迹偏离剖面。应通过改变航空器进场期间的自动驾驶仪构型（改变构型即改变偏离曲线）来获取补充数据，以确定各种适用的偏离剖面。偏离剖面的示例见图 2-1。

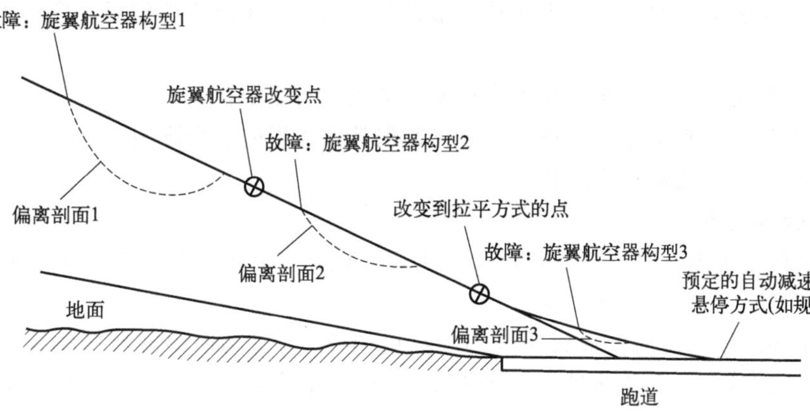


**图 2-1 偏离剖面的示例**

(Ⅲ) 在申请人申请批准的最低决断高度 80% 以下的所有高度上的故障恢复都应按盲目飞行罩的仪表飞行条件来模拟，并且从驾驶员识别故障到开始恢复之间应有适当滞后时间。

(Ⅳ) 在申请人申请批准的最低决断高度的 80% 到申请人申请批准使用自动驾驶仪的最低高度之间，所有高度上的故障恢复可以按目视飞行，并且从驾驶员识别故障到开始恢复之间无须滞后时间。

(Ⅴ) 可使用自动驾驶仪的最低高度，应确定为使临界的偏离剖面与最低飞行允许线相切的那个高度，其实例可参见图 2-2。坡度为 29∶1 的最低飞行允许线提供了比 50∶1 的越障飞行高度线高出 1% 坡度的安全系数。通过从跑道起点上方 15 英尺点处的水平线来测量这条 29∶1 的斜线，可提供附加的安全系数。应认识到，其最低高度会随下滑角而变化，故还应获取和提供有关这些变化的数据。

(Ⅵ) 在耦合仪表着陆系统进场期间，自动驾驶仪的故障不应使航空器处于会妨碍进行满意复飞或着陆的姿态。

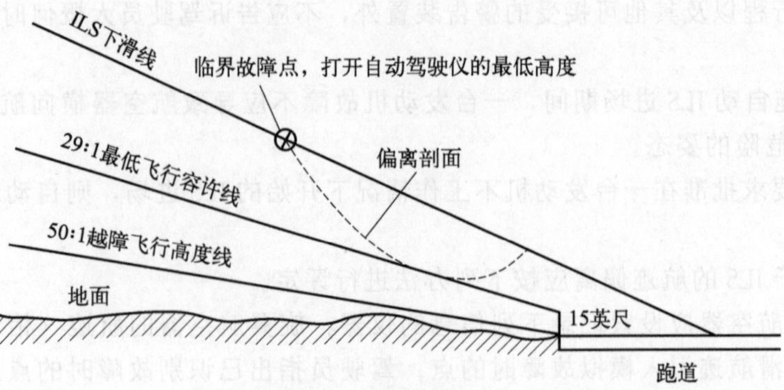

图 2-2 使用限制

在伺服机构的权限评定中，自动驾驶仪系统的安装和调整，应使其在正常运行时能保持合格审定试验期间所确定的系统容差。这一点可通过进行容差极限飞行试验来保证。为确定自动驾驶仪系统能足以控制航空器而进行的试验，应建立容差下限；为确定自动驾驶仪不会产生危险载荷或航迹偏离的试验，应在其上限进行。为了产生临界的结果，应使用合适的航空器装载。

自动驾驶仪系统的下列资料应编入旋翼航空器的飞行手册。

(a) 使用限制——使用自动驾驶仪时的空速和其他适用的运行限制。

(b) 操作程序——正常操作资料。

(c) 应急操作程序：

(Ⅰ) 如果评定中出现高度损失超过 100 英尺，则需在手册中增加在巡航、爬升和下降以及机动飞行时向下的航迹偏离说明；

(Ⅱ) 如果评定中出现高度损失超过 100 英尺或在 ILS 进场时出现严重偏离，则应在手册中增加在下滑或预定拉平的航迹下方所有真实的偏离剖面（图 2-1），以及指明可使用驾驶仪的最低高度的偏离剖面（图 2-2）。

旋翼航空器构型改变点可以超过一个，如：(ⅰ) 沿下滑航迹增益改变；(ⅱ) 在 200 英尺或中间指标点的过渡。

### 2.4.3 EH.1335 飞行指引系统

#### 2.4.3.1 条款安全意图

本条规定了旋翼航空器第三提示飞行指引仪（提供俯仰、横滚和升力引导指令）可接受显示器的标准。

#### 2.4.3.2 条款实质要求

旋翼航空器的第三提示飞行指引仪，使用常规的俯仰、横滚指令提示及显示姿态引导指示器（ADI）左侧的第三提示。这些仪表既可用于两轴模式，也可用于三轴模式。但无论用何种模式，其横向指令提示都控制横滚姿态，而垂直指令提示都控制俯仰姿态；可以通过周期变距操纵控制来改变旋翼航空器的姿态，以满足飞行指引仪的指令。当第三提示显示时能控制总距位置，且可用于选定空速或俯仰姿态模式，以及垂直模式（高度保持、下滑等）。

（a）飞行指引仪设计的一般习惯是每个指令杆代表一条“飞向”指令，飞行指引仪指示器的运动，是要指挥操纵系统运动的相应方向。这一点很适合飞行指引仪的俯仰和横滚指令，也应适合另外一些指令，如总距等。

（b）应对总距或第三提示的显示做某些考虑。例如，如果选择总距符号作为固定指示标，则当总距改变时，其指令提示和总距操纵应向相反的方向运动。这样的构型就组成了常规的“飞向”型指示器。如果选择总距符号作为可动指示标，则总距符号的运动方向就会与总距变化的方向一致。在这种情况下，运动的总距符号就不符合“飞向”的习惯。但这种构型因其专门的字符技术、专门的背景效果和专门的色标，也已经获得适航当局的批准，并已在服役中满意地使用。

#### 2.4.3.3 条款关键点分析

建议第三提示飞行指引仪的显示器采用标准的俯仰和横滚指令符号，无论是用俯仰标杆和横滚标杆显示，还是用“V”字形标杆显示，两者都行。第三提示或总距符号应设在 ADI 的左侧，运动的提示标形状和背景显示应是唯一的，以免与下滑显示或迎角显示混淆。有一种显示器采用了形如小手柄的第三提示标，有助于识别它为总距符号。

（a）俯仰和横滚指令指示器、航空器符号、第三提示的背景标志以及第三提示标本身的颜色应相互调和。最佳的颜色方案是航空器符号和总距符号用相同的颜色，通常为火橙色；而各种指令提示标，包括总距提示标在内，也应使用同样的颜色，通常为黄色。采用不同颜色的理由是航空器符号和总距符号（颜色相同）都向着各自的指令提示标做相对运动。如果俯仰指令提示标在中心的上方，则航空器符号上升（机头拉起）；如果总距指令提示标在总距符号之上，则总距上提，以使总距符号朝指令提示标运动。

（b）如果 ADI 提供单色显示，则总距提示标及其背景标志必须有明显区别，以减少与下滑指示器相混淆的可能性。这一点可通过使用不同形状的提示标和背景标志来实现。圆形提示标加“V”字形背景标志已认为是满意的。

## 2.5 符合性验证方法和审查要点

### 2.5.1 EH.1323 空速指示系统

#### 2.5.1.1 国内外符合性验证方法分析

##### 2.5.1.1.1 FAAAC 相关分析

FAR29. 1323 相关咨询通告见表 2-10。

表 2-10 FAR29. 1323 相关咨询通告

| 咨询通告编号 | 标题名称 | 生效时间 | 有效性 |
|---|---|---|---|
| AC29-2A | Certification of Normal Category Rotorcraft | 1987. 9. 16 | 无效 |
| AC29-2B | Certification of Normal Category Rotorcraft | 1997. 7. 30 | 无效 |
| AC29-2C | Certification of Normal Category Rotorcraft | 2018. 7. 2 | 有效，适用于现有 CCAR-29-R2 |

现行有效的 AC29-2-Chg8 中的 AC29. 1323 是适用于我国当前有效的 CCAR29. 1323 要求的。

AC29. 1323 对 FAR29. 1323 条款进行了详细的解释和说明，表明了条款符合性验证的着眼点。

2.5.1.1.2 FAA和EASA差异分析

根据 CS-29 BOOK2 的规定，现行有效的 CS29.1323 的 AMC 与 FAAAC29-2C-Chg7（2016年2月4日）的 AC29.1323 保持一致，FAAAC29-2C-Chg7 与 FAAAC29-2C-Chg8 无差异。

针对此条款要求的符合性验证方法，FAA 与 EASA 无差异。

2.5.1.1.3 经验教训和风险分析

目前美欧等国家有很多已颁证型号证明了其符合 29.1323 条款的要求。国内同样具备相关经验，已颁证的 H425-100 型号已完成本条款的符合性验证工作。

由于该条款为相对成熟的条款，因此该条款目前无较大风险。

### 2.5.1.2 符合性验证工作流程及具体要求

(a) MC1 设计评审。应包括系统的构型、设备组成、设备预期实现的功能、技术参数、工作原理和制造过程等，并列出相关的设计图纸清单。

(Ⅰ) 符合性说明。通过符合性说明表明空速指示仪表符合相应标准，说明其按照标准和设计规范进行了校准，通过引用设备供应商提供的设备合格证明文件等表明其精度满足要求。

通过符合性说明和图纸表明空速指示系统设计应尽可能防止由于湿气、尘埃或其他杂物侵入而失灵或产生严重误差。

通过符合性说明表明空速指示系统配备了可加温式空速管或等效手段的工作原理，并说明其安装、加温原理、加热功率、告警方式等应符合相应要求。

(Ⅱ) 图纸。用图纸表明：设备的安装方法和限制要求（如有），图示设备的安装符合对设备安装的限制要求。

(b) MC5 相关产品上的地面试验。进行空速指示系统装机后的地面气密性试验，应表明系统气密性满足相关要求。

(c) MC6 飞行试验。进行空速指示系统装机后的飞行试验，应在条款要求的各种飞行条件下验证系统的功能和性能，试验应按照经批准的试验大纲和程序进行。通过飞行试验报告表明系统在装机后对相关条款的符合性。

(d) MC9 设备鉴定。利用设备供应商提供的设备合格证明文件表明设备是经过合格鉴定的，设备的种类和设计与预定功能相适应。

### 2.5.1.3 符合性验证资料

符合性验证资料见表 2-11。

表 2-11 29.1323“空调指示系统”的符合性验证资料

| 规章要求 | MOC | 符合性验证资料 |
|---|---|---|
| (a)每个空速指示仪表必须加以校准，在施加相应的总压和静压时，以尽可能小的仪表校准误差指示真空速（海平面标准大气下） | 1<br>1<br>9 | 设备图纸<br>符合性说明文件<br>设备合格证明文件 |
| (b)每个空速指示系统必须加以校准，以确定系统误差（不包括空速表误差）。校准时必须按照下列条件<br>(Ⅰ)速度等于和大于 37.04 千米/小时（20 节）的水平飞行，与爬升飞行和自转飞行的飞行条件相应的速度全范围<br>(Ⅱ)在起飞中，具有可重复的和易读的指示，以保证<br>(ⅰ)与旋翼航空器飞行手册中所规定的各场域长度的要求一致<br>(ⅱ)避开 29.87 条所确定的极限高速度包线的回避区 | 1<br>5<br>6 | 符合性说明文件<br>地面试验大纲和试验报告<br>飞行试验大纲和试验报告 |

续表

| 规章要求 | MOC | 符合性验证资料 |
| --- | --- | --- |
| (c)A 类旋翼航空器<br>(Ⅰ)指示必须能始终如一地确定起飞决断点<br>(Ⅱ)系统误差(不包括空速表校准误差)<br>(ⅰ)在速度超过起飞安全速度 80% 的水平飞行中,系统误差不得超过 3% 或 5 节,两者中取大值<br>(ⅱ)在速度从低于起飞安全速度 18.52 千米/小时(10 节)到超过 VY 速度 18.52 千米/小时(10 节)范围内爬升时,系统误差不得超过 18.52 千米/小时(10 节) | 1 | 符合性说明文件 |
| (d)B 类旋翼航空器:当遵守第 29.63 条时,在速度大于爬升速度的 80%,高度达到 15 米(50 英尺)的水平飞行中,系统误差(不包括空速表校准误差)不得超过 3% 或 9.26 千米/小时(5 节),两者中取大值 | 1 | 符合性说明文件 |
| (e)每个空速指示系统的安排必须尽可能防止由于湿气、尘埃或其他杂物侵入而失灵或产生严重误差 | 1 | 符合性说明文件 |
| (f)每个空速指示系统必须配备一个可加温的空速管或等效手段,防止由于结冰而失灵 | 1 | 符合性说明文件 |

#### 2.5.1.4 审定要点

审查中需要关注的一般要素和审查重点如下。

(a) 空速指示仪表本身的仪表误差。

(b) 空速管和静压孔安装位置，全静压系统管路连接和排放沉淀措施。

(c) 空速指示系统校准飞行试验方法和结果。

(d) 空速管的雷电直接效应和间接效应防护设计。

(e) 空速管加温系统的设计。

(f) 空速指示系统的余度设计。

## 2.5.2 EH.1329 自动驾驶系统

### 2.5.2.1 国内外符合性验证方法分析

#### 2.5.2.1.1 FAAAC 相关分析

FAA 颁布过 3 项与 FAR29.1329 相关的咨询通告，如表 2-12 所示。

表 2-12 FAR29.1329 相关咨询通告

| 咨询通告编号 | 标题名称 | 生效时间 | 有效性 |
| --- | --- | --- | --- |
| AC29-2A | Certification of Transport Category Rotorcraft | 1987.9.16 | 无效 |
| AC29-2B | Certification of Transport Category Rotorcraft | 1997.7.30 | 无效 |
| AC29-2C | Certification of Transport Category Rotorcraft | 2018.7.2 | 有效,适用于当前 CCAR 要求 |

现行有效的 AC29-2C-Chg8 中的 AC29.1329，是针对 FAR29.1329 Amendment 29-24 条款要求所颁布的咨询通告，自 1997 年 AC29-2B 生效以后一直沿用至今，按照 AC29.1329 的规定，AC29.1329 现仍适用于 29.1329 条，因此现行有效的 AC29-2C 的 AC29.1329 是适用于我国当前有效的 CCAR29.1329 条要求的。

AC29-2C-Chg8 和 AC29.1329 对 FAR29.1329 各款进行了详细的解释和说明，并且表明了条款符合性验证的着眼点。

2.5.2.1.2 FAA和EASA差异分析

根据 CS-29 book2 的规定，现行有效的 CS29.1329 的 AMC 与 FAAAC29-2C-Change7（2016年2月4日）的 AC29.1329 保持一致，FAAAC29-2C-Change7 与 FAAAC29-2C-Change8 无差异。

针对此条款要求的符合性验证方法，FAA 和 EASA 无差异。

2.5.2.1.3 经验教训和风险分析

目前美国、英国、法国、加拿大等国家已有很多型号直升机获得了型号合格证，已证明其自动驾驶仪系统符合 29.1329 的要求。国内的航空器制造厂家同样具备型号研制经验，已有多种型号直升机完成了适航取证，完成了自动驾驶仪系统的符合性验证过程。

该条款为相对成熟的条款，对于配备了自动驾驶仪系统的直升机来说，国内该条款目前无较大风险。

### 2.5.2.2 符合性验证工作流程及具体要求

2.5.2.2.1 验证对象

本条款主要验证对象为自动驾驶仪。

2.5.2.2.2 符合性验证方法

该条款主要的符合性验证工作如下。

(a) MC1 设计评审。本条款说明性文件涉及自动驾驶仪系统设计报告和图纸。

(Ⅰ) 设计报告。设计报告叙述自动驾驶仪系统的组成、技术参数、功能、工作原理、安装和故障状态下的转换。

(Ⅱ) 图纸。用图纸表明自动驾驶仪系统部件按设计报告的要求进行了安装，能够达到实现设计功能的目的。

(b) MC3 安全评估。自动驾驶仪系统安全分析，应按 SAEARP4754A 和 SAEARP4761 的要求进行，主要工作包括 FHA、FMECA、SSA 等。对故障结果为“危险性事故（HAZ）”及以上的事件进行故障树分析。

分析自动驾驶仪系统时应注意排除单点失效和潜在失效，应设计、进行合理的试验以发现潜在故障。对于A类旋翼航空器，安全性分析的结果应表明，导致航空器发生灾难性事件的自动驾驶仪系统的故障概率应达到 $10^{-9}$ 数量级；导致航空器发生危险性事件的自动驾驶仪系统的故障概率应达到 $10^{-7}$ 数量级。

(c) MC4 试验室试验。自动驾驶仪系统试验室试验大纲和报告应表明：

(Ⅰ) 自动驾驶仪系统的功能逻辑正确，可以按照设计预期实现功能通断、模式转换、控制动作、信息输出、故障告警等功能；

(Ⅱ) 自动驾驶仪系统控制律仿真结果正确，控制律响应正常、无异常发散、振荡现象；

(Ⅲ) 自动驾驶仪系统在设计预期的环境下可以正常工作，满足航空器使用的环境因素、电源特性、电磁兼容等工作要求。

(d) MC5 相关产品上的地面试验。自动驾驶仪系统地面试验大纲和报告应表明：自动驾驶仪系统的功能逻辑正确，系统控制动作极性正确，故障告警逻辑正常，信息输出正常。

(e) MC6 飞行试验。

(Ⅰ) 自动驾驶仪功能性能试飞，测试自动驾驶仪能够实现设计预期的控制功能，评价系统的控制精度和飞行品质能够满足设计预期要求。

（Ⅱ）进行故障模拟试飞，模拟引入故障，在考虑飞行员识别故障时间延迟的情况下，评估故障的安全性影响。

（Ⅲ）试飞机组评定：对自动驾驶仪相关的显控部件的人机功效进行评估。

(f) MC7 工程符合性检查。自动驾驶仪系统航空器检查大纲和报告应表明：自动驾驶仪相关的驾驶舱操纵部件易于识别、便于接近、容易操作，相关的显控部件人机功效良好。

(g) MC9 设备鉴定。供应商提供产品合格鉴定资料，包括图样、工艺目录以及试验室试验大纲和报告、软件及复杂电子硬件的符合性等，表明产品满足技术规范的要求。

### 2.5.2.3 符合性验证资料

申请人在表明对 29.1329 条的符合性时，应根据审定项目计划的安排，提交以下文件：

(a) 自动驾驶仪符合性说明文件；

(b) 自动驾驶仪设计图纸与设计报告；

(c) 自动驾驶仪安全性分析报告；

(d) 试验室、地面和飞行试验大纲与报告；

(e) 自动驾驶仪系统航空器检查大纲和报告；

(f) 设备产品合格鉴定资料；

(g) 条款符合性报告。

### 2.5.2.4 审定要点

#### 2.5.2.4.1 审定流程

审查中需要关注的一般要素和审查重点如下。

(a) 系统的安全性评估方法，一般选用系统最严酷的故障模式进行评估，对于采用串联作动器结构的系统，串联作动器急偏一般作为系统的最严酷的故障模式。

(b) 相关的软件及复杂电子硬件的研制保证等级（DAL）及相关的验证工作。

(c) 驾驶舱人机功效检查是检查系统操作部件可达性和易操作性的有效手段。

(d) 具有自动同步功能的系统，串联作动器的工作状态指示不强制要求。

(e) 对于自动驾驶仪系统的安全性的评估，按故障评定程序引入模拟故障飞行试验进行评定是十分有必要的。

(f) 地面试验应重点关注舵机动作极性的检查。

#### 2.5.2.4.2 审查对象及介入范围和深度

29.1329 条的审查范围为自动驾驶仪，审查代表应介入地面试验的制定、机上检查报告的审查等活动中，在审查中需要着重审查以下要点：

(a) 地面试验大纲与报告；

(b) 飞行试验大纲与报告；

(c) 试验室试验大纲与报告；

(d) 条款符合性报告；

(e) 安全性分析报告；

(f) 机上设备安全性检查报告。

其余项目可由 DER 完成，如：

(a) 自动驾驶仪的载荷计算报告、安装图纸可由 DER 批准审查；

(b) 航空器机上检查目击、航空器地面试验的目击可由 DER 完成。

### 2.5.3 EH.1335 飞行指引系统

#### 2.5.3.1 国内外符合性验证方法分析

2.5.3.1.1 FAAAC 相关分析

FAR29.1335 相关咨询通告见表 2-13。

表 2-13 FAR29.1335 相关咨询通告

| 咨询通告编号 | 标题名称 | 生效时间 | 有效性 |
|---|---|---|---|
| AC29-2A | Certification of Normal Category Rotorcraft | 1987.9.16 | 无效 |
| AC29-2B | Certification of Normal Category Rotorcraft | 1997.7.30 | 无效 |
| AC29-2C | Certification of Normal Category Rotorcraft | 2018.7.2 | 有效，适用于现有 CCAR-29-R2 |

现行有效的 AC29-2-Chg8 中的 AC29.1335 是适用于我国当前有效的 CCAR29.1335 要求的。

AC29.1335 对 FAR29.1335 条款进行了详细的解释和说明，表明了条款符合性验证的着眼点。

2.5.3.1.2 FAA 和 EASA 差异分析

根据 CS-29 BOOK2 的规定，现行有效的 CS29.1335 的 AMC 与 FAAAC29-2C-Chg7（2016 年 2 月 4 日）的 AC29.1335 保持一致，FAAAC29-2C-Chg7 与 FAAAC29-2C-Chg8 无差异。

针对此条款要求的符合性验证方法，FAA 与 EASA 无差异。

2.5.3.1.3 经验教训和风险分析

目前美欧等国家有很多已颁证型号证明了其符合 29.1335 条的要求。国内同样具备相关经验，已颁证的 H425-100 型号已完成本条款的符合性验证工作。

由于该条款为相对成熟的条款，因此该条款目前无较大风险。

#### 2.5.3.2 符合性验证工作流程及具体要求

(a) MC1 设计评审。

(Ⅰ) 符合性说明文件。编制符合性说明，该文件中应包括系统的构型、设备组成、设备预期实现的功能、技术参数、工作原理、制造过程和相应的计算方法等。

(Ⅱ) 图纸。用图纸表明飞行指引系统部件按设计报告的要求进行了安装，能够满足实现设计功能的目的。

(b) MC5 相关产品地面试验。飞行指引系统地面试验大纲和报告应表明：系统的功能逻辑正确，系统指示极性正确，故障告警逻辑正常。

(c) MC6 飞行试验。进行飞行指引功能试飞，评价飞行指引功能指示的合理性。

(d) MC9 设备鉴定。供应商提供产品合格鉴定资料，包括图样、工艺目录以及试验室试验大纲和报告等，表明产品满足技术规范的要求。

#### 2.5.3.3 符合性验证资料

符合性验证资料见表 2-14。

表 2-14　29. 1335“飞行指引系统”的符合性验证资料

| 规章要求 | MOC | 符合性验证资料 |
| --- | --- | --- |
| 29. 1335 | 1 | 图纸 |
| | 1 | 符合性说明文件 |
| | 5 | 地面试验大纲和报告 |
| | 6 | 飞行试验大纲和报告 |
| | 9 | 设备合格鉴定资料 |

#### 2.5.3.4　审定要点

审查中需要关注的一般要素和审查重点如下。

(a) 对于飞行指引功能的评定，地面试验应重点关注显示动作极性的检查。

(b) 驾驶舱人机功效的检查通常通过飞行试验的飞行员评价来评定。

第3章

# 座舱显示系统

## 3.1 座舱显示系统概述

### 3.1.1 系统组成

座舱显示系统一般包括显示器、显示控制板、综合开关控制板、数据采集单元、音响告警发生装置、主警告灯和主戒备灯等。

### 3.1.2 系统功能

座舱显示系统涵盖电子飞行仪表系统、航空器参数和发动机参数采集显示系统、中央告警系统和任务信息显示系统，具有向驾驶员显示直升机飞行参数、导航信息、发动机参数、直升机系统参数、机组告警信息、自动飞行控制系统信息和任务系统信息的功能，可以向飞行参数记录系统输出采集的数据，可以记录机载系统的故障信息，可以显示并记录飞行历程、发动机故障信息、维护信息和功率检查信息等。座舱显示系统具有系统重构功能，当某一组件发生故障时，向驾驶员提供故障告警，通过显示重构保证必要的信息显示功能和数据处理功能正常运行。

### 3.1.3 主要技术指标

座舱显示系统主要技术参数如下。

(a) 显示器数据运算能力：如 15840DMIPS、9600MFLOPS 等。

(b) 显示器可视显示区域：如 10.4（英寸）等。

(c) 显示器分辨率：如 768×1024 等。

(d) 显示器水平视角：如主要视角±15°，次级视角±30°，外围视角±60°。

(e) 显示器垂直视角：如−5°/+20°。

(f) 显示器启动时间：如<10s。

(g) 系统功耗：如正常 180W，加温状态 235W。

(h) 音响告警音频输出特性：如输入阻抗 1000Ω±10%，额定输入 1～19.95Vrms，差分形式。

（i）系统对外交连接口：ARINC429 输入输出、RS232/422 输入输出、ARINC717 总线、ARINC664 总线、模拟视频输入或数字视频输入、（地/开）离散量输入输出等。

### 3.1.4 发展趋势

座舱显示系统的核心是航电架构，目前国内航空电子系统架构由联合式向综合模块化和高度综合模块化发展，随着分布式样式的发展，正在向开放式架构发展。体系化分布式的核心是集合大范围的、分布在不同空间或域内的航空平台的能力。新一代航电系统为满足其体系化任务需求，要求航空平台的传感器、载荷和任务系统，应可通过大容量、高速、网络实时互联、互通、互操作，实现信息与资源的跨域、跨平台协同与快速重组，未来可实现座舱一体化发展。

## 3.2 重要条款概述

适用于电动旋翼航空器的座舱显示系统的适航验证包含如表 3-1 所示重要条款的符合性验证。

**表 3-1 适航验证重要条款**

| 序号 | 条款编号 | 条款名称 |
|---|---|---|
| 1 | EH. 1321 | 布局和可见度 |
| 2 | EH. 1333 | 仪表系统 |
| 3 | EH. 1337 | 动力装置仪表 |

### 3.2.1 EH.1321 布局和可见度

#### 3.2.1.1 条款原文

3.2.1.1.1 CCAR29.1321 *布局和可见度*

（a）必须使任意驾驶员在其工作位置沿飞行航迹向前观察时，尽可能少偏移正常姿势和视线，即可看清供他使用的每个飞行、导航和动力装置仪表。

（b）对安全运行所必需的每个仪表，包括空速表、陀螺航向指示器、陀螺倾斜俯仰指示器、侧滑指示器、高度表、升降速度表、旋翼转速表和最能反映发动机功率的指示器，必须构成组列，并尽可能集中在驾驶员向前视线所在的垂直平面附近。此外，对于按仪表飞行规则（IFR）批准的旋翼航空器必须符合下列规定：

（Ⅰ）最有效地指示姿态的仪表必须装在仪表板上部中心位置；

（Ⅱ）最有效地指示航向的仪表必须紧靠在姿态仪表的下边；

（Ⅲ）最有效地指示空速的仪表必须紧靠在姿态表的左边；

（Ⅳ）最有效地指示高度或控制高度最经常用的仪表必须紧靠在姿态仪表的右边。

（c）所要求的动力装置仪表，必须在仪表板上紧凑地构成组列。

（d）各发动机使用同样的动力装置仪表时，其位置的安排必须避免混淆每个仪表所对应的发动机。

（e）对旋翼航空器安全运行极端重要的动力装置仪表，必须能被有关机组成员看清。

（f）仪表板的振动不得破坏或降低任何仪表的判读性和精度。

（g）如果装有指出仪表失灵的目视指示器，则该指示器必须在驾驶舱所有可能的照明条件下都有效。

3.2.1.1.2 FAR29.1321 Arrangement and visibility（Amendent 29-55）

（a）Each flight，navigation，and powerplant instrument for use by any pilot must be easily visible to him from his station with the minimum practicable deviation from his normal position and line of vision when he is looking forward along the flight path.

（b）Each instrument necessary for safe operation，including the airspeed indicator，gyroscopic direction indicator，gyroscopic bank-and-pitch indicator，slip-skid indicator，altimeter，rate-of-climb indicator，rotor tachometers，and the indicator most representative of engine power，must be grouped and centered as nearly as practicable about the vertical plane of the pilot's forward vision. In addition，for rotorcraft approved for IFR flight：

（Ⅰ）The instrument that most effectively indicates attitude must be on the panel in the top center position；

（Ⅱ）The instrument that most effectively indicates direction of flight must be adjacent to and directly below the attitude instrument；

（Ⅲ）The instrument that most effectively indicates airspeed must be adjacent to and to the left of the attitude instrument；and

（Ⅳ）The instrument that most effectively indicates altitude or is most frequently utilized in control of altitude must be adjacent to and to the right of the attitude instrument.

（c）Other required powerplant instruments must be closely grouped on the instrument panel.

（d）Identical powerplant instruments for the engines must be located so as to prevent any confusion as to which engine each instrument relates.

（e）Each powerplant instrument vital to safe operation must be plainly visible to appropriate crew members.

（f）Instrument panel vibration may not damage，or impair the readability or accuracy of，any instrument.

（g）If a visual indicator is provided to indicate malfunction of an instrument，it must be effective under all probable cockpit lighting conditions.

3.2.1.1.3 CS29.1321 Arrangement and visibility（Amendment 8）

（a）Each flight，navigation，and powerplant instrument for use by any pilot must be easily visible to him from his station with the minimum practicable deviation from his normal position and line of vision when he is looking forward along the flight path.

（b）Each instrument necessary for safe operation，including the airspeed indicator，gyroscopic direction indicator，gyroscopic bank-and-pitch indicator，slip-skid indicator，altimeter，rate-of-climb indicator，rotor tachometers，and the indicator most representative of engine power，must be grouped and centred as nearly as practicable about the vertical plane of the pilot's forward vision. In addition，for rotorcraft approved for IFR flight：

（Ⅰ）The instrument that most effectively indicates attitude must be on the panel in the top centre position；

（Ⅱ）The instrument that most effectively indicates direction of flight must be adjacent to and directly below the attitude instrument；

(Ⅲ) The instrument that most effectively indicates airspeed must be adjacent to and to the left of the attitude instrument; and

(Ⅳ) The instrument that most effectively indicatesaltitude or is most frequently utilised in control of altitude must be adjacent to and to the right of the attitude instrument.

(c) Other required powerplant instruments must be closely grouped on the instrument panel.

(d) Identical powerplant instruments for the engines must be located so as to prevent any confusion as to which engine each instrument relates.

(e) Each powerplant instrument vital to safe operation must be plainly visible to appropriate crew members.

(f) Instrument panel vibration may not damage, or impair the readability or accuracy of, any instrument.

(g) If a visual indicator is provided to indicate malfunction of an instrument, it must be effective under all probable cockpit lighting conditions.

### 3.2.1.2 条款背景和历史沿革分析

#### 3.2.1.2.1 FAA 相关修正案及背景说明

FAR29.1321 相关的修正案情况如表 3-2 所示。

表 3-2 相关 FAA 修正案

| 序号 | 条款号 | 标题名称 | 修正案 | 生效时间 | 有效性 |
|---|---|---|---|---|---|
| 1 | 29.1321 | Arrangement and visibility | Original Version | 1965.2.1 | 无效 |
| 2 | 29.1321 | Arrangement and visibility | 29-14 | 1977.9.1 | 无效 |
| 3 | 29.1321 | Arrangement and visibility | 29-21 | 1983.3.2 | 有效，与 CCAR-29-R2 现行有效条款等效 |

经对修正案涉及的 NPRM 和 Final Rule 进行分析，情况如下。

(a) 1956 年，美国民用航空委员会 (Civil Aeronautics Board, CAB) 创建了民用航空规章 CARPart7，用于运输类旋翼航空器适航审定，其中 CAR7.611 提出了对仪表安装的布局和可见度的要求。

(b) FAA 于 1961 年、1964 年先后发布 NPRM61-25 及 NPRM64-30，提出依据原有 CAR7 重新编排制定 FAR29 的建议，在 NPRM64-30 中，FAA 建议将原有的 CAR7.611 重新修订为 FAR29 部针对仪表安装的布局和可见度的条款。

FAA 在 Final Rule 5084 (1964 年 12 月 3 日) 中正式发布了 FAR29 修正案 0 (Original Version) (1965 年 2 月 1 日)，此修正案在基于 NPRM64-30 提出的对 CAR7.611 修订建议的基础上，对其进行了进一步的修订。最终修订结果是原有的 CAR7.611 被修订为针对仪表安装的布局和可见度的 FAR29.1321 条款，条款名改为布局和可见度。

此次修订没有对原适航要求进行实质性更改，仅是简化、规范了用语，统一了规章格式，其安全要求和技术内涵与原 CAR7 规章要求一致。

(c) 1975 年 5 月 19 日，FAA 发布 NPRM75-23 (Airworthiness Review Program, Notice No.5: Equipment and Systems Proposals)，建议修订 FAR29 以更新和改进适用于飞机设备和系统的适航标准，并对运行规则做出相关更改。该提案建议修订 29.1321(a) 以及增加 29.1321(e)。29.1321(a) 中现行的能见度要求仅适用于飞行、导航和动力装置仪表，因为其他设备可能是为了在飞行中使用，飞行员可能会因为看这些设备的头部运动而产生眩晕，所以需要考虑飞行中使用的所有视觉指示器的位置。29. 1321(e) 要求考虑所有可能的驾驶舱照明条件，以保证所需的故障指示器的能见度。FAA 考虑了该提案是否应该仅适用于所需的故障指示器或所有指示器，并认为如果已为机组人员提供了故障指示器，那在所有驾驶舱照明条件下都应有效。

1977 年 7 月 11 日，FAA 发布 Final Rule 14625（Airworthiness Review Program，Amendment No. 5；Equipment and Systems Amendments），撤回了对 29. 1321(a) 修订的建议，因为该修订建议只考虑到对飞行安全很关键的仪表，并没有充分考虑在飞行期间不经常检测的仪表；同时对于旋翼机来说，安装仪表的空间也是极为有限的。

1977 年 9 月 1 日，FAA 通过修正案 29-14 增加了 29. 1321(g)。

(d) 1980 年 12 月 15 日，FAA 发布 NPRM80-25（Rotocraft Regulatory Review Program Notice No. 1），建议增加旋翼机适航标准，更新仪表飞行规则（IFR）审定和防冰审定方面的现有标准。该提案建议将 29. 1321(b) 参照 25. 1321(b) 进行修订，将 5 英寸显示器作为姿态仪表的最小尺寸，29. 1303 条要求的所有仪表都应列入 29. 1321(b) 要求，并将“歧管压力指示器”改为“发动机功率最具代表性的指示器”

1983 年 1 月 6 日，FAA 发布 Final Rule 21180（Rotocraft Regulatory Review Program Amendment No. 1)，决定按照之前的提议对 29. 1321(b) 进行修订。

1983 年 3 月 2 日，FAA 通过修正案 29-21 对 29. 1321(b) 完成了相关修订。

#### 3. 2. 1. 2. 2　CS29 对应条款背景和历史沿革分析

CS29. 1321 相关的修正案情况如表 3-3 所示。

表 3-3　相关 EASA 修正案

| 条款号 | 标题名称 | 修正案 | 生效时间 | 现行有效 |
|---|---|---|---|---|
| 29. 1321 | Arrangement and visibility | Initial Issue | 2003. 11. 14 | 是，与 CCAR-29-R2 现行有效条款对应 |

2003 年 11 月 14 日，EASA 首次发布 CS29 Initial，29. 1321 条对应 FAR 修正案 29-21。至今，未做修订。

#### 3. 2. 1. 2. 3　规章差异分析

29. 1321 条对应关系如表 3-4 所示。

表 3-4　29. 1321 条对应关系

| 序号 | CCAR29 | FAR29 | CS29 |
|---|---|---|---|
| 1 | CCAR-29 初版，29. 1321 | FAR29，修正案 29-21，29. 1321 | CS29 Initial，29. 1321 |
| 2 | CCAR-29-R1，29. 1321 | FAR29，修正案 29-21，29. 1321 | CS29 Initial，29. 1321 |
| 3 | CCAR-29-R2，29. 1321 | FAR29，修正案 29-21，29. 1321 | CS29 Initial，29. 1321 |

##### 3. 2. 1. 2. 3. 1　FAR29 第 21 修正案与 CS29 Initial 规章差异

FAR29 第 21 修正案与 CS29 Initial 无差异。

##### 3. 2. 1. 2. 3. 2　CCAR-29-R2 与 FAR 第 52 修正案规章差异

我国现行有效的 CCAR-29-R2 中的 29. 1321 条与 FAR 第 21 修正案中的 29. 1321 条的内容一致。

### 3.2.2 EH.1333 仪表系统

#### 3.2.2.1 条款原文

3.2.2.1.1 CCAR29.1333 仪表系统

各驾驶员工作位置处的飞行仪表，其工作系统采用下列规定：

(a) 只有正驾驶员需要的飞行仪表才能连接到正驾驶员的工作系统中。

(b) 设备、系统和安装必须设计成，当发生任何单个故障或故障组合后（如未表明其概率极小），无须增加机组成员的动作，仍能保留一组可供驾驶员使用的、由仪表提供的、对飞行安全必不可少的信息显示（包括姿态、航向、空速和高度）。

(c) 附加的仪表、系统或设备不得连接到副驾驶员工作的系统上，除非有措施保证，附加的仪表、系统或设备发生任一失灵后（如未表明其概率极小），所要求的飞行仪表仍能继续正常工作。该颜色要足以同本条（a）～（c）规定的颜色相区别，以避免可能的混淆。

3.2.2.1.2 FAR29.1321 Instrument systems (Amendment 29-59)

For systems that operate the required flight instruments which are located at each pilot's station, the following apply:

(a) For pneumatic systems, only the required flight instruments for the first pilot may be connected to that operating system.

(b) The equipment, systems, and installations must be designed so that one display of the information essential to the safety of flight which is provided by the flight instruments remains available to a pilot, without additional crew member action, after any single failure or combination of failures that are not shown to be extremely improbable.

(c) Additional instruments, systems, or equipment may not be connected to the operating system for a second pilot unless provisions are made to ensure the continued normal functioning of the required flight instruments in the event of any malfunction of the additional instruments, systems, or equipment which is not shown to be extremely improbable.

3.2.2.1.3 CS29.1333 Instrument systems (Amendment 8)

For systems that operate the required flight instruments which are located at each pilot's station, the following apply:

(a) Only the required flight instruments for the first pilot may be connected to that operating system.

(b) The equipment, systems, and installations must be designed so that one display of the information essential to the safety of flight which is provided by the flight instruments remains available to a pilot, without additional crew member action, after any single failure or combination of failures that are not shown to be extremely improbable.

(c) Additional instruments, systems, or equipment may not be connected to the operating system for a second pilot unless provisions are made to ensure the continued normal functioning of the required flight instruments in the event of any malfunction of the additional instruments, systems, or equipment which is not shown to be extremely improbable.

#### 3.2.2.2 条款背景和历史沿革分析

3.2.2.2.1 FAA 相关修正案及背景说明

FAR29.1333 相关的修正案情况如表 3-5 所示。

表 3-5 相关 FAA 修正案

| 序号 | 条款号 | 标题名称 | 修正案 | 生效时间 | 有效性 |
|---|---|---|---|---|---|
| 1 | 29. 1333 | Instrument systems | Original Version | 1965. 2. 1 | 无效 |
| 2 | 29. 1333 | Instrument systems | 29-24 | 1984. 12. 6 | 无效，与 CCAR-29-R2 现行有效条款等效 |
| 3 | 29. 1333 | Instrument systems | 29-59 | 2023. 4. 11 | 有效 |

经对修正案涉及的 NPRM 和 Final Rule 进行分析，情况如下。

(a) 1956 年，美国民用航空委员会（Civil Aeronautics Board，CAB）创建了民用航空规章 CARPart7，用于运输类旋翼航空器适航审定，其中 CAR7. 612(f) 提出了对仪表系统的要求。

(b) FAA 于 1961 年、1964 年先后发布 NPRM61-25 及 NPRM64-30，提出依据原有 CAR7 重新编排制定 FAR29 的建议，在 NPRM64-30 中，FAA 建议将原有的 CAR7. 612(f) 重新修订为 FAR29 部针对仪表系统的条款。

FAA 在 Final Rule 5084（1964 年 12 月 3 日）中正式发布了 FAR29 修正案 0（Original Version）（1965 年 2 月 1 日），此修正案在基于 NPRM64-30 提出的对 CAR7. 612(f) 修订建议的基础上，对其进行了进一步的修订。最终修订结果是原有的 CAR7. 612(f) 被修订为针对仪表系统的 FAR29. 1333 条款。

此次修订没有对原适航要求进行实质性更改，仅是简化、规范了用语，统一了规章格式，其安全要求和技术内涵与原 CAR7 规章要求一致。

(c) 1982 年 4 月 29 日，FAA 发布 NPRM82-12（Rotorcraft Regulatory ReviewProgram Notice Number 2），建议采用新的或修订的旋翼机适航性、运行和维护的标准。提案建议修订对仪表系统的要求，以反映运输类旋翼机在目前经常面临的极端运行环境中安全运行所需的可用、已使用和必要的仪表日益复杂化；建议通过修订 29. 1333 条，使之与 25. 1333 条实质上相同，从而提高运输类旋翼机仪表系统的安全水平；建议放宽 29. 1333(a) 的要求，允许将额外的设备连接到机长的飞行仪表上；建议机长的仪表系统（或在已批准的只有单一飞行员的旋翼机上的仪表系统）不能因为外部系统连接到其上而降级，此外设备不能连接到副驾驶的仪表系统，除非这种设备的失效极不可能影响到该系统。

1984 年 8 月 14 日，FAA 发布 Final Rule 23266（Rotorcraft Regulatory Review Program; Amendment No. 2），之前的修订提案均获得通过。

1984 年 12 月 6 日，FAA 通过修正案 29-24 修订了 29. 1333 条。

(d) 2017 年 11 月 1 日，FAA 发布 NPRM2017-23360，建议修订 FAR29，以减轻申请人的负担。拟议的改动将减少或消除目前旋翼航空器审定所需的某些专用条件。

目前，29. 1333 条要求将驾驶员仪表系统与其他操作系统隔离。在最初颁布规章时，这些系统是联合式的，其他系统的故障会导致驾驶员仪表系统出现故障的可能性，驾驶员仪表系统的物理独立性防止了其受到其他操作系统的损害。不过随着微处理器技术的采用以及复杂和高度集成系统的发展趋势，对物理独立性的要求已不再合适。因此，该 NPRM 建议修订 29. 1333(a) 以及附录 B，将需要物理独立于正驾驶员仪表系统的其他系统限制为气动系统。2023 年 2 月 10 日，FAA 发布 Final Rule 2023-02771，通过了修订提案。

2023 年 4 月 11 日，FAA 通过修正案 29-59 对 29. 1333 条进行了相应修订。

3. 2. 2. 2. 2 EASA 相关修正案及背景说明

CS29. 1333 相关的修正案情况如表 3-6 所示。

表 3-6 相关 EASA 修正案

| 条款号 | 标题名称 | 修正案 | 生效时间 | 现行有效 |
|---|---|---|---|---|
| 29. 1333 | Instrument systems | Initial Issue | 2003. 11. 14 | 是，与 CCAR-29-R2 现行有效条款等效 |

2003 年 11 月 14 日，EASA 首次发布 CS29 Initial，29. 1333 条款对应 FAR 修正案 29-24。

3. 2. 2. 2. 3 规章差异分析

29. 1333 条对应关系见表 3-7。

表 3-7 29. 1333 条对应关系

| 序号 | CCAR29 | FAR29 | CS29 |
|---|---|---|---|
| 1 | CCAR-29 初版，29. 1333 | FAR29，修正案 29-24，29. 1333 | CS29 Initial，29. 1333 |
| 2 | CCAR-29-R1，29. 1333 | FAR29，修正案 29-24，29. 1333 | CS29 Initial，29. 1333 |
| 3 | CCAR-29-R2，29. 1333 | FAR29，修正案 29-24，29. 1333 | CS29 Initial，29. 1333 |

3. 2. 2. 2. 3. 1 FAR29 第 24 修正案与 CS29 Initial 规章差异

FAR29 第 24 修正案与 CS29 Initial 无差异。

3. 2. 2. 2. 3. 2 CCAR-29-R2 与 FAR 第 24 修正案规章差异

我国现行有效的 CCAR-29-R2 中的 29. 1333 条与 FAR 第 24 修正案中的 29. 1333 条的内容一致。

### 3.2.2.3 条款的发展方向

FAA 通过 FAR29-59 号修正案对 29. 1333 进行了修订，以减少或消除目前旋翼航空器审定所需的某些专用条件，允许使用现代集成系统来监测和显示旋翼航空器高度集成的信息。CCAR29. 1333 条款亦将进行相应修订。

## 3.2.3 EH.1337 动力装置仪表

### 3.2.3.1 条款原文

3. 2. 3. 1. 1 CCAR29. 1337 动力装置仪表

(a) 仪表和仪表管路。

(Ⅰ) 动力装置和辅助动力装置仪表的每根管路必须满足第 29. 993 条和第 29. 1183 条的要求。

(Ⅱ) 每根装有充压可燃液体的管路必须符合下列规定：(ⅰ) 在压力源处有限流孔或其他安全装置，以防管路破损时逸出过多的液体；(ⅱ) 管路的安装和布置要使液体的逸出不会造成危险。

(Ⅲ) 使用可燃液体的每个动力装置和辅助动力装置仪表，其安装和布置必须使液体的逸出不会造成危险。

(b) 燃油油量表必须装有指示装置，以便向飞行机组成员指示飞行中每个油箱内可用燃油油量，单位为升，或者当量单位。此外，还必须符合下列规定：

(Ⅰ) 每个燃油油量表必须经过校准，使得在平飞过程中当油箱内剩余燃油量等于按

29.959条确定的不可用燃油量时，其读数为“零”；

（Ⅱ）当两个或两个以上油箱靠重力供油系统紧密连通并且是通气的，以及不可能分别由每个油箱供油时，则必须至少装一个燃油油量表；

（Ⅲ）出口和空间都互通的若干油箱可以视为一个油箱而不必分别设置指示器；

（Ⅳ）每个用作燃油油量表的外露式目视油量计必须加以防护，以免损坏。

（c）如果装有燃油流量指示系统，则每个测量部件必须具有在该部件发生故障而严重限制燃油流动时能供油的旁路装置。

（d）滑油油量指示器必须有油尺或等效装置，以指示下列组件的滑油量：

（Ⅰ）每个滑油箱；

（Ⅱ）每个减速器。

（e）使用铁磁材料的旋翼传动系统和减速器必须装有金属屑磁性探测器，以指示因减速器内部损坏或过度磨损所造成的铁磁颗粒的出现。每个铁屑探测器必须：

（Ⅰ）设计成能够向29.1305(a)(ⅩⅦ)要求的指示器提供信号；

（Ⅱ）有措施使机组成员在飞行中检查每个探测器的电路和信号功能。

3.2.3.1.2 FAR29.1337 Powerplant instruments（Amendment 29-26）

(a) Instruments and instrument lines.

（Ⅰ）Each powerplant and auxiliary power unit instrument line must meet the requirements of Secs. 29.993 and 29.1183.

（Ⅱ）Each line carrying flammable fluids under pressure must：

（ⅰ）Have restricting orifices or other safety devices at the source of pressure to prevent the escape of excessive fluid if the line fails；and

（ⅱ）Be installed and located so that the escape of fluids would not create a hazard.

（Ⅲ）Each powerplant and auxiliary power unit instrument that utilizes flammable fluids must be installed and located so that the escape of fluid would not create a hazard.

(b) Fuel quantity indicator. There must be means to indicate to the flight crewmembers the quantity，in gallons or equivalent units，or usable fuel in each tank during flight. In addition：

（Ⅰ）Each fuel quantity indicator must be calibrated to read "zero" during level flight when the quantity of fuel remaining in the tank is equal to the unusable fuel supply determined under Sec. 29.959；

（Ⅱ）When two or more tanks are closely interconnected by a gravity feed system and vented，and when it is impossible to feed from each tank separately，at least one fuel quantity indicator must be installed；

（Ⅲ）Tanks with interconnected outlets and airspaces may be treated as one tank and need not have separate indicators；and

（Ⅳ）Each exposed sight gauge used as a fuel quantity indicator must be protected against damage.

(c) Fuel flowmeter system. If a fuel flowmeter system is installed，each metering component must have a means for bypassing the fuel supply if malfunction of that component severely restricts fuel flow.

(d) Oil quantity indicator. There must be a stick gauge or equivalent means to indicate the quantity of oil：

(Ⅰ) In each tank, and

(Ⅱ) In each transmission gearbox.

(e) Rotor drive system transmissions and gearboxes utilizing ferromagnetic materials must be equipped with chip detectors designed to indicate the presence of ferromagnetic particles resulting from damage or excessive wear within the transmission or gearbox. Each chip detector must:

(Ⅰ) Be designed to provide a signal to the indicator required by Sec. 29. 1305 (a) (XXII); and

(Ⅱ) Be provided with a means to allow crewmembers to check, in flight, the function of each detector electrical circuit and signal.

3. 2. 3. 1. 3 CS29. 1337 Powerplant instruments (Amendment 10)

(a) Instruments and instrument lines

(Ⅰ) Each powerplant and auxiliary power unit instrument line must meet the requirements of CS29. 993 and 29. 1183.

(Ⅱ) Each line carrying flammable fluids under pressure must:

(ⅰ) Have restricting orifices or other safety devices at the source of pressure to prevent the escape of excessive fluid if the line fails; and

(ⅱ) Be installed and located so that the escape of fluids would not create a hazard.

(Ⅲ) Each power plant and auxiliary power unit instrument that utilises flammable fluids must be installed and located so that the escape of fluid would not create a hazard.

(b) Fuel quantity indicator. There must be means to indicate to the flight-crew members the quantity, in US-gallons or equivalent units, of usable fuel in each tank during flight. In addition:

(Ⅰ) Each fuel quantity indicator must be calibrated to read 'zero' during level flight when the quantity of fuel remaining in the tank is equal to the unusable fuel supply determined under CS29. 959;

(Ⅱ) When two or more tanks are closely interconnected by a gravity feed system and vented, and when it is impossible to feed from each tank separately, at least one fuel quantity indicator must be installed;

(Ⅲ) Tanks with interconnected outlets and airspaces may be treated as one tank and need not have separate indicators; and

(Ⅳ) Each exposed sight gauge used as a fuel quantity indicator must be protected against damage.

(c) Fuel flowmeter system. If a fuel flowmeter system is installed, each metering component must have a means for bypassing the fuel supply if malfunction of that component severely restricts fuel flow.

(d) Oil quantity indicator. There must be a stick gauge or equivalent means to indicate the quantity of oil:

(Ⅰ) In each tank; and

(Ⅱ) In each transmission gearbox.

(e) Chip detection system. Rotor drive system transmissions and gearboxes utilising ferromagnetic materials must be equipped with chip detection systems designed and demonstrated to effectively indicate the presence of ferromagnetic particles resulting from damage or excessive wear within the transmission or gearbox. Each chip detection system must:

(Ⅰ) Be designed to provide a signal to the warning or caution devices in accordance with CS29.1305(a)(ⅩⅧ); and

(Ⅱ) Be provided with a means to allow crew members to check or to be informed of, in flight, whether the electrical circuit of the chip detection system function correctly.

### 3.2.3.2 条款背景和历史沿革分析

#### 3.2.3.2.1 FAA相关修正案及背景说明

FAR29.1337相关的修正案情况如表3-8所示。

表3-8 FAR29.1337相关的修正案情况

| 序号 | 条款号 | 标题名称 | 修正案 | 生效时间 | 有效性 |
|---|---|---|---|---|---|
| 1 | 29.1337 | Powerplant instruments | | 1965.2.1 | 无效 |
| 2 | 29.1337 | Powerplant instruments | 29-13 | 1977.5.2 | 无效 |
| 3 | 29.1337 | Powerplant instruments | 29-26 | 1988.10.3 | 有效，与CCAR-29-R2现行有效条款等效 |

经对修正案涉及的NPRM和Final Rule进行分析，情况如下。

(a) 1956年，美国民用航空委员会（Civil Aeronautics Board, CAB）创建了民用航空规章CARPart7，用于运输类旋翼航空器适航审定，其中CAR7.613提出了对动力装置仪表的要求。

(b) FAA于1961年、1964年先后发布NPRM61-25及NPRM64-30，提出依据原有CAR7重新编排制定FAR29的建议，在NPRM64-30中，FAA建议将原有的CAR7.613重新修订为FAR29部针对飞行和导航仪表的条款。

FAA在Final Rule 5084（1964年12月3日）中正式发布了FAR29修正案0（Original Version）（1965年2月1日），此修正案在基于NPRM64-30提出的对CAR7.613修订建议的基础上，对其进行了进一步的修订。最终修订结果是原有的CAR7.613被修订为针对动力装置仪表的FAR29.1337条款。

此次修订没有对原适航要求进行实质性更改，仅是简化、规范了用语，统一了规章格式，其安全要求和技术内涵与原CAR7规章要求一致。

(c) 1975年2月27日，FAA发布NPRM75-10（Airworthiness Review Program, Notice Number 2; Miscellaneous Proposals），考虑修订FAR29以更新和改进适用于航空发动机和螺旋桨的适航标准，并对运行规则做出相关更改。该提案建议修订25.1337(a)，明确25.993条和25.1183条的规定适用于辅助动力系统，该提案同样建议修订29.1337（a）条，使之与25.1337（a）要求一致。

1975年5月13日，FAA发布NPRM75-19（Airworthiness Review Program, Notice No. 3: Powerplant Proposals），考虑修订FAR29以更新和改进适用于航空发动机和螺旋桨的适航标准，并对运行规则做出相关更改。动力装置仪表及仪表管路有时使用易燃液体。该提案要求安装和定位这些仪表及管路，以便液体的泄漏不会造成危险。

1977年3月10日，FAA发布Final Rule 14606和14324（Airworthiness Review Program），采纳29.1337条修订建议。

1977年5月2日，FAA通过修正案29-13修订了29.1337条。

(d) 1984年10月10日，FAA发布NPRM84-19（Airworthiness Standards; Rotorcraft

Regulatory Review Program Notice No. 3)，建议增加 29. 1337（e），要求旋翼航空器减速器需有金属屑探测系统，检测铁磁颗粒并向飞行员发出信号。这项提案是为了向飞行员提供减速器的失效预警，如小的金属碎片或碎片可能从过载的齿轮、轴承或其他部件上脱落。FAA 认识到并非所有的失效都能被探测器检测到。因此，建议的规则不包括广泛的性能要求。这些装置在有效提高旋翼航空器安全方面是一种相对廉价的方法。

1988 年 8 月 26 日，FAA 发布 Final Rule 24337（Rotorcraft Regulatory Review Program），采纳修订 29. 1337 条的建议。

1988 年 10 月 3 日，FAA 通过修正案 29-26 对 29. 1337 条进行修订。

3. 2. 3. 2. 2 EASA 相关修正案及背景说明

CS29. 1337 相关的修正案情况如表 3-9 所示。

表 3-9 CS29. 1337 相关的修正案情况

| 序号 | 条款号 | 标题名称 | 修正案 | 生效时间 | 有效性 |
|---|---|---|---|---|---|
| 1 | 29. 1337 | Powerplant instruments | Initial Issue | 2003. 11. 14 | 无效 |
| 2 | 29. 1337 | Powerplant instruments | Amendment 10 | 2021. 12. 17 | 与 CCAR-29-R2 现行有效条款等效 |

2003 年 11 月 14 日，EASA 首次发布 CS29 Initial，29. 1337 条对应 FAR 修正案 29-24。

2021 年 12 月 17 日，EASA 通过 Amendment 10 对 29. 1337 条进行修订。CS-29 amendment 10 对 29. 1337(e) 金属屑探测的相关要求进行了修订，明确了应表明金属屑探测告警的有效性，并补充了关于金属屑探测告警有效性的相关符合性验证方法（AMC）和指导材料（GM），以确保在旋翼航空器上安装的金属屑探测系统对传动系统损坏或过度磨损的监控或预判能力达到可接受的最低水平。

3. 2. 3. 2. 3 规章差异分析

29. 1337 条款对应关系如表 3-10 所示。

表 3-10 29. 1337 条款对应关系

| 序号 | CCAR29 | FAR29 | CS29 |
|---|---|---|---|
| 1 | CCAR-29 初版，29. 1337 | FAR29，修正案 29-13，29. 1337 | 无 |
| 2 | CCAR-29-R1，29. 1337 | FAR29，修正案 29-26，29. 1337 | 无 |
| 3 | CCAR-29-R2，29. 1337 | FAR29，修正案 29-26，29. 1337 | CS29 Initial，29. 1337 |
| 4 | CCAR-29-R2，29. 1337 | FAR29，修正案 29-26，29. 1337 | CS29 Amendment 10，29. 1337 |

3. 2. 3. 2. 3. 1 FAR29 第 26 修正案与 CS29 Initial 规章和 CSAmendment 10 差异

FAR29 第 26 修正案与 CS29 Initial 在具体要求上并无差异，只是引用的条款号有些许差异。

EASA 在 CSAmendment 10 中提出了金属屑探测有效性的要求，FAA 暂无相关要求。

3. 2. 3. 2. 3. 2 CCAR-29-R2 与 FAR29 第 26 修正案规章差异

我国现行有效的 CCAR-29-R2 中的 29. 1337 条与 FAR29 第 26 修正案中的 29. 1337 条的内容无差异。

### 3.2.3.3 条款的发展方向

CCAR29. 1337(e) 中存在引用条款错误，29. 1337(e)(Ⅰ) 中“设计成能够向 29. 1305(a)(XXII) 要求的指示器提供信号”，应为“29. 1305(a)(XXIII)”，CAAC 计划修订对其进行

改正。

EASA 通过 CSAmendment 10 提出了金属屑探测有效性的要求，并提出了相应的符合性验证方法（AMC）。目前，金属屑探测有效性还未在国内型号中实践过。

## 3.3 符合性验证思路

### 3.3.1 EH.1321 布局和可见度

符合性说明应说明每个仪表的布局情况；或当采用电子显示器时，说明各参数显示的布局情况。

用图纸表明仪表的安装位置符合条款布局要求。

进行地面试验，通过各系统地面试验大纲和报告表明：仪表的布局和可见度满足条款要求。

进行飞行试验，通过各系统飞行试验大纲和报告表明：仪表板的振动特性满足条款要求，仪表上的警告旗或故障指示器在各种照明的组合情况下满足条款要求，同时仪表的布局和可见度满足条款要求。

进行航空器检查，通过航空器检查试验大纲和报告表明：驾驶员对每个他使用的飞行、导航和动力装置仪表的布局和可见度均能满足条款要求。

### 3.3.2 EH.1333 仪表系统

通过符合性说明和图纸表明相关系统（包括姿态、航向、空速和高度等）构型、配置、安装和连接应符合条款的要求。对于连接到正、副驾驶员的系统应说明其故障时对飞行仪表的影响。当发生单个故障或故障组合后，应说明驾驶员的处置方法。

### 3.3.3 EH.1337 动力装置仪表

符合性说明应说明动力装置仪表的组成、功能、工作原理等，并详细说明：

（a）防止装有充压可燃液体的管路破损时逸出过多液体的安全措施；

（b）管路的安装和布置能够避免液体逸出造成危险；

（c）燃油量的指示单位与指示原理说明；

（d）燃油箱设计的连通情况说明；

（e）油量标校方法或程序；

（f）暴露于机体外的油量传感器的保护措施；

（g）燃油流量计的故障对于燃油流量的影响，以及严重限制燃油流量时的旁通设计；

（h）滑油油量的指示设计说明，并详细说明每个滑油箱与每个减速器的指示情况；

（i）金属屑探测器的安装位置与探测原理，详细说明飞行中机组如何进行操作测试金属屑探测线路与指示。

用图纸表明条款要求的设备或组件的安装情况。

设备的试验室试验大纲和报告应表明：包含管路的动力装置和辅助动力装置仪表在 29. 993 条要求的使用环境下可实现其功能。

地面试验大纲和报告表明下列功能试验的结果，试验内容包括但不限于：

（a）油量测量系统经过标校，在平飞过程中，当油箱内剩余燃油量等于按第 29. 959 条确定的不可用燃油量时，为测量系统的零点。

(b) 当不能通过说明性文件表明燃油测量部件发生故障也不会严重限制燃油流量时，应当设计有旁通装置，并进行地面试验，表明旁通装置能够满足发动机供油需求。

(c) 能够在飞行中由机组进行操作，检查金属屑探测线路与指示。

航空器检查试验大纲和报告应表明动力装置仪表安装了条款要求的设备或组件。

# 3.4 条款解析

## 3.4.1 EH.1321 布局和可见度

### 3.4.1.1 条款安全意图和实质要求分析

#### 3.4.1.1.1 条款安全意图

本条是有关仪表安装一系列要求的第一部分，给出了仪表布局和可见度的具体要求，同时对仪表板的振动情况给出了相应要求。

#### 3.4.1.1.2 条款实质要求

仪表的位置和布局应该使飞行员能够在不移动头部的情况下看到关键信息，并且不会受到不必要的干扰。仪表相对于飞行员座椅的位置和布局的设计，应适应身高为 5 英尺 2 英寸到 6 英尺的飞行员。

#### 3.4.1.1.3 条款关键点分析

29. 1321(a) 是对驾驶员使用的每个飞行、导航和动力装置仪表的位置布局和可见度提出的最基本的要求。对于按 VFR 运行审定的旋翼航空器，其飞行、导航和动力装置仪表应布置成使驾驶员和副驾驶员（假如也是必要的机组成员）在正常就座时能容易看到和判读仪表。另外，这些仪表的布置应有必要使驾驶员头部的转动最小。凡是安全运行所必需的仪表，包括空速表、陀螺航向指示器、陀螺倾斜和俯仰指示器、侧滑指示器、高度表、爬升率指示器、旋翼转速表，以及最有代表性的发动机功率表，都应直接安装在驾驶员的正前方。

29. 1321(b) 给出了对安全运行所必需的每个仪表的具体名称和类型，同时对这些仪表的布局给出了具体的要求，要求其布局必须在仪表板上构成组列，并尽可能集中在驾驶员向前视线所在的垂直平面附近。此外，对于按仪表飞行规则（IFR）批准的旋翼航空器给出了(b)(Ⅰ)、(b)(Ⅱ)、(b)(Ⅲ)、(b)(Ⅳ) 规范每个仪表具体的安装位置，即需要满足“基本 T 布局”。无论是用传统的机电式仪表，还是用电子显示器，都需满足基本 T 形布局的要求。基本 T 形布局如下所示。

空速—姿态—高度<br>航向

29. 1321(c) 是对所要求的动力装置仪表位置布局提出的总体的要求，要求其布局必须在仪表板上紧凑地构成组列。

29. 1321(d) 对各发动机使用同样的动力装置仪表时给出了具体的位置布局要求，要求每个仪表的安装位置必须能够明确该仪表所对应的发动机。通常，将这些发动机仪表布置在仪表板中间，同一个发动机的参数都垂直排列，不同发动机的同一参数根据发动机位置水平排列对齐。

29. 1321(e) 对旋翼航空器安全运行极端重要的动力装置仪表，如发动机功率指示装置、燃气涡轮转速表、涡轮燃气温度表等，给出了位置布局和可见度要求，要求其安装位置必须能被有关机组成员看清。

29.1321(f) 对仪表板的振动情况给出了要求，应通过评定来确定仪表板的振动不超过仪表的容限。仪表制造厂商通常会提供一些数据，以指明仪表鉴定时的振动水平。旋翼航空器的飞行试验评定应考察并确定仪表板的振动不会影响仪表的可读性。为了满足这两条准则，必须在某些安装中加装"减振装置"，否则就使仪表板隔振。

29.1321(g) 对指出仪表失灵的目视指示器提出了可见度的要求，对于所有的显示构型，要考虑所有可预期的照明条件。应确定对经批准的各种运行类型在各种照明的组合情况下，仪表上的警告旗或故障指示器是容易看见的。

#### 3.4.1.2 专用术语

3.4.1.2.1 *仪表飞行规则* Instrument Flight Rules（IFR）

仪表飞行是完全或者部分地按照航行驾驶仪表，判定航空器飞行状态及其位置的飞行。

必须按照 IFR 飞行：

(a) IMC（低于目视气象条件）；

(b) 云层、云裳目视气象条件；

(c) 夜间飞行；

(d) 高度 6000m 以上；

(e) 必须具有姿态指引、高度指示、位置判断和时钟等设备。

3.4.1.2.2 *目视飞行规则* Visual Flight Rules（VFR）

目视飞行规则指在可见天地线和地标的条件下，能够判明航空器飞行状态和目视判定方位的飞行。

(a) 起落航线飞行（不限速）；

(b) 昼间，飞行高度 6000m 以下；

(c) 巡航表速不大于 250km/h；

(d) 通用航空在作业区的飞行；

(e) 执行通用航空任务调机到临时机场的飞行；

(f) 特定目视航线上的飞行（不限速）。

### 3.4.2 EH.1333 仪表系统

#### 3.4.2.1 条款安全意图

由于可用的、正在使用的以及必需的仪表复杂性的增加，而更合理地考虑旋翼航空器目前日常的运行中所遇到的极端工作环境范围。

#### 3.4.2.2 条款实质要求

本条款的目的是要防止正驾驶员的仪表系统或唯一的驾驶员仪表系统（指批准的单驾驶旋翼航空器而言）的性能降级，其办法是不允许外围系统同它交连。此外，也不得将设备连接到副驾驶员所需仪表的操作系统上，除非认为这种附加设备故障对其工作系统有影响的概率是极不可能发生的。

#### 3.4.2.3 条款关键点分析

29.1333(a) 是正驾驶飞行员需要的仪表连接需求。类似的条款，也包含在第 29 部分和附录中。

29.1333(b) 是对最低飞行安全需要的仪表的要求。类似的条款，也包含在第 29 部分和附录中。

29.1333(c) 是对连接在副驾驶位上的附加仪表的要求。类似的条款，也包含在第 29 部分和附录 B 中。

随着航空电子系统中对微处理器技术使用量的增加，使得用计算机生成的图像来代替传统的机电仪器。这些显示器可以取代单个的仪表或将几个飞行关键参数整合到一个显示中。为了显示冗余信息，允许驾驶员与副驾驶员显示之间的“串扰”和支持系统提供故障检测和报警，或关键飞行信息的“不匹配”通告。通过实施集成技术可能达到与本条款等效的安全水平，并确保一个系统的失效不会对另一个系统产生不利的影响。

## 3.4.3 EH.1337 动力装置仪表

### 3.4.3.1 条款安全意图

本条款是对为保证运输类旋翼航空器飞行安全所必须的动力装置和辅助动力装置仪表及相应的仪表管路、燃油油量表、燃油流量指示系统、滑油油量指示器及金属屑磁性探测器的要求。

### 3.4.3.2 条款实质要求

动力装置和辅助动力装置仪表的每根管路的振动、连接、设计和安装等都应符合 29.993“燃油系统导管和接头”中 (a)至(e) 款的要求。输送可燃液体的每个导管接头和其他组件的耐火、防火和不漏油等都应符合 29.1183“导管、接头、组件”中 (a)(b) 款的要求。

燃油油量表必须装有指示装置，向飞行机组成员指示飞行中每个燃油箱内可用燃油油量。当油箱内剩余燃油量等于不可用燃油量时，燃油油量表的读数应为“零”。油量指示装置可以按可用燃油显示法校准。

燃油流量指示系统、滑油油量指示器、金属屑探测器的设计必须能够满足特定情况下的要求。

### 3.4.3.3 条款关键点分析

(a) 动力装置仪表和仪表管路有时会使用可燃液体，本条要求这些仪表和管路的安装和布置不会使液体溢出而产生危险。目前动力装置和辅助动力装置仪表采用的主流设计都是电子式的，基本已无管路和液体相关的部件，因此本条大多时候并不适用。

(b) 燃油油量表必须指示飞行中每组油箱内可用燃油油量，单位为升，或者当量单位。此外，还必须符合下列规定。

(Ⅰ) 由于旋翼航空器的飞行姿态会很明显地随着重心 (CG) 和空速而变化，因此，需要一种用于校准燃油油量表的标准姿态。另外，还要提供油量表精度校准曲线及其他有关燃油量测量方面的说明。航空器在地面姿态时的油量表读数常被机组用于计算航程、重量与平衡以及实际的总重量。油量表在地面读数期间，在任何方面的重大误差都会导致航空器的运行出现危险。如果在某一姿态下的校准指出油量表读数的不保守误差超过 6%，那就应将校正数据贴在油量表附近，或在其他手册中给出可供机组使用的数据。

(Ⅱ) 当两个或两个以上油箱靠重力供油系统紧密连通并且是通气的，以及不可能分别由每个油箱供油时，则必须至少装一个燃油油量表。

(Ⅲ) 每个用作燃油油量表的外露式目视油量计必须加以防护以免损坏。

(c) 如果装有燃油流量指示系统，则每个测量部件必须具有在该部件发生故障而严重限制燃油流动时能供油的旁路装置。

(d) 滑油油量指示器必须有指示每个油箱内滑油油量的装置：

（Ⅰ）在地面上（包括向每个油箱加油时）；

（Ⅱ）在飞行中，如果装有滑油传输系统或备用滑油供油系统。

(e) 金属屑探测器应：

（Ⅰ）指示在传动轴或减速器内是否存在铁磁微粒；

（Ⅱ）是易拆卸的，以便检查磁性螺塞上是否有金属屑；

（Ⅲ）防止万一金属屑探测器（金属粉末监视器）可卸部分的保险装置出故障时漏失滑油。

## 3.5 符合性验证方法和审查要点

### 3.5.1 EH.1321 布局和可见度

#### 3.5.1.1 国内外符合性验证方法分析

3.5.1.1.1 FAAAC 相关分析

FAR29.1321 相关咨询通告见表 3-11。

表 3-11 FAR29.1321 相关咨询通告

| 咨询通告编号 | 标题名称 | 生效时间 | 有效性 |
|---|---|---|---|
| AC29-2A | Certification of Normal Category Rotorcraft | 1987.9.16 | 无效 |
| AC29-2B | Certification of Normal Category Rotorcraft | 1997.7.30 | 无效 |
| AC29-2C | Certification of Normal Category Rotorcraft | 2018.7.2 | 有效，适用于现有 CCAR-29-R2 |

现行有效的 AC29-2-Chg8 中的 AC29.1321 是适用于我国当前有效的 CCAR29.1321 要求的。

AC29.1321 对 FAR29.1321 进行了详细的解释和说明，表明了条款符合性验证的着眼点。

3.5.1.1.2 FAA 和 EASA 差异分析

根据 CS-29 BOOK2 的规定，现行有效的 CS29.1321 的 AMC 与 FAAAC29-2C-Chg7（2016 年 2 月 4 日）的 AC29.1321 保持一致，FAA AC29-2C-Chg7 与 FAAAC29-2C-Chg8 无差异。

针对此条款要求的符合性验证方法，FAA 与 EASA 无差异。

3.5.1.1.3 经验教训和风险分析

目前美欧等国家有很多已颁证型号证明了其符合 29.1321 条的要求。国内同样具备相关经验，已颁证的 H425-100 型号已完成本条款的符合性验证工作。

由于该条款为相对成熟的条款，因此该条款目前无较大风险。

#### 3.5.1.2 符合性验证工作流程及具体要求

(a) MC1 设计评审。

（Ⅰ）符合性说明文件。符合性说明应：说明每个仪表的布局情况；或当采用电子显示器时，说明各参数显示的布局情况。

（Ⅱ）图纸。用图纸表明仪表的安装位置符合条款布局要求。

(b) MC5 相关产品地面试验。进行地面试验，通过各系统地面试验大纲和报告表明仪表的布局和可见度满足条款要求。

（c）MC6 飞行试验。进行飞行试验，通过各系统飞行试验大纲和报告表明：仪表板的振动特性满足条款要求，仪表上的警告旗或故障指示器在各种照明的组合情况下满足条款要求，同时仪表的布局和可见度满足条款要求。

（d）MC7 工程符合性检查。进行航空器检查，通过航空器检查试验大纲和报告表明：驾驶员对每个他使用的飞行、导航和动力装置仪表的布局和可见度均能满足条款要求。

#### 3.5.1.3 符合性验证资料

符合性验证资料见表 3-12。

表 3-12 29.1321“布局和可见度”的符合性验证资料

| 规章要求 | MOC | 符合性验证资料 |
|---|---|---|
| 29.1321(a) | 1 | 图纸 |
| | 1 | 符合性说明文件 |
| | 6 | 飞行试验大纲和试验报告 |
| | 7 | 航空器检查试验大纲和报告 |
| 29.1321(b) | 1 | 符合性说明文件 |
| | 5 | 地面通电和校正试验大纲及试验报告 |
| | 6 | 飞行试验大纲和试验报告 |
| 29.1321(c) | 1 | 符合性说明文件 |
| | 5 | 地面试验大纲和试验报告 |
| | 6 | 飞行试验大纲和试验报告 |
| 29.1321(d) | 1 | 符合性说明文件 |
| | 5 | 地面试验大纲和试验报告 |
| | 6 | 飞行试验大纲和试验报告 |
| 29.1321(e) | 1 | 符合性说明文件 |
| | 6 | 飞行试验大纲和试验报告 |
| | 7 | 航空器检查试验大纲和报告 |
| 29.1321(f) | 1 | 符合性说明文件 |
| | 6 | 仪表板振动试验大纲和试验报告 |
| 29.1321(g) | 1 | 符合性说明文件 |
| | 5 | 地面试验大纲和试验报告 |
| | 6 | 飞行试验大纲和试验报告 |
| | 7 | 航空器检查试验大纲和报告 |

#### 3.5.1.4 审定要点

审查中需要关注的一般要素和审查重点如下。

（a）安全运行所必需的仪表，包括空速表、陀螺航向指示器、陀螺倾斜和俯仰指示器、侧滑指示器、高度表、爬升率指示器、旋翼转速表以及最有代表性的发动机功率表，应直接安装在驾驶员的正前方。对于按仪表飞行规则（IFR）批准的旋翼航空器，需满足基本 T 形布局要求。对于采用电子显示器代替分立仪表的旋翼航空器，显示器的安装位置和显示器上显示的各参数的布局应满足条款要求，且各参数的显示形式应通过驾驶员的评估。

（b）通常，动力装置仪表应布置在仪表板中间，同一个发动机的参数都垂直排列，不同发动机的同一参数根据发动机位置水平排列对齐。对于采用电子显示器代替分立仪表的旋翼航空器，其动力装置参数的显示形式及布局应满足条款要求。

（c）在各种可能条件下的飞行过程中，仪表板的振动不能超过仪表板上所安装仪表的容限，同时不能影响驾驶员的判读；对于采用电子显示器的旋翼航空器，仪表板的振动不能对显示器造成破坏，同时不能影响驾驶员的判读。需要通过飞行试验验证该项要求，且飞行试验应包含旋翼航空器所有的飞行状态。

(d) 对于仪表上的警告旗或故障指示器，在各种类型的照明组合情况下都能被驾驶员看清。对于采用电子显示器的旋翼航空器，其各类参数或系统的警告器或故障指示器同样需满足条款要求，且显示形式应通过驾驶员的评估。

(e) 对于综合显示系统，应结合人为因素的审查综合评定。

## 3.5.2 EH.1333 仪表系统

### 3.5.2.1 国内外符合性验证方法分析

#### 3.5.2.1.1 FAAAC 相关分析

FAR29.1333 相关咨询通告见表 3-13。

表 3-13 FAR29.1333 相关咨询通告

| 咨询通告编号 | 标题名称 | 生效时间 | 有效性 |
|---|---|---|---|
| AC29-2A | Certification of Normal Category Rotorcraft | 1987.9.16 | 无效 |
| AC29-2B | Certification of Normal Category Rotorcraft | 1997.7.30 | 无效 |
| AC29-2C | Certification of Normal Category Rotorcraft | 2018.7.2 | 有效，适用于现有 CCAR-29-R2 |

现行有效的 AC29-2-Chg8 中的 AC29.1333 是适用于我国当前有效的 CCAR29.1333 要求的。

AC29.1333 对 FAR29.1333 条款进行了详细的解释和说明，表明了条款符合性验证的着眼点。

#### 3.5.2.1.2 FAA 和 EASA 差异分析

根据 CS-29 BOOK2 的规定，现行有效的 CS29.1333 的 AMC 与 FAAAC29-2C-Chg7 (2016 年 2 月 4 日) 的 AC29.1333 保持一致，FAAAC29-2C-Chg7 与 FAAAC29-2C-Chg8 无差异。

针对此条款要求的符合性验证方法，FAA 与 EASA 无差异。

#### 3.5.2.1.3 经验教训和风险分析

目前美欧等国家有很多已颁证型号证明了其符合 29.1333 条的要求。国内同样具备相关经验，已颁证的 H425-100 型号已完成本条款的符合性验证工作。

由于该条款为相对成熟的条款，因此该条款目前无较大风险。

### 3.5.2.2 符合性验证工作流程及具体要求

MC1 设计评审：通过符合性说明和图纸表明相关系统（包括姿态、航向、空速和高度等）构型、配置、安装和连接应符合条款的要求。对于连接到正、副驾驶员的系统，应说明其故障时对飞行仪表的影响。当发生单个故障或故障组合后，应说明驾驶员的处置方法。

(a) 符合性说明。编制符合性说明，该文件中应包括系统的构型、设备组成、设备预期实现的功能、工作原理等。

(b) 图纸。用图纸表明相关系统的安装方法和限制要求（如有）、图示相关系统设备的安装符合对设备安装的限制要求，以及实际安装位置。

### 3.5.2.3 符合性验证资料

符合性资料见表 3-14。

表 3-14 29.1333“仪表系统”的符合性验证资料

| 规章要求 | MOC | 符合性验证资料 |
| --- | --- | --- |
| 29.1333(a) | 1 | 图纸 |
| | 1 | 符合性说明文件 |
| 29.1333(b) | 1 | 图纸 |
| | 1 | 符合性说明文件 |
| 29.1333(c) | 1 | 图纸 |
| | 1 | 符合性说明文件 |

#### 3.5.2.4 审定要点

审查中需要关注的一般要素和审查重点如下。

(a) 飞行仪表的余度设计及信号交连情况。

(b) 交连系统故障对飞行仪表的影响。

(c) 正、副驾驶员飞行仪表的布局。

### 3.5.3 EH.1337 动力装置仪表

#### 3.5.3.1 国内外符合性验证方法分析

##### 3.5.3.1.1 FAAAC 相关分析

FAR29.1337 相关咨询通告见表 3-15。

表 3-15 FAR29.1337 相关咨询通告

| 咨询通告编号 | 标题名称 | 生效时间 | 有效性 |
| --- | --- | --- | --- |
| AC29-2A | Certification of Normal Category Rotorcraft | 1987.9.16 | 无效 |
| AC29-2B | Certification of Normal Category Rotorcraft | 1997.7.30 | 无效 |
| AC29-2C | Certification of Normal Category Rotorcraft | 2018.7.2 | 有效,适用于现有 CCAR-29-R2 |

现行有效的 AC29-2-Chg8 中的 AC29.1337 是适用于我国当前有效的 CCAR29.1337 要求的。AC29.1337 对 FAR29.1337 条款进行了详细的解释和说明，表明了条款的符合性验证的着眼点。

##### 3.5.3.1.2 FAA 和 EASA 差异分析

根据 CS-29 BOOK2 的规定，现行有效的 CS29.1337 的 AMC 与 FAAAC29-2C-Chg7（2016 年 2 月 4 日）的 AC29.1337 保持一致，FAAAC29-2C-Chg7 与 FAAAC29-2C-Chg8 无差异。

针对此条款要求的符合性验证方法，FAA 与 EASA 无差异。

##### 3.5.3.1.3 经验教训和风险分析

目前美欧等国家有很多已颁证型号证明了其符合 29.1337 条的要求。国内同样具备相关经验，已颁证的 H425-100 型号已完成本条款的符合性验证工作。

由于该条款为相对成熟的条款，因此该条款目前无较大风险。

#### 3.5.3.2 符合性验证工作流程及具体要求

(a) MC1 设计评审。本条款说明性文件包括符合性说明、图纸等。

(Ⅰ) 符合性说明。符合性说明应说明动力装置仪表的组成、功能、工作原理等，并详细说明以下几点。

(ⅰ) 防止装有充压可燃液体的管路破损时逸出过多液体的安全措施。

(ⅱ) 管路的安装和布置能够避免液体逸出造成危险。

（ⅲ）燃油量的指示单位与指示原理说明。

（ⅳ）燃油箱设计的连通情况说明。

（Ⅴ）油量标校方法或程序。

（ⅵ）暴露于机体外的油量传感器的保护措施。

（ⅶ）燃油流量计的故障对于燃油流量的影响，以及严重限制燃油流量时的旁通设计。

（ⅷ）滑油油量的指示设计说明，并详细说明每个滑油箱与每个减速器的指示情况。

（ⅸ）金属屑探测器的安装位置与探测原理，详细说明飞行中机组如何进行操作测试金属屑探测线路与指示。

（Ⅱ）图纸。用图纸表明条款要求的设备或组件的安装情况。

（b）MC4 试验室试验。设备的试验室试验大纲和报告应表明：包含管路的动力装置和辅助动力装置仪表在 29. 993 条要求的使用环境下可实现其功能。

（c）MC5 相关产品地面试验。地面试验大纲和报告表明下列功能试验的结果，试验内容包括但不限于：

（Ⅰ）油量测量系统经过标校，在平飞过程中当油箱内剩余燃油量等于按第 29. 959 条确定的不可用燃油量时，为测量系统的零点；

（Ⅱ）当不能通过说明性文件表明燃油测量部件发生故障也不会严重限制燃油流量时，应当设计有旁通装置，并进行地面试验，表明旁通能够满足发动机供油需求；

（Ⅲ）能够在飞行中由机组进行操作检查金属屑探测线路与指示。

（d）MC7 工程符合性检查。航空器检查试验大纲和报告应表明动力装置仪表安装了条款要求的设备或组件。

### 3.5.3.3 符合性验证资料

符合性验证资料见表 3-16。

表 3-16 29. 1337“动力装置仪表”的符合性验证资料

| 规章要求 | MOC | 符合性验证资料 |
|---|---|---|
| 29. 1337(a) | 1<br>1<br>4 | 图纸<br>符合性说明文件<br>试验室试验大纲和报告 |
| 29. 1337(b) | 1<br>1<br>5 | 图纸<br>符合性说明文件<br>地面试验大纲和报告 |
| 29. 1337(c) | 1<br>1<br>5 | 图纸<br>符合性说明文件<br>地面试验大纲和报告 |
| 29. 1337(d) | 1<br>1<br>7 | 图纸<br>符合性说明文件<br>航空器检查试验大纲和报告 |
| 29. 1337(e) | 1<br>1<br>5 | 图纸<br>符合性说明文件<br>地面试验大纲和报告 |

### 3.5.3.4 审定要点

目前，动力装置仪表以电子仪表为主，已少有管路和液体相关的部件，因此如采用此类设计，应当加以关注。

# 第4章

# 大气数据系统

## 4.1 大气数据系统概述

### 4.1.1 系统组成

机上一般安装有两套大气数据系统，每套大气数据系统包含一个大气数据计算机和一个温度传感器，两套系统相互独立、互为备份。

### 4.1.2 系统功能

大气数据系统的主要功能是通过计算机接收全静压系统传送的全压、静压信号以及温度传感器传送的外界大气温度信号，经过解算，以数字总线形式向座舱显示系统、自动飞行控制系统和飞参、GPS、自动应答机等机上其他系统提供精度较高的空速、高度、升降速度、总温、静温等数据。

### 4.1.3 主要技术指标

大气数据计算机符合 CTSO-C106 要求，大气数据计算机精度如下（以民用飞机为例，仅供参考）。

（a）绝对气压高度 $H_p$。

范围：－1500～32806ft。

精度：－1500ft≤$H_p$≤9840ft 时，精度为±20ft；9840ft＜$H_p$≤32806ft 时，精度为±0.2%$|H_p|$。

（b）相对气压高度 $H_c$。

范围：－1500～32806ft。

精度：－1500ft≤$H_c$≤9840ft 时，精度为±27ft；9840ft＜$H_c$≤32806ft 时，精度为0.2%$|H_c|$ | 7ft。

（c）指示空速$v_i$。

范围：0～221kt。

精度：$v_i$≤11kt 时精度不考核，$v_i$置为 0kt；11kt<$v_i$≤22kt 时，精度为±4. 1kt；22kt<$v_i$≤108kt 时，精度为±2. 1kt；108kt<$v_i$≤221kt 时，精度为±1. 6kt。

(d) 真空速$v_t$。

范围：0～221kt。

精度：$v_t$≤11kt 时精度不考核，$v_t$置为 0kt；11kt<$v_t$≤22kt 时，精度为±5. 1kt；22kt<$v_t$≤108kt 时，精度为±3. 1kt；108kt<$v_t$≤221kt 时，精度为±2. 1kt。

(e) 升降速度（HPR）。

范围：－5906～5906ft/min。

精度：当－984ft/min<HPR<984ft/min 时，精度为±49ft/min；其余精度为±98ft/min。

(f) 大气静温 $T_s$。

范围：－60～80℃。

精度：±1. 5℃。

(g) 大气总温 $T_t$。

范围：－60～99℃。

精度：±1. 5℃。

### 4.1.4 发展趋势

大气数据系统是民用飞机的关键系统，对飞机安全飞行至关重要，因此现代民用飞机都具有多套冗余备份的大气数据传感器。基于目前行业技术水平，为了保证飞行安全，通常需要配置三套独立的大气数据系统和一套备用大气数据系统。

随着航空系统设计制造水平的不断提高，设备正在朝着高度集成化的方向发展。A380 已经使用了多功能探头，利用一个探头同时测量全压、迎角和总温信号，可以降低制造成本、减轻设备重量，同时简化系统设计、制造和维护。并且大气数据传感器由于防冰需求需要加温，使用集成化的传感器能降低加温功耗。但是 A380 的多功能探头只是将全压探头、迎角风标和总温探头集成在一个部件上，集成度较低。现在越来越多的新型号飞机如 A350、G650、ERJ190 等采用了智能探头（Smart ProbeTM），该探头不再利用风标测量迎角，而是利用压差原理在一根探管上完成总压、静压、迎角、侧滑角的测量，进一步减少了设备数量，减轻了设备重量。

## 4.2 重要条款概述

适用于电动旋翼航空器的大气数据系统的适航验证包含如表 4-1 所示的重要条款的符合性验证。

表 4-1 适航验证重要条款

| 序号 | 条款编号 | 条款名称 |
|---|---|---|
| 1 | EH. 1303 | 飞行和导航仪表 |
| 2 | EH. 1325 | 静压和气压高度表系统 |
| 3 | EH. 1331 | 使用能源的仪表 |

### 4.2.1 EH.1303 飞行和导航仪表

#### 4.2.1.1 条款原文

4.2.1.1.1 CCAR29.1303 飞行和导航仪表

所需的飞行和导航仪表规定如下。

(a) 空速表对A类旋翼航空器，$v_{NE}$小于驾驶员感受到的不会误解的征兆给出的超速警告速度时，必须安装有最大允许空速的空速表，如果最大允许空速随重量、高度、温度和转速变化，则该表必须表明这种变化。

(b) 敏感型高度表。

(c) 磁航向指示器。

(d) 带秒针的或数字式的显示时、分、秒的时钟。

(e) 大气温度表。

(f) 不倾倒的陀螺倾斜俯仰指示器。

(g) 带有侧滑指示器（转弯倾斜仪）的陀螺转弯仪，但装有第三套姿态仪表系统的旋翼航空器只需有侧滑指示器，第三套姿态仪表系统应满足下列要求：

(Ⅰ) 在俯仰±80°和横滚±120°的整个飞行姿态都是可用的；

(Ⅱ) 由独立于发电系统的电源供电；

(Ⅲ) 在发电系统全部失效后，仍能连续可靠地工作至少30分钟；

(Ⅳ) 其工作独立于其他姿态指示系统；

(Ⅴ) 在发电系统全部失效后，无须选择仍能工作；

(Ⅵ) 在仪表板上的安装位置应经适航当局同意，要使任一驾驶员在某工作位置上清晰可见而且便于使用；

(Ⅶ) 整个使用期间都有适宜的照明。

(h) 陀螺航向指示器。

(i) 升降速度表（垂直速度）。

(j) 对A类旋翼航空器，$v_{NE}$小于驾驶员感受到的其他征兆给出的不会误解的超速警告速度时，需有速度警告装置。当速度超过$v_{NE}$+5.56千米/小时（3节）时，速度警告装置必须向驾驶员发出有效的音响警告（要与其他用途的音响警告有明显区别），并在批准的高度和温度全范围均工作良好。

4.2.1.1.2 FAR29.1303 Flight and navigation instruments (Amendment 29-55)

The following are required flight and navigational instruments:

(a) An airspeed indicator. For Category A rotorcraft with $v_{NE}$ less than a speed at which unmistakable pilot cues provide overspeed warning, a maximum allowable airspeed indicator must be provided. If maximum allowable airspeed varies with weight, altitude, temperature, or r. p. m., the indicator must show that variation.

(b) A sensitive altimeter.

(c) A magnetic direction indictor.

(d) A clock displaying hours, minutes, and seconds with a sweep-second pointer or digital presentation.

(e) A free-air temperature indicator.

(f) A non-tumbling gyroscopic bank and pitch indicator.

(g) A gyroscopic rate-of-turn indicator combined with an integral slip-skid indicator (turn-and-bank indicator) except that only a slip-skid indicator is required on rotorcraft with a third attitude instrument system that:

(Ⅰ) Is usable through flight attitudes of ±80 degrees of pitch and ±120 degrees of roll;

(Ⅱ) Is powered from a source independent of the electrical generating system;

(Ⅲ) Continues reliable operation for a minimum of 30 minutes after total failure of the electrical generating system;

(Ⅳ) Operates independently of any other attitude indicating system;

(Ⅴ) Is operative without selection after total failure of the electrical generating system;

(Ⅵ) Is located on the instrument panel in a position acceptable to the Administrator that will make it plainly visible to and usable by any pilot at his station; and

(Ⅶ) Is appropriately lighted during all phases of operation.

(h) A gyroscopic direction indicator.

(i) A rate-of-climb (vertical speed) indicator.

(j) For Category A rotorcraft, a speed warning device when $v_{NE}$ is less than the speed at which unmistakable overspeed warning is provided by other pilot cues. The speed warning device must give effective aural warning (differing distinctively from aural warnings used for other purposes) to the pilots whenever the indicated speed exceeds $v_{NE}$ plus 3 knots and must operate satisfactorily throughout the approved range of altitudes and temperatures.

4.2.1.1.3 CS29.1303 Flight and navigation instruments (Amendment 8)

The following are required flight and navigational instruments:

(a) An airspeed indicator. For Category A rotorcraft with $v_{NE}$ less than a speed at which unmistakable pilot cues provide overspeed warning, a maximum allowable airspeed indicator must be provided. If maximum allowable airspeed varies with weight, altitude, temperature, or rpm, the indicator must show that variation.

(b) A sensitive altimeter.

(c) A magnetic direction indicator.

(d) A clock displaying hours, minutes, and seconds with a sweep-second pointer or digital presentation.

(e) A free-air temperature indicator.

(f) A non-tumbling gyroscopic bank and pitch indicator.

(g) A gyroscopic rate-of-turn indicator combined with an integral slip-skid indicator (turn-and-bank indicator) except that only a slip-skid indicator is required on rotorcraft with a third attitude instrument system that:

(Ⅰ) Is usable through flight attitudes of ±80°of pitch and ±120°of roll;

(Ⅱ) Is powered from a source independent of the electrical generating system;

(Ⅲ) Continues reliable operation for a minimum of 30 minutes after total failure of the electrical generating system;

(Ⅳ) Operates independently of any other attitude indicating system;

(Ⅴ) Is operative without selection after total failure of the electrical generating system;

(Ⅵ) Is located on the instrument panel in a position acceptable to the Agency that will make it plainly visible to and usable by any pilot at his station; and

(Ⅶ) Is appropriately lighted during all phases of operation.

(h) A gyroscopic direction indicator.

(i) A rate-of-climb (vertical speed) indicator.

(j) For Category A rotorcraft, a speed warning device when $v_{NE}$ is less than the speed at which unmistakable overspeed warning is provided by other pilot cues. The speed warning device must give effective aural warning (differing distinctly from aural warnings used for other purposes) to the pilots whenever the indicated speed exceeds $v_{NE}$ plus 5. 6km/h (3 knots) and must operate satisfactorily throughout the approved range of altitudes and temperatures.

### 4.2.1.2 条款背景和历史沿革分析

#### 4. 2. 1. 2. 1 FAA 相关修正案及背景说明

FAR29. 1303 相关的修正案情况如表 4-2 所示。

表 4-2 相关 FAA 修正案

| 序号 | 条款号 | 标题名称 | 修正案 | 生效时间 | 现行有效 |
|---|---|---|---|---|---|
| 1 | 29. 1303 | Flight and navigation instruments | Original Version | 1965. 2. 1 | 否 |
| 2 | 29. 1303 | Flight and navigation instruments | 29-14 | 1977. 9. 1 | 否 |
| 3 | 29. 1303 | Flight and navigation instruments | 29-24 | 1984. 12. 6 | 是,与 CCAR-29-R2 现行有效条款等效 |

经对修正案涉及的 NPRM 和 Final Rule 进行分析，情况如下：

(a) 1956 年，美国民用航空委员会 (Civil Aeronautics Board, CAB) 创建了民用航空规章 CARPart7，用于运输类旋翼航空器适航审定，其中 CAR7. 603 提出了对飞行和导航仪表的要求。

(b) FAA 于 1961 年、1964 年先后发布 NPRM61-25 及 NPRM64-30，提出依据原有 CAR7 重新编排制定 FAR29 的建议，在 NPRM64-30 中，FAA 建议将原有的 CAR7. 603 重新修订为 FAR29 部针对飞行和导航仪表的条款。

FAA 在 Final Rule 5084 (1964 年 12 月 3 日) 中正式发布了 FAR29 修正案 0 (Original Version) (1965 年 2 月 1 日)，此修正案在基于 NPRM64-30 提出的对 CAR7. 603 修订建议的基础上，对其进行了进一步的修订。最终修订结果是原有的 CAR7. 603 被修订为针对飞行和导航仪表的 FAR29. 1303 条款。

此次修订没有对原适航要求进行实质性更改，仅是简化、规范了用语，统一了规章格式，其安全要求和技术内涵与原 CAR7 规章要求一致。

(c) 1975 年 2 月 27 日，FAA 发布 NPRM75-10 (Airworthiness Review Program, Notice Number 2; Miscellaneous Proposals)，建议修订 FAR29 以更新和改进适用于飞机设备和系统的适航标准，并对运行规则做出相关更改。该提案建议修订 25. 1303(a)(Ⅱ)，允许使用经批准的数字时钟，同时建议修订 29. 1303(d)，使之与 25. 1303(a)(Ⅱ) 要求一致。

1975 年 5 月 19 日，FAA 发布 NPRM75-23 (Airworthiness Review Program, Notice No. 5: Equipment and Systems Proposals)，建议修订 FAR29 以更新和改进适用于飞机设备和系统的适航标准，并对运行规则做出相关更改。该提案考虑运输类旋翼机装有第三姿态仪表系统时，不需要陀螺转速指示器，因此建议修订 29. 1303(g)。

1977 年 7 月 11 日，FAA 发布 Final Rule 14625（Airworthiness Review Program，Amendment No. 5；Equipment and Systems Amendments），采纳 29. 1303(g)修订建议。

1977 年 9 月 1 日，FAA 通过修正案 29-14 修订了 29. 1303(g)。

(d) 1982 年 4 月 29 日，FAA 发布 NPRM82-12（Rotorcraft Regulatory Review Program Notice Number 2），建议增加旋翼机适航标准，更新仪表飞行规则（IFR）审定和防冰审定方面的现有标准。该提案建议修订 29. 1303 条，通过向飞行员提供飞机超速的自动视觉和听觉指示器，以提高未来大型运输类直升机的安全等级。建议修订 29. 1303(a) 并增加 29. 1303(j)，要求 A 类旋翼机必须有一个能提供最大允许空速的空速表，$v_{NE}$小于旋翼航空器振动导致或驾驶员感受到的其他征兆给出的不会误解的超速警告速度时，需有速度警告装置。

1984 年 8 月 14 日，FAA 发布 Final Rule 23266（Rotorcraft Regulatory Review Program；Amendment No. 2），采纳修订 29. 1303(a) 和增加 29. 1303(j) 的建议。

1984 年 12 月 6 日，FAA 通过修正案 29-24 对 29. 1303(a) 进行修订，并增加 29. 1303(j)。

4. 2. 1. 2. 2　EASA 相关修正案及背景说明

CS29. 1303 相关的修正案情况如表 4-3 所示。

表 4-3　CS29. 1303 相关的修正案情况

| 条款号 | 标题名称 | 修正案 | 生效时间 | 现行有效 |
|---|---|---|---|---|
| 29. 1303 | Flight and navigation instruments | Initial Issue | 2003. 11. 14 | 是，与 CCAR-29-R2 现行有效条款对应 |

2003 年 11 月 14 日，EASA 首次发布 CS29 Initial，29. 1303 条对应 FAR 修正案 29-24。至今，未做修订。

4. 2. 1. 2. 3　规章差异分析

29. 1303 条款对应关系如表 4-4 所示。

表 4-4　29. 1303 条款对应关系

| 序号 | CCAR29 | FAR29 | CS29 |
|---|---|---|---|
| 1 | CCAR-29 初版，29. 1303 | FAR29，修正案 29-24，29. 1303 | CS29 Initial，29. 1303 |
| 2 | CCAR-29-R1，29. 1303 | FAR29，修正案 29-24，29. 1303 | CS29 Initial，29. 1303 |
| 3 | CCAR-29-R2，29. 1303 | FAR29，修正案 29-24，29. 1303 | CS29 Initial，29. 1303 |

4. 2. 1. 2. 3. 1　FAR29 第 24 修正案与 CS29 Initial 规章差异

FAR29 第 24 修正案与 CS29 Initial 无差异。

4. 2. 1. 2. 3. 2　CCAR-29-R2 与 FAR29 第 24 修正案规章差异

我国现行有效的 CCAR-29-R2 中的 29. 1303 条与 FAR29 第 24 修正案中的 29. 1303 条的内容一致。

### 4.2.2　EH.1325 静压和气压高度表系统

#### 4.2.2.1　条款原文

4. 2. 2. 1. 1　CCAR29. 1325 静压和气压高度表系统

(a) 每个带大气静压膜盒的仪表必须通过合适的管路系统与外界大气连通。

(b) 每个静压孔的位置必须处于受气流变化、潮气或其他外来物影响最小的地方。

(c) 每个静压孔的设计和位置必须使得当旋翼航空器遇到结冰条件时，静压系统中的空气压力和真实的外界大气静压之间的相互关系不变。为符合这个要求，可以采用防冰装置或备用静压源。如果接通备用静压系统的高度表读数与接通主静压系统的高度表读数差值大于15米（50英尺），则必须提供备用静压系统的修正卡片。

(d) 除连通大气的静压孔外，每个静压系统必须是气密的。

(e) 每个气压高度表必须经过批准，并且必须加以校准，使之在施加相应的静压时，能以尽可能小的校准误差来指示校准大气下的气压高度。

(f) 每个静压系统的设计和安装必须使在海平面标准大气下所指示的气压高度误差（不包括仪表校准误差），速度每185.2千米/小时（100节）时不超过±10米（30英尺），速度小于185.2千米/小时（100节）时，气压高度误差也允许为±10米（30英尺）。

(g) 除本条（h）款规定的情况外，如果静压系统包括主静压源和备用静压源，则静压源选择装置的设计必须满足下列要求：

（Ⅰ）选用任一静压源时，另一静压源断开；

（Ⅱ）两个静压源不能同时断开。

(h) 对于非增压的旋翼航空器，如果能够用演示表明，在选用任意静压源时，静压系统的校准不会因另一个静压源的通断而变化，则本条（g)(Ⅰ）款的规定不适用。

4.2.2.1.2 FAR29.1325 Static pressure and pressure altimeter systems (Amendment 29-55)

(a) Each instrument with static air case connections must be vented to the outside atmosphere through an appropriate piping system.

(b) Each vent must be located where its orifices are least affected by airflow variation, moisture, or other foreign matter.

(c) Each static pressure port must be designed and located in such manner that the correlation between air pressure in the static pressure system and true ambient atmospheric static pressure is not altered when the rotorcraft encounters icing conditions. An anti-icing means or an alternate source of static pressure may be used in showing compliance with this requirement. If the reading of the altimeter, when on the alternate static pressure system, differs from the reading of the altimeter when on the primary static system by more than 50 feet, a correction card must be provided for the alternate static system.

(d) Except for the vent into the atmosphere, each system must be airtight.

(e) Each pressure altimeter must be approved and calibrated to indicate pressure altitude in a standard atmosphere with a minimum practicable calibration error when the corresponding static pressures are applied.

(f) Each system must be designed and installed so that an error in indicated pressure altitude, at sea level, with a standard atmosphere, excluding instrument calibration error, does not result in an error of more than ±30 feet per 100 knots speed. However, the error need not be less than ±30 feet.

(g) Except as provided in paragraph (h) of this section, if the static pressure system incorporates both a primary and an alternate static pressure source, the means for selecting one or the other source must be designed so that:

（Ⅰ）When either source is selected，the other is blocked off；and

（Ⅱ）Both sources cannot be blocked off simultaneously.

（h）For unpressurized rotorcraft，paragraph（g)（Ⅰ）of this section does not apply if it can be demonstrated that the static pressure system calibration，when either static pressure source is selected，is not changed by the other static pressure source being open or blocked.

4.2.2.1.3 CS29.1325 Static pressure and pressure altimeter systems（Amendment 8）

（a）Each instrument with static air case connections must be vented to the outside atmosphere through an appropriate piping system.

（b）Each vent must be located where its orifices are least affected by airflow variation，moisture，or other foreign matter.

（c）Each static pressure port must be designed and located in such manner that the correlation between air pressure in the static pressure system and true ambient atmospheric static pressure is not altered when the rotorcraft encounters icing conditions. An anti-icing means or an alternate source of static pressure may be used in showing compliance with this requirement. If the reading of the altimeter，when on the alternate static pressure system，differs from the reading of the altimeter when on the primary static system by more than 15m（50ft），a correction card must be provided for the alternate static system.

（d）Except for the vent into the atmosphere，each system must be airtight.

（e）Each pressure altimeter must be approved and calibrated to indicate pressure altitude in a standard atmosphere with a minimum practicable calibration error when the corresponding static pressures are applied.

（f）Each system must be designed and installed so that an error in indicated pressure altitude，at sea-level，with a standard atmosphere，excluding instrument calibration error，does not result in an error of more than ±9m（±30ft）per 185km/h（100knots）speed. However，the error need not be less than ±9m（±30ft）.

（g）Except as provided in sub-paragraph（h）if the static pressure system incorporates both a primary and an alternate static pressure source，the means for selecting one or the other source must be designed so that：

（Ⅰ）When either source is selected，the other is blocked off；and

（Ⅱ）Both sources cannot be blocked off simultaneously.

（h）For unpressurised rotorcraft，sub-paragraph（g)（Ⅰ）does not apply if it can be demonstrated that the static pressure system calibration，when either static pressure source is selected，is not changed by the other static pressure source being open or blocked.

### 4.2.2.2 条款背景和历史沿革分析

#### 4.2.2.2.1 FAA相关修正案及背景说明

FAR29.1325相关的修正案情况如表4-5所示。

表4-5 FAR29.1325相关的修正案情况

| 序号 | 条款号 | 标题名称 | 修正案 | 生效时间 | 有效性 |
|---|---|---|---|---|---|
| 1 | 29.1325 | Static air vent and pressure altimeter systems | Original Version | 1965.2.1 | 无效 |

续表

| 序号 | 条款号 | 标题名称 | 修正案 | 生效时间 | 有效性 |
|---|---|---|---|---|---|
| 2 | 29. 1325 | Static air vent and pressure altimeter systems | 29-3 | 1968. 2. 25 | 无效 |
| 3 | 29. 1325 | Static pressure and pressure altimeter systems | 29-14 | 1977. 9. 1 | 无效 |
| 4 | 29. 1325 | Static pressure and pressure altimeter systems | 29-24 | 1984. 12. 6 | 有效，与 CCAR-29-R2 现行有效条款等效 |

经对修正案涉及的 NPRM 和 Final Rule 进行分析，情况如下。

(a) 1956 年，美国民用航空委员会（Civil Aeronautics Board，CAB）创建了民用航空规章 CARPart7，用于运输类旋翼航空器适航审定，其中 CAR7. 612（b）提出了对静压和气压高度表系统的要求。

(b) FAA 于 1961 年、1964 年先后发布 NPRM61-25 及 NPRM64-30，提出依据原有 CAR7 重新编排制定 FAR29 的建议，在 NPRM64-30 中，FAA 建议将原有的 CAR7. 612(b) 重新修订为 FAR29 部针对静压和气压高度表系统的条款。

FAA 在 Final Rule No. 5084（1964 年 12 月 3 日）中正式发布了 FAR29 修正案 0（Original Version）（1965 年 2 月 1 日），此修正案在基于 NPRM64-30 提出的对 CAR7. 612(b) 修订建议的基础上，对其进行了进一步的修订。最终修订结果是原有的 CAR7. 612(b) 被修订为针对静压和气压高度表系统的 FAR29. 1325 条款。

此次修订没有对原适航要求进行实质性更改，仅是简化、规范了用语，统一了规章格式，其安全要求和技术内涵与原 CAR7 规章要求一致。

(c) 1965 年 12 月 21 日，FAA 发布 NPRM65-42（1965 Rotorcraft Review；Miscellaneous Type Certification Standards)，建议修订 FAR29 旋翼航空器适航审定标准。

1968 年 1 月 19 日，FAA 发布 Final Rule 7087（Rotorcraft Type Certification Requirements)，确定将 29. 1325(e) 中 "m. p. h."（每小时英里数）改为 "knots"（节）。

1968 年 2 月 25 日，FAA 通过修正案 29-3 对 29. 1325 条进行了相应的修订。

(d) 1975 年 2 月 27 日，FAA 发布 NPRM75-10（Airworthiness Review Program，Notice Number 2；Miscellaneous Proposals)，建议修订 FAR29 以更新和改进适用于飞机设备和系统的适航标准，并对运行规则做出相关更改。该提案建议增加新的 29. 1325(c)，以提供更完整的静压源二重性。然而，服役经验表明不需要额外的要求，选择器必须固定在主静压源位置。

1975 年 5 月 19 日，FAA 发布 NPRM75-23（Airworthiness Review Program，Notice No. 5：Equipment and Systems Proposals)，建议修订 FAR29 以更新和改进适用于飞机设备和系统的适航标准，并对运行规则做出相关更改。该提案建议将 29. 1325 条的编号 (c)(d)(e) 改为 (d)(e)(f)，并增加 29. 1325(c)，就静压端口不慎结冰情况与第 25 部分的飞机提供相同的安全等级。目前第 29 部分的旋翼机已经提高了性能，并且在更广泛的环境中运行，因此增加了结冰的概率。

1977 年 7 月 11 日，FAA 发布 Final Rule 14625（Airworthiness Review Program，Amendment No. 5；Equipment and Systems Amendments)，确定采纳之前的修订建议，并增加采纳一条新的建议"如果证明在选择每个静压源时静压系统的校准不会因其他静压源的通断而变化，则之前提议的更完整的静压源二重性不适用于非增压航空器”。

1977年9月1日，FAA通过修正案29-14将29. 1325条(c)(d)(e) 款修订为 (d)(e)(f)，并相应增加了 (c)(g)(h) 款。

(e) 1982年4月29日，FAA发布 NPRM82-12 (Rotorcraft Regulatory Review Program Notice Number 2)，建议增加旋翼机适航标准，更新仪表飞行规则 (IFR) 审定和防冰审定方面的现有标准。该提案建议修订 29. 1325(f)，将运输类旋翼航空器静压系统精度要求从目前的所有空速下±30英尺容差放宽到目前运输机要求的每100节空速±30英尺。

1984年8月14日，FAA发布 Final Rule 23266 (Rotorcraft Regulatory Review Program; Amendment No. 2)，确定按照之前的提议对 29. 1325 条进行修订。根据 FAA 飞行员评估和运行经验，±30英尺的容差是最大的，可以安全地以飞行速度低于100节运行在IFR和夜间VFR条件下。然而，FAA认识到，在IFR和夜间VFR条件下，运输类旋翼机通常在空速超过100节的情况下进行运行，并不需要比在相同环境下运行的运输飞机更精确的系统。因此，拟议的 29. 1325(f) 将放宽，使其与 25. 1325(e) 大体相同。

1984年12月6日，FAA通过修正案29-24对29. 1325条完成了相关修订。

4. 2. 2. 2. 2　EASA相关修正案及背景说明

CS29. 1325相关的修正案情况如表4-6所示。

表4-6　CS29. 1325相关的修正案情况

| 条款号 | 标题名称 | 修正案 | 生效时间 | 现行有效 |
|---|---|---|---|---|
| 29. 1325 | Static air vent and pressure altimeter systems | Initial Issue | 2003. 11. 14 | 是，与CCAR-29-R2现行有效条款对应 |

2003年11月14日，EASA首次发布 CS29 Initial，29. 1325条对应 FAR 修正案 29-24。至今，未做修订。

4. 2. 2. 2. 3　规章差异分析

29. 1325条款对应关系如表4-7所示。

表4-7　29. 1325条款对应的关系

| 序号 | CCAR29 | FAR29 | CS29 |
|---|---|---|---|
| 1 | CCAR-29初版，29. 1325 | FAR29，修正案 29-24，29. 1325 | CS29 Initial，29. 1325 |
| 2 | CCAR-29-R1，29. 1325 | FAR29，修正案 29-24，29. 1325 | CS29 Initial，29. 1325 |
| 3 | CCAR-29-R2，29. 1325 | FAR29，修正案 29-24，29. 1325 | CS29 Initial，29. 1325 |

4. 2. 2. 2. 3. 1　FAR29第24修正案与CS29 Initial规章差异

FAR29第24修正案与CS29 Initial无差异。

4. 2. 2. 2. 3. 2　CCAR-29-R2与FAR第24修正案规章差异

我国现行有效的CCAR-29-R2中的29. 1325条与FAR第24修正案中的29. 1325条的内容一致。

## 4.2.3　EH.1331 使用能源的仪表

### 4.2.3.1　条款原文

4. 2. 3. 1. 1　CCAR29. 1331使用能源的仪表

对A类旋翼航空器的要求如下。

(a) 每个要求使用能源的飞行仪表，必须具有：

(Ⅰ) 两个独立的能源；

(Ⅱ) 一个用于选择能源的装置；

(Ⅲ) 与每个仪表构成一体的目视指示装置，在供能不足以维持仪表正常性能时发出指示，能源必须在进入仪表处或其附近测量。对电气仪表，当电压在规定的范围内时，即认为电源满足要求。

(b) 对于设备和供能系统，当连接到一个能源上的任一飞行仪表失灵或该能源供能失效，或者能源分配系统的任一部分发生故障时，必须不影响其他能源正常供能。

4.2.3.1.2 FAR29.1331 Instruments using a power supply (Amendment 29-24)

For category A rotorcraft:

(a) Each required flight instrument using a power supply must have:

(Ⅰ) Two independent sources of power;

(Ⅱ) A means of selecting either power source; and

(Ⅲ) A visual means integral with each instrument to indicate when the power adequate to sustain proper instrument performance is not being supplied. The power must be measured at or near the point where it enters the instrument. For electrical instruments, the power is considered to be adequate when the voltage is within the approved limits; and

(b) The installation and power supply system must be such that failure of any flight instrument connected to one source, or of the energy supply from one source, or a fault in any part of the power distribution system does not interfere with the proper supply of energy from any other source.

4.2.3.1.3 CS29.1331 Instruments using a power supply

For Category A rotorcraft:

(a) Each required flight instrument using a power supply must have:

(Ⅰ) Two independent sources of power;

(Ⅱ) A means of selecting either power source; and

(Ⅲ) A visual means integral with each instrument to indicate when the power adequate to sustain proper instrument performance is not being supplied. The power must be measured at or near the point where it enters the instrument. For electrical instruments, the power is considered to be adequate when the voltage is within approved limits; and

(b) The installation and power supply system must be such that failure of any flight instrument connected to one source, or of the energy supply from one source, or a fault in any part of the power distribution system does not interfere with the proper supply of energy from any other source.

### 4.2.3.2 条款背景和历史沿革分析

4.2.3.2.1 FAA 相关修正案及背景说明

FAR29.1331 相关的修正案情况如表 4-8 所示。

表 4-8 FAR29.1331 相关的修正案情况

| 序号 | 条款号 | 标题名称 | 修正案 | 生效时间 | 有效性 |
|---|---|---|---|---|---|
| 1 | 29.1331 | Instruments using a power supply | | 1965.2.1 | 无效 |

续表

| 序号 | 条款号 | 标题名称 | 修正案 | 生效时间 | 有效性 |
|---|---|---|---|---|---|
| 2 | 29. 1331 | Instruments using a power supply | 29-24 | 1984. 12. 6 | 有效,与 CCAR-29-R2 现行有效条款等效 |

经对修正案涉及的 NPRM 和 Final Rule 进行分析，情况如下。

(a) 1956 年，美国民用航空委员会（Civil Aeronautics Board，CAB）创建了民用航空规章 CARPart7，用于运输类旋翼航空器适航审定，其中 CAR7. 612（e）提出了对使用能源的仪表的要求。

(b) FAA 于 1961 年、1964 年先后发布 NPRM61-25 及 NPRM64-30，提出依据原有 CAR7 重新编排制定 FAR29 的建议，在 NPRM64-30 中，FAA 建议将原有的 CAR7. 612(e) 重新修订为 FAR29 部针对使用能源的仪表的条款。

FAA 在 Final Rule 5084（1964 年 12 月 3 日）中正式发布了 FAR29 修正案 0（Original Version）（1965 年 2 月 1 日），此修正案在基于 NPRM64-30 提出的对 CAR7. 612(e) 修订建议的基础上，对其进行了进一步的修订。最终修订结果是原有的 CAR7. 612(e) 被修订为针对使用能源的仪表的 FAR29. 1331 条款。

此次修订没有对原适航要求进行实质性更改，仅是简化、规范了用语，统一了规章格式，其安全要求和技术内涵与原 CAR7 规章要求一致。

(c) 1982 年 4 月 29 日，FAA 发布 NPRM82-12（Rotorcraft Regulatory Review Program Notice Number 2)，建议采用新的或经修订的旋翼航空器适航性、运行和维护标准。建议对 FAR29 进行修订，主要涉及旋翼航空器的飞行和系统要求。拟议修订 29. 1331(a)(Ⅲ)，这将修改现有规则，该规则要求为每一个所需飞行仪表设置电力充足指标。它进一步定义了必须进行所需功率测量的点。该提案的目的是更积极地表明如果未发现仪表电力不足，可能导致飞行员进行不适当的操纵动作，进而可能导致旋翼航空器处于危险状态。拟议的 29. 1331(a)(Ⅲ) 与目前的 25. 1331(a)(Ⅰ) 实质上相同，将使运输类旋翼航空器达到现在要求的其他运输类飞机的标准。

1984 年 8 月 14 日，FAA 发布 Final Rule 23266（Rotorcraft Regulatory Review Program; Amendment No. 2)，采纳 29. 1331(a)(Ⅲ) 修订建议。

1984 年 12 月 6 日，FAA 通过修正案 29-24 修订了 29. 1331 条。

#### 4. 2. 3. 2. 2　EASA 相关修正案及背景说明

CS29. 1331 相关的修正案情况如表 4-9 所示。

表 4-9　CS29. 1331 相关的修正案情况

| 条款号 | 标题名称 | 修正案 | 生效时间 | 现行有效 |
|---|---|---|---|---|
| 29. 1331 | Instruments using a power supply | Initial Issue | 2003. 11. 14 | 是,与 CCAR-29-R2 现行有效条款等效 |

2003 年 11 月 14 日，EASA 首次发布 CS29Initial，29. 1331 条对应 FAR 修正案 29-24。

#### 4. 2. 3. 2. 3　规章差异分析

29. 1331 条款对应关系如表 4-10 所示。

表 4-10　29.1331 条款对应关系

| 序号 | CCAR29 | FAR29 | CS29 |
|---|---|---|---|
| 1 | CCAR-29 初版，29.1331 | FAR29，修正案 29-24，29.1331 | 无 |
| 2 | CCAR-29-R1，29.1331 | FAR29，修正案 29-24，29.1331 | 无 |
| 3 | CCAR-29-R2，29.1331 | FAR29，修正案 29-24，29.1331 | CS29 Initial，29.1331 |

4.2.3.2.3.1　FAR29 第 24 修正案与 CS29 Initial 规章差异

FAR29 第 24 修正案与 CS29 Initial 无差异。

4.2.3.2.3.2　CCAR-29-R2 与 FAR29 第 24 修正案规章差异

我国现行有效的 CCAR-29-R2 中的 29.1331 条与 FAR29 第 24 修正案中的 29.1331 条的内容无差异。

## 4.3　符合性验证思路

### 4.3.1　EH.1303 飞行和导航仪表

符合性说明：机上安装有本条款规定的仪表，且仪表性能符合条款的要求。

用图纸表明机上安装有本条款规定的仪表。

通过计算/分析的方法验证第三套姿态仪表系统在发电系统全部失效后，仍能连续可靠地工作至少 30 分钟。

通过设备飞行试验大纲和试验报告应能表明，平飞时，经校正后的磁航向指示器的偏差，在任何航向上均不能大于 10 度。

### 4.3.2　EH.1325 静压和气压高度表系统

编制符合性说明，该文件中应包括系统的构型、设备组成、设备预期实现的功能、技术参数、工作原理和制造过程等，并列出相关的设计图纸清单；通过符合性说明和图纸表明每个静压孔的位置在旋翼航空器的速度变化、窗口开闭、气流变化和存在湿气或其他外来物时，不得严重地影响仪表的精度。

通过符合性说明表明，如果静压和气压高度表系统配备了可加温式静压孔或等效手段，应说明其安装、加温原理、加热功率、告警方式等符合相应要求。

进行静压和气压高度表系统装机后的地面气密性试验，应表明系统气密性满足相关要求。

进行静压和气压高度表系统装机后的飞行试验，应在条款要求的各种飞行条件下验证系统的功能和性能。应关注当选用备用静压源时，与主静压系统的误差。试验应按照经批准的试验大纲和程序进行。通过飞行试验报告表明系统在装机后对相关条款的符合性。

### 4.3.3　EH.1331 使用能源的仪表

编制符合性说明，说明本条款规定的飞行仪表均具有两个独立电源供电；两个独立电源能够通过断路器等合适的装置进行选择；系统独立电源之间通过隔离二极管等进行隔离保护。

用图纸表明飞行仪表系统的设计和布线符合本条款规定。

进行设备装机后的地面试验，应在地面试验中验证本条款规定的飞行仪表具有两个独立电源供电，两个独立电源能够通过合适的装置进行选择等内容。

试验应按照经批准的试验大纲和程序进行，通过地面试验报告表明设备在装机后功能正常。

## 4.4 条款解析

### 4.4.1 EH.1303 飞行和导航仪表

#### 4.4.1.1 条款安全意图

本条款列出了运输类旋翼航空器按目视飞行规则合格审定所要求的最小数量飞行和导航仪表。

#### 4.4.1.2 条款实质要求

飞行和导航仪表必须能在航空器所有运行范围内提供可靠的飞行和导航参考数据供驾驶员使用，确保驾驶员可以做出正确的判断并及时做出响应，以达到安全操控旋翼航空器的目的。

#### 4.4.1.3 条款关键点分析

飞行仪表包含空速表、敏感型高度表、磁航向指示器、大气温度表、不倾倒的陀螺倾斜俯仰指示器、带整体侧滑指示器的陀螺转弯速率指示器、陀螺航向指示器、爬升率（垂直速度）指示器，其他仪表都是导航仪表。

在确定飞行和导航仪表安装设计时，应参考的其他规则有：29. 1321“布局和可见度”；29. 1331“使用能源的仪表”和 29. 1333“在各驾驶员工作位置的飞行仪表系统”。有关各种仪表其他资料，可以通过查阅各自的技术标准规定（CTSO）找到。但符合 CTSO 的要求，并不能保证符合第 29 部分的相应安装要求。其他飞行和导航仪表的考虑也能够在 29. 1323 条、29. 1327 条、29. 1335 条、29. 1381 条、29. 1543 条、29. 1545 条、29. 1547 条和附录 B 中找到。附录 B 包含了飞行及导航仪表的 IFR 运行要求。此外，若最大允许空速取决于飞机当前的状态，如重量和高度等，这些信息要以表格、图形、告示或者其他方式在驾驶舱和航空器飞行手册中体现。

29. 1303(a) 和 (j) 明确了超速告警判断条件，如果要求把速度警告装置作为旋翼航空器设计的一部分，则必须满足给定的性能要求。此外，音响警告（这种警告应明显区别于其他目的所使用的音响警告）的可接受性的评定应作为整个驾驶舱评定的一部分，由飞行试验人员来完成。

### 4.4.2 EH.1325 静压和气压高度表系统

#### 4.4.2.1 条款安全意图

本条款对静压系统提出了最低性能标准。

#### 4.4.2.2 条款实质要求

考虑环境条件的标准是 29. 1309(a)。

考虑故障状态的标准是 29. 1309(b)。

对于打算按 IFR 运行批准的旋翼航空器，还应考虑附录 B。

#### 4.4.2.3 条款关键点分析

29. 1325(a) 是对静压系统管路的要求。每个带大气静压膜盒的仪表必须通过合适的管路系统与外界大气相通。

29. 1325(b) 是关于静压孔位置的要求。静压孔应选择在对静压干扰最小的位置。应尽量避开舱门、炮口等因素的影响，还应考虑直升机上排放的油液及其他类似条件的影响。

为减少气流变化和湿气或其他外来物的影响，静压系统的安装应考虑如下要求。

静压管一开始应向上敷设，直接向后通到静压孔。这样处理能使旋翼航空器在雨中飞行或冲洗时进入系统的水分减到最少。

排水孔应设置在系统的最低点。管路的敷设和固定，应使进入系统的全部水分都能经排水孔排出。

如果设有相互独立的系统，则每个系统部件的布置都应使各系统尽最大可能地隔离。应尽最大可能使第一个系统置于旋翼航空器的一侧，第二个系统置于另一侧。

29. 1325(c) 是在结冰条件下，对静压系统的要求。为了符合这个要求，可以采用防冰装置或备用静压源。

如果接通备用静压系统的高度表读数与接通主静压系统的高度表读数差值大于 15 米(50 英尺)，则必须提供备用静压系统的修正卡片。

为仪表飞行规则运行所设置的静压孔多半需要加热。在进行任何试验前，静压孔加热器的鉴定大纲通常都应经 CAAC 与申请人一起讨论并取得一致。如果静压孔不必加热，则应进行全面分析，并应进行有限试验以验证其分析。

29. 1325(d) 是静压系统的气密性要求。除连通大气的静压孔外，每个静压系统必须是气密的。

29. 1325(e) 是对气压高度表的要求。每个气压高度表必须经过批准，并且加以校准，因为气压高度表相对于空速表，其灵敏度要求是很高的。同时，气压高度表会产生多种误差，因此必须进行校准，使之能以较小误差来指示。

29. 1325(f) 是对静压系统气压高度误差的要求。

29. 1325(g)(h) 是对备用静压源的要求。如静压系统含备用静压源，关于备用静压源的通断，应能通过转换装置选择不同的静压源，同时应确保不能同时接通两个静压源，也不能同时断开。

### 4.4.3 EH.1331 使用能源的仪表

#### 4.4.3.1 条款安全意图

本条款是为了保证对每个使用能源的仪表保持正常供能，从而保证飞行安全。

#### 4.4.3.2 条款实质要求

本条款涉及 A 类旋翼航空器每个使用能源的飞行仪表，对其供能进行了规定。

#### 4.4.3.3 条款关键点分析

29. 1331(a) 关于“每个要求使用能源的飞行仪表”，可以参考 29. 1331 条中列出的飞行仪表清单，这些仪表都是明确要求验证的。每一个必需的飞行仪表都必须有两个独立的电源，并且要有可选择其中任意一个电源的措施。合格审定所要求的飞行仪表均列在 29. 1303 条中，而独立电源则在 29. 1355b(4) 中讨论。

某些老式的飞行仪表也许没有一个如本规则所要求的整体目视装置，来指示供给仪表的功率是否足够。对这些仪表，已同意用外部告示来监控在电气断开时其功率插头上有无足够的电压，该插头与仪表背面的电气插座是配对的。其告示灯应设在靠近指示器的位置并设置可识别其功能的标牌。还要求所监控的电压必须在规定的仪表限制范围内才是合适的。由于继电器的线圈通常要大大超出批准的仪表电压限制才能工作，所以若使用这样一个继电器触点，当所监控的电压降低到足以吸合或松开继电器线圈时它就闭合的话，则一般都不会得出满意的、满足条例要求的设计结果。这种用途规定的告示灯通常为红色。

29.1331(b) 对电源系统的要求应和 29.1355 条的要求相协调。这两项规则都要求有两个独立电源的设备或系统。配电系统所要考虑的故障实例包括馈线开路、馈线短路、汇流条短路等。

## 4.5 符合性验证方法和审查要点

### 4.5.1 EH.1303 飞行和导航仪表

#### 4.5.1.1 国内外符合性验证方法分析

4.5.1.1.1 FAAAC 相关分析

FAR29.1303 相关咨询通告见表 4-11。

表 4-11 FAR29.1303 相关咨询通告

| 咨询通告编号 | 标题名称 | 生效时间 | 有效性 |
|---|---|---|---|
| AC29-2A | Certification of Normal Category Rotorcraft | 1987.9.16 | 无效 |
| AC29-2B | Certification of Normal Category Rotorcraft | 1997.7.30 | 无效 |
| AC29-2C | Certification of Normal Category Rotorcraft | 2018.7.2 | 有效，适用于现有 CCAR-29-R2 |

现行有效的 AC29-2-Chg8 中的 AC29.1303 是适用于我国当前有效的 CCAR29.1303 要求的。

AC29.1303 对 FAR29.1303 进行了详细的解释和说明，表明了条款符合性验证的着眼点。

4.5.1.1.2 FAA 和 EASA 差异分析

根据 CS-29 BOOK2 的规定，现行有效的 CS29.1303 的 AMC 与 FAAAC29-2C-Chg7（2016 年 2 月 4 日）的 AC29.1303 保持一致，FAAAC29-2C-Chg7 与 FAAAC29-2C-Chg8 无差异。

针对此条款要求的符合性验证方法，FAA 与 EASA 无差异。

4.5.1.1.3 经验教训和风险分析

目前美欧等国家有很多已颁证型号证明了其符合 29.1303 条的要求。国内同样具备相关经验，已颁证的 H425-100 型号已完成本条款的符合性验证工作。

由于该条款为相对成熟的条款，因此该条款目前无较大风险。

#### 4.5.1.2 符合性验证工作流程及具体要求

(a) MC1 说明性文件。

(Ⅰ) 符合性说明文件。符合性说明：说明机上安装有本条款规定的仪表，且仪表性能符合条款的要求。

(Ⅱ) 图纸。用图纸表明机上安装有本条款规定的仪表。

(b) MC2 分析/计算。通过计算/分析的方法验证第三套姿态仪表系统在发电系统全部失效后，仍能连续可靠地工作至少 30 分钟。

(c) MC6 飞行试验。通过设备飞行试验大纲和试验报告应能表明，平飞时，经校正后的磁航向指示器的偏差，在任何航向上均不能大于 10°。

#### 4.5.1.3 符合性验证资料

符合性验证资料见表 4-12。

表 4-12 29.1303“飞行和导航仪表”的符合性验证资料

| 规章要求 | MOC | 符合性验证资料 |
|---|---|---|
| 29.1303(a) | 1<br>1 | 图纸<br>符合性说明文件 |
| 29.1303(b) | 1<br>1 | 图纸<br>符合性说明文件 |
| 29.1303(c) | 1<br>1 | 图纸<br>符合性说明文件 |
| 29.1303(d) | 1<br>1 | 图纸<br>符合性说明文件 |
| 29.1303(e) | 1<br>1 | 图纸<br>符合性说明文件 |
| 29.1303(f) | 1<br>1 | 图纸<br>符合性说明文件 |
| 29.1303(g) | 1<br>2<br>6 | 符合性说明文件<br>分析/计算报告<br>飞行试验大纲和试验报告 |
| 29.1303(h) | 1<br>1 | 图纸<br>符合性说明文件 |
| 29.1303(i) | 1<br>1 | 图纸<br>符合性说明文件 |
| 29.1303(j) | 1<br>6 | 符合性说明文件<br>飞行试验大纲和试验报告 |

#### 4.5.1.4 审定要点

审查中需要关注的一般要素和审查重点如下。

(a) 各仪表的基本要求，以及是否满足相应 CTSO 标准，对于未按 CTSO 批准的仪表，应满足系统设计规范和其他标准的要求。

(b) 第三套姿态系统的设计能够满足适航条款要求。

(c) 超速告警系统设计是否满足条款要求。

(d) 电子飞行仪表系统（EFIS）的适航取证工作，系统应满足相关 CTSO 和系统设计规范的要求，按照最新版本的 RTCA/DO-160 完成环境鉴定试验。应按照最新版 DO-178 标准对嵌入式软件进行审查，软件等级随其执行功能最坏情况的严酷程度而定。复杂电子硬件参考 DO-254 进行审查。系统安装应考虑人机因素、显示的符号和功能、显示器色度和亮度、部件的冷却和内部温度测量，以及系统的可靠性。

(e) 备用仪表。对备用姿态仪表的专用要求包含在第 29 部分和附录 B 中。通常，采用一个独立电源的、装在仪表板上的机电式陀螺仪就能满足这个要求。但是，若采用电子飞行备用仪表系统，则需重点关注其环境试验条件、软件和硬件设计等内容。

(f) 对于 (g)(Ⅰ) 款要求的“在俯仰±80°和横滚±120°的整个飞行姿态都可用”，在实际的型号审查中，有申请人通过地面模拟主姿态指示器失效的情况，证明航空器的俯仰不会超出一个低于±80°的值（如±60°）而获得局方豁免的情况。

## 4.5.2 EH.1325 静压和气压高度表系统

### 4.5.2.1 国内外符合性验证方法分析

#### 4.5.2.1.1 FAAAC 相关分析

FAR29. 1325 相关咨询通告见表 4-13。

表 4-13 FAR29. 1325 相关咨询通告

| 咨询通告编号 | 标题名称 | 生效时间 | 有效性 |
|---|---|---|---|
| AC29-2A | Certification of Normal Category Rotorcraft | 1987. 9. 16 | 无效 |
| AC29-2B | Certification of Normal Category Rotorcraft | 1997. 7. 30 | 无效 |
| AC29-2C | Certification of Normal Category Rotorcraft | 2018. 7. 2 | 有效，适用于现有 CCAR-29-R2 |

现行有效的 AC29-2-Chg8 中的 AC29. 1325 是适用于我国当前有效的 CCAR29. 1325 要求的。

AC29. 1325 对 FAR29. 1325 条款进行了详细的解释和说明，表明了条款符合性验证的着眼点。

#### 4.5.2.1.2 FAA 和 EASA 差异分析

根据 CS-29 BOOK2 的规定，现行有效的 CS29. 1325 的 AMC 与 FAAAC29-2C-Chg7 (2016 年 2 月 4 日) 的 AC29. 1325 保持一致，FAAAC29-2C-Chg7 与 FAAAC29-2C-Chg8 无差异。

针对此条款要求的符合性验证方法，FAA 与 EASA 无差异。

#### 4.5.2.1.3 经验教训和风险分析

目前美欧等国家有很多已颁证型号证明了其符合 29. 1325 条的要求。国内同样具备相关经验，已颁证的 H425-100 型号已完成本条款的符合性验证工作。

由于该条款为相对成熟的条款，因此该条款目前无较大风险。

### 4.5.2.2 符合性验证工作流程及具体要求

(a) MC1 设计评审。编制符合性说明，该文件中应包括系统的构型、设备组成、设备预期实现的功能、技术参数、工作原理和制造过程等，并列出相关的设计图纸清单；通过符合性说明和图纸表明每个静压孔的位置在旋翼航空器的速度变化、窗口开闭、气流变化和存在湿气或其他外来物时，不得严重地影响仪表的精度。

通过符合性说明表明，如果静压和气压高度表系统配备了可加温式静压孔或等效手段，应说明其安装、加温原理、加热功率、告警方式等符合相应要求。

(b) MC5 相关产品地面试验。进行静压和气压高度表系统装机后的地面气密性试验，应表明系统气密性满足相关要求。

(c) MC6 飞行试验。进行静压和气压高度表系统装机后的飞行试验，应在条款要求的各种飞行条件下验证系统的功能和性能。应关注当选用备用静压源时，与主静压系统的误差。试验应按照经批准的试验大纲和程序进行。通过飞行试验报告表明系统在装机后对相关条款的符合性。

#### 4.5.2.3 符合性验证资料

符合性验证资料见表 4-14。

表 4-14 29. 1325“静压和气压高度表系统”的符合性验证资料

| 规章要求 | MOC | 符合性验证资料 |
|---|---|---|
| 29. 1325(a) | 1 | 符合性说明文件 |
| 29. 1325(b) | 1<br>6 | 符合性说明文件<br>飞行试验大纲和试验报告 |
| 29. 1325(c) | 1<br>6 | 符合性说明文件<br>飞行试验大纲和试验报告 |
| 29. 1325(d) | 1<br>5 | 符合性说明文件<br>地面试验大纲和试验报告 |
| 29. 1325(e) | 1 | 符合性说明文件 |
| 29. 1325(f) | 1<br>5 | 符合性说明文件<br>地面试验大纲和试验报告 |
| 29. 1325(g) | 1<br>5 | 符合性说明文件<br>地面试验大纲和试验报告 |
| 29. 1325(h) | 1<br>6 | 符合性说明文件<br>飞行试验大纲和试验报告 |

#### 4.5.2.4 审定要点

审查中需要关注的一般要素和审查重点如下。

(a) 高度指示仪表本身的仪表误差。

(b) 静压孔安装位置和方式，全静压系统管路连接和排放沉淀物的措施。

(c) 静压和高度指示系统校准飞行试验方法和结果。

(d) 备用静压源的设计和飞行试验验证。

### 4.5.3 EH.1331 使用能源的仪表

#### 4.5.3.1 国内外符合性验证方法分析

##### 4.5.3.1.1 FAAAC 相关分析

FAR29. 1331 相关咨询通告见表 4-15。

表 4-15 FAR29. 1331 相关咨询通告

| 咨询通告编号 | 标题名称 | 生效时间 | 有效性 |
|---|---|---|---|
| AC29-2A | Certification of Normal Category Rotorcraft | 1987. 9. 16 | 无效 |
| AC29-2B | Certification of Normal Category Rotorcraft | 1997. 7. 30 | 无效 |
| AC29-2C | Certification of Normal Category Rotorcraft | 2018. 7. 2 | 有效，适用于现有 CCAR-29-R2 |

现行有效的 AC29-2-Chg8 中的 AC29. 1331 是适用于我国当前有效的 CCAR29. 1331 要求的。

AC29. 1331 对 FAR29. 1331 进行了详细的解释和说明，表明了条款符合性验证的着眼点。

4. 5. 3. 1. 2 FAA 和 EASA 差异分析

根据 CS-29 BOOK2 的规定，现行有效的 CS29. 1331 的 AMC 与 FAAAC29-2C-Chg7（2016 年 2 月 4 日）的 AC29. 1331 保持一致，FAAAC29-2C-Chg7 与 FAAAC29-2C-Chg8 无差异。

针对此条款要求的符合性验证方法，FAA 与 EASA 无差异。

4. 5. 3. 1. 3 经验教训和风险分析

目前美欧等国家有很多已颁证型号证明了其符合 29. 1331 条的要求。国内同样具备相关经验，已颁证的 H425-100 型号已完成本条款的符合性验证工作。

由于该条款为相对成熟的条款，因此该条款目前无较大风险。

### 4.5.3.2 符合性验证工作流程及具体要求

(a) MC1 设计评审。

（Ⅰ）符合性说明文件。编制符合性说明，说明本条款规定的飞行仪表均具有两个独立电源供电；两个独立电源能够通过断路器等合适的装置进行选择；系统独立电源之间通过隔离二极管等进行隔离保护。

（Ⅱ）图纸。用图纸表明飞行仪表系统的设计和布线符合本条款规定。

(b) MC5 相关产品地面试验。进行设备装机后的地面试验，应在地面试验中验证本条款规定的飞行仪表具有两个独立电源供电，两个独立电源能够通过合适的装置进行选择等内容。

试验应按照经批准的试验大纲和程序进行，通过地面试验报告表明设备在装机后功能正常。

### 4.5.3.3 符合性验证资料

符合性验证资料见表 4-16。

表 4-16 29. 1331“使用能源的仪表”的符合性验证资料

| 规章要求 | MOC | 符合性验证资料 |
|---|---|---|
| 29. 1331(a) | 1<br>1<br>5 | 图纸<br>符合性说明文件<br>地面试验大纲和报告 |
| 29. 1331(b) | 1<br>1 | 图纸<br>符合性说明文件 |

### 4.5.3.4 审定要点

审查中需要关注的一般要素和审查重点如下。

飞行仪表供电设计和隔离保护设计。

第5章

# 航姿基准系统

## 5.1 航姿基准系统概述

### 5.1.1 系统组成

机上一般安装两套航姿基准系统，每套航姿基准系统包含一台航姿计算机、一个磁传感器和一个补偿元件，两套系统相互独立、互为备份。

### 5.1.2 系统功能

航姿基准系统通过航姿计算机内部惯性器件（如陀螺、加速度计等）测量并解算出直升机的姿态信息，通过交连的磁传感器测量并解算出直升机的航向信息，以数字总线形式向座舱显示系统、自动飞行控制系统和飞参等机上其他系统提供精度较高的航向、姿态、角速率、线加速度等数据。

### 5.1.3 主要技术指标

系统符合 TSO-C4c、C6d 的要求。

(a) 系统启动时间。

不大于 1min。

(b) 姿态。

俯仰范围：±90°。

俯仰精度：稳定飞行±0.5°，机动飞行±1°。

横滚范围：±180°。

横滚精度：稳定飞行±0.5°，机动飞行±1°。

(c) 航向。

航向范围：0°～360°。

航向精度：稳定飞行±1°，机动飞行±2°。

(d) 角速度。

角速度范围：±410(°)/s。

(e) 加速度。

加速度范围：±15g。

### 5.1.4 发展趋势

随着电子技术的不断发展，传感器精度不断提升，由机械压电陀螺向光纤陀螺、激光陀螺纵深发展，随着技术成熟度和成品率的不断提升，价格呈报也在逐渐下降，激光陀螺可更佳广阔地应用到航姿基准系统中，随着量子技术的不断发展，应用在航姿基准系统也逐渐成为可能。

## 5.2 重要条款概述

适用于电动旋翼航空器的航姿基准系统的适航验证包含如表 5-1 所示重要条款的符合性验证。

表 5-1 适航验证重要条款

| 序号 | 条款编号 | 条款名称 |
| --- | --- | --- |
| 1 | EH. 1303 | 飞行和导航仪表 |
| 2 | EH. 1327 | 磁航向指示器 |

### 5.2.1 EH.1303 飞行和导航仪表

#### 5.2.1.1 条款原文

5. 2. 1. 1. 1 CCAR29. 1303 飞行和导航仪表

所需的飞行和导航仪表规定如下。

(a) 空速表。对 A 类旋翼航空器，$v_{NE}$小于驾驶员感受到的不会误解的征兆给出的超速警告速度时，必须安装有最大允许空速的空速表，如果最大允许空速随重量、高度、温度和转速变化，则该表必须表明这种变化。

(b) 敏感型高度表。

(c) 磁航向指示器。

(d) 带秒针的或数字式显示时、分、秒的时钟。

(e) 大气温度表。

(f) 不倾倒的陀螺倾斜俯仰指示器。

(g) 带有侧滑指示器（转弯倾斜仪）的陀螺转弯仪，但装有第三套姿态仪表系统的旋翼航空器只需有侧滑指示器，第三套姿态仪表系统应满足下列要求：

(Ⅰ) 在俯仰±80°和横滚±120°的整个飞行姿态都是可用的；

(Ⅱ) 由独立于发电系统的电源供电；

(Ⅲ) 在发电系统全部失效后，仍能连续可靠地工至少 30 分钟；

(Ⅳ) 其工作独立于其他姿态指示系统；

(Ⅴ) 在发电系统全部失效后，无须选择仍能工作；

(Ⅵ) 在仪表板上的安装位置应经适航当局同意，要使任意驾驶员在某工作位置上清晰可见而且便于使用；

（Ⅶ）整个使用期间都有适宜的照明。

（h）陀螺航向指示器。

（i）升降速度表（垂直速度）。

（j）对A类旋翼航空器，$v_{NE}$小于驾驶员感受到的其他征兆给出的不会误解的超速警告速度时，需有速度警告装置。当速度超过$v_{NE}$+5.56千米/小时（3节）时，速度警告装置必须向驾驶员发出有效的音响警告（要与其他用途的音响警告有明显区别），并在批准的高度和温度全范围均工作良好。

5.2.1.1.2 FAR29.1303 Flight and navigation instruments（Amendment 29-55）

The following are required flight and navigational instruments：

（a）an airspeed indicator. For Category A rotorcraft with $v_{NE}$ less than a speed at which unmistakable pilot cues provide overspeed warning，a maximum allowable airspeed indicator must be provided. If maximum allowable airspeed varies with weight，altitude，temperature，or r. p. m.，the indicator must show that variation.

（b）A sensitive altimeter.

（c）A magnetic direction indictor.

（d）A clock displaying hours，minutes，and seconds with a sweep-second pointer or digital presentation.

（e）A free-air temperature indicator.

（f）A non-tumbling gyroscopic bank and pitch indicator.

（g）A gyroscopic rate-of-turn indicator combined with an integral slip-skid indicator（turn-and-bank indicator）except that only a slip-skid indicator is required on rotorcraft with a third attitude instrument system that：

（Ⅰ）Is usable through flight attitudes of ±80 degrees of pitch and ±120 degrees of roll；

（Ⅱ）Is powered from a source independent of the electrical generating system；

（Ⅲ）Continues reliable operation for a minimum of 30 minutes after total failure of the electrical generating system；

（Ⅳ）Operates independently of any other attitude indicating system；

（Ⅴ）Is operative without selection after total failure of the electrical generating system；

（Ⅵ）Is located on the instrument panel in a position acceptable to the Administrator that will make it plainly visible to and usable by any pilot at his station；and

（Ⅶ）Is appropriately lighted during all phases of operation.

（h）A gyroscopic direction indicator.

（i）A rate-of-climb（vertical speed）indicator.

（j）For Category A rotorcraft，a speed warning device when $v_{NE}$ is less than the speed at which unmistakable overspeed warning is provided by other pilot cues. The speed warning device must give effective aural warning（differing distinctively from aural warnings used for other purposes）to the pilots whenever the indicated speed exceeds $v_{NE}$ plus 3 knots and must operate satisfactorily throughout the approved range of altitudes and temperatures.

5.2.1.1.3 CS29.1303 Flight and navigation instruments（Amendment 8）

The following are required flight and navigational instruments：

（a）An airspeed indicator. For Category A rotorcraft with $v_{NE}$ less than a speed at which unmistakable pilot cues provide overspeed warning, a maximum allowable airspeed indicator must be provided. If maximum allowable airspeed varies with weight, altitude, temperature, or rpm, the indicator must show that variation.

(b) A sensitive altimeter.

(c) A magnetic direction indicator.

(d) A clock displaying hours, minutes, and seconds with a sweep-second pointer or digital presentation.

(e) A free-air temperature indicator.

(f) A non-tumbling gyroscopic bank and pitch indicator.

(g) A gyroscopic rate-of-turn indicator combined with an integral slip-skid indicator (turn-and-bank indicator) except that only a slip-skid indicator is required on rotorcraft with a third attitude instrument system that:

(Ⅰ) Is usable through flight attitudes of ±80°of pitch and ±120°of roll;

(Ⅱ) Is powered from a source independent of the electrical generating system;

(Ⅲ) Continues reliable operation for a minimum of 30 minutes after total failure of the electrical generating system;

(Ⅳ) Operates independently of any other attitude indicating system;

(Ⅴ) Is operative without selection after total failure of the electrical generating system;

(Ⅵ) Is located on the instrument panel in a position acceptable to the Agency that will make it plainly visible to and usable by any pilot at his station; and

(Ⅶ) Is appropriately lighted during all phases of operation.

(h) A gyroscopic direction indicator.

(i) A rate-of-climb (vertical speed) indicator.

(j) For Category A rotorcraft, a speed warning device when $v_{NE}$ is less than the speed at which unmistakable overspeed warning is provided by other pilot cues. The speed warning device must give effective aural warning (differing distinctly from aural warnings used for other purposes) to the pilots whenever the indicated speed exceeds $v_{NE}$ plus 5. 6km/h (3 knots) and must operate satisfactorily throughout the approved range of altitudes and temperatures.

### 5.2.1.2 条款背景和历史沿革分析

#### 5. 2. 1. 2. 1 FAA相关修正案及背景说明

FAR29. 1303相关的修正案情况如表5-2所示。

表5-2 FAR29. 1303相关的修正案情况

| 序号 | 条款号 | 标题名称 | 修正案 | 生效时间 | 有效性 |
|---|---|---|---|---|---|
| 1 | 29. 1303 | Flight and navigation instruments | Original Version | 1965. 2. 1 | 无效 |
| 2 | 29. 1303 | Flight and navigation instruments | 29-14 | 1977. 9. 1 | 无效 |
| 3 | 29. 1303 | Flight and navigation instruments | 29-24 | 1984. 12. 6 | 有效，与CCAR-29-R2现行有效条款等效 |

经对修正案涉及的NPRM和Final Rule进行分析，情况如下。

(a) 1956年，美国民用航空委员会（Civil Aeronautics Board，CAB）创建了民用航空规

章 CARPart7，用于运输类旋翼航空器适航审定，其中 CAR7. 603 提出了对飞行和导航仪表的要求。

(b) FAA 于 1961 年、1964 年先后发布 NPRM61-25 及 NPRM64-30，提出依据原有 CAR7 重新编排制定 FAR29 的建议，在 NPRM64-30 中，FAA 建议将原有的 CAR7. 603 重新修订为 FAR29 部针对飞行和导航仪表的条款。

FAA 在 Final Rule 5084（1964 年 12 月 3 日）中正式发布了 FAR29 修正案 0（Original Version）（1965 年 2 月 1 日），此修正案在基于 NPRM64-30 提出的对 CAR7. 603 修订建议的基础上，对其进行了进一步的修订。最终修订结果是原有的 CAR7. 603 被修订为针对飞行和导航仪表的 FAR29. 1303 条款。

此次修订没有对原适航要求进行实质性更改，仅是简化、规范了用语，统一了规章格式，其安全要求和技术内涵与原 CAR7 规章要求一致。

(c) 1975 年 2 月 27 日，FAA 发布 NPRM75-10（Airworthiness Review Program，Notice Number 2；Miscellaneous Proposals)，建议修订 FAR29 以更新和改进适用于飞机设备和系统的适航标准，并对运行规则做出相关更改。该提案建议修订 25. 1303(a)(Ⅱ)，允许使用经批准的数字时钟，同时建议修订 29. 1303(d)，使之与 25. 1303(a)(Ⅱ) 要求一致。

1975 年 5 月 19 日，FAA 发布 NPRM75-23（Airworthiness Review Program，Notice No. 5：Equipment and Systems Proposals)，建议修订 FAR29 以更新和改进适用于飞机设备和系统的适航标准，并对运行规则做出相关更改。该提案考虑运输类旋翼机装有第三姿态仪表系统时，不需要陀螺转速指示器，因此建议修订 29. 1303(g)。

1977 年 7 月 11 日，FAA 发布 Final Rule 14625（Airworthiness Review Program，Amendment No. 5；Equipment and Systems Amendments)，采纳 29. 1303(g) 修订建议。

1977 年 9 月 1 日，FAA 通过修正案 29-14 修订了 29. 1303(g)。

(d) 1982 年 4 月 29 日，FAA 发布 NPRM82-12（Rotorcraft Regulatory Review Program Notice Number 2)，建议增加旋翼机适航标准，更新仪表飞行规则（IFR）审定和防冰审定方面的现有标准。该提案建议修订 29. 1303 条，通过向飞行员提供飞机超速的自动视觉和听觉指示器，以提高未来大型运输类直升机的安全等级。建议修订 29. 1303(a) 并增加 29. 1303(j)，要求 A 类旋翼机必须有一个能提供最大允许空速的空速表，$v_{NE}$小于旋翼航空器振动导致或驾驶员感受到的其他征兆给出的不会误解的超速警告速度时，需有速度警告装置。

1984 年 8 月 14 日，FAA 发布 Final Rule 23266（Rotorcraft Regulatory Review Program；Amendment No. 2)，采纳修订 29. 1303(a) 和增加 29. 1303(j) 的建议。

1984 年 12 月 6 日，FAA 通过修正案 29-24 对 29. 1303(a) 进行修订，并增加 29. 1303(j)。

#### 5. 2. 1. 2. 2 EASA 相关修正案及背景说明

CS29. 1303 相关的修正案情况如表 5-3 所示。

表 5-3 CS29. 1303 相关的修正案情况

| 条款号 | 标题名称 | 修正案 | 生效时间 | 现行有效 |
|---|---|---|---|---|
| 29. 1303 | Flight and navigation instruments | Initial Issue | 2003. 11. 14 | 是，与 CCAR-29-R2 现行有效条款对应 |

2003 年 11 月 14 日，EASA 首次发布 CS29 Initial，29. 1303 条对应 FAR 修正案 29-24。至今，未做修订。

5.2.1.2.3 规章差异分析

29.1303 条款对应关系如表 5-4 所示。

表 5-4 29.1303 条款对应关系

| 序号 | CCAR29 | FAR29 | CS29 |
|---|---|---|---|
| 1 | CCAR-29 初版，29.1303 | FAR29，修正案 29-24，29.1303 | CS29 Initial，29.1303 |
| 2 | CCAR-29-R1，29.1303 | FAR29，修正案 29-24，29.1303 | CS29 Initial，29.1303 |
| 3 | CCAR-29-R2，29.1303 | FAR29，修正案 29-24，29.1303 | CS29 Initial，29.1303 |

5.2.1.2.3.1 FAR29 第 24 修正案与 CS29 Initial 规章差异

FAR29 第 24 修正案与 CS29 Initial 无差异。

5.2.1.2.3.2 CCAR-29-R2 与 FAR29 第 24 修正案规章差异

我国现行有效的 CCAR-29-R2 中的 29.1303 条与 FAR29 第 24 修正案中的 29.1303 条的内容一致。

## 5.2.2 EH.1327 磁航向指示器

### 5.2.2.1 条款原文

5.2.2.1.1 CCAR29.1327 磁航向指示器

（a）每个磁航向指示器必须安装成使其精度不受旋翼航空器振动或磁场的严重影响。

（b）经校正后的偏差，平飞时，在任何航向上均不得大于 10 度。

5.2.2.1.2 FAR29.1327 Magnetic direction indicator（Amendment 29-55）

（a）Each magnetic direction indicator must be installed so that its accuracy is not excessively affected by the rotorcraft's vibration or magnetic fields.

（b）The compensated installation may not have a deviation，in level flight，greater than 10 degrees on any heading.

5.2.2.1.3 CS29.1327 Magnetic direction indicator（Amendment 8）

（a）Each magnetic direction indicator must be installed so that its accuracy is not excessively affected by the rotorcraft's vibration or magnetic fields.

（b）The compensated installation may not have a deviation，in level flight，greater than 10° on any heading.

### 5.2.2.2 条款背景和历史沿革分析

5.2.2.2.1 FAA 相关修正案及背景说明

FAR29.1327 相关的修正案情况如表 5-5 所示。

表 5-5 FAR29.1327 相关的修正案情况

| 条款号 | 标题名称 | 修正案 | 生效时间 | 现行有效 |
|---|---|---|---|---|
| 29.1327 | Magnetic direction indicator | Original | 1965.2.1 | 是，与 CCAR 现行有效条款等效 |

（a）1956 年，美国民用航空委员会（Civil Aeronautics Board，CAB）创建了民用航空规章 CARPart7，用于运输类旋翼航空器适航审定，其中 CAR7.612（c）提出了对磁航向指示器的要求。

（b）FAA 于 1961 年、1964 年先后发布 NPRM61-25 及 NPRM64-30，提出依据原有 CAR7 重新编排制定 FAR29 的建议，在 NPRM64-30 中，FAA 建议将原有的 CAR7.612（c）

重新修订为 FAR29 部针对磁航向指示器的条款。

FAA 在 Final Rule No. 5084（1964 年 12 月 3 日）中正式发布了 FAR29 修正案 0（Original Version)（1965 年 2 月 1 日），此修正案在基于 NPRMNo. 64-30 提出的对 CAR7. 612（c）修订建议的基础上，对其进行了进一步的修订。最终修订结果是原有的 CAR7. 612（c）被修订为针对磁航向指示器的 FAR29. 1327 条款。

此次修订没有对原适航要求进行实质性更改，仅是简化、规范了用语，统一了规章格式，其安全要求和技术内涵与原 CAR7 规章要求一致。

5.2.2.2.2 EASA 相关修正案及背景说明

CS29. 1327 相关的修正案情况如表 5-6 所示。

表 5-6 CS29. 1327 相关的修正案情况

| 条款号 | 标题名称 | 修正案 | 生效时间 | 现行有效 |
|---|---|---|---|---|
| 29. 1327 | Magnetic direction indicator | Initial Issue | 2003. 11. 14 | 是，与 CCAR 现行有效条款对应 |

2003 年 11 月 14 日，EASA 基于 JAR-29 第 3 修正案（2002 年 4 月 1 日）发布 CS29 Initial，CS29. 1327 条款对应 FAR29. 1327 初版。

5.2.2.2.3 规章差异分析

29. 1321 条款对应关系如表 5-7 所示。

表 5-7 29. 1321 条款对应关系

| 序号 | CCAR29 | FAR29 | CS29 |
|---|---|---|---|
| 1 | CCAR-29 初版，29. 1327 | FAR29. 1327 初版 | CS29 Initial，29. 1327 |
| 2 | CCAR-29-R1，29. 1327 | FAR29. 1327 初版 | CS29 Initial，29. 1327 |
| 3 | CCAR-29-R2，29. 1327 | FAR29. 1327 初版 | CS29 Initial，29. 1327 |

5.2.2.2.3.1 FAR29. 1327 初版与 CS29 Initial 规章差异

现行有效的 CS29. 1327 与现行有效的 FAR29. 1327 内容一致。

5.2.2.2.3.2 CCAR-29-R2 与 FAR29. 1327 初版差异

我国现行有效的 CCAR-29-R2 中的 29. 1327 条与 FAR29. 1327 初版内容一致。

## 5.3 符合性验证思路

### 5.3.1 EH.1303 飞行和导航仪表

用符合性说明文件说明机上安装有本条款规定的仪表，且仪表性能符合条款的要求。

用图纸表明机上安装有本条款规定的仪表。

通过计算/分析的方法验证第三套姿态仪表系统在发电系统全部失效后，仍能连续可靠地工作至少 30 分钟。

通过设备飞行试验大纲和试验报告应能表明，平飞时，经校正后的磁航向指示器的偏差，在任何航向上均不能大于 10 度。

### 5.3.2 EH.1327 磁航向指示器

符合性说明文件应表明磁航向指示器安装位置、工作原理、是否已取得相应资格证明或进行相关的试验室试验等内容。

图纸应能表明磁航向指示器安装位置等内容。

通过设备地面试验大纲和试验报告应能表明磁航向指示器装机后，在地面上或在地面模拟飞行条件下，设备功能正常；磁航向指示器罗差校正方法应符合咨询通告要求。

通过设备飞行试验大纲和试验报告应能表明，平飞时，经校正后的磁航向指示器的偏差，在任何航向上均不能大于 10 度。

## 5.4 条款解析

### 5.4.1 EH.1303 飞行和导航仪表

#### 5.4.1.1 条款安全意图

本条款列出了运输类旋翼航空器按目视飞行规则合格审定所要求的最小数量飞行和导航仪表。

#### 5.4.1.2 条款实质要求

飞行和导航仪表必须能在航空器所有运行范围内提供可靠的飞行和导航参考数据供驾驶员使用，确保驾驶员可以做出正确的判断并及时做出响应，以达到安全操控旋翼航空器的目的。

#### 5.4.1.3 条款关键点分析

飞行仪表包含空速表、敏感型高度表、磁航向指示器、大气温度表、不倾倒的陀螺倾斜俯仰指示器、带整体侧滑指示器的陀螺转弯速率指示器、陀螺航向指示器、爬升率（垂直速度）指示器，其他仪表都是导航仪表。

在确定飞行和导航仪表安装设计时，应参考的其他规则有：29. 1321“布局和可见度”；29. 1331“使用能源的仪表”和 29. 1333“在各驾驶员工作位置的飞行仪表系统”。有关各种仪表的其他资料，可以通过查阅各自的技术标准规定（CTSO）找到。但符合 CTSO 的要求，并不能保证符合第 29 部分的相应的安装要求。其他飞行和导航仪表的考虑也能够在 29. 1323、29. 1327、29. 1335、29. 1381、29. 1543、29. 1545、29. 1547 条和附录 B 中找到。附录 B 包含了飞行和导航仪表的 IFR 运行要求。此外，如果最大允许空速取决于飞机当前的状态，如重量和高度等，这些信息要以表格、图形、告示或者其他方式在驾驶舱和航空器飞行手册中体现。

29. 1303(a)(j) 明确了超速告警判断条件，如果要求把速度警告装置作为旋翼航空器设计的一部分，则必须满足给定的性能要求。此外，音响警告（这种警告应明显区别于其他目的所使用的音响警告）的可接受性的评定应作为整个驾驶舱评定的一部分，由飞行试验人员来完成。

### 5.4.2 EH.1327 磁航向指示器

#### 5.4.2.1 条款安全意图和实质要求分析

##### 5.4.2.1.1 条款安全意图

本条款包含关于磁航向指示器的安装和功能的专用需求。

##### 5.4.2.1.2 条款实质要求

条款描述的磁航向指示器（通常可看作一个罗盘）是 29. 1303（c）或者附录 B 的 IFR 运

行中要求的设备或系统。这两个条款要求的指示器都是提供给飞行员飞机参考地球磁场的航向。该设备通常要满足 CTSO-C7 的要求。满足第 29 部分和附录 B 的指示器要满足 CTSO-C6 的要求。

5.4.2.1.3 条款关键点分析

29.1327 (a) 的符合性通常需要对磁指示器及其各个零部件按相应的标准（如 RTCA DO-160B）在旋翼航空器上进行使用试验。若试验时该单元能如 CTSO 的规定正常工作，那么一般不要求追加振动不敏感性评定。为了确定指示器（系统）对磁干扰的不敏感性及其安装精度，还应进行地面和飞行试验。

29.1327(b) 的符合性可以通过地面和飞行试验验证。地面试验通常按一个固定的航向变化增量（45 度或以下）转动旋翼航空器，总共转 360 度；在每一个增量上，其指示器均不应有超过 10 度的误差。在进行这些试验时，各电子设备和系统均应正常开机，并应考查风挡加温（如果装了的话）的影响。考查结果可以用来校准 29.1547 条所要求的标牌。应当注意，对于伺服罗盘系统，习惯上是不需要校准标牌的。还应强调，这些指示器的功能和安装的其他方面均应符合其他的通用要求（即 29.1301 条、29.1309 条、29.1555 条等）。

#### 5.4.2.2 专用术语

磁航向是指飞机纵轴在地平面上的投影与磁子午线的夹角（磁北为正，顺时针旋转）。

磁航向(MC)＝真航向(TC)－磁差(Var)。

## 5.5 符合性验证方法和审查要点

### 5.5.1 EH.1303 飞行和导航仪表

#### 5.5.1.1 国内外符合性验证方法分析

5.5.1.1.1 FAAAC 相关分析

FAR29.1303 相关咨询通告见表 5-8。

表 5-8 FAR29.1303 相关咨询通告

| 咨询通告编号 | 标题名称 | 生效日期 | 有效性 |
| --- | --- | --- | --- |
| AC29-2A | Certification of Normal Category Rotorcraft | 1987.9.16 | 无效 |
| AC29-2B | Certification of Normal Category Rotorcraft | 1997.7.30 | 无效 |
| AC29-2C | Certification of Normal Category Rotorcraft | 2018.7.2 | 有效，适用于现有 CCAR-29-R2 |

现行有效的 AC29-2-Chg8 中的 AC29.1303 是适用于我国当前有效的 CCAR29.1303 要求的。

AC29.1303 对 FAR29.1303 进行了详细的解释和说明，表明了条款符合性验证的着眼点。

5.5.1.1.2 FAA 和 EASA 差异分析

根据 CS-29 BOOK2 的规定，现行有效的 CS29.1303 的 AMC 与 FAAAC29-2C-Chg7 (2016 年 2 月 4 日) 的 AC29.1303 保持一致，FAAAC29-2C-Chg7 与 FAAAC29-2C-Chg8 无差异。

针对此条款要求的符合性验证方法，FAA 与 EASA 无差异。

5.5.1.1.3 经验教训和风险分析

目前美欧等国家有很多已颁证型号证明了其符合29.1303条的要求。国内同样具备相关经验，已颁证的H425-100型号已完成本条款的符合性验证工作。

由于该条款为相对成熟的条款，因此该条款目前无较大风险。

#### 5.5.1.2 符合性验证工作流程及具体要求

(a) MC1说明性文件。

(Ⅰ) 符合性说明文件。符合性说明：机上安装有本条款规定的仪表，且仪表性能符合条款的要。

(Ⅱ) 图纸。用图纸表明机上安装有本条款规定的仪表。

(b) MC2分析/计算。通过计算/分析的方法验证第三套姿态仪表系统在发电系统全部失效后，仍能连续可靠地工作至少30分钟。

(c) MC6飞行试验。通过设备飞行试验大纲和试验报告应能表明，平飞时，经校正后的磁航向指示器的偏差，在任何航向上均不能大于10度。

#### 5.5.1.3 符合性验证资料

符合性验证资料见表5-9。

表5-9 29.1303"飞行和导航仪表"的符合性验证资料

| 规章要求 | MOC | 符合性验证资料 |
|---|---|---|
| 29.1303(a) | 1<br>1 | 图纸<br>符合性说明文件 |
| 29.1303(b) | 1<br>1 | 图纸<br>符合性说明文件 |
| 29.1303(c) | 1<br>1 | 图纸<br>符合性说明文件 |
| 29.1303(d) | 1<br>1 | 图纸<br>符合性说明文件 |
| 29.1303(e) | 1<br>1 | 图纸<br>符合性说明文件 |
| 29.1303(f) | 1<br>1 | 图纸<br>符合性说明文件 |
| 29.1303(g) | 1<br>2<br>6 | 符合性说明文件<br>分析/计算报告<br>飞行试验大纲和试验报告 |
| 29.1303(h) | 1<br>1 | 图纸<br>符合性说明文件 |
| 29.1303(i) | 1<br>1 | 图纸<br>符合性说明文件 |
| 29.1303(j) | 1<br>6 | 符合性说明文件<br>飞行试验大纲和试验报告 |

#### 5.5.1.4 审定要点

审查中需要关注的一般要素和审查重点如下。

(a) 各仪表的基本要求，以及是否满足相应CTSO标准，对于未按CTSO批准的仪表，应满足系统设计规范和其他标准的要求。

(b) 第三套姿态系统的设计能够满足适航条款要求。

(c) 超速告警系统设计是否满足条款要求。

(d) 电子飞行仪表系统（EFIS）的适航取证工作，系统应满足相关 CTSO 和系统设计规范的要求，按照最新版本的 RTCA/DO-160 完成环境鉴定试验。应按照最新版 DO-178 标准对嵌入式软件进行审查，软件等级随其执行功能最坏情况的严酷程度而定。复杂电子硬件参考 DO-254 进行审查。系统安装应考虑人机因素、显示的符号和功能、显示器色度和亮度、部件的冷却和内部温度测量，以及系统的可靠性。

(e) 备用仪表。

通常，采用一个独立电源的，装在仪表板上的机电式陀螺仪就能满足这个要求。但是，若采用电子飞行备用仪表系统，则需重点关注其环境试验条件、软件和硬件设计等内容。

(f) 对于 (g)(Ⅰ) 款要求的“在俯仰±80 度和横滚±120 度的整个飞行姿态都可用”，在实际的型号审查中，有申请人通过地面模拟主姿态指示器失效的情况，证明航空器的俯仰不会超出一个低于±80°的值（如±60 度）而获得局方豁免的情况。

#### 5.5.1.5 特殊审定政策

暂无相关审定政策。

### 5.5.2 EH.1327 磁航向指示器

#### 5.5.2.1 国内外符合性验证方法分析

##### 5.5.2.1.1 FAAAC 相关分析

FAR29. 1327 相关咨询通告见表 5-10。

表 5-10 FAR29. 1327 相关咨询通告

| 咨询通告编号 | 标题名称 | 生效时间 | 有效性 |
|---|---|---|---|
| ACNO. 29-2A | Certification of Normal Category Rotorcraft | 1987. 9. 16 | 无效 |
| ACNO. 29-2B | Certification of Normal Category Rotorcraft | 1997. 7. 30 | 无效 |
| ACNO. 29-2C | Certification of Normal Category Rotorcraft | 2018. 7. 2 | 有效，适用于当前 CCAR 要求 |

现行有效的 ACNO. 29-2C 的 AC29. 1327 是适用于我国当前有效的 CCAR29. 1327 条要求的。ACNO. 29-2C-Chg8 中 29. 1327 条，对 FAR29. 1327 条款进行了详细的解释和说明，其中表明了条款符合性验证的着眼点。

##### 5.5.2.1.2 FAA 和 EASA 差异分析

根据 CS-29 BOOK2 的规定，现行有效的 CS29. 1327 的 AMC 与 FAAAC29-2C-Chg7（2016 年 2 月 4 日）中的 AC29. 1327 保持一致。而 AC29-2C-Chg8 并没有对 AC29. 1327 进行修订，因此现行有效的 CS29. 1327 AMC 与现行有效的 AC29-2C-Chg8 中的 AC29. 1327 保持一致。

##### 5.5.2.1.3 经验教训和风险分析

目前美欧等国家有很多已颁证型号证明了其符合 29. 1327 条的要求。国内同样具备相关经验，已颁证的 H425-100 型号已完成本条款的符合性验证工作。

由于该条款为相对成熟的条款，因此该条款目前无较大风险。

#### 5.5.2.2 符合性验证工作流程及具体要求

(a) MC1 设计评审。

（Ⅰ）符合性说明文件。符合性说明文件应表明磁航向指示器安装位置、工作原理、是否已取得相应资格证明或进行相关的试验室试验等内容。

（Ⅱ）图纸。图纸应能表明磁航向指示器安装位置等内容。

(b) MC5 相关产品地面试验。通过设备地面试验大纲和试验报告应能表明磁航向指示器装机后，在地面上或在地面模拟飞行条件下，设备功能正常；磁航向指示器罗差校正方法应符合咨询通告要求。

(c) MC6 飞行试验。通过设备飞行试验大纲和试验报告应能表明，平飞时，经校正后的磁航向指示器的偏差，在任何航向上均不能大于 10 度。

### 5.5.2.3 符合性验证资料

符合性验证资料见表 5-11。

表 5-11 29.1327“磁航向指示器”的符合性验证资料

| 规章要求 | MOC | 符合性验证资料 |
|---|---|---|
| (a)每个磁航向指示器必须安装成使其精度不受旋翼航空器振动或磁场的严重影响 | 1<br>1<br>5<br>6 | 设备图纸<br>符合性说明文件<br>地面通电和校正试验大纲和试验报告飞行试验大纲和试验报告 |
| (b)经校正后的偏差，平飞时，在任何航向上均不得大于 10 度 | 1<br>5<br>6 | 符合性说明文件<br>地面通电和校正试验大纲和试验报告飞行试验大纲和试验报告 |

### 5.5.2.4 审定要点

审查中需要重点关注的要素如下。

(a) 磁航向指示器的安装位置。

(b) 地面罗盘校准试验方法、校准曲线的设计和安装。

(c) 飞行试验验证方法。

# 第 6 章

# 通信导航系统

## 6.1 通信导航系统概述

### 6.1.1 概述

通信导航系统是电动旋翼航空器的重要组成部分，按照大类可分为通信和导航两部分。由于目前并未大规模配备专用 vertiport（垂直起降场）以供电动旋翼航空器起落，其起降主要依赖现有通航机场，因此下文仅列明必要的通信导航设备（而非全部）。

通信部分主要担负着指挥、联络、音频控制、音频记录等任务。它的主要功能是保证直升机在各种飞行条件下实现载机与载机之间、载机与地面空管中心之间的信息交换和通信联络以及记录载机音频信号，记录飞行中的音频信号。

导航系统主要担负着飞行器定位与询问应答、航路规划、空中飞行器避让、着陆与进近辅助等功能，同时应具备备份导航和预警功能。

### 6.1.2 系统组成

通信导航系统主要由 VHF 系统、无线电调谐单元、音频控制系统、无线电高度表系统、应答机系统以及 TCAS 系统组成。

甚高频通信（VHF）是载机与地面塔台之间、载机与载机之间的通信。一套 VHF 系统包括 1 个 VHF 收发信机以及一个 VHF 天线，其中控制和显示功能由无线电调谐单元完成。一架飞机的甚高频通信功能由两套 VHF 系统完成，互为备份。

音频控制系统是载机内部飞行员或飞行员与乘客之间通信。其功能由 1 套音频控制系统、5 套耳机话筒组（1 名驾驶员和 4 名乘客）以及其他通信系统部件共同组成。

无线电高度表通过计算发射信号和接收信号之间的时间来确定直升机的离地高度。无线电高度表系统主要由 1 部无线电高度收发机和 1 个天线组成。

S 模式空管应答机系统包含 ADS-B out 功能，用于对外广播，广播信息包括载机的位置（经纬度）、速度、时间及其他参数，供地面系统监视使用。应答机系统主要由应答机和天线组成。

TCAS 系统主要用于与其他飞机或直升机接近时发出警告，指引直升机安全规避，由主机、方向天线和全向天线组成。

### 6.1.3 系统主要功能

通信导航系统主要实现通信、音频控制、高度测量、询问应答、导航以及 TCAS 等功能，各部分具体功能如下所示。

(a) VHF 系统主要实现如下功能：

(Ⅰ) 为机组提供视距内的空-空、空-地之间 AM 话音通信；

(Ⅱ) 具有应急通道功能，可以保证飞行管理系统（FMS）功能失效时快速切换到 121.5MHz 的救生频率上。

(b) 音频控制系统主要实现如下功能：

(Ⅰ) 进行所有机载导航和通信系统的输入和输出音频的选择及控制；

(Ⅱ) 接收各通信系统和音响告警发生器的音频输入；

(Ⅲ) 提供音频输出给耳机、话筒、通信系统和舱音记录仪。

(Ⅳ) 驾驶员和地面空管中心的话音通信；

(Ⅴ) 飞行所有乘员（1 名驾驶员和 4 名乘客）之间的话音通信；

(Ⅵ) 接收机载设备的音响告警信号；

(Ⅶ) 提供导航提示音频通道；

(Ⅷ) 音量控制。

(c) 无线电高度表系统。无线电高度表系统用于测量载机相对地面的高度，无线电高度表收发机通过计算发射信号和接收信号之间的时间来确定直升机的离地高度，并将高度信息通过 ARINC429 总线提供给综合显示系统。

(d) 应答机系统。应答机系统与地面雷达协同工作，收到有效询问信号后，产生相应的应答信号。应答机包含为每架飞行器指定的地址码。当地面空管系统为 ATC RBS 系统时，对于识别询问，应答机产生的是识别码应答信号；对于高度询问，则回答直升机的实时气压高度编码信号，为管制人员提供直升机的代号及飞行高度等信息，从而辅助完成空中调度任务。当地面空管系统为新型离散寻址信标系统时，无论是全呼叫 ATCRBS/DABS 还是只呼叫 DABS 询问信号，应答机根据询问信号进行相应的应答，应答内容包括控制字、飞机地址码、高度码等。

(e) TCAS 系统。TCAS 系统通过询问其他飞行器上的应答机来探测、跟踪本机邻近的其他飞行器，通过分析回答信息确定入侵者的距离、航向，还有相对高度（如果报告高度）。TCAS 系统发现入侵者超出一定的安全范围，发布交通咨询信息 TA（Traffic Advisories）提醒机组人员邻近空域存在其他飞行器。如果入侵者继续接近，当系统确定存在可能的撞机危险时，则发布适当的垂直规避信息 RA（Resolution Advisories）给机组人员。这些信息提供给综合显示系统，并在综显上显示。

### 6.1.4 未来发展趋势

自电动旋翼航空器发展以来，国内外电动旋翼航空器在通信导航方面进行了新的探索，主要包括以下几个方面。

(a) 5G-A 通感一体技术。传统天基网络依靠卫星，理论上可以实现无盲区信号覆盖，但是由于雨雪等气候原因或者日凌等天文现象，会导致天基信号中断。同时随着中国无人机市场的逐步放开，当下天基网络的承载力可能不足。在依靠中国星网和上海天帆等低空星链进一步发展的同时，要积极寻求替代补充方案。

5G-Advanced（5G-A）作为5G的增强版本，弥补了4G全向天线对天辐射能力较低的缺点，通过相控阵波束赋形天线实现对天空的定向网络覆盖，采用700MHz＋2.6GHz＋4.9GHz多频段协同组网，可实现主频段大带宽高清回传和广覆盖强穿透性远距传输。通过机载终端（可模块化）＋地面通感基站的组合，可以实现飞控数据、遥测数据、高清视频和空管指令的传输，辅助航空器飞行。在3C及以下无伏尔导航台等引导着陆手段的情况下，通过5G-A通感基站识别着陆点，精准着陆。

同时，5G-A基站具备雷达功能，可以实时监测eVTOL的位置、速度、高度，精度达到亚米级，辅助航线调整。在机场或者城市空域，该功能可以识别未经授权的“黑飞”无人机，触发避障与告警。

目前我国深圳—珠海跨湾航线、杭州余杭低空网络示范区、张家口宁远机场等地已实现5G-A基站部署，并实现飞行验证，未来该技术也会向6G继续发展。

(b) 激光雷达。电动旋翼航空器为应对低空城市飞行的目标，可搭载激光雷达、视觉摄像头和毫米波雷达，用于障碍物检测和精准着陆。其中激光雷达可以提供厘米级精度的环境建模，通过对周围环境的扫描，生成3D点云，识别高压线、无人机、飞鸟等障碍物。特别是激光雷达不受光线影响，可以穿透雾、雨、雪等，弥补了视觉避障的不足。由于激光雷达直接输出的原始数据为3D点云，无须复杂预处理，典型算力要求仅达10～20TOPS（视觉需要50～100TOPS），全流程延迟≤50ms（视觉依赖多帧融合，全流程延迟≥100ms），在所需算力、算法轻量化和延迟性方面也更具优势。

## 6.2 重要条款概述

适用于电动旋翼航空器的通信与导航系统的适航验证包含如表6-1所示重要条款的符合性验证。

表6-1 适航验证重要条款

| 序号 | 条款编号 | 条款名称 |
| --- | --- | --- |
| 1 | EH. 1303 | 飞行和导航仪表 |
| 2 | EH. 1431 | 电子设备 |
| 3 | EH. 1457 | 驾驶舱录音机 |

### 6.2.1 EH.1303 飞行和导航仪表

#### 6.2.1.1 条款原文

6.2.1.1.1 CCAR29.1303 飞行和导航仪表

所需的飞行和导航仪表规定如下。

(a) 空速表。对A类旋翼航空器，$v_{NE}$小于驾驶员感受到的不会误解的征兆给出的超速警告速度时，必须安装有最大允许空速的空速表，如果最大允许空速随重量、高度、温度和转速变化，则该表必须表明这种变化。

(b) 敏感型高度表。

(c) 磁航向指示器。

(d) 带秒针的或数字式的显示时、分、秒的时钟。

(e) 大气温度表。

(f) 不倾倒的陀螺倾斜俯仰指示器。

(g) 带有侧滑指示器(转弯倾斜仪)的陀螺转弯仪，但装有第三套姿态仪表系统的旋翼航空器只需有侧滑指示器，第三套姿态仪表系统应满足下列要求：

(Ⅰ) 在俯仰±80度和横滚±120度的整个飞行姿态都是可用的；

(Ⅱ) 由独立于发电系统的电源供电；

(Ⅲ) 在发电系统全部失效后，仍能连续可靠地工至少30分钟；

(Ⅳ) 其工作独立于其他姿态指示系统；

(Ⅴ) 在发电系统全部失效后，无须选择仍能工作；

(Ⅵ) 在仪表板上的安装位置应经适航当局同意，要使任意驾驶员在某工作位置上清晰可见而且便于使用；

(Ⅶ) 整个使用期间都有适宜的照明。

(h) 陀螺航向指示器。

(i) 升降速度表(垂直速度)。

(j) 对A类旋翼航空器，$v_{NE}$小于驾驶员感受到的其他征兆给出的不会误解的超速警告速度时，需有速度警告装置。当速度超过$v_{NE}$+5.56千米/小时(3节)时，速度警告装置必须向驾驶员发出有效的音响警告(要与其他用途的音响警告有明显区别)，并在批准的高度和温度全范围均工作良好。

6.2.1.1.2 FAR29.1303 Flight and navigation instruments (Amendment 29-55)

The following are required flight and navigational instruments:

An airspeed indicator. For Category A rotorcraft with $v_{NE}$ less than a speed at which unmistakable pilot cues provide overspeed warning, a maximum allowable airspeed indicator must be provided. If maximum allowable airspeed varies with weight, altitude, temperature, or r. p. m., the indicator must show that variation.

(b) A sensitive altimeter.

(c) A magnetic direction indictor.

(d) A clock displaying hours, minutes, and seconds with a sweep-second pointer or digital presentation.

(e) A free-air temperature indicator.

(f) A non-tumbling gyroscopic bank and pitch indicator.

(g) A gyroscopic rate-of-turn indicator combined with an integral slip-skid indicator (turn-and-bank indicator) except that only a slip-skid indicator is required on rotorcraft with a third attitude instrument system that:

(Ⅰ) Is usable through flight attitudes of ±80 degrees of pitch and ±120 degrees of roll;

(Ⅱ) Is powered from a source independent of the electrical generating system;

(Ⅲ) Continues reliable operation for a minimum of 30 minutes after total failure of the electrical generating system;

(Ⅳ) Operates independently of any other attitude indicating system;

(Ⅴ) Is operative without selection after total failure of the electrical generating system;

(Ⅵ) Is located on the instrument panel in a position acceptable to the Administrator that will make it plainly visible to and usable by any pilot at his station; and

(Ⅶ) Is appropriately lighted during all phases of operation.

(h) A gyroscopic direction indicator.

(i) A rate-of-climb (vertical speed) indicator.

(j) For Category A rotorcraft, a speed warning device when $v_{NE}$ is less than the speed at which unmistakable overspeed warning is provided by other pilot cues. The speed warning device must give effective aural warning (differing distinctively from aural warnings used for other purposes) to the pilots whenever the indicated speed exceeds $v_{NE}$ plus 3 knots and must operate satisfactorily throughout the approved range of altitudes and temperatures.

6.2.1.1.3 CS29.1303 Flight and navigation instruments (Amendment 8)

The following are required flight and navigational instruments:

(a) An airspeed indicator. For Category A rotorcraft with $v_{NE}$ less than a speed at which unmistakable pilot cues provide overspeed warning, a maximum allowable airspeed indicator must be provided. If maximum allowable airspeed varies with weight, altitude, temperature, or rpm, the indicator must show that variation.

(b) A sensitive altimeter.

(c) A magnetic direction indicator.

(d) A clock displaying hours, minutes, and seconds with a sweep-second pointer or digital presentation.

(e) A free-air temperature indicator.

(f) A non-tumbling gyroscopic bank and pitch indicator.

(g) A gyroscopic rate-of-turn indicator combined with an integral slip-skid indicator (turn-and-bank indicator) except that only a slip-skid indicator is required on rotorcraft with a third attitude instrument system that:

(Ⅰ) Is usable through flight attitudes of $\pm 80°$of pitch and $\pm 120°$of roll;

(Ⅱ) Is powered from a source independent of the electrical generating system;

(Ⅲ) Continues reliable operation for a minimum of 30 minutes after total failure of the electrical generating system;

(Ⅳ) Operates independently of any other attitude indicating system;

(Ⅴ) Is operative without selection after total failure of the electrical generating system;

(Ⅵ) Is located on the instrument panel in a position acceptable to the Agency that will make it plainly visible to and usable by any pilot at his station; and

(Ⅶ) Is appropriately lighted during all phases of operation.

(h) A gyroscopic direction indicator.

(i) A rate-of-climb (vertical speed) indicator.

(j) For Category A rotorcraft, a speed warning device when $v_{NE}$ is less than the speed at which unmistakable overspeed warning is provided by other pilot cues. The speed warning device must give effective aural warning (differing distinctly from aural warnings used for other purposes) to the pilots whenever the indicated speed exceeds $v_{NE}$ plus 5.6km/h (3 knots) and must operate satisfactorily throughout the approved range of altitudes and temperatures.

### 6.2.1.2 条款背景和历史沿革分析

6.2.1.2.1 FAA相关修正案及背景说明

FAR29.1303相关的修正案情况如表6-2所示。

表6-2 FAR29.1303相关的修正案情况

| 序号 | 条款号 | 标题名称 | 修正案 | 生效时间 | 现行有效 |
| --- | --- | --- | --- | --- | --- |
| 1 | 29.1303 | Flight and navigation instruments | Original Version | 1965.2.1 | 无效 |
| 2 | 29.1303 | Flight and navigation instruments | 29-14 | 1977.9.1 | 无效 |
| 3 | 29.1303 | Flight and navigation instruments | 29-24 | 1984.12.6 | 有效，与CCAR-29-R2现行有效条款等效 |

经对修正案涉及的NPRM和Final Rule进行分析，情况如下。

(a) 1956年，美国民用航空委员会（Civil Aeronautics Board，CAB）创建了民用航空规章CARPart7，用于运输类旋翼航空器适航审定，其中CAR7.603提出了对飞行和导航仪表的要求。

(b) FAA于1961年、1964年先后发布NPRM61-25及NPRM64-30，提出依据原有CAR7重新编排制定FAR29的建议，在NPRM64-30中，FAA建议将原有的CAR7.603重新修订为FAR29部针对飞行和导航仪表的条款。

FAA在Final Rule 5084（1964年12月3日）中正式发布了FAR29修正案0（Original Version）（1965年2月1日），此修正案在基于NPRM64-30提出的对CAR7.603修订建议的基础上，对其进行了进一步的修订。最终修订结果是原有的CAR7.603被修订为针对飞行和导航仪表的FAR29.1303条款。

此次修订没有对原适航要求进行实质性更改，仅是简化、规范了用语，统一了规章格式，其安全要求和技术内涵与原CAR7规章要求一致。

(c) 1975年2月27日，FAA发布NPRM75-10（Airworthiness Review Program，Notice Number 2；Miscellaneous Proposals），建议修订FAR29以更新和改进适用于飞机设备和系统的适航标准，并对运行规则做出相关更改。该提案建议修订25.1303(a)(Ⅱ)，允许使用经批准的数字时钟，同时建议修订29.1303(d)，使之与25.1303(a)(Ⅱ)要求一致。

1975年5月19日，FAA发布NPRM75-23（Airworthiness Review Program，Notice No.5：Equipment and Systems Proposals），建议修订FAR29以更新和改进适用于飞机设备和系统的适航标准，并对运行规则做出相关更改。该提案考虑运输类旋翼机装有第三姿态仪表系统时，不需要陀螺转速指示器，因此建议修订29.1303(g)。

1977年7月11日，FAA发布Final Rule 14625（Airworthiness Review Program，Amendment No.5；Equipment and Systems Amendments），采纳29.1303(g)修订建议。

1977年9月1日，FAA通过修正案29-14修订了29.1303(g)。

(d) 1982年4月29日，FAA发布NPRM82-12（Rotorcraft Regulatory Review Program Notice Number 2），建议增加旋翼机适航标准，更新仪表飞行规则（IFR）审定和防冰审定方面的现有标准。该提案建议修订29.1303条，通过向飞行员提供飞机超速的自动视觉和听觉指示器，以提高未来大型运输类直升机的安全等级。建议修订29.1303(a)并增加29.1303(j)，要求A类旋翼机必须有一个能提供最大允许空速的空速表，$v_{NE}$小于旋翼航空器振动导致或驾驶员感受到的其他征兆给出的不会误解的超速警告速度时，需有速度警告装置。

1984 年 8 月 14 日，FAA 发布 Final Rule 23266（Rotorcraft Regulatory Review Program；Amendment No. 2），采纳修订 29. 1303(a) 和增加 29. 1303(j) 的建议。

1984 年 12 月 6 日，FAA 通过修正案 29-24 对 29. 1303(a) 进行修订，并增加 29. 1303(j)。

6. 2. 1. 2. 2　EASA 相关修正案及背景说明

CS29. 1303 相关的修正案情况如表 6-3 所示。

表 6-3　CS29. 1303 相关的修正案情况

| 条款号 | 标题名称 | 修正案 | 生效时间 | 现行有效 |
|---|---|---|---|---|
| 29. 1303 | Flight and navigation instruments | Initial Issue | 2003. 11. 14 | 是，与 CCAR-29-R2 现行有效条款对应 |

2003 年 11 月 14 日，EASA 首次发布 CS29 Initial，29. 1303 条对应 FAR 修正案 29-24。至今，未做修订。

6. 2. 1. 2. 3　规章差异分析

29. 1303 条款对应关系如表 6-4 所示。

表 6-4　29. 1303 条款对应关系

| 序号 | CCAR29 | FAR29 | CS29 |
|---|---|---|---|
| 1 | CCAR-29 初版，29. 1303 | FAR29，修正案 29-24，29. 1303 | CS29 Initial，29. 1303 |
| 2 | CCAR-29-R1，29. 1303 | FAR29，修正案 29-24，29. 1303 | CS29 Initial，29. 1303 |
| 3 | CCAR-29-R2，29. 1303 | FAR29，修正案 29-24，29. 1303 | CS29 Initial，29. 1303 |

6. 2. 1. 2. 3. 1　FAR29 第 24 修正案与 CS29 Initial 规章差异

FAR29 第 24 修正案与 CS29 Initial 无差异。

6. 2. 1. 2. 3. 2　CCAR-29-R2 与 FAR29 第 24 修正案规章差异

我国现行有效的 CCAR-29-R2 中的 29. 1303 条与 FAR29 第 24 修正案中的 29. 1303 条的内容一致。

## 6.2.2 EH.1431 电子设备

### 6.2.2.1 条款原文

6. 2. 2. 1. 1　CCAR29. 1431 电子设备

(a) 无线电通信和导航设备的安装，必须在任何临界环境条件下，对其设备本身、工作方法和其他部件的影响不造成危害。

(b) 无线电通信和导航设备、控制装置和导线，必须安装成在任意部件或系统工作时，对民用航空规章所要求的任何其他无线电和电子部件或系统的同时工作不会产生不利影响。

6. 2. 2. 1. 2　FAR29. 1431Electronic equipment（Amendment 29-55）

(a) Radio communication and navigation equipment installations must be free from hazards in themselves，in their method of operation，and in their effects on other components，under any critical environmental conditions.

(b) Radio communication and navigation equipment，controls，and wiring must be installed so that operation of any one unit or system of units will not adversely affect the simultaneous operation of any other radio or electronic unit，or system of units，required by this chapter.

6.2.2.1.3 CS29.1431Electronic equipment (Amendment 8)

Radio communication and navigation installations must be free from hazards in themselves, in their method of operation, and in their effects on other components, under any critical environmental conditions.

Radio communication and navigation equipment, controls, and wiring must be installed so that operation of any one unit or system of units will not adversely affect the simultaneous operation of any other radio or electronic unit, or system of units, required by any applicable CSor operating rule.

### 6.2.2.2 条款背景和历史沿革分析

6.2.2.2.1 FAA相关修正案及背景说明

FAR29.1431相关的修正案情况如表6-5所示。经对修正案涉及的NPRM和Final Rule进行分析，情况如下。

表6-5 FAR29.1431相关的修正案情况

| 条款号 | 标题名称 | 修正案 | 生效时间 | 与CCAR29等效版本 |
|---|---|---|---|---|
| 29.431 | Electronic equipment | Original | 1965.2.1 | R0/R1/R2 |

(a) CAR7。1956年，美国民用航空委员会（Civil Aeronautics Board，CAB）创建了民用航空规章CAR7部，用于运输类旋翼航空器适航审定，其中的CAR7.653提出了针对无线电安装的要求，其条款要求如下。

CAR7.653“无线电安装”：

(Ⅰ) 旋翼航空器内的无线电通信和导航设备的安装，对其设备本身、工作方法和其他部件的影响应不造成危害。在表明符合本条要求时，应考虑到临界的环境条件。

(Ⅱ) 所有无线电通信和导航设备、控制装置和导线，都应安装成在任意部件或系统工作时，对本规章所要求的任何其他无线电和电子部件或系统的同时工作不会有不利影响。

(b) FAR29修正案0。

(Ⅰ) FAA于1961年、1964年先后发布NPRM61-25及NPRM64-30，提出了依据现有CAR7重新编排制定FAR29的建议。在NPRM64-30中，FAA建议将CAR7.653重新修订为针对无线电安装的FAR29.787，其条款要求如下。

FAR29.787“无线电安装”：

(ⅰ) 旋翼航空器内的所有无线电通信和导航设备的安装，必须在所有临界环境条件下，对其设备本身、工作方法和旋翼航空器的其他部件的影响应不造成危害。

(ⅱ) 所有的无线电通信和导航设备、控制装置和导线，必须安装成在任意部件或系统工作时，对本规章任何规章所要求的任何其他无线电和电子部件或系统的同时工作不会有不利影响。

(Ⅱ) FAA于1964年12月3日在Final rule 5084中正式发布了FAR29修正案0（Original Version）（1965年2月1日）。在此修正案中，FAA根据收到的反馈意见，对NPRM64-30建议的FAR29.787中多余和过时的修饰词汇进行以下的修订：

(ⅰ) 删除条款中的“旋翼航空器”以及“所有无线电通信和导航设备”中的“所有”；

(ⅱ) 将“所有临界环境条件”修改为“任何临界环境条件”；

(ⅲ) 将“本规章任何规章”修改为“本规章”。

经以上修订后的条款被重新编号为 FAR29. 1431，条款名称更改为“电子设备”，其原文见 6. 2. 2. 1. 2。

本次修订仅仅是按照 NPRM61-25 的要求简化和澄清了原规章的法规用语（修改前后的条款变化可参见表 6-6），统一了规章格式，没有对原适航要求进行具体的实质性更改，其安全要求和技术内涵与原有 CAR7 规章完全一致。

**表 6-6 修订前、后的法规词汇或句子更改对比**

| 序号 | CAR7. 653 | | FAR29. 1431 修正案 0 | |
|---|---|---|---|---|
| | 条款名称 | Radio installation | 条款名称 | Electronic equipment |
| 1 | 条款号 | 词语或句子 | 条款号 | 修订后的词语或句子 |
| 2 | (a)/(b) | Should 或 shall | (a)/(b) | must |
| 3 | (a) | All … equipment installations in the rotorcraft | (a) | equipment installations |
| 4 | | on other components of the rotorcraft | | on other components |
| 5 | | In showing compliance with this requirement, consideration shall be given to critical environmental conditions | | Under any critical environmental conditions. |
| 6 | (b) | All radio communication … | (b) | radio communication… |
| 7 | | so…that | | so that |
| 8 | | affect adversely | | Adversely affect |
| 9 | | required by the regulations in this subchapter | | required by this chapter |

6. 2. 2. 2. 2 EASA 相关修正案及背景说明

CS29. 1431 相关的修正案情况如表 6-7 所示。经对修正案涉及的 ED Decision 2003/16/RM 进行分析，情况如下。

**表 6-7 CS29. 1431 相关的修正案情况**

| 条款号 | 标题名称 | 修正案 | 生效时间 | 与 CCAR29 等效版本 |
|---|---|---|---|---|
| 29. 1431 | Electronic equipment | Initial issue | 2003. 11. 14 | R2 |

CS29 初版：按照欧盟规章第 15922002 号（基本法规）（2002 年 9 月 27 日生效）的要求，2003 年 11 月，EASA（于 2002. 6 月成立，接替 JAA 开展相关工作）基于欧洲联合航空规章 JAR-29 第 3 修正案（2002 年 4 月 1 日生效）在 ED Decision 2003/16/RM 中正式颁布了 CS29/Initial issue（2003 年 11 月 14 日），根据需要，已对这些条款做了修改，以确保与欧洲共同体法律和欧洲联盟政策保持一致。CS29/Initial issue 中的 CS29. 1431 原文见 6. 2. 1. 1. 3。

6. 2. 2. 2. 3 *规章差异分析*

6. 2. 2. 2. 3. 1 FAR29 初版与 CS29 初版规章差异

现行有效的 FAR29. 1431 与现行有效的 CS29. 1431 仍为各自初版颁布的条款要求，均一直沿用至今，两者条款要求表述上稍微存在一点差异，在 FAR29. 1431(b) 中表述的“对‘本规章’所要求的任何其他无线电和电子部件或系统的同时工作不会有不利影响。”相应在 CS29. 1431(b) 中则表述为：“对‘任何适用的审定规范或运行规则’所要求的任何其他无线电和电子部件或系统的同时工作不会有不利影响。”

FAR29.1431(b) 中的“本规章”是指联邦法规第 14 部分《航空和航天》第一条，即FAA 监管的民用航空规章。CS29.1431(b)“任何适用的审定规范或运行规则”中的“审定规范或运行规则”是指 EASA 监管的民用航空规章。根据以上分析，可知 FAR29.1431 所述“本规章”和 CS29.1431 (b) 所述“任何适用的审定规范或运行规则”均指民用航空规章，因此其要求基本一致。

现行有效的 FAR29.1431 和 CS29.1431 除了上述不同之外，两者其他内容和要求基本一致，无差异。

6.2.2.2.3.2　CCAR-29-R2 与 FAR29 初版规章差异

我国现行有效的 CCAR-29-R2 中的 29.1431 条与 FAR29 初版中的 29.1431 条的内容一致。

## 6.2.3　EH.1457 驾驶舱录音机

### 6.2.3.1　条款原文

6.2.3.1.1　CCAR29.1457 驾驶舱录音机

(a) 民用航空规章营运规则所要求的每台驾驶舱录音机必须经过批准，并且其安装必须能够记录下列信息：

(Ⅰ) 通过无线电在旋翼航空器上发出或收到的通话；

(Ⅱ) 驾驶舱内飞行机组成员的对话；

(Ⅲ) 驾驶舱内飞行机组成员使用旋翼航空器内话系统时的通话；

(Ⅳ) 进入耳机或扬声器中的导航或进场设备的通话或音频识别信号；

(Ⅴ) 飞行机组成员使用旅客广播系统时的通话［如果装有旅客广播系统，并根据本条(c)(Ⅳ)(ⅱ) 中的要求有第四通道可用］；

(Ⅵ) 使用经批准的数据信息集的所有数据链通信（如果安装了数据链通信设备）。数据链信息必须作为通信设备的输出信号被记录，该通信设备将信号转换为可用数据。

(b) 本条 (a)(Ⅱ) 中的录音要求，可以由下列装置之一来满足。

(Ⅰ) 在驾驶舱内安装一个区域话筒，话筒要安装在最佳位置，能够记录正、副驾驶员在工作位置上的对话，以及记录驾驶舱内其他成员面向正、副驾驶员工作位置时的对话。

(Ⅱ) 在正、副驾驶员位置安装一个连续通电或用语音激励的唇用话筒。本条规定的话筒的位置必须使得飞行中驾驶舱噪声环境下所记录和重放的录音通信是可懂的。如有必要，应对录音机的前置放大器和滤波器进行调整和补偿。其可懂程度必须经过适航当局批准，可以把记录反复重放，用听觉和目视来评价可懂程度。

(c) 每台驾驶舱录音机的安装必须将本条 (a) 中规定的通话或音频信号根据不同声源分别录在下列通道上。

(Ⅰ) 第一通道，来自正驾驶员工作位置上的每个话筒、耳机或扬声器。

(Ⅱ) 第二通道，来自副驾驶员工作位置上的每个话筒、耳机或扬声器。

(Ⅲ) 第三通道，来自安装在驾驶舱内的区域话筒或在正、副驾驶员位置连续供电或语音激励的唇用话筒。

(Ⅳ) 第四通道。

(ⅰ) 来自第三和第四名机组成员工作位置上的每个话筒、耳机或扬声器。

(ⅱ) 来自驾驶舱内与旅客广播系统一起使用的每个话筒，如果此信号未被别的通道所拾取［条件是不要求配置本条 (c)(Ⅳ)(ⅰ) 中规定的工作位置，或该工作位置的信号由另一通道所拾取］。

（ⅲ）来自驾驶舱内与旋翼航空器广播系统一起使用的每个话筒，如果此信号未被其他通道所拾取。

(d) 每台驾驶舱录音机的安装必须符合下列规定。

（Ⅰ）供电。

（ⅰ）其供电应来自对驾驶舱录音机的工作最为可靠的汇流条，而不危及对重要负载或应急负载的供电。

（ⅱ）尽可能长时间地保持供电，又不危及旋翼航空器的应急操作。

（Ⅱ）应备有自动装置，在坠撞冲击后 10 分钟内，能使录音机停止工作并停止各抹音装置的功能。

（Ⅲ）应备有音响或目视装置，能在飞行前检查该装置工作是否正常。

（Ⅳ）无论驾驶舱录音机和数字式飞行数据记录器是安装在独立的盒子内还是组合单元，任何记录器以外的单一电气故障，都不能使驾驶舱录音机和飞行数据记录器停止工作。

（Ⅴ）具有符合以下要求的独立电源。

（ⅰ）提供（10±1）分钟的电源来支持驾驶舱录音机和安装在驾驶舱的区域话筒。

（ⅱ）安装位置尽可能靠近驾驶舱录音机。

（ⅲ）当由于电气汇流条的正常关断或任何其他断电导致驾驶舱录音机的所有其他电源中断时，驾驶舱录音机和驾驶舱安装的区域话筒能够自动切换至该电源。

(e) 记录容器的位置和安装，必须能将坠撞冲击使该容器破裂以及随之起火而使记录毁坏的概率减至最小。

(f) 如果驾驶舱录音机装有抹音装置，其安装设计必须使误动作概率以及在坠撞冲击时抹音装置工作的概率减至最小。

(g) 每个记录器容器必须是鲜橙色或鲜黄色的。

(h) 当民用航空规章营运规则要求同时具有驾驶舱录音机和飞行数据记录器时，只要符合本条中的其他要求和本规章中关于飞行数据记录器的要求，就可以安装一个组合单元。

6.2.3.1.2 FAR29.1457 Cockpit voice recorders (Amendment 29-52)

(a) Each cockpit voice recorder required by the operating rules of this chapter must be approved, and must be installed so that it will record the following:

（Ⅰ）Voice communications transmitted from or received in the rotorcraft by radio.

（Ⅱ）Voice communications of flight crewmembers on the flight deck.

（Ⅲ）Voice communications of flight crewmembers on the flight deck, using the rotorcraft's interphone system.

（Ⅳ）Voice or audio signals identifying navigation or approach aids introduced into a headset or speaker.

（Ⅴ）Voice communications of flight crewmembers using the passenger loudspeaker system, if there is such a system, and if the fourth channel is available in accordance with the requirements of paragraph (c)(Ⅳ)(ⅱ) of this section.

（Ⅵ）If datalink communication equipment is installed, all datalink communications, using an approved data message set. Datalink messages must be recorded as the output signal from the communications unit that translates the signal into usable data.

(b) The recording requirements of paragraph (a)(Ⅱ) of this section may be met—

（Ⅰ）By installing a cockpit-mounted area microphone, located in the best position for recording voice communications originating at the first and second pilot stations and voice communications of other crewmembers on the flight deck when directed to those stations; or

(Ⅱ) By installing a continually energized or voice-actuated lip microphone at the first and second pilot stations.

The microphone specified in this paragraph must be so located and, if necessary, the preamplifiers and filters of the recorder must be so adjusted or supplemented, that the recorded communications are intelligible when recorded under flight cockpit noise conditions and played back. The level of intelligibility must be approved by the Administrator. Repeated aural or visual playback of the record may be used in evaluating intelligibility.

(c) Each cockpit voice recorder must be installed so that the part of the communication or audio signals specified in paragraph (a) of this section obtained from each of the following sources is recorded on a separate channel:

(Ⅰ) For the first channel, from each microphone, headset, or speaker used at the first pilot station.

(Ⅱ) For the second channel, from each microphone, headset, or speaker used at the second pilot station.

(Ⅲ) For the third channel, from the cockpit-mounted area microphone, or the continually energized or voice-actuated lip microphones at the first and second pilot stations.

(Ⅳ) For the fourth channel, from:

(ⅰ) Each microphone, headset, or speaker used at the stations for the third and fourth crewmembers; or

(ⅱ) If the stations specified in paragraph (c)(Ⅳ)(ⅰ) of this section are not required or if the signal at such a station is picked up by another channel, each microphone on the flight deck that is used with the passenger loudspeaker system if its signals are not picked up by another channel.

(ⅲ) Each microphone on the flight deck that is used with the rotorcraft's loudspeaker system if its signals are not picked up by another channel.

(d) Each cockpit voice recorder must be installed so that:

(Ⅰ)

(ⅰ) It receives its electrical power from the bus that provides the maximum reliability for operation of the cockpit voice recorder without jeopardizing service to essential or emergency loads.

(ⅱ) It remains powered for as long as possible without jeopardizing emergency operation of the rotorcraft.

(Ⅱ) There is an automatic means to simultaneously stop the recorder and prevent each erasure feature from functioning, within 10 minutes after crash impact;

(Ⅲ) There is an aural or visual means for preflight checking of the recorder for proper operation;

(Ⅳ) Whether the cockpit voice recorder and digital flight data recorder are installed in separate boxes or in a combination unit, no single electrical failure external to the recorder may disable both the cockpit voice recorder and the digital flight data recorder; and

(Ⅴ) It has an independent power source:

(ⅰ) That provides 10±1 minutes of electrical power to operate both the cockpit voice recorder and cockpit-mounted area microphone;

(ⅱ) That is located as close as practicable to the cockpit voice recorder; and

(ⅲ) To which the cockpit voice recorder and cockpit-mounted area microphone are switched automatically in the event that all other power to the cockpit voice recorder is interrupted either by normal shutdown or by any other loss of power to the electrical power bus.

(e) The record container must be located and mounted to minimize the probability of rupture of the container as a result of crash impact and consequent heat damage to the record from fire.

(f) If the cockpit voice recorder has a bulk erasure device, the installation must be designed to minimize the probability of inadvertent operation and actuation of the device during crash impact.

(g) Each recorder container must be either bright orange or bright yellow.

(h) When both a cockpit voice recorder and a flight data recorder are required by the operating rules, one combination unit may be installed, provided that all other requirements of this section and the requirements for flight data recorders under this part are met.

6.2.3.1.3 CS29.1457 Cockpit voice recorders (Amendment 9)

(a) Each cockpit voice recorder required by the applicable operating rules must be approved, and must be installed so that it will record the following:

(Ⅰ) Voice communications transmitted from or received in the rotorcraft by radio.

(Ⅱ) Voice communications of flightcrew members on the flight deck.

(Ⅲ) Voice communications of flightcrew members on the flight deck, using the rotorcraft's inter-phone system.

(Ⅳ) Voice or audio signals identifying navigation or approach aids introduced into a headset or speaker.

(Ⅴ) Voice communications of flightcrew members using the passenger loudspeaker system, if there is such a system, and if the fourth channel is available in accordance with the requirements of sub-paragraph (c)(Ⅳ)(ⅱ).

(b) The recording requirements of subparagraph (a)(Ⅱ) may be met:

(Ⅰ) By installing a cockpit-mounted area microphone, located in the best position for recording voice communications originating at the first and second pilot stations and voice communications of other crew members on the flight deck when directed to those stations; or

(Ⅱ) By installing a continually energised or voice-actuated lip microphone at the first and second pilot stations.

The microphone specified in this paragraph must be so located and, if necessary, the preamplifiers and filters of the recorder must be so adjusted or supplemented, that the recorded communications are intelligible when recorded under flight cockpit noise conditions and played back. The level of intelligibilit must be approved by the Agency. Repeated aural or visual playback of the record may be used in evaluating intelligibility.

(c) Each cockpit voice recorder must be installed so that the part of the communication or audio signals specified in sub-paragraph (a) obtained from each of the following sources is recorded on a separate channel:

(Ⅰ) For the first channel, from each microphone, headset, or speaker used at the first pilot station.

(Ⅱ) For the second channel, from each microphone, headset, or speaker used at the second pilot station.

(Ⅲ) For the third channel, from the cockpit-mounted area microphone, or the continually energised or voice-actuated lip microphones at the first and second pilot stations.

(Ⅳ) From:

(ⅰ) each microphone, headset, or speaker used at the stations for the third and fourth crew members; or

(ⅱ) if the stations specified in sub-paragraph (c)(Ⅳ)(ⅰ) are not required or if the signal at such a station is picked up by another channel, each microphone on the flight deck that is used with the passenger loudspeaker system if its signals are not picked up by another channel.

(ⅲ) Each microphone on the flight deck that is used with the rotorcraft's loudspeaker system, if its signals are not picked up by another channel.

No channel shall record communication or audio signals from more than one of the following sources: the first pilot station, second pilot station, cockpit-mounted area microphone, and additional crew member stations.

(d) Each cockpit voice recorder must be installed so that:

(Ⅰ)

(ⅰ) It receives its electrical power from the bus that provides the maximum reliability for operation of the recorder without jeopardising service to essential or emergency loads; and

(ⅱ) It remains powered for as long as possible without jeopardising the emergency operation of the rotorcraft;

(Ⅱ) There is an automatic means to stop the recording within 10 minutes after crash impact;

(Ⅲ) There is an aural or visual means for pre-flight checking of the recorder for proper operation;

(Ⅳ) Any single electrical failure that is external to the recorder does not disable both the cockpit voice recorder function and the flight data recorder function;

(Ⅴ) There is a means for the flight crew to stop the cockpit voice recorder function upon completion of the flight in a way such that reenabling the cockpit voice recorder function is only possible by dedicated manual action; and

(Ⅵ) It has an alternate power source:

— that provides 10 minutes of electrical power to operate both the recorder and the cockpit-mounted area microphone; and

— to which the recorder and the cockpit-mounted area microphone are switched automatically in the event that all other power to the recorder is interrupted either by a normal shutdown or by any other loss of power.

(e) The container of the recording medium must be located and mounted so as to minimise the probability of the container rupturing, the recording medium being destroyed, or the underwater locating device failing as a result of any possible combinations of:

— impact with the Earth's surface;

— the heat damage caused by a postimpact fire; and

— immersion in water.

(f) If the cockpit voice recorder has an erasure device or function, the installation must be designed to minimise the probabilities of inadvertent operation and of actuation of the erasure device or function during crash impact.

(g) The container of the cockpit voice recorder must:

(Ⅰ) Be bright orange;

(Ⅱ) Have reflective tape affixed to its external surface to facilitate locating it; and

(Ⅲ) Have an underwater locating device on or adjacent to the container which is secured in such a manner that they are not likely to be separated during crash impact.

### 6.2.3.2 条款背景和历史沿革分析

#### 6.2.3.2.1 FAA相关修正案及背景说明

FAR29.1457相关的修正案情况如表6-8所示。

表6-8 FAR29.1457相关的修正案情况

| 序号 | 条款号 | 标题名称 | 修正案 | 生效时间 | 现行有效 |
|---|---|---|---|---|---|
| 1 | 29.1457 | Cockpit voice recorders | 29-6 | 1970.7.8 | 无效 |
| 2 | 29.1457 | Cockpit voice recorders | 29-50 | 2008.4.7 | 无效 |
| 3 | 29.1457 | Cockpit voice recorders | 29-52 | 2010.4.5 | 有效，与CCAR-29-R2现行有效条款等效 |

经对修正案涉及的NPRM和Final Rule进行分析，情况如下。

(a) 1969年3月28日，FAA发布NPRM69-15 (Cockpit Voice Recorders in Helicopters)，考虑修订FAR第91部分、第121部分和第127部分，要求在第121部分和第127部分中的大型运输直升机上安装并使用经批准的驾驶舱录音机，并修订第29部分以规定安装驾驶舱录音机的标准。

1970年7月8日，FAA通过修正案29-6增加了29.1457条。

(b) 2008年2月19日，FAA发布Final Rule 2005-20245 (Revisions to Cockpit Voice Recorder and Digital Flight Data Recorder Regulations)，修订了影响某些航空公司、运营商和航空器制造商关于驾驶舱录音机（CVR）和数字飞行记录器（DFDR）的规定。增加了CVR记录的持续时间；提高了某些DFDR参数的数据记录速率；要求DFDR和CVR隔离安装；提高了CVR和DFDR电源的可靠性；并要求如果安装了数据链通信设备，就必须记录飞机上接收的数据链通信。这个Final Rule是根据NTSB在调查了若干事故和事件后提出的建议制定的。为确保某些新要求仅适用于新制造的航空器，FAA此次的Final Rule没有包含对某些运行规则的修订。

2008年4月7日，FAA通过修正案29-50对29.1457条完成了相关修订。

(c) 2008年3月7日，FAA发布Final Rule No. 2005-20245 (Extension of the Compliance Date for Cockpit Voice Recorder and Digital Flight Data Recorder Regulations)，要求从2010年4月7日开始，某些航空器必须升级驾驶舱录音机和飞行记录器设备。符合性日期会因某些飞

机的特定要求而改变。

2010 年 4 月 5 日，FAA 通过修正案 29-52 对 29. 1457 条完成了相关修订。

6. 2. 3. 2. 2　EASA 相关修正案及背景说明

CS29. 1457 相关的修正案情况如表 6-9 所示。

表 6-9　CS29. 1457 相关的修正案情况

| 序号 | 条款号 | 标题名称 | 修正案 | 生效时间 | 现行有效 |
|---|---|---|---|---|---|
| 1 | 29. 1457 | Cockpit voice recorders | Initial Issue | 2003. 11. 14 | 无效 |
| 2 | 29. 1457 | Cockpit voice recorders | Amendment 7 | 2019. 7. 16 | 无效 |
| 3 | 29. 1457 | Cockpit voice recorders | Amendment 9 | 2021. 6. 14 | 有效，与 CCAR-29-R2 现行有效条款等效 |

2003 年 11 月 14 日，EASA 首次发布 CS29 Initial，29. 1457 条对应 FAR 修正案 29-6。

2019 年 7 月 16 日，EASA 发布 CS29 Amendment 7，修订了 CS29. 1457 条款，对应 FAR29 修正案 29-52。

2021 年 6 月 14 日，EASA 发布 CS29 Amendment 9，修订了 CS29. 1457 条款。

6. 2. 3. 2. 3　规章差异分析

29. 1457 条款对应关系如表 6-10 所示。

表 6-10　29. 1457 条款对应关系

| 序号 | CCAR29 | FAR29 | CS29 |
|---|---|---|---|
| 1 | CCAR-29 初版，29. 1457 | FAR29，修正案 29-6，29. 1457 | CS29 Initial，29. 1457 |
| 2 | CCAR-29-R1，29. 1457 | FAR29，修正案 29-6，29. 1457 | CS29 Initial，29. 1457 |
| 3 | CCAR-29-R2，29. 1457 | FAR29，修正案 29-52，29. 1457 | CS29，修正案 7，29. 1457 |
| 4 | CCAR-29-R2，29. 1457 | FAR29，修正案 29-52，29. 1457 | CS29，修正案 9，29. 1457 |

6. 2. 3. 2. 3. 1　FAR29 第 52 修正案与 CS29 第 9 修正案规章差异

FAR29 第 52 修正案与 CS29 第 7 修正案有一些差异。

(a) FAR29 规定如果安装有数据链通信设备，则其需被记录，CS29 无相关规定。

(b) CS29 规定了机组人员在飞行结束后有办法停止驾驶舱录音机记录功能，且重启驾驶舱录音机记录功能只能通过专门的手动操作，FAR29 未作规定。

(c) FAR29 规定独立电源应尽可能靠近驾驶舱录音机，CS29 相关内容规定在 AMC 中。

(d) 针对减小记录容器破坏的可能性，FAR29 和 CS29 表述不同，CS29 表述更具体；CS29 相比 FAR29 缺少坠撞冲击后停止抹音功能的要求。

(e) 针对驾驶舱录音机的便于定位，CS29 与 FAR23 的表述一致，而 FAR29 只对颜色进行了规定。

(f) FAR29 对组合式记录器做了规定，CS29 相关内容规定在 AMC 中。

6. 2. 3. 2. 3. 2　CCAR-29-R2 与 FAR 第 52 修正案规章差异

我国现行有效的 CCAR-29-R2 中的 29. 1457 条与 FAR 第 52 修正案中的 29. 1457 条的内容一致。

## 6.3 符合性验证思路

### 6.3.1 EH.1303 飞行和导航仪表

符合性说明：机上安装有本条款规定的仪表，且仪表性能符合条款的要求。

用图纸表明机上安装有本条款规定的仪表。

通过计算/分析的方法验证第三套姿态仪表系统在发电系统全部失效后，仍能连续可靠地工作至少 30 分钟。

通过设备飞行试验大纲和试验报告应能表明，平飞时，经校正后的磁航向指示器的偏差，在任何航向上均不能大于 10 度。

### 6.3.2 EH.1431 电子设备

以通信导航系统设计描述文件，对旋翼航空器安装的通信导航系统的构型、设备组成、设备预期实现的功能、工作原理等进行描述，并应阐明为保证所有通信导航设备即使是在临界环境条件下都能正常、可靠地工作，不对自身或航空器其他部件产生危害，而在设计和安装上所采取的防范措施，以及为保证通信和导航设备、控制装置、导线所组成的系统工作时满足本条款的兼容性要求而采取的相关措施。

开展整机的设备和系统的地面及飞行试验，按发射、接收设备及其他敏感设备制定相互干扰检查矩阵表，根据设备敏感判据，按地面及滑行、起飞、巡航、着陆及其他飞行状态进行试验，以验证通信、导航设备和系统满足本条款的兼容性工作要求。

供应商应提供所有无线电通信和导航设备按 RTCA/DO-160 所要求的环境试验条件进行测试的合格证明文件和电磁兼容符合性的资料。

### 6.3.3 EH.1457 驾驶舱录音机

选择满足 TSO/CTSO 等适航标准的驾驶舱录音机，由供应商提供 CTSOA 证书或 VDA 证，作为型号设计的一部分，提交局方批准。

通过符合性说明文件表明驾驶舱录音机能记录 29. 1457(a) 条规定的信息，表明驾驶舱录音机的容器颜色、系统组成、技术参数、工作原理、安装位置、供电设计、自检功能、抹音功能等符合规章要求。

驾驶舱录音机或其包含录音带的部件应置于在结构上能提高录音带耐坠撞概率的位置。通常，该位置应该在旋翼航空器较低部位尽可能靠后处。

任何连续录音的话筒或正、副驾驶员两处的热线话筒均能满足驾驶舱区域话筒的要求；但由于旋翼航空器内的环境噪声等级的缘故，使用热线话筒会导致驾驶员头盔受话器不断有令人厌烦的“嘶嘶”声，因此不建议在旋翼航空器上使用热线话筒。

通过电气负载分析表明：驾驶舱录音机应由可靠的电源供电，且不得危及关键或应急负载。对于 A 类旋翼航空器，驾驶舱录音机并非 29. 1309(e) 所规定的关键负载。运行规则要求某些运行需有驾驶舱录音机功能，因此应使它优先于其他非关键负载。

通过安全性评估表明：

(a) 任何可能的故障都不会导致录制媒介的删除操作；

(b) 电气系统单一故障不会导致驾驶舱录音机和飞行记录器同时停止工作。

试验模拟各种坠撞条件，确保坠撞时的撞击力不会激活批量删除功能，同时验证自动装置能否使驾驶舱录音机在10分钟内停止工作并停止抹音。

对于通过地面试验可以验证的功能，通过驾驶舱录音机设备地面试验大纲和报告应表明：

(a) 驾驶舱录音机各通道的录音功能正常、抹音功能逻辑正确；

(b) 机上供电电源满足要求，独立电源能够满足机上电源断电后（10±1)分钟的电源；

(c) 验证驾驶舱录音机有自检装置，具有音响或目视提示故障信息设备。

对于用地面试验不能完全验证的或规章有明确要求飞行试验的功能，通过驾驶舱录音机飞行试验大纲和报告表明：

(a) 设备安装后，航空器在飞行条件下，在正常工作条件下、非正常工作条件下的功能正常；

(b) 进行驾驶舱录音机录音功能试验，录音后进行录音回放，以验证各通道录音是否清晰可辨。

(c) 进行一次驾驶舱最大背景噪声下的飞行试验，保证所有机组成员的正常语音都记录在相应的通道上；然后在回放时，最好由不同的人来听，他们都应该能辨别不同的机组成员、机组所说的单词和短语以及地面与机组的无线电通话。使用特殊滤波器以及多次回放以提高清晰度是可以接受的。

该条款的符合性验证工作为MC9设备鉴定：提供设备资料，表明驾驶舱录音机（包括控制板）满足《座舱音频记录器系统》(CTSO-C123c) 及《记录器独立电源（RIPS)》(CTSO-C155b) 的要求。

## 6.4 条款解析

### 6.4.1 EH.1303 飞行和导航仪表

#### 6.4.1.1 条款安全意图

本条款列出了运输类旋翼航空器按目视飞行规则合格审定所要求的最小数量的飞行和导航仪表。

#### 6.4.1.2 条款实质要求

飞行和导航仪表必须能在航空器所有运行范围内提供可靠的飞行和导航参考数据供驾驶员使用，确保驾驶员可以做出正确的判断并及时做出响应，以达到安全操控旋翼航空器的目的。

#### 6.4.1.3 条款关键点分析

飞行仪表包含空速表、敏感型高度表、磁航向指示器、大气温度表、不倾倒的陀螺倾斜俯仰指示器、带整体侧滑指示器的陀螺转弯速率指示器、陀螺航向指示器、爬升率（垂直速度）指示器，其他仪表都是导航仪表。

在确定飞行和导航仪表安装设计时，应参考的其他规则有：29. 1321“布局和可见度”、29. 1331“使用能源的仪表”和29. 1333“在各驾驶员工作位置的飞行仪表系统”。有关各种仪表的其他资料，可以通过查阅各自的技术标准规定（CTSO）找到。但符合CTSO的要求，并不能保证符合第29部分的相应的安装要求。其他飞行和导航仪表的考虑也能够在29. 1323、29. 1327、29. 1335、29. 1381、29. 1543、29. 1545、29. 1547条和附录B中找到。

附录 B 包含了飞行和导航仪表的 IFR 运行要求。此外，如果最大允许空速取决于飞机当前的状态，如重量和高度等，这些信息要以表格、图形、告示或者其他方式在驾驶舱和航空器飞行手册中体现。

29. 1303(a)(j) 明确了超速告警判断条件，如果要求把速度警告装置作为旋翼航空器设计的一部分，则必须满足给定的性能要求。此外，音响警告（这种警告应明显区别于其他目的所使用的音响警告）的可接受性的评定应作为整个驾驶舱评定的一部分，由飞行试验人员来完成。

## 6.4.2 EH.1431 电子设备

### 6.4.2.1 条款安全意图和实质要求分析

#### 6.4.2.1.1 条款安全意图

29. 1431 条提出了针对旋翼航空器电子设备的具体要求，以保证安全运行。

#### 6.4.2.1.2 条款实质要求

本条款的实质要求是：无线电通信和导航设备的安装必须既不会危及它们自身，也不会对装在旋翼航空器上的其他设备有危险的影响，并且工作时不得干扰任何其他所要求的航空电子设备的工作。

#### 6.4.2.1.3 条款关键点分析

本条是无线电通信和导航设备的专用条款，对无线电通信和导航设备安装、运行环境和正常工作时的兼容性进行规定。

29. 1431(a) 是对无线电通信和导航设备的安装和使用的安全性要求，设备安装后，在任何可能遭遇的临界环境条件（包括气候、机械和电磁环境条件）下工作时，应不得对其设备本身及其工作方式造成危害，对任何其他部件的影响不会造成危害。

29. 1431(b) 要求装机后的无线电通信和导航设备、控制装置以及它们的互联线路必须和机上其他部件或系统构成的电磁环境相互兼容，即机上任意部件或系统的工作不会影响和干扰民用航空规章所要求的任何其他无线电和电子部件或系统的同时正常工作。

### 6.4.2.2 专用术语

“临界环境条件”是指设备装机后可能遇到的最恶劣环境条件，包括气候、机械和电磁三方面内容。

## 6.4.3 EH.1457 驾驶舱录音机

### 6.4.3.1 条款安全意图和实质要求分析

#### 6.4.3.1.1 条款安全意图

驾驶舱录音机（CVR）的功能旨在保留旋翼航空器事故坠撞前的机组通话记录。CVR 对确定事故的可能原因是极有价值的，因此 CAAC 要求大多数从事客运的旋翼航空器都使用 CVR。

#### 6.4.3.1.2 条款实质要求

29. 1457 条是关于驾驶舱录音机的条款，对驾驶舱录音机的适航要求做出了具体详细的规定。如果旋翼航空器安装驾驶舱录音机，需满足本条款的要求。

#### 6.4.3.1.3 条款关键点分析

29. 1457(a) 要求安装在旋翼机上的驾驶舱录音机，需经过批准，并且其功能需满足 29. 1301 款的要求。通常指的是根据相关的 TSO-C123b（或其他等效标准）的要求对驾驶舱录音机进行设计和制造的批准，并且要求安装的驾驶舱录音机需能够记录相关通话信息。

29.1457(b) 要求需在驾驶舱内安装一个区域话筒（或为正、副驾驶安装有语音激励的唇用话筒），话筒安装的位置能够记录正、副驾驶员工作位置上所有的对话，以及记录驾驶舱内其他机组成员面向正、副驾驶员工作位置时的对话。同时，在飞行中驾驶舱噪声条件下，需使驾驶舱录音机所记录和回放的录音可懂度尽可能高，必要时需要对录音机的前置放大器和滤波器进行调整及补偿，其可懂程度需经过适航当局批准。

29.1457(c) 要求安装的驾驶舱录音机设备需满足将通话或音频信号根据不同声源分别录在条款要求的通道上。前两个通道的声源分别为正、副驾驶员的话筒、耳机或扬声器；第三通道的声源需来自区域话筒或正、副驾驶员两个位置的声激励唇用话筒。应注意，任何连续录音或正、副驾驶员两处的“热”话筒均能满足区域话筒的要求，但由于旋翼航空器内的环境噪声较大，使用“热”话筒会导致驾驶员头盔受话器不断有令人厌烦的“嘶嘶”声，因此建议在旋翼航空器上不使用“热”话筒。第四通道的声源为机组与旅客广播系统的通话。

29.1457(d) 要求机上安装的每台驾驶舱录音机都应满足如下规定。

29.1457(d)(Ⅰ) 要求驾驶舱录音机应由可靠的电源供电，且不得危害必备的或应急的负载。对于A类航空器，驾驶舱录音机不是29.1309(e) 中所规定的必备负载，但因营运规则中某些运行要求有驾驶舱录音功能，因此应使它优先于其他非必备的负载，尽可能长时间地保持供电，又不能危及旋翼航空器的应急操作。

29.1457(d)(Ⅱ) 要求驾驶舱录音机设计时应装有惯性开关等自动装置，在坠撞冲击后10分钟内，能使录音机停止工作并停止各抹音装置的功能。

29.1457(d)(Ⅲ) 要求驾驶舱录音机有自检装置，能在起飞前通过视觉和听觉手段检查录音机的功能是否正常。

29.1457(d)(Ⅳ) 要求驾驶舱录音机和飞行数据记录器应连接到独立的电源总线上，以避免单一供电故障后驾驶舱录音机和飞行数据记录器都停止工作，组合式记录器的设备需要有两个不同的电源接口，分别接到独立的电源总线上。

29.1457(d)(Ⅴ) 要求驾驶舱录音机除了机上电源以外，还应具备一个独立电源，保证机上主电源中断时，驾驶舱录音机和区域话筒能够自动切换至独立电源。同时，独立电源应内置计时器，保证只给驾驶舱录音机提供（10±1)分钟的电源支持。此独立电源可以内置也可以外置，如果外置需要尽可能靠近驾驶舱录音机。

29.1457(e) 要求驾驶舱录音机（主要为记录部分）安装在旋翼航空器较低部位，尽可能靠后之处，以降低驾驶舱录音机受坠撞冲击被损毁的可能性。

29.1457(f) 要求如果驾驶舱录音机安装了抹音装置，则其安装应满足：任何可能的失灵都不会导致录制音频的删除；坠撞时的撞击力不至于触发大量删除操作；一般要采取两个独立的操作步骤才能删除音频。

29.1457(g) 要求驾驶舱录音机设备的外观为鲜橙色或鲜黄色。

29.1457(h) 指出当民用航空规章营运规则要求同时具有驾驶舱录音机和飞行数据记录器时，只要符合本条中的其他要求和本规章中关于飞行数据记录器的要求，可以安装一个组合单元。

### 6.4.3.2 专用术语

驾驶舱录音机 Cockpit Voice Recorder（CVR）。

# 6.5 符合性验证方法和审查要点

## 6.5.1 EH.1303 飞行和导航仪表

### 6.5.1.1 国内外符合性验证方法分析

6.5.1.1.1 FAAAC 相关分析

FAR29. 1303 相关咨询通告见表 6-11。

表 6-11 FAR29. 1303 相关咨询通告

| 咨询通告编号 | 标题名称 | 生效时间 | 有效性 |
|---|---|---|---|
| AC29-2A | Certification of Normal Category Rotorcraft | 1987. 9. 16 | 无效 |
| AC29-2B | Certification of Normal Category Rotorcraft | 1997. 7. 30 | 无效 |
| AC29-2C | Certification of Normal Category Rotorcraft | 2018. 7. 2 | 有效，适用于现有 CCAR-29-R2 |

现行有效的 AC29-2-Chg8 中的 AC29. 1303 是适用于我国当前有效的 CCAR29. 1303 要求的。

AC29. 1303 对 FAR29. 1303 进行了详细的解释和说明，表明了条款的符合性验证的着眼点。

6.5.1.1.2 FAA 和 EASA 差异分析

根据 CS-29 BOOK2 的规定，现行有效的 CS29. 1303 的 AMC 与 FAAAC29-2C-Chg7（2016 年 2 月 4 日）的 AC29. 1303 保持一致，FAAAC29-2C-Chg7 与 FAAAC29-2C-Chg8 无差异。

针对此条款要求的符合性验证方法，FAA 与 EASA 无差异。

6.5.1.1.3 经验教训和风险分析

目前美欧等国家有很多已颁证型号证明了其符合 29. 1303 条的要求。国内同样具备相关经验，已颁证的 H425-100 型号已完成本条的符合性验证工作。

由于该条款为相对成熟的条款，因此该条款目前无较大风险。

### 6.5.1.2 符合性验证工作流程及具体要求

(a) MC1 说明性文件。

(Ⅰ) 符合性说明文件。符合性说明：机上安装有本条款规定的仪表，且仪表性能符合条款的要求。

(Ⅱ) 图纸。用图纸表明：机上安装有本条款规定的仪表。

(b) MC2 分析/计算。通过计算/分析的方法验证第三套姿态仪表系统在发电系统全部失效后，仍能连续可靠地工作至少 30 分钟。

(c) MC6 飞行试验。通过设备飞行试验大纲和试验报告应能表明，平飞时，经校正后的磁航向指示器的偏差，在任何航向上均不能大于 10°。

### 6.5.1.3 符合性验证资料

符合性验证资料见表 6-12。

表 6-12 29. 1303“飞行和导航仪表”的符合性验证资料

| 规章要求 | MOC | 符合性验证资料 |
|---|---|---|
| 29. 1303(a) | 1<br>1 | 图纸<br>符合性说明文件 |

续表

| 规章要求 | MOC | 符合性验证资料 |
| --- | --- | --- |
| 29. 1303(b) | 1<br>1 | 图纸<br>符合性说明文件 |
| 29. 1303(c) | 1<br>1 | 图纸<br>符合性说明文件 |
| 29. 1303(d) | 1<br>1 | 图纸<br>符合性说明文件 |
| 29. 1303(e) | 1<br>1 | 图纸<br>符合性说明文件 |
| 29. 1303(f) | 1<br>1 | 图纸<br>符合性说明文件 |
| 29. 1303(g) | 1<br>2<br>6 | 符合性说明文件<br>分析/计算报告<br>飞行试验大纲和试验报告 |
| 29. 1303(h) | 1<br>1 | 图纸<br>符合性说明文件 |
| 29. 1303(ⅰ) | 1<br>1 | 图纸<br>符合性说明文件 |
| 29. 1303(j) | 1<br>6 | 符合性说明文件<br>飞行试验大纲和试验报告 |

#### 6.5.1.4 审定要点

审查中需要关注的一般要素和审查重点如下。

(a) 各仪表的基本要求，以及是否满足相应 CTSO 标准，对于未按 CTSO 批准的仪表，应满足系统设计规范和其他标准的要求。

(b) 第三套姿态系统的设计能够满足适航条款要求。

(c) 超速告警系统设计是否满足条款要求。

(d) 电子飞行仪表系统（EFIS）的适航取证工作，系统应满足相关 CTSO 和系统设计规范的要求，按照最新版本的 RTCA/DO-160 完成环境鉴定试验。应按照最新版 DO-178 标准对嵌入式软件进行审查，软件等级随其执行功能最坏情况的严酷程度而定。复杂电子硬件参考 DO-254 进行审查。系统安装应考虑人机因素、显示的符号和功能、显示器色度和亮度、部件的冷却和内部温度测量以及系统的可靠性。

(e) 备用仪表。对备用姿态仪表的专用要求包含在第 29 部分和附录 B 中。通常，采用一个独立电源的，装在仪表板上的机电式陀螺仪就能满足这个要求。但是，若采用电子飞行备用仪表系统，则需重点关注其环境试验条件、软件和硬件设计等内容。

(f) 对于（g)(Ⅰ）中要求的“在俯仰±80°和横滚±120°的整个飞行姿态都可用”，在实际的型号审查中，有申请人通过地面模拟主姿态指示器失效的情况，证明航空器的俯仰不会超出一个低于±80°的值（如±60°）而获得局方豁免的情况。

## 6.5.2 EH.1431 电子设备

### 6.5.2.1 国内外符合性验证方法分析

#### 6.5.2.1.1 FAAAC 相关分析

FAA 颁布过 3 项与 FAR29. 1431 相关的咨询通告，如表 6-13 所示。

表 6-13 FAR29. 1431 相关咨询通告

| 咨询通告编号 | 标题名称 | 生效时间 | 有效性 |
| --- | --- | --- | --- |
| AC29-2A | Certification of Transport Category Rotorcraft | 1987. 9. 16 | 无效 |
| AC29-2B | Certification of Transport Category Rotorcraft | 1997. 7. 30 | 无效 |
| AC29-2C | Certification of Transport Category Rotorcraft | 2018. 7. 2 | 有效，适用于当前有效的 CCAR 要求 |

于 1997 年 7 月 30 日生效，现已取消的 AC29-2B 中（第 39 部分“其他设备”）702-29. 1431 是针对 FAR29. 1431 初版修订之后的条款要求所颁布的咨询通告。

现行有效的 AC29-2C-Change8 中的 AC29. 1431 与 AC29-2B 中的 702-29. 1431 在（b）(Ⅱ)、(Ⅲ) 中基本相同，而在（a）和（b)(Ⅰ) 中存在以下差异。

在（a）部分，现行有效的 AC29-2C-Change8 中的 AC29. 1431 比 AC29-2B 中的 702-29. 1431 多出以下描述：“随着集成了通信和导航功能的复杂设备的使用不断增多，共模失效导致通信导航同时失效的可能性也不断增大。对于 IFR 运行，通信和导航信息不可恢复的全部丧失被认为是灾难性的失效状态。”

在（b)(Ⅰ) 部分，现行有效的 AC29-2C-Change8 中的 AC29. 1431 是在 AC29-2B 中的 702-29. 1431 的（b)(Ⅰ) 的基础上，增加了对考虑的环境因素和极端温度进一步说明，并增加了（b)(Ⅰ)(ⅰ)～(ⅲ) 节对补充考虑因素进行详细的说明。

现行有效的 AC29-2C-Change8 中的 AC29. 1431 在（a）中阐明了条款的基本要求，指出共模失效导致通信导航同时失效的可能性的增大的原因及 IFR 下其灾难性的失效状态。

而现行有效的 AC29-2C-Change8 中的 AC29. 1431 在其（b)(Ⅰ)～(Ⅲ) 中对 29. 1431 条的符合性验证进行了详细的说明和指导。要求验证试验和分析必须达到以下要求。

(Ⅰ) 所有无线电和导航设备的安装及使用均不得对旋翼航空器造成危险；也不应对旋翼航空器的任何其他部件有影响，以至于引发危险状态，还应注意考虑临界环境条件的影响。

(Ⅱ) 所有无线电和导航系统及设备的安装与使用不应对 FAR 要求的任何电子设备或系统的正常工作产生有害影响。

(Ⅲ) 确定其他系统也不会干扰本验证系统。

现行有效的 AC29-2C-Change8 中的 AC29. 1431，自 1999 年 AC29-2C 初版修订以后一直沿用至今，其适用于 FAR29. 1431 初版条款，所以现行有效的 AC29-2C-Change8 中的 AC29. 1431 也同样是适用于我国当前有效的 CCAR29. 1431 要求。

#### 6.5.2.1.2 FAA 和 EASA 差异分析

根据 CS-29BOOK2 的规定，现行有效的 CS29. 1431 的可接受的符合性验证方法（AMC）与 FAAAC29-2C-Change7（日期为 2016 年 2 月 4 日）的 AC29. 1431 保持一致，而 FAAAC29-2C-Change7 与现行有效的 FAAAC29-2C-Change8 的 AC29. 1431 无差异，所以针对 29. 1431 条要求的符合性验证方法，FAA 和 EASA 无差异。

#### 6.5.2.1.3 经验教训和风险分析

随着飞机配装的通信、导航以及其他电子设备数量越来越多，种类越来越复杂，飞机的电磁兼容问题目前已十分突出，其对飞机飞行安全构成严重威胁，因此对于飞机的通信导航系统及其他电子系统的电磁兼容性适航验证必须高度重视，应选择试验的方法进行验证，而且必须要包括飞行试验环节，但从时间、成本和安全等方面考虑，不建议仅通过飞行试验进行验证，推荐采用 MC5 和 MC6 两种方法叠加验证，其验证具体可按照以下几个阶段进行。

第一阶段。首先先后进行飞机地面试验和飞行试验，在首次的机上地面试验中，应在指定干扰源的工作频率范围内，密集地选择频率点进行验证，而飞行试验对于测试频率点的选择，可在相应干扰源工作频率范围内，可选择高、中、低频率点进行验证。

第二阶段。针对第一阶段具体频率点或频段出现的干扰现象，选择适当的频率点进行飞行补充试验，对第一阶段出现的干扰现象进行确认。

第三阶段。针对第一阶段和第二阶段确认的干扰问题，进行相应整改后，再次按照第一阶段确定的频率点或频段进行地面试验和选择适当的频率点进行飞行试验，以验证对出现的电磁干扰问题的整改效果。

### 6.5.2.2 符合性验证工作流程及具体要求

（a）MC1 设计评审。以通信导航系统设计描述文件，对旋翼航空器安装的通信导航系统的构型、设备组成、设备预期实现的功能、工作原理等进行描述，并应阐明为保证所有通信导航设备即使是在临界环境条件下都能正常、可靠地工作，不对自身或航空器其他部件产生危害，而在设计和安装上所采取的防范措施，以及为保证通信和导航设备、控制装置、导线所组成的系统工作时满足本条款的兼容性要求而采取的相关措施。

（b）MC5 相关产品地面试验、MC6 飞行试验。开展整机的设备和系统的地面及飞行试验，按发射、接收设备及其他敏感设备制定相互干扰检查矩阵表，根据设备敏感判据，按地面及滑行、起飞、巡航、着陆及其他飞行状态进行试验，以验证通信、导航设备和系统满足本条款的兼容性工作要求。

（c）MC9 设备鉴定。供应商应提供所有无线电通信和导航设备按 RTCA/DO-160 所要求的环境试验条件进行测试的合格证明文件和电磁兼容符合性的资料。

### 6.5.2.3 符合性验证资料

对于 CCAR29. 1431 各款的验证，可根据采用的符合性验证方法（MOC）从表 6-14 中选择适合的符合性验证资料。

表 6-14 CCAR29. 1431“电子设备”的符合性验证资料

| 规章要求 | MOC | 符合性验证资料 |
| --- | --- | --- |
| (a)无线电通信和导航设备的安装，必须在任何临界环境条件下，对其设备本身、工作方法和其他部件的影响不造成危害 | 1<br>5<br>6<br>9 | 通信和导航系统设计描述文件<br>电磁兼容性地面试验大纲和报告<br>电磁兼容性飞行试验大纲和报告<br>设备合格性证明文件 |
| (b)无线电通信和导航设备、控制装置和导线，必须安装成在任意部件或系统工作时，对民用航空规章所要求的任何其他无线电和电子部件或系统的同时工作不会有不利影响 | 1<br>5<br>6<br>9 | 通信和导航系统设计描述文件<br>电磁兼容性地面试验大纲和报告<br>电磁兼容性飞行试验大纲和报告<br>设备合格性证明文件 |

### 6.5.2.4 审定要点

审查中需要关注的一般要素和审查重点如下：

(a) 设备电磁效应水平分析，所有设备在表明对于本条款的符合性，获得装机批准时，都需要证明对于航空器使用环境的匹配性，主要是设备完成的电磁环境鉴定试验能满足航空器定义的使用环境的要求，对于不能满足航空器电磁环境要求的已获得批准的设备，需要补充相关的验证工作；

(b) 明确航空器无线电通信和导航设备的范围；

(c) 设备敏感判据的合理性；

(d) 确定干扰源和被干扰设备。

## 6.5.3 EH.1457 驾驶舱录音机

### 6.5.3.1 国内外符合性验证方法分析

#### 6.5.3.1.1 FAAAC 相关分析

FAR29. 1457 相关咨询通告见表 6-15。

表 6-15 FAR29. 1457 相关咨询通告

| 咨询通告编号 | 标题名称 | 生效时间 | 有效性 |
| --- | --- | --- | --- |
| AC29-2A | Certification of Normal Category Rotorcraft | 1987. 9. 16 | 无效 |
| AC29-2B | Certification of Normal Category Rotorcraft | 1997. 7. 30 | 无效 |
| AC29-2C | Certification of Normal Category Rotorcraft | 2018. 7. 2 | 有效，适用于现有 CAR-29-R2 |

现行有效的 AC29-2-Chg8 中的 AC29. 1457 是适用于我国当前有效的 CCAR29. 1457 要求的。

AC29. 1457 对 FAR29. 1457 条款进行了详细的解释和说明，表明了条款符合性验证的着眼点。

#### 6.5.3.1.2 FAA 和 EASA 差异分析

EASAAMC29. 1457 提供了进一步的指导和可接受的符合性验证方法对 FAAAC29-2C-Chg8 进行补充，以满足 EASA 对 CS29. 1457 的解释。

(a) FAAAC29-2C-Chg8 建议驾驶舱录音机在装机批准中应考虑以下方面：

(Ⅰ) 设备鉴定；

(Ⅱ) 驾驶舱区域话筒；

(Ⅲ) 驾驶舱录音机的安装位置；

(Ⅳ) 录音的清晰度；

(Ⅴ) 供电；

(Ⅵ) 自检功能；

(Ⅶ) 批量抹音功能。

(b) AMC 29. 1457 提供了如下方面内容：

(Ⅰ) 碰撞后停止记录的自动装置；

(Ⅱ) 机组人员停止驾驶舱录音机的方法；

(Ⅲ) 对备用电源的要求；

(Ⅳ) 组合式记录器。

EASAAMC 应与 FAAAC 一起使用。

6.5.3.1.3 经验教训和风险分析

目前美欧等国家有很多已颁证型号证明了其符合29.1457条的要求。国内同样具备相关经验，已颁证的H425-100型号已完成本条款的符合性验证工作。

由于该条款为相对成熟的条款，因此该条款目前无较大风险。

### 6.5.3.2 符合性验证工作流程及具体要求

选择满足TSO/CTSO等适航标准的驾驶舱录音机，由供应商提供CTSOA证书或VDA证，作为型号设计的一部分，提交局方批准。

(a) MC1设计评审。通过符合性说明文件表明驾驶舱录音机能记录29.1457(a)条规定的信息，表明驾驶舱录音机的容器颜色、系统组成、技术参数、工作原理、安装位置、供电设计、自检功能、抹音功能等符合规章要求。

驾驶舱录音机或其包含录音带的部件应置于在结构上能提高录音带耐坠撞概率的位置。通常，该位置应该在旋翼航空器较低部位尽可能靠后处。

任何连续录音的话筒或正、副驾驶员两处的热线话筒均能满足驾驶舱区域话筒的要求；但由于旋翼航空器内的环境噪声等级的缘故，使用热线话筒会导致驾驶员头盔受话器不断有令人厌烦的"嘶嘶"声，因此不建议在旋翼航空器上使用热线话筒。

(b) MC2分析/计算。通过电气负载分析表明：驾驶舱录音机应由可靠的电源供电，且不得危及关键或应急负载。对于A类旋翼航空器，驾驶舱录音机并非29.1309(e)所规定的关键负载。运行规则要求某些运行需有驾驶舱录音机功能，因此应使它优先于其他非关键负载。

(c) MC3安全评估。通过安全性评估表明：

(Ⅰ) 任何可能的故障都不会导致录制媒介的删除操作；

(Ⅱ) 电气系统单一故障不会导致驾驶舱录音机和飞行记录器同时停止工作。

(d) MC4试验室试验。试验模拟各种坠撞条件，确保坠撞时的撞击力不会激活批量删除功能，同时验证自动装置能否使驾驶舱录音机在10分钟内停止工作并停止抹音。

(e) MC5相关产品上的地面试验。对于可以通过地面试验验证的功能，通过驾驶舱录音机设备地面试验大纲和报告应表明：

(Ⅰ) 驾驶舱录音机各通道的录音功能正常、抹音功能逻辑正确；

(Ⅱ) 机上供电电源满足要求，独立电源能够满足机上电源断电后（10±1）分钟的电源；

(Ⅲ) 验证驾驶舱录音机有自检装置，具有音响或目视提示故障信息设备。

(f) MC6飞行试验。对于用地面试验不能完全验证的或规章有明确要求飞行试验的功能，通过驾驶舱录音机飞行试验大纲和报告表明。

(Ⅰ) 设备安装后，航空器在飞行条件下，在正常工作条件下、非正常工作条件下的功能正常。

(Ⅱ) 进行驾驶舱录音机录音功能试验，录音后进行录音回放，以验证各通道录音是否清晰可辨。

(Ⅲ) 进行一次驾驶舱最大背景噪声下的飞行试验，保证所有机组成员的正常语音都记录在相应的通道上；然后在回放时，最好由不同的人来听，他们都应该能辨别不同的机组成员、机组所说的单词和短语以及地面与机组的无线电通话。使用特殊滤波器以及多次回放以提高清晰度是可以接受的。

(g) MC9设备鉴定。提供设备资料，表明驾驶舱录音机（包括控制板）满足《座舱音频记录器系统》(CTSO-C123c) 及《记录器独立电源 (RIPS) 》(CTSO-C155b) 的要求。

### 6.5.3.3 符合性验证资料

符合性验证资料见表 6-16。

表 6-16 29. 1457"驾驶舱录音机"的符合性验证资料

| 规章要求 | MOC | 符合性验证资料 |
|---|---|---|
| 29. 1457(a) | 1<br>5<br>6<br>9 | 符合性说明文件<br>地面试验大纲和报告<br>飞行试验大纲和报告<br>设备鉴定资料 |
| 29. 1457(b) | 1<br>5<br>6 | 符合性说明文件<br>地面试验大纲和报告<br>飞行试验大纲和报告 |
| 29. 1457(c) | 1<br>5 | 符合性说明文件<br>地面试验大纲和报告 |
| 29. 1457(d) | 1<br>2<br>3<br>4<br>5<br>6 | 符合性说明文件<br>电气负载分析报告<br>安全性分析报告<br>试验室试验大纲和报告<br>地面试验大纲和报告<br>飞行试验大纲和报告 |
| 29. 1457(e) | 1 | 符合性说明文件 |
| 29. 1457(f) | 1<br>5 | 符合性说明文件<br>地面试验大纲和报告 |
| 29. 1457(g) | 1<br>9 | 符合性说明文件<br>设备鉴定资料 |
| 29. 1457(h) | 1 | 符合性说明文件 |

### 6.5.3.4 审定要点

审查中需要关注的一般要素和审查重点如下：

(a) 驾驶舱录音机是否获得适航批准，能否满足条款要求；

(b) 验证所有需要输入通道的音频质量；

(c) 验证记录持续时间满足预期记录持续时间；

(d) 如果记录了数据链信息，应检查下载的信息是否可读取；

(e) 确保电源、独立电源工作正常，包括自动开关；

(f) 驾驶舱录音机的安装位置是否在旋翼航空器较低部位，尽可能靠后处；

(g) 如果设计抹音功能，此功能应避免误操作的可能性。

# 第7章

# 照明系统

## 7.1 照明系统概述

### 7.1.1 概述

照明系统是保障飞行安全、提升操作效率的重要组成部分，主要包括外部照明、内部照明、应急照明三个分系统。

外部照明系统包括航行灯、防撞灯及着陆灯等。航行灯用于指示飞行中的直升机的航向位置及外部轮廓；防撞灯用于被远距离在空中或地面运动中的航空器发现，防止相撞；着陆灯用于直升机着陆时照亮着陆地面。

内部照明系统包含驾驶舱泛光照明、表内照明和控制板照明、活动灯、雷暴灯、客舱照明、非载人舱照明等。驾驶舱泛光照明用于在地面时，为驾驶舱提供足够的泛光照明，一般采用顶灯照明；表内照明和控制板照明用于当直升机驾驶舱照度过低或夜航时，为仪表提供表内照明，并给机上控制板的导光板供电；活动灯可为驾驶员阅读图表提供照明，并且能在驾驶员手臂活动范围工作区域内使用，可以方便地从安装座上取下，便于驾驶员操作，其亮度可调；雷暴灯用于驾驶员在雷暴天气为基本飞行仪表提供高强度白色泛光照明，减少闪电的眩光影响；客舱照明为乘客提供泛光照明。

应急照明系统包括用于在紧急情况下为乘客逃生提供照明，照明灯具可采用内部照明设备或专用应急照明灯，能源存储设备一般采用专用于为应急照明系统供电的蓄电池。

### 7.1.2 系统功能性能

#### 7.1.2.1 航行灯

航行灯用于指示飞行中直升机的航向位置及外部轮廓。左航行灯为航空红色，右航行灯为航空绿色，尾航行灯为航空白色，3 个航行灯由一个通/断开关控制。航行灯应具有 CTSOA 或等效证书。侧航行灯的安装位置要保证横向间距尽可能大，朝前装在直升机上。后航行灯要安装在尾部。侧航行灯必须在 110°二面角内显示无间断灯光，尾航行灯必须在 70°二面角内显示无间断灯光。

航行灯光强要求见表 7-1～表 7-3。

表 7-1 航行灯在水平平面内的最小光强要求

<table>
<tr><th>二面角(相应灯光)</th><th>自正前方向左或向右偏离<br>纵轴的角度/度</th><th>光强/坎</th><th>备注</th></tr>
<tr><td rowspan="3">左或右(红光或绿光)</td><td>0～10</td><td>40</td><td rowspan="4"></td></tr>
<tr><td>10～20</td><td>30</td></tr>
<tr><td>20～110</td><td>5</td></tr>
<tr><td>后(后部白光)</td><td>110～180</td><td>20</td></tr>
</table>

表 7-2 航行灯在垂直平面内的最小光强要求

| 自水平平面向上或向下的角度/度 | 光强/坎 |
| --- | --- |
| 0 | 1.00$I$ |
| 0～5 | 0.90$I$ |
| 5～10 | 0.80$I$ |
| 10～15 | 0.70$I$ |
| 15～20 | 0.50$I$ |
| 20～30 | 0.30$I$ |
| 30～40 | 0.10$I$ |
| 40～90 | 0.05$I$ |

注：$I$ 为水平平面内相应角度的最小光强。

表 7-3 航行灯的最大渗入光强要求

<table>
<tr><th rowspan="2">渗入光</th><th colspan="2">最大光强</th></tr>
<tr><th>A 区/坎</th><th>B 区/坎</th></tr>
<tr><td>左二面角内的绿光</td><td>10</td><td>1</td></tr>
<tr><td>右二面角内的红光</td><td>10</td><td>1</td></tr>
<tr><td>后二面角内的绿光</td><td>5</td><td>1</td></tr>
<tr><td>左二面角内的红光</td><td>5</td><td>1</td></tr>
<tr><td>左二面角内的后部白光</td><td>5</td><td>1</td></tr>
<tr><td>右二面角内的后部白光</td><td>5</td><td>1</td></tr>
</table>

在表 7-3 中，A 区包括在相邻的二面角内通过光源并与共同边界面相交成大于 10°但小于 20°角的所有方向；B 区包括在相邻的二面角内通过光源并与共同边界面相交成大于 20°角的所有方向。

航行灯系统颜色规格要求见表 7-4，每个航行灯的颜色必须具有国际照明委员会规定的相应色度坐标值。

表 7-4 航行灯系统颜色规格要求

| 设备 | 颜色要求 |
| --- | --- |
| 左航行灯 | 航空红：“y”不大于 0.335；“z”不大于 0.002 |

续表

| 设备 | 颜色要求 |
|---|---|
| 右航行灯 | 航空绿："x"不大于 0.440－0.320y；<br>"x"不大于 y－0.170；"y"不小于 0.390－0.170x |
| 尾航行灯 | 航空白："x"不小于 0.300 且不大于 0.540；<br>"y"不小于"x－0.040"或"$y_0$－0.010"，取小者；<br>"y"不大于"x＋0.020"，也不大于"0.636－0.400x" |

注："$y_0$"为普朗克辐射器相对于所论"x"值的"y"坐标值。

#### 7.1.2.2 防撞灯

防撞灯用于在远距离被空中或地面运动中的航空器发现，防止相撞。防撞灯使用一个通/断开关控制，应具有 CTSOA 或等效证书。

作用范围要求：必须至少达到直升机水平平面上下各 30°范围内的所有方向，但允许有被遮蔽的立体角，其总和不超过 0.5 球面度。

颜色要求：航空红。"y"不大于 0.335；"z"不大于 0.002。

最小光强要求见表 7-5。

表 7-5 最小光强要求

| 自水平平面向上或向下的角度/度 | 有效光强/坎 |
|---|---|
| 0～5 | 150 |
| 5～10 | 90 |
| 10～20 | 30 |
| 20～30 | 15 |

#### 7.1.2.3 着陆灯

安装 1 个可收放式着陆灯和 1 个固定式着陆灯或者 2 个可收放式着陆灯，着陆灯分别由不同的控制开关控制。

颜色：航空白。

最小峰值光强：≥300000 坎。

#### 7.1.2.4 内部照明

内部照明系统包含驾驶舱泛光照明、表内照明和控制板照明、活动灯、雷暴灯、客舱照明、非载人舱照明等。雷暴灯用于驾驶员在雷暴天气为基本飞行仪表提供高强度白色泛光照明，减少闪电的眩光影响，由驾驶舱内的开关控制。当直升机驾驶舱照度过低或夜航时，照明调谐系统为仪表提供表内照明，并给机上控制板的导光板供电，每路照明可由照明调谐控制装置上的电位计单独调谐，并在上部开关板上安装整体调谐旋钮，分别对驾驶舱区域亮度进行整体调谐。增加昼夜转换开关，对部分设备实现昼夜转换控制。客舱照明在夜航及光线较暗时，为客舱提供充足的照明，照明光线不得直射乘客的眼睛。客舱照明系统，统一由驾驶舱内开关板上的 1 个开关控制，驾驶舱照明具有正常模式和应急模式 2 种工作模式，应急模式时由应急照明蓄电池供电，作为客舱内部应急照明灯使用。

#### 7.1.2.5 应急照明

应急照明系统用于在紧急情况下为乘客逃生提供照明。当直升机电源系统出现故障时，应急照明蓄电池自动向应急照明设备供电，此时应急照明灯工作，给客舱和应急出口下方的地面提供一般照明。

## 7.2 重要条款概述

适用于电动旋翼航空器操纵系统的适航验证包含如表 7-6 所示重要条款的符合性验证。

表 7-6 适航验证重要条款

| 序号 | 条款编号 | 条款名称 |
|---|---|---|
| 1 | EH. 1381 | 仪表灯 |
| 2 | EH. 1383 | 着陆灯 |
| 3 | EH. 1385 | 航行灯系统的安装 |
| 4 | EH. 1387 | 航行灯系统二面角 |
| 5 | EH. 1389 | 航行灯灯光分布与光强 |
| 6 | EH. 1391 | 前、后航行灯水平平面内的最小光强 |
| 7 | EH. 1393 | 前、后航行灯任一垂直平面内的最小光强 |
| 8 | EH. 1395 | 前、后航行灯的最大渗入光强 |
| 9 | EH. 1397 | 航行灯颜色规格 |
| 10 | EH. 1399 | 停泊灯 |
| 11 | EH. 1401 | 防撞灯系统 |

### 7.2.1 EH.1381 仪表灯

#### 7.2.1.1 条款原文

7.2.1.1.1 CCAR29.1381 仪表灯

仪表灯必须满足下列要求。

(a) 所照明的每个仪表、开关或其他装置易于判读。

(b) 灯的安装应做到：

(Ⅰ) 遮蔽直射驾驶员眼睛的光线；

(Ⅱ) 使驾驶员看不到有害的反光。

7.2.1.1.2 FAR29.1381Instrument lights (Amendment 29-55)

The instrument lights must:

(a) Make each instrument, switch, and other device for which they are provided easily readable; and

(b) Be installed so that:

(Ⅰ) Their direct rays are shielded from the pilot's eyes; and

(Ⅱ) No objectionable reflections are visible to the pilot.

7.2.1.1.3 CS29.1381Instrument lights (Amendment 8)

The instrument lights must:

(a) Make each instrument, switch, and other device for which they are provided easily readable; and

(b) Be installed so that:

(Ⅰ) Their direct rays are shielded from the pilot's eyes; and

(Ⅱ) No objectionable reflections are visible to the pilot.

#### 7.2.1.2 条款背景和历史沿革分析

##### 7.2.1.2.1 FAA相关修正案及背景说明

FAR29.1381相关的修正案情况如表7-7所示。经对修正案涉及的NPRM和Final Rule进行分析，情况如下。

表7-7 FAR29.1381相关的修正案情况

| 条款号 | 标题名称 | 修正案 | 生效时间 | 与CCAR29等效版本 |
| --- | --- | --- | --- | --- |
| 29.1381 | Instrument lights | Original | 1965.2.1 | R0/R1/R2 |

**CAR7。**

1956年，美国民用航空委员会（Civil Aeronautics Board，CAB）创建了民用航空规章CAR7部，用于运输类旋翼机适航审定，其中的CAR7.630提出了针对仪表灯的要求，其条款要求如下。

CAR7.630“仪表灯”：

(a) 仪表灯应提供足够的照明，使所有的仪表、开关等易于判读；

(b) 仪表灯的安装应遮蔽直射驾驶员眼睛的光线，并使驾驶员看不到有害的反光。

**FAR29修正案0。**

FAA于1961年、1964年先后发布NPRM61-25及NPRM64-30，提出依据现有CAR7重新编排制定FAR29的建议。在NPRM64-30中，FAA建议将CAR7.630重新修订为针对仪表灯的FAR29.727条款，其条款要求如下。

FAR29.727“仪表灯”：仪表灯必须满足下列要求。

(a) 提供足够的照明，使所照明的所有仪表、开关和其他装置易于判读。

(b) 灯的安装应做到：(Ⅰ) 遮蔽直射驾驶员眼睛的光线；(Ⅱ) 使驾驶员看不到有害的反光。

对比CAR7.630和建议的FAR29.727可知，建议的FAR29.727是将CAR7.630(a) 中的“所有的仪表、开关等”更改为“所照明的所有仪表、开关和其他装置”，并对规章格式进行重新编排，其中将CAR7.630(b) 要求拆分为 (b)～(b)(Ⅱ)。

FAA于1964年12月3日在Final Rule 5084中正式发布了FAR29修正案0（Original Version）(1965年2月1日)，在此修正案中，FAA根据收到的反馈意见，对NPRM64-30建议的FAR29.727(a) 做进一步修订，删除了其“提供足够的照明”，修订后的条款被重新编号为FAR29.1381，其原文见7.2.1.1.2节。

本次修订仅仅是按照NPRM61-25的要求简化和澄清了原规章的法规用语（表7-8），按照“简单和易于使用的形式”统一了规章格式，没有对原适航要求进行具体的实质性更改，其安全要求和技术内涵与原有CAR7规章完全一致。

表 7-8 修订前、后的法规词汇或短语更改对比

<table>
<tr><th rowspan="2">序号</th><th colspan="2">CAR7. 630</th><th colspan="2">FAR29. 1381 修正案 0</th></tr>
<tr><th>条款号</th><th>词汇或短语</th><th>条款号</th><th>修订后的词汇或短语</th></tr>
<tr><td>1</td><td rowspan="2">(a)</td><td>shall</td><td rowspan="2">(a)</td><td>must</td></tr>
<tr><td>2</td><td>provide sufficient illumination to make all Instruments, switches, etc.</td><td>Make each instrument, switch, and other device for which they are provided</td></tr>
<tr><td>3</td><td>(b)</td><td>be so installed that</td><td>(b)</td><td>be installed so that</td></tr>
</table>

7.2.1.2.2 EASA 相关修正案及背景说明

CS29. 1381 相关的修正案情况如表 7-9 所示。经对修正案涉及的 ED Decision 2003/16/RM 进行分析，情况如下。

表 7-9 CS29. 1381 相关的修正案情况

| 条款号 | 标题名称 | 修正案 | 生效时间 | 与 CCAR29 等效版本 |
|---|---|---|---|---|
| 29. 1381 | Instrument lights | Initial issue | 2003. 11. 14 | R2 |

CS29 初版：按照欧盟规章第 15922002 号（基本法规）（2002 年 9 月 27 日生效）的要求，2003 年 11 月，EASA（于 2002 年 6 月成立，接替 JAA 开展相关工作）基于欧洲联合航空规章 JAR-29 第 3 次修正案（2002 年 4 月 1 日生效）在 ED Decision 2003/16/RM 中正式颁布了 CS29/Initial issue（2003 年 11 月 14 日），根据需要，已对这些条款做了修改，以确保与欧洲共同体法律和欧洲联盟政策保持一致。CS29/Initial issue 中的 CS29. 1381 原文见 7. 1. 2. 3。

7.2.1.2.3 规章差异分析

7.2.1.2.3.1 FAR29 初版与 CS29 初版规章差异

现行有效的 FAR29. 1381 与现行有效的 CS29. 1381 仍为各自初版颁布的条款要求，均一直沿用至今，两者条款内容一致。

7.2.1.2.3.2 CCAR-29-R2 与 FAR29 初版规章差异

我国现行有效的 CCAR-29-R2 29. 1381 与 FAR29 初版中的 29. 1381 条的内容一致。

### 7.2.1.3 条款的发展方向

可考虑将 CCAR29. 1381(a)(Ⅰ) 按照 CCAR25. 1381(a)(Ⅰ) 条款要求进行修订，即将 CCAR29. 1381(a)(Ⅰ)“所照明的每个仪表、开关或其他装置易于判读”改为“提供足够的照明，使安全运行所必需的每个仪表、开关或其他装置易于判读，除非有其他光源提供的充足照明。”更改后的条款要求仪表灯必须提供足够的照明，以保证安全运行所必需的每个仪表、开关或其他装置易于判读，而并不要求仪表灯所照明的每个仪表、开关或其他装置都易于判读。

## 7.2.2 EH.1383 着陆灯

### 7.2.2.1 条款原文

7.2.2.1.1 CCAR29. 1383 着陆灯

(a) 每个着陆灯或悬停灯必须经过批准。

(b) 每个着陆灯安装必须做到：

(Ⅰ) 使驾驶员看不到有害的眩光；

(Ⅱ) 使驾驶员不受晕影的不利影响；

(Ⅲ) 为夜间操作（包括着陆和悬停）提供足够的光线。

（c）对下列情况必须至少有一个单独的开关（视适用情况）：

（Ⅰ）单独安装的每个着陆灯；

（Ⅱ）装在同一部位的每组着陆灯。

7.2.2.1.2 FAR29.1383Landing lights（Amendment 29-55）

（a）Each required landing or hovering light must be approved.

（b）Each landing light must be installed so that：

（Ⅰ）No objectionable glare is visible to the pilot；

（Ⅱ）The pilot is not adversely affected by halation；and

（Ⅲ）It provides enough light for night operation，including hovering and landing.

（c）At least one separate switch must be provided，as applicable：

（Ⅰ）For each separately installed landing light；and

（Ⅱ）For each group of landing lights installed at a common location.

7.2.2.1.3 CS29.1383Landing lights（Amendment 8）

（a）Each required landing or hovering light must be approved.

（b）Each landing light must be installed so that：

（Ⅰ）No objectionable glare is visible to the pilot；

（Ⅱ）The pilot is not adversely affected by halation；and

（Ⅲ）It provides enough light for night operation，including hovering and landing.

（c）At least one separate switch must be provided，as applicable：

（Ⅰ）For each separately installed landing light；and

（Ⅱ）For each group of landing lights installed at a common location.

### 7.2.2.2 条款背景和历史沿革分析

7.2.2.2.1 FAA 相关修正案及背景说明

FAR29.1383 相关的修正案情况如表 7-10 所示。经对修正案涉及的 NPRM 和 Final Rule 进行分析，情况如下。

表 7-10 FAR29.1383 相关的修正案情况

| 条款号 | 标题名称 | 修正案 | 生效时间 | 与 CCAR29 等效版本 |
|---|---|---|---|---|
| 29.1383 | Landing lights | Original | 1965.2.1 | R0/R1/R2 |

**CAR7。**

1956 年，美国民用航空委员会（Civil Aeronautics Board，CAB）创建了民用航空规章 CAR7 部，用于运输类旋翼航空器适航审定，其中的 CAR7.631 提出了针对着陆灯的要求，其条款要求如下。

CAR7.631“着陆灯”：

（a）当需要着陆灯或悬停灯时，它们应是经批准的类型。

（b）着陆灯的安装应使驾驶员看不到有害的眩光，并使驾驶员不受晕影的不利影响。

（c）着陆灯应安装在为夜间运行（包括着陆和悬停）提供必要照明的部位。

（d）应为每盏灯提供一个开关，但如在同一部位安装了多盏灯，则为多盏灯提供单独开关是可接受的。

**FAR29 修正案 0。**

FAA 于 1961 年、1964 年先后发布 NPRM61-25 及 NPRM64-30，提出了依据现有 CAR7

重新编排制定 FAR29 的建议。在 NPRM64-30 中，FAA 建议将 CAR7. 631 内容重新修订为针对着陆灯的 FAR29. 729 条款。建议的 FAR29. 729 要求如下。

> FAR29. 729“着陆灯”：
>
> (a) 每个安装的着陆灯或悬停灯必须经过批准。
>
> (b) 每个着陆灯的安装必须做到：(Ⅰ) 使驾驶员看不见有害眩光；(Ⅱ) 使驾驶员不受晕影的不利影响；(Ⅲ) 为夜间运行 (包括悬停和着陆) 提供必要的照明。
>
> (c) 对下列情况必须至少有一个单独的开关 (视适用情况)：(Ⅰ) 单独安装的每个灯；(Ⅱ) 安装在同一部位的每组灯。

对比 CAR7. 631 和建议的 FAR29. 729 可知，条款实际要求未进行实质性更改，只是进行了简化和重新编排，原 (b) 款被拆分为 (b)～(b)(Ⅱ)，原 (c) 款被重新归类为 (b)(Ⅲ)，原 (d) 款被拆分后重新编排为 (c)～(c)(Ⅱ)，以满足规章格式标准化要求。

FAA 于 1964 年 12 月 3 日在 Final Rule 5084 中正式发布了 FAR29 修正案 0 (1965 年 2 月 1 日)，在此修正案中，FAA 根据收到的反馈意见，对 NPRM64-30 提出的 FAR29. 727 中的词语进行了如表 7-11 的修改，修改后的条款被重新编号为 FAR29. 1383，其原文见 7. 2. 2. 1. 2。

**表 7-11 修订前、后的法规词汇或短语更改对比**

| 序号 | NPRM64-30 建议的 FAR29. 727 | | FAR29. 1383 修正案 0 | |
|---|---|---|---|---|
| | 条款号 | 词汇或短语 | 条款号 | 修订后的词汇或短语 |
| 1 | (a) | installed landing or hovering light | (a) | required landing or hovering light |
| 2 | (b) | the necessary illumination | (b) | enough light |
| 3 | (c) | light…lights | (c) | landing light…landing lights |

本次修订仅仅是按照 NPRM61-25 的要求简化和澄清了原规章的法规用语，按照“简单和易于使用的形式”统一了规章格式，没有对原适航要求进行具体的实质性更改，其安全要求和技术内涵与原有 CAR7 规章完全一致。

#### 7. 2. 2. 2. 2 EASA 相关修正案及背景说明

CS29. 1383 相关的修正案情况如表 7-12 所示。经对修正案涉及的 ED Decision 2003/16/RM 进行分析，情况如下。

**表 7-12 CS29. 1383 相关的修正案情况**

| 条款号 | 标题名称 | 修正案 | 生效时间 | 与 CCAR29 等效版本 |
|---|---|---|---|---|
| 29. 1383 | Landing lights | Initial issue | 2003. 11. 14 | R2 |

CS29 初版：按照欧盟规章第 15922002 号 (基本法规) (2002 年 9 月 27 日生效) 的要求，2003 年 11 月，EASA (于 2002 年 6 月成立，接替 JAA 开展相关工作) 基于欧洲联合航空规章 JAR-29 第 3 修正案 (2002 年 4 月 1 日生效) 在 ED Decision 2003/16/RM 中正式颁布了 CS29/Initial issue (2003 年 11 月 14 日)，根据需要，已对这些条款做了修改，以确保与欧洲共同体法律和欧洲联盟政策保持一致。CS29/Initial issue 中的 CS29. 1383 原文见 7. 2. 2. 1. 3。

#### 7. 2. 2. 2. 3 规章差异分析

##### 7. 2. 2. 2. 3. 1 FAR29 初版与 CS29 初版规章差异

现行有效的 FAR29. 1383 与现行有效的 CS29. 1383 仍为各自初版颁布的条款要求，均一直沿用至今，两者条款内容一致。

7.2.2.2.3.2　CCAR-29-R2 与 FAR29 初版规章差异

我国现行有效的 CCAR29.1383 与现行有效的 FAR29.1383 中的内容在（a）款存在如下差异。

FAR29.1383(a) 比 CCAR29.1383(a) 多了“required”一词，CCAR29.1383(a) 要求是：每个着陆灯或悬停灯必须经过批准，即旋翼航空器上安装的所有着陆灯或悬停灯都必须经局方批准。而 FAR29.1383(a) 要求是：每个必需的着陆灯或悬停灯必须经过批准，即只是那些旋翼航空器安全运行所必需的着陆灯或悬停灯才必须经局方批准，因此 CCAR29.1383(a) 比 FAR29.1383(a) 要求更严格。

### 7.2.2.3　条款的发展方向

可考虑将 CCAR29.1383(a) 按照 FAR29.1383(a) 和 CS29.1383(a) 条款要求进行修订，即将 CCAR29.1383(a)“每个着陆灯或悬停灯必须经过批准……”改为“每个必需的着陆灯或悬停灯必须经过批准……”，添加“必需的”一词后使 CCAR29.1383(a) 在保证条款安全要求不降低的前提下，减轻了申请人的负担。

可考虑将 CCAR29.1383(a)(Ⅲ)“为夜间操作（包括着陆和悬停）提供足够的光线”改为“为夜间运行（包括着陆和悬停）提供足够的光线”，以表达条款的真正意图。

## 7.2.3　EH.1385 航行灯系统的安装

### 7.2.3.1　条款原文

7.2.3.1.1　CCAR29.1385 航行灯系统的安装

（a）总则。航行灯系统中的每一部分必须满足本条中的有关要求，并且整个系统必须满足 29.1387 条至 29.1397 条的要求。

（b）前航行灯。前航行灯必须由红灯和绿灯组成，其横向间距要尽可能大，朝前装在旋翼航空器上。当旋翼航空器处于正常飞行姿态时，灯的光色为左红右绿。每个灯都必须经过批准。

（c）后航行灯。后航行灯必须是白灯，要尽可能往后装，并且必须经过批准。

（d）电路。两个前航行灯和后航行灯必须构成单独的电路。

（e）灯罩和滤色镜。每个灯罩或滤色镜必须至少是抗燃的，在正常使用中不得改变颜色或形状，也不得有任何明显的灯光透射损失。

7.2.3.1.2　FAR29.1385Position light system installation（Amendment 29-55)

（a）General. Each part of each position light system must meet the applicable requirements of this section and each system as a whole must meet the requirements of Secs. 29.1387 through 29.1397.

（b）Forward position lights. Forward position lights must consist of a red and a green light spaced laterally as far apart as practicable and installed forward on the rotorcraft so that，with the rotorcraft in the normal flying position，the red light is on the left side，and the green light is on the right side. Each light must be approved.

（c）Rear position light. The rear position light must be a white light mounted as far aft as practicable，and must be approved.

（d）Circuit. The two forward position lights and the rear position light must make a single circuit.

(e) Light covers and color filters. Each light cover or color filter must be at least flame resistant and may not change color or shape or lose any appreciable light transmission during normal use.

7.2.3.1.3 CS29.1385Position light system installation (Amendment 8)

(a) General. Each part of each position light system must meet the applicable requirements of this paragraph and each system as a whole must meet the requirements of CS29.1387 to 29.1397.

(b) Forward position lights. Forward position lights must consist of a red and a green light spaced laterally as far apart as practicable and installed forward on the rotorcraft so that, with the rotorcraft in the normal flying position, the red light is on the left side, and the green light is on the right side. Each light must be approved.

(c) Rear position light. The rear position light must be a white light mounted as far aft as practicable, and must be approved.

(d) Circuit. The two forward position lights and the rear position light must make a single circuit.

(e) Light covers and colour filters. Each light cover or colour filter must be at least flame resistant and may not change colour or shape or lose any appreciable light transmission during normal use.

### 7.2.3.2 条款背景和历史沿革分析

#### 7.2.3.2.1 FAA相关修正案及背景说明

FAR29.1385相关的修正案情况如表7-13所示。经对修正案涉及的NPRM和Final Rule进行分析，情况如下。

表7-13 FAR29.1385相关的修正案情况

| 条款号 | 标题名称 | 修正案 | 生效时间 | 与CCAR29等效版本 |
|---|---|---|---|---|
| 29.1385 | Position light system installation | Original | 1965.2.1 | R0/R1/R2 |

**CAR7。**

1956年，美国民用航空委员会（Civil Aeronautics Board，CAB）创建了民用航空规章CAR7部，用于运输类旋翼航空器适航审定，其中的CAR7.632提出了针对航行灯系统安装的要求，CAR7.637提出针对防撞灯的要求。CAR7.632条款要求如下。

> CAR7.632“航行灯系统安装”：
>
> (a) 总则。除本条外，7.633条至7.635条应适用于整个航行灯系统。航行灯系统应包括本条(b)~(f)款所规定的项目。
>
> (b) 前航行灯。前航行灯应由红灯和绿灯组成，其横向间距要尽可能大，朝前装在旋翼航空器上。当旋翼航空器处于正常飞行姿态时，显示的灯的光色为左红右绿。每个灯的型号应该经过批准。
>
> (c) 后航行灯。后航行灯应由红灯和白灯组成，要尽可能往后装，并彼此靠近，每个灯的型号都应该经过批准。
>
> (d) 机身灯。机身灯应由两个白灯组成，安装在与前航行灯大致相同的垂直平面上。其中一个应安装在机身顶部，另一个安装在机身底部。每个灯的型号应该经过批准。
>
> (e) 闪光器。应安装型号经过批准的航行灯闪光器，并应满足本款第（Ⅰ）至第（Ⅲ）项的规定。

（Ⅰ）闪烁频率不大于每分钟85次。

（Ⅱ）航行灯的顺序应满足下列任一项。

（ⅰ）前航行灯和机身灯同时按本款第（Ⅰ）项规定的速度闪烁；后红色航行灯随着前航行灯和机身灯一次闪烁同时闪烁，后白色航行灯随着前航行灯和机身灯下一次闪烁同时闪烁。

（ⅱ）航行灯和机身灯按本款第（Ⅰ）项规定的速率交替闪烁，后白色航行灯与前航行灯同时闪烁，后红色航行灯与机身灯同时闪烁。

（Ⅲ）系统中应设置一个断开闪光器与电路连接的开关，使前航行灯和后白色航行灯连续照明，同时其余灯断电。

(f) 灯罩和滤色镜。使用的每个灯罩或滤色镜应采用抗燃材料，其结构应确保在正常使用中不会改变颜色或形状，或遭受任何明显的光透射损失。

**CAR7-1 修正案。**

CAR7 创建后，符合 CAR7. 637 要求的防撞灯和符合 7. 632（e）要求的闪光装置开始在旋翼航空器上安装使用，进一步改善了航空器的外部照明，以应对空中交通密度的持续增加以及更高速度旋翼航空器的出现。

但防撞灯的使用经验表明，这些灯相对较高的光强可能会对航行灯的可见性产生有害的影响，特别是如果其正在闪烁。显然，前后航行灯、机身灯和防撞灯的闪烁有助于混淆飞行方向。试验表明，目前使用的系统，除了闪烁的防撞灯，照明系统仅限于两个前航行灯和一个白色的后航行灯，当这三个航行灯常亮时，可得到最清晰的显示。

鉴于上述原因，1957 年，CAB 在题为《旋翼航空器：运输类航行灯和防撞灯要求》的 CAR7 第 1 次修正案（生效于 1957 年 4 月 1 日）中删除了 CAR7. 632 中对机身灯、红色的后航行灯和闪光装置的要求，即对 CAR7. 632 进行了以下的修订：

（ⅰ）删除原 CAR7. 632 的（d)(e）款，将（f）款更改为（d）款；

（ⅱ）将 CAR7. 632(a）中引用的“（f）”款更改为“（d）”款；

（ⅲ）从 CAR7. 632(c）中的“后航行灯应由红灯和白灯组成”要求中删除“红灯”。

**FAR29 修正案 0。**

（Ⅰ）FAA 于 1961 年、1964 年先后发布 NPRM61-25 及 NPRM64-30，提出了依据现有 CAR7 重新编排制定 FAR29 的建议。在 NPRM64-30 中，FAA 建议将 CAR7. 632 内容重新修订为针对航行灯系统安装的 FAR29. 731 条款，而 CAR7. 632 中引用的 7. 633 条至 7. 635 条被重新修订为相应的 FAR 中的 29. 733 条至 29. 743 条。建议的 FAR29. 731 要求如下。

FAR29. 731“航行灯系统的安装”：

(a) 总则。航行灯系统中的每一部分必须满足本条中的有关要求，并且整个系统必须满足第 29. 733 至第 29. 743 的要求。

(b) 前航行灯。前航行灯必须由红灯和绿灯组成，其横向间距要尽可能大，朝前装在旋翼航空器上。当旋翼航空器处于正常飞行姿态时，灯的光色为左红右绿。每个灯都必须经过批准。

(c) 后航行灯。后航行灯必须是白灯，要尽可能往后装，并且必须经过批准。

(d) 电路。两个前航行灯和后航行灯必须构成单独的电路。

(e) 灯罩和滤色镜。每个灯罩或滤色镜必须至少是抗燃的，并且其结构必须确保在正常使用中不会改变颜色或形状，或遭受任何明显的光透射损失。

对比 CAR7. 632 和 NPRM64-30 建议的 FAR29. 731 可知，FAR29. 731 是将 CAR7. 632(d) 重新编排为（e）款后，增加了新的（d）款，并对各款进行了简化，删除了一些过时和多余的内容。其中的词汇和短语（句）更改对比如表 7-14。

表 7-14　修订前、后的法规词汇或短语更改对比（1）

| 序号 | CAR7. 632 | | NPRM64-30 中建议的 FAR29. 731 | |
|---|---|---|---|---|
| | 条款号 | 词汇或短语(句) | 条款号 | 修订后的词汇或短语(句) |
| 1 | (a)/(b)/(c)/(d) | shall | (a)/(b)/(c)/(e) | must |
| 2 | (a) | the provisions of 7. 633 through 7. 635 | (a) | the requirements of Secs. 29. 733 through 29. 743. |
| 3 | | be applicable to | | conform to |
| 4 | (b) | …is displayed on the left side and…is displayed on the right side | (b) | …is on the left side and…is on the right side |
| 5 | | The individual lights | | Each light |
| 6 | (b)/(c) | be of an approved type | (b)/(c) | be approved |
| 7 | (c) | consist of | (c) | be |
| 8 | (d) | be of flame-resistant material | (e) | be at least flame resistant |
| 9 | | they | | it |

FAA 于 1964 年 12 月 3 日在 Final Rule 5084 中正式发布了 FAR29 修正案 0（1965 年 2 月 1 日），在此修正案中，FAA 根据收到的反馈意见，对 NPRM64-30 建议的 FAR29. 731 作如表 7-15 所示的修改，修改后的条款被重新编号为 FAR29. 1385，其原文见 7. 2. 3. 1. 2 节。

表 7-15　修订前、后的法规词汇或短语更改对比（2）

| 序号 | NPRM64-30 建议的 FAR29. 731 | | FAR29. 1385 修正案 0 | |
|---|---|---|---|---|
| | 条款号 | 词汇或短语(句) | 条款号 | 修订后的词汇或短语(句) |
| 1 | (a) | conform to | (a) | meet |
| 2 | | the requirements of Secs. 29. 733 through 29. 743. | | the requirements of Secs. 29. 1387 through 29. 1397 |
| 3 | (b) | in such a location that | (b) | so that |
| 4 | (d) | constitute | (d) | make |
| 5 | (e) | must be constructed so that it will | (e) | may |
| | | suffer any appreciable loss of light transmission | | lose any appreciable light transmission |

本次修订仅仅是按照 NPRM61-25 的要求简化和澄清了原规章的法规用语，统一了规章格式，没有对原适航要求进行具体的实质性更改，其安全要求和技术内涵与原有 CAR7 规章完全一致。

#### 7. 2. 3. 2. 2　EASA 相关修正案及背景说明

CS29. 1385 相关的修正案情况如表 7-16 所示。经对修正案涉及的 ED Decision 2003/16/RM 进行分析，情况如下。

表 7-16　CS29.1385 相关的修正案情况

| 条款号 | 标题名称 | 修正案 | 生效时间 | 与 CCAR29 等效版本 |
| --- | --- | --- | --- | --- |
| 29.1385 | Position light system installation | Initial issue | 2003.11.14 | R2 |

CS29 初版：按照欧盟规章第 15922002 号（基本法规）（2002 年 9 月 27 日生效）的要求，2003 年 11 月，EASA（于 2002 年 6 月成立，接替 JAA 开展相关工作）基于欧洲联合航空规章 JAR-29 第 3 修正案（2002 年 4 月 1 日生效）在 ED Decision 2003/16/RM 中正式颁布了 CS29/Initial issue（2003 年 11 月 14 日），根据需要，已对这些条款做了修改，以确保与欧洲共同体法律和欧洲联盟政策保持一致。CS29/Initial issue 中的 CS29.1385 原文见 7.2.3.1.3。

7.2.3.2.3　规章差异分析

7.2.3.2.3.1　FAR29 初版与 CS29 初版规章差异

现行有效的 FAR29.1385 与现行有效的 CS29.1385 仍为各自初版颁布的条款要求，均一直沿用至今，两者条款要求一致。

7.2.3.2.3.2　CCAR-29-R2 与 FAR29 初版规章差异

我国现行有效的 CCAR-29-R2 中的 29.1385 条与 FAR29.1385 初版条款要求一致。

## 7.2.4　EH.1387 航行灯系统二面角

### 7.2.4.1　条款原文

7.2.4.1.1　CCAR29.1387 航行灯系统二面角

（a）除本条（e）款规定者外，所装的每个前、后航行灯在本条规定的二面角内，必须显示无间断的灯光。

（b）左二面角（L）由两个相交的垂直平面组成，当沿着旋翼航空器纵轴向前看时，一个平面与旋翼航空器纵轴平行，而另一个向左偏离第一个平面 110°。

（c）右二面角（R）由两个相交的垂直平面组成，当沿着旋翼航空器纵轴向前看时，一个平面与旋翼航空器纵轴平行，而另一个向右偏离第一个平面 110°。

（d）后二面角（A）由两个相交的垂直平面组成，当沿着旋翼航空器纵轴向后看时，这两个平面分别向左、向右偏离通过旋翼航空器纵轴的垂直平面各 70°。

（e）如果根据 29.1385(c) 条尽可能往后安装的后航行灯，在本条（d）款所定义的二面角 A 内不能显示出无间断的灯光，则在该二面角内允许有一个或几个被遮蔽的立体角，但其总和在下述圆锥体内不得超过 0.04 球面度，该圆锥体以后航行灯为顶点，母线与通过后航行灯的垂直线成 30°夹角。

7.2.4.1.2　FAR29.1387Position light system dihedral angles（Amendment 29-55）

(a) Except as provided in paragraph（e）of this section，each forward and rear position light must，as installed，show unbroken light within the dihedral angles described in this section.

(b) Dihedral angle L（left）is formed by two intersecting vertical planes，the first parallel to the longitudinal axis of the rotorcraft，and the other at 110° to the left of the first，as viewed when looking forward along the longitudinal axis.

(c) Dihedral angle R（right）is formed by two intersecting vertical planes，the first parallel to the longitudinal axis of the rotorcraft，and the other at 110° to the right of the first，as views when looking forward along the longitudinal axis.

(d) Dihedral angle A (aft) is formed by two intersecting vertical planes making angles of 70° to the right and to the left, respectively, to a vertical plane passing through the longitudinal axis, as viewed when looking aft along the longitudinal axis.

(e) If the rear position light, when mounted as far aft as practicable in accordance with Sec. 29. 1385(c), cannot show unbroken light within dihedral angle A (as defined in paragraph (d) of this section), a solid angle or angles of obstructed visibility totaling not more than 0. 04 steradians is allowable within that dihedral angle, if such solid angle is within a cone whose apex is at the rear position light and whose elements make an angle of 30° with a vertical line passing through the rear position light.

7. 2. 4. 1. 3　CS29. 1387Position light system dihedral angles (Amendment 8)

(a) Except as provided in sub-paragraph (e), each forward and rear position light must, as installed, show unbroken light within the dihedral angles described in this paragraph.

(b) Dihedral angle L (left) is formed by two intersecting vertical planes, the first parallel to the longitudinal axis of the rotorcraft, and the other at 110° to the left of the first, as viewed when looking forward along the longitudinal axis.

(c) Dihedral angle R (right) is formed by two intersecting vertical planes, the first parallel to the longitudinal axis of the rotorcraft, and the other at 110° to the right of the first, as viewed when looking forward along the longitudinal axis.

(d) Dihedral angle A (aft) is formed by two intersecting vertical planes making angles of 70° to the right and to the left, respectively, to a vertical plane passing through the longitudinal axis, as viewed when looking aft along the longitudinal axis.

(e) If the rear position light, when mounted as far aft as practicable in accordance with CS29. 1385(c), cannot show unbroken light within dihedral angle A (as defined in sub-paragraph (d)), a solid angle or angles of obstructed visibility totalling not more than 0. 04 steradians is allowable within that dihedral angle, if such solid angle is within a cone whose apex is at the rear position light and whose elements make an angle of 30°with a vertical line passing through the rear position light.

### 7.2.4.2　条款背景和历史沿革分析

7. 2. 4. 2. 1　FAA 相关修正案及背景说明

FAR29. 1387 相关的修正案情况如表 7-17 所示。经对修正案涉及的 NPRM 和 Final Rule 进行分析，情况如下。

表 7-17　FAR29. 1387 相关的修正案情况

| 序号 | 条款号 | 标题名称 | 修正案 | 生效时间 | 与 CCAR29 等效版本 |
|---|---|---|---|---|---|
| 1 | 29. 1387 | Position light system dihedral angles | Original | 1965. 2. 1 | 无 |
| 2 | 29. 1387 | Position light system dihedral angles | 29-9 | 1971. 11. 05 | R0/R1/R2 |

**CAR7。**

1956 年，美国民用航空委员会（Civil Aeronautics Board，CAB）创建了民用航空规章

CAR7 部，用于运输类旋翼机适航审定，其中的 CAR7. 633 提出了针对航行灯系统二面角的要求，其条款要求如下。

CAR7. 633“航行灯系统二面角”：

所装的前、后航行灯在本条（a）～（c）款规定的二面角内，应显示无间断的灯光。

（a）左二面角（L）应被考虑由两个相交的垂直平面组成，当沿着旋翼航空器纵轴向前看时，一个平面与旋翼航空器纵轴平行，而另一个向左偏离第一个平面 110°。

（b）右二面角（R）应被考虑由两个相交的垂直平面组成，当沿着旋翼航空器纵轴向前看时，一个平面与旋翼航空器纵轴平行，而另一个向右偏离第一个平面 110°。

（c）后二面角（A）应被考虑由两个相交的垂直平面组成，当沿着旋翼航空器纵轴向后看时，这两个平面分别向左、向右偏离通过旋翼航空器纵轴的垂直平面各 70°。

**FAR29 修正案 0。**

FAA 于 1961 年、1964 年先后发布 NPRM61-25 及 NPRM64-30，提出了依据现有 CAR7 重新编排制定 FAR29 的建议。在 NPRM64-30 中，FAA 建议将 CAR7. 633 重新修订为针对航行灯系统二面角的 FAR29. 733。

FAA 于 1964 年 12 月 3 日在 Final Rule 5084 中正式发布了 FAR29 修正案 0（Original Version)（1965 年 2 月 1 日），在此修正案中，FAA 根据收到的反馈意见，仅将 NPRM64-30 建议的 FAR29. 733(d) 中的“is forward by”纠正为“is formed by”，修订后的条款被重新编号为 FAR29. 1387，其条款要求如下。

FAR29. 1387“航行灯系统的二面角”：

（a）所装的每个前、后航行灯在本条规定的二面角内，必须显示无间断的灯光。

（b）左二面角（L）由两个相交的垂直平面组成，正如当沿着旋翼航空器纵轴向前看时所观察到的，一个平面与旋翼航空器纵轴平行，而另一个向左偏离第一个平面 110°。

（c）右二面角（R）由两个相交的垂直平面组成，正如当沿着旋翼航空器纵轴向前看时所观察到的，一个平面与旋翼航空器纵轴平行，而另一个向右偏离第一个平面 110°。

（d）后二面角（A）由两个相交的垂直平面组成，正如当沿着旋翼航空器纵轴向后看时所观察到的，这两个平面分别向左、向右偏离通过旋翼航空器纵轴的垂直平面各 70°。

本次修订仅仅是按照 NPRM61-25 的要求简化和澄清了原规章的法规用语（表 7-18），并统一了规章格式，没有对原适航要求进行具体的实质性更改，其安全要求和技术内涵与原有 CAR7 规章完全一致。

**表 7-18　修订前、后的法规词汇或短语更改对比**

| 序号 | CAR7. 633 | | FAR29. 1387 修正案 0 | |
|---|---|---|---|---|
| | 条款号 | 词汇或短语 | 条款号 | 修订后的词汇或短语 |
| 1 | 开头段 | shall | (a) | must |
| 2 | | The forward and rear position lights | | Each forward and rear position light |
| 3 | | within the dihedral angles in paragraphs(a)through(c) of this section. | | within the dihedral angles described in this section |
| 4 | (a)/(b)/(c) | shall be considered formedby | (b)/(c)/(d) | is formed |
| 5 | (a)/(b) | one | (b)/(c) | the first |

续表

| 序号 | CAR7. 633 | | FAR29. 1387 修正案 0 | |
|---|---|---|---|---|
| | 条款号 | 词汇或短语 | 条款号 | 修订后的词汇或短语 |
| 6 | (a)/(b) | when looking forward along the longitudinal axis | (b)/(c) | as viewed when looking forward along the longitudinal axis |
| | | at 110° | | at 110 degrees |
| 7 | (c) | looking aft along the longitudinal axits | (d) | as viewed when looking aft along the longitudinal axis |
| 8 | | making angles of 70° to the right and 70° to the left | | making angles of 70 degrees to the right and to the left |

**FAR29-9 修正案。**

FAA 在没有发布相关 NPRM 及未进行公开征询建议程序的情况下，为允许后航行灯安装在覆盖范围内有轻微遮挡的区域，于 1971 年 11 月 5 日在题为《航行灯系统二面角》的 Final Rule 11479 中颁布了第 29-9 修正案，在此修正案中，FAA 在 FAR29. 1387 中增加（e）款，并对（a）款做相关适应性更改，本次修订后的 FAR29. 1387(a)(e) 内容如下。

> FAR29. 1387“航行灯系统二面角”：
>
> 除本条（e）款规定外，所装的每个前、后航行灯在本条规定的二面角内，必须显示无间断的灯光。
>
> ……
>
> （e）如果根据 29. 1385(c) 尽可能往后安装的后航行灯，在本条（d）款所定义的二面角 A 内不能显示出无间断的灯光，则在该二面角内允许有一个或几个被遮蔽的立体角，但其总和在下述圆锥体内不得超过 0. 04 球面度，该圆锥体以后航行灯为顶点，母线与通过后航行灯的垂直线成 30°夹角。

本修正案修订背景如下。

本次修订前的 FAR29. 1387 条要求后航行灯在由两个相交的垂直平面组成的二面角内，必须显示无间断的灯光，这两个平面分别向左、向右偏离通过旋翼航空器纵轴的垂直平面各 70°；与本条相关的条款 FAR29. 1385(c) 要求后航行灯尽可能往后安装。

在具有扫面垂直尾翼的航空器设计中，只需将后航行灯安装在后缘舵上，即可满足遮挡能见度的要求。但是因为这个位置可能会引起一些问题，包括复杂的电气安装和不良的舵面振动特性，所以一些制造商认为机身的最末端是更合适的位置。因此，机身位置要尽可能往后装。然而同时，机身位置不符合遮挡能见度的要求。

对于存在这类问题的旋翼航空器，由于垂直尾翼和方向舵很薄，选择后机身位置安装后航行灯造成的遮挡会相对较小。此外，遮挡只发生在航空器纵轴上方的一个高角度情况下，因此除了接近顶端的位置外，后航行灯均可显示出不间断的灯光。

航行灯的相关要求允许随着水平面上方或下方角度的增加，逐渐减小灯光强度。因此对于水平面上方和下方 40°及以上的情况，要求航行灯灯光强度仅需为水平面内光强的 5%。因此，随着不断地接近顶端，航行灯的重要性也不断降低。

此外，与本修正案对后航行灯的要求类似的规定已在之前的 FAR29 修正案 0 的 FAR29. 1401 中存在。FAR29 修正案 0 的 FAR29. 1401 在（b）覆盖范围的要求中规定了“允许有被遮蔽的立体角，其总和不超过 0.5 球面度"，因此，已确定允许在防撞灯覆盖范围内的后方有轻微能见度遮挡不会对安全造成危害。

鉴于上述情况，对于后航行灯在其后二面角内的遮挡情况，如果其覆盖范围不超过 0.04 球面度，并发生在通过后航行灯的垂直线的 30°范围内，不会对安全产生不利影响。此外，允许后航行灯在覆盖范围内存在轻微遮挡，这个修订与 29.1385(c) 条款的规定一致，29.1385(c) 的"后航行灯尽可能往后安装"要求，其允许对后航行灯位置有符合实际的考虑。

综上所述，由于本修正案解除了限制，并没有对任何人施加额外的负担，FAA 认为有关 NPRM 和公开征询建议的程序是不必要的，而且在本最终法规发布不到 30 天内生效是有充分理由的。

经第 29-9 修正案修订后的 FAR29.1387 原文见 7.2.4.1.1。

7.2.4.2.2　EASA 相关修正案及背景说明

CS29.1387 相关的修正案情况如表 7-19 所示。经对修正案涉及的 ED Decision 2003/16/RM 进行分析，情况如下。

表 7-19　CS29.1387 相关的修正案情况

| 条款号 | 标题名称 | 修正案 | 生效时间 | 与 CCAR29 等效版本 |
|---|---|---|---|---|
| 29.1387 | Position light system dihedral angles | Initial issue | 2003.11.14 | R2 |

CS29 初版：按照欧盟规章第 15922002 号（基本法规）（2002 年 9 月 27 日生效）的要求，2003 年 11 月，EASA（于 2002 年 6 月成立，接替 JAA 开展相关工作）基于欧洲联合航空规章 JAR-29 第 3 次修正案（2002 年 4 月 1 日生效）在 ED Decision 2003/16/RM 中正式颁布了 CS29/Initial issue（2003 年 11 月 14 日），根据需要，已对这些条款做了修改，以确保与欧洲共同体法律和欧洲联盟政策保持一致。CS29/Initial issue 中的 CS29.1387 原文见 7.2.4.1.3。

7.2.4.2.3　规章差异分析

(a) FAR29 第 9 次修正案与 CS29 初版规章差异。

现行有效的 FAR29.1387 是经 FAR29 第 9 次修正案修订后的条款要求，而现行有效的 CS29.1387 仍为 CS29 初版颁布的条款要求，一直沿用至今，两者条款要求一致。

(b) CCAR-29-R2 与 FAR29 第 9 次修正案规章差异。

我国现行有效的 CCAR-29-R2 中的 29.1387 条与 FAR29.1387 第 9 次修正案中的条款要求一致。

## 7.2.5　EH.1389 航行灯灯光分布与光强

### 7.2.5.1　条款原文

7.2.5.1.1　CCAR29.1389 航行灯灯光分布与光强

(a) 总则。本条规定的光强必须用装有灯罩和滤色镜的新灯来测定。光强测定必须在光源发光达到稳定值后进行（该稳定值指光源在旋翼航空器正常工作电压时的平均输出光通）。每个航行灯灯光分布和光强必须满足本条 (b) 款的要求。

(b) 前、后航行灯。前、后航行灯灯光分布和光强必须以左、右、后二面角范围内水平平面内的最小光强、任意垂直平面内的最小光强和最大渗入光强表示，且必须满足下列要求。

(Ⅰ) 水平平面内的光强。水平平面（包含旋翼航空器纵轴并垂直于旋翼航空器对称平面的平面）内各范围的光强必须等于或大于 29. 1391 条规定的相应值。

（Ⅱ）任一垂直平面内的光强。任意垂直平面（垂直于水平平面的平面）内各范围的光强必须等于或大于 29. 1393 条规定的相应值，其中，*I* 为 29. 1391 条规定的该水平平面内相应角度的最小光强。

（Ⅲ）相邻光源间的渗入光强。相邻光源间的任何渗入光强均不得超过 29. 1395 条中规定的相应值，但是当主光束的光强远大于 29. 1391 条和 29. 1393 条中规定的最小值时，如果与主光束光强相比，渗入光强对主光源清晰度无不利影响，则可允许有更大的渗入光强。

7. 2. 5. 1. 2　FAR29. 1389Position light distribution and intensities（Amendment 29-55）

(a) General. The intensities prescribed in this section must be provided by new equipment with light covers and color filters in place. Intensities must be determined with the light source operating at a steady value equal to the average luminous output of the source at the normal operating voltage of the rotorcraft. The light distribution and intensity of each position light must meet the requirements of paragraph (b) of this section.

(b) Forward and rear position lights. The light distribution and intensities of forward and rear position lights must be expressed in terms of minimum intensities in the horizontal plane, minimum intensities in any vertical plane, and maximum intensities in overlapping beams, within dihedral angles, L, R, and A, and must meet the following requirements:

(Ⅰ) Intensities in the horizontal plane. Each intensity in the horizontal plane (the plane containing the longitudinal axis of the rotorcraft and perpendicular to the plane of symmetry of the rotorcraft), must equal or exceed the values in Sec. 29. 1391.

(Ⅱ) Intensities in any vertical plane. Each intensity in any vertical plane (the plane perpendicular to the horizontal plane) must equal or exceed the appropriate value in Sec. 29. 1393 where *I* is the minimum intensity prescribed in Sec. 29. 1391 for the corresponding angles in the horizontal plane.

(Ⅲ) Intensities in overlaps between adjacent signals. No intensity in any overlap between adjacent signals may exceed the values in Sec. 29. 1395, except that higher intensities in overlaps may be used with the use of main beam intensities substantially greater than the minima specified in Secs. 29. 1391 and 29. 1393 if the overlap intensities in relation to the main beam intensities do not adversely affect signal clarity.

7. 2. 5. 1. 3　CS29. 1389Position light distribution and intensities（Amendment 8）

(a) General. The intensities prescribed in this paragraph must be provided by new equipment with light covers and colour filters in place. Intensities must be determined with the light source operating at a steady value equal to the average luminous output of the source at the normal operating voltage of the rotorcraft. The light distribution and intensity of each position light must meet the requirements of sub-paragraph (b).

(b) Forward and rear position lights. The light distribution and intensities of forward and rear position lights must be expressed in terms of minimum intensities in the horizontal plane, minimum intensities in any vertical plane, and maximum intensities in overlapping beams, within dihedral angles, L, R and A, and must meet the following requirements:

(Ⅰ) Intensities in the horizontal plane. Each intensity in the horizontal plane (the plane containing the longitudinal axis of the rotorcraft and perpendicular to the plane of symmetry of the rotorcraft), must equal or exceed the values in CS29. 1391.

(Ⅱ) Intensities in any vertical plane. Each intensity in any vertical plane (the plane perpendicular to the horizontal plane) must equal or exceed the appropriate value in CS29. 1393 where I is the minimum intensity prescribed in CS29. 1391 for the corresponding angles in the horizontal plane.

(Ⅲ) Intensities in overlaps between adjacent signals. No intensity in any overlap between adjacent signals may exceed the values in CS29. 1395, except that higher intensities in overlaps may be used with the use of main beam intensities substantially greater than the minima specified in CS29. 1391 and 29. 1393 if the overlap intensities in relation to the main beam intensities do not adversely affect signal clarity.

### 7.2.5.2 条款背景和历史沿革分析

#### 7. 2. 5. 2. 1 FAA 相关修正案及背景说明

FAR29. 1389 相关的修正案情况如表 7-20 所示。经对修正案涉及的 NPRM 和 Final Rule 进行分析，情况如下。

表 7-20 FAR29. 1389 相关的修正案情况

| 条款号 | 标题名称 | 修正案 | 生效时间 | 与 CCAR29 等效版本 |
|---|---|---|---|---|
| 29. 1389 | Position light distribution and intensities | Original | 1965. 2. 1 | R0/R1/R2 |

**CAR7。**

1956 年，美国民用航空委员会（Civil Aeronautics Board，CAB）创建了民用航空规章 CAR7 部，用于运输类旋翼机适航审定，其中的 CAR7. 634 提出了针对航行灯灯光分布和光强要求，其条款要求如下。

CAR7. 634“航行灯灯光分布和光强”:

(a) 总则。本条规定的光强是由装有所有灯罩和滤色镜的新灯提供的那些光强。光强应在光源发光达到稳定值后确定（该稳定值等于光源在旋翼航空器正常工作电压时的平均输出光通）。航行灯灯光分布和光强应满足本条（b）款和（c）款的规定。

(b) 前后航行灯。前、后航行灯的灯光分布和光强应以左、右、后二面角范围内水平平面内的最小光强、任意垂直平面的最小光强、重叠光束内的最大光强表示，且应满足以下（Ⅰ）～(Ⅲ）款的规定。

(Ⅰ) 水平平面内的光强。水平平面内的光强不应小于图 7-1 所给出的值（水平平面是包含旋翼航空器纵轴并垂直于旋翼航空器对称平面的平面)。

| 二面角(相应灯光) | 自正前方向左或向右偏离纵轴的角度/(°) | 光强/坎德拉 |
|---|---|---|
| 左或右(前红光或前绿光) | 0～10 | 40 |
| | 10～20 | 30 |
| | 20～110 | 5 |
| 后(后白光) | 110～180 | 20 |
| 后(后红光) | 110～180 | 20 |

图 7-1 前、后航行灯水平平面内的最小光强

（Ⅱ）水平面之上和之下的光强。任意垂直平面内的光强应不小于图 7-2 所给出的相应值，其中，$I$ 为图 7-1 规定的该水平平面内相应角度的最小光强（垂直平面是垂直于水平平面的平面）。

（Ⅲ）相邻光源间的渗入光强。相邻光源间的渗入光强均不得超过图 7-3 所给出的值，但是当主光束的光强远大于图 7-1 和图 7-2 中规定的最小值时。如果渗入光强与主光束光强相比达到如此程度，以致对主光源清晰度无不利影响，则更大的渗入光强应被接受。

| 自水平面向上或向下的角度/(°) | 光强/坎 |
|---|---|
| 0 | 1.00$I$ |
| 0～5 | 0.90$I$ |
| 5～10 | 0.80$I$ |
| 10～15 | 0.70$I$ |
| 15～20 | 0.50$I$ |
| 20～30 | 0.30$I$ |
| 30～40 | 0.10$I$ |
| 40～90 | ≥2 |

图 7-2 前、后航行灯任一垂直平面内的最小光强

| 掺入光 | 最大光强 | |
|---|---|---|
| | A区/坎 | B区/坎 |
| 左二面角 | 10 | 1 |
| 内的绿光右二 | 10 | 1 |
| 面角内的红光 | 5 | 1 |
| 后二面角内的绿光 | 5 | 1 |
| 后二面角内的红光 | 5 | 1 |
| 左二面角内的后部白光右二面角内的后部白光 | 5 | 1 |

图 7-3 前、后航行灯的最大渗入光强

注：A 区包括在相邻的二面角内通过光源并与共同边界面相交成大于 10°，但小于 20°角的所有方向；B 区包括在相邻的二面角内通过光源并与共同边界面相交成大于 20°角的所有方向。

（c）机身灯。机身顶部和底部灯的照明强度应相当于装在具有高反射性能的反射器上的 32 坎德拉功率的灯所提供的照明强度。灯应该有一个清晰的灯罩，且在整个近似半球上，灯光分布应相对均匀。

**CAR7-1 修正案。**

CAR7 创建后，符合 CAR7. 637 要求的防撞灯和符合 CAR7. 632(e) 要求的闪光装置开始在旋翼航空器上安装使用，进一步改善了航空器的外部照明，以应对空中交通密度的持续增加以及更高速度旋翼航空器的出现。

但防撞灯的使用经验表明，这些灯相对较高的光强可能会对航行灯的可见性产生有害的影响，特别是如果其正在闪烁。试验表明，除了闪烁的防撞灯，照明系统仅限于两个前航行灯和一个白色的后航行灯，当这三个航行灯常亮时，可得到最清晰的显示。

鉴于上述原因，1957 年，CAB 在题为《旋翼航空器：运输类航行灯和防撞灯要求》的 CAR7 第 1 次修正案（生效于 1957 年 4 月 1 日）中将 CAR7. 634(c) 针对机身灯的要求同 CAR7. 632 中要求的机身灯、红色后航行灯和闪光装置的规定一起删除。

**CAR7-5 修正案。**

虽然 CAR7 第 1 次修正案删除了 CAR7. 634(c)，因为 CAR7. 634(a) 要求“航行灯灯光分布和光强应满足本条（b）款和（c）款的规定。”与 CAR7. 634(c) 存在连带关系，所以在 CAR7 第 1 次修正案中仅删除了 CAR7. 634(c) 还不够，还应将相关联的 CAR7. 634(a)“航行灯灯光分布和光强应满足本条（b）款和（c）款的规定。”更改为“航行灯灯光分布和光强应满足本条（b）款的规定。”，即删除 CAR7. 634(a) 对本条（c）款的引用。由于 FAA 工作疏忽，导致其被遗漏。

直到 1962 年，CAB 在题为《第一次适航审查产生的其他修正》的 CAR7 第 5 次修正案（生效于 1962 年 5 月 3 日）中，鉴于上述原因，才将这一问题给予解决。

**FAR29 修正案 0。**

FAA 于 1961 年、1964 年先后发布 NPRM61-25 及 NPRM64-30，提出了依据现有 CAR7 重新编排制定 FAR29 的建议。在 NPRM64-30 中，FAA 建议将 CAR7. 634 条的要求重新修订为针对航行灯灯光分布和光强的 FAR29. 735 条款，条款修订前后的差异参见表 7-21，而在 CAR7. 634 条中引用的图 7-1、图 7-2、图 7-3 被重新修订为 29. 737 条、29. 739 条、29. 741 条。建议的 FAR29. 735 的要求如下。

FAR29. 735“航行灯灯光分布和光强”：

(a) 总则　本条规定的光强必须由装有所有灯罩和滤色镜的新灯来提供。所有光强必须在光源发光达到稳定值（该稳定值指光源在旋翼航空器正常工作电压时的平均输出光通）后确定。每个航行灯的灯光分布和光强必须满足本条（b）款的规定。

(b) 前、后航行灯。前、后航行灯灯光分布和光强必须以左、右、后二面角范围内水平平面内的最小光强和重叠光束内的最大光强表示，且必须满足下列规定。

（Ⅰ）水平平面内的光强。水平平面（包含旋翼航空器纵轴并垂直于旋翼航空器对称平面的平面）内每个范围的光强必须等于或大于 29. 737 条的值。

（Ⅱ）任意垂直平面内的光强。任意垂直平面（垂直于水平平面的平面）内每个范围的光强必须等于或大于 29. 739 条的相应值，其中，$I$ 为 29. 737 条规定的该水平平面内相应角度的最小光强。

（Ⅲ）相邻光源间的渗入光强。相邻光源间的任何渗入光强均不得超过 29. 741 条所给出的值，但是当主光束的光强远大于 29. 737 条和 29. 739 条中规定的最小值时，如果与主光束光强相比，渗入光强对主光源清晰度无不利影响，则更大的渗入光强可被接受。

**表 7-21　修订前、后的法规词汇或短语更改对比（1）**

| 序号 | CAR7. 634 | | NPRM64-30 建议的 FAR29. 735 | |
|---|---|---|---|---|
| | 条款号 | 词汇或短语 | 条款号 | 修订后的词汇或短语 |
| 1 | (a)/(b) | shall | (a)/(b) | must 或 may |

续表

| 序号 | CAR7. 634 | | NPRM64-30 建议的 FAR29. 735 | |
|---|---|---|---|---|
| | 条款号 | 词汇或短语 | 条款号 | 修订后的词汇或短语 |
| 2 | (a) | are those to be provided | (a) | must be provided |
| 3 | | intensities | | All intensities |
| 4 | | the average luminous output of the light source | | the average luminous output of the source |
| 5 | | intensities of position lights | | intensity of each position light |
| 6 | | comply with the provisions of paragraphs(b) of this section | | conform to the provisions of paragraph(b) of this section. |
| 7 | (b) | minimum intensities in any vertical plane | (b) | — |
| 8 | | comply with the provislons of subparagraphs(Ⅰ)through(Ⅲ) of this paragraph | | conform to the following provisions |
| 9 | (b)(Ⅰ)/(Ⅱ) | The intensities | (b)(Ⅰ)/(Ⅱ) | Each intensity |
| 10 | (b)(Ⅰ) | (The horizontal plane is the plane containing the longitudtnal axis ofthe rotorcraft and is perpendicular to the plane of syrmetry ot the rotorcraft.) | (b)(Ⅰ) | that is, the plane containing the longitudinal axis of the rotorcraft and perpendicular to the plane of symmetry of the rotorcraft |
| 11 | (b)(Ⅱ) | not be less than the values given in Figure 7-1 | (b)(Ⅱ) | equal or exceed the values in Sec. 29. 737 |
| 12 | | Intensities above and below horizonta | | Intensities in any vertical plane |
| 13 | | (Vertical planes are planes perpendicular to the horizontal plane) | | that is, plane perpendicular to the horizontal plane |
| 14 | | not be less than the appropriate value given in Figure 7-2 | | equal or exceed the appropriate value in Sec. 29. 739 |
| 15 | | the minimum intensity prescribed in Figure 7-1 | | the minimum intensity prescribed in Sec. 29. 737 |
| 16 | (b)(Ⅲ) | overlaps | (b)(Ⅲ) | Intensities in overlaps |
| 17 | | The intensities in overlaps | | intensity in any overlap |
| 18 | | the values given in Fgure 7-3 | | the values given in Sec. 29. 741 |
| 19 | | are such as not to affect adversely signal clarity | | do not adversely affect signal clarity |

FAA 于 1964 年 12 月 3 日在 Final Rule 5084 中正式发布了 FAR29 修正案 0（1965 年 2 月 1 日）。在此修正案中，FAA 根据收到的反馈意见，对 NPRM64 30 建议的 FAR29. 735 中修饰词汇进行如表 7-21 和表 7-22 所示的进一步修订，修订后的条款被重新编号为 FAR29. 1389

条，其条款原文见 7.2.5.1.2。

表 7-22　修订前、后的法规词汇或短语更改对比（2）

| 序号 | NPRM64-30 建议的 FAR29.735 | | FAR29.1389 修正案 0 | |
|---|---|---|---|---|
| | 条款号 | 词汇或短语 | 条款号 | 修订后的词汇或短语 |
| 1 | (a) | all light covers and color filters | (a) | light covers and color filters |
| 2 | | All intensities | | intensities |
| 3 | (b) | conform to the provisions | (b) | meet the requirements |
| 4 | | — | | minimum intensities in any vertical plane |
| 5 | | conform to the following provisions | | meet the following requirements |
| 6 | (b)(Ⅰ) | that is, the plane containing the longitudinal axis of the rotorcraft and perpendicular to the plane of symmetry of the rotorcraft | (b)(Ⅰ) | (the plane containing the longitudinal axis of the rotorcraft and perpendicular to the plane of symmetry of the rotorcraft) |
| 7 | (b)(Ⅰ)/(Ⅱ) | in Sec. 29.737 | (b)(Ⅰ)/(Ⅱ) | in Sec. 29.1391 |
| 8 | (b)(Ⅱ) | that is, plane perpendicular to the horizontal plane | (b)(Ⅱ) | (the plane perpendicular to the horizontal plane) |
| 9 | | in Sec. 29.739 | | in Sec. 29.1393 |
| 10 | (b)(Ⅲ) | exceed the values given in Sec. 29.741 | (b)(Ⅲ) | exceed the values in Sec. 29.1395 |
| 11 | | are acceptable | | may be used |

由表 7-21 和表 7-22 可知，FAA 在根据 CAR7.634 重新编排制定 FAR29.735 时错误地删掉了（b）款中的“任一垂直平面内的最小光强”，好在 FAA 在发布 FAR29 修正案 0 时及时纠正了这个失误，在最终的 FAR29.1389(b) 中又将其重新纳入。

本次由 CAR7.634 到 FAR29.1389 的修订仅仅是按照 NPRM61-25 的要求简化和澄清了原规章的法规用语，统一了规章格式，没有对原适航要求进行具体的实质性更改，其安全要求和技术内涵与原有 CAR7 规章完全一致。

7.2.5.2.2　EASA 相关修正案及背景说明

CS29.1389 相关的修正案情况如表 7-23 所示。经对修正案涉及的 ED Decision 2003/16/RM 进行分析，情况如下。

表 7-23　CS29.1389 相关的修正案情况

| 条款号 | 标题名称 | 修正案 | 生效时间 | 与 CCAR29 等效版本 |
|---|---|---|---|---|
| 29.1389 | Positionlight distribution and intensities | Initial issue | 2003.11.14 | R2 |

CS29 初版：按照欧盟规章第 15922002 号（基本法规）（2002 年 9 月 27 日生效）的要求，2003 年 11 月，EASA（于 2002 年 6 月成立，接替 JAA 开展相关工作）基于欧洲联合航空规章 JAR-29 第 3 次修正案（2002 年 4 月 1 日生效）在 ED Decision 2003/16/RM 中正

式颁布了 CS29/Initial issue（2003 年 11 月 14 日），根据需要，已对这些条款做了修改，以确保与欧洲共同体法律和欧洲联盟政策保持一致。CS29/Initial issue 中的 CS29. 1389 原文见 7. 2. 5. 1. 3。

7. 2. 5. 2. 3 规章差异分析

7. 2. 5. 2. 3. 1 FAR29 初版与 CS29 初版规章差异

现行有效的 FAR29. 1389 和 CS29. 1389 均为初版颁布的条款要求，两者均一直沿用至今，且条款要求基本一致。

7. 2. 5. 2. 3. 2 CCAR-29-R2 与 FAR29 初版规章差异

我国现行有效的 CCAR-29-R2 中的 29. 1389 条与 FAR29. 1389 初版条款要求基本一致。

#### 7.2.5.3 条款的发展方向

为便于条款的使用，可考虑将 CCAR29. 1391、29. 1393、29. 1395 条整合到 29. 1389 条中，分别将 29. 1391 条、29. 1393 条、29. 1395 条变为“表 1 前、后航行灯水平平面内的最小光强”“表 2 前、后航行灯任一垂直平面内的最小光强”“表 3 前、后航行灯的最大渗入光强”，同时分别将 29. 1389(b) 中引用的“29. 1391 条”“29. 1393 条”“29. 1395 条”更改为“本条表 1”“本条表 2”“本条表 3”。

## 7.2.6 EH.1391 前、后航行灯水平平面内的最小光强

### 7.2.6.1 条款原文

7. 2. 6. 1. 1 CCAR29. 1391 前、后航行灯水平平面内的最小光强

每个航行灯的光强必须等于或大于下表规定的相应值。

| 二面角（相应灯光） | 自正前方向左或向右偏离纵轴的角度/度 | 光强/坎 |
|---|---|---|
| 左或右（前红光或前绿光） | 0～10 | 40 |
| | 10～20 | 30 |
| | 20～110 | 5 |
| 后（后白光） | 110～180 | 20 |

7. 2. 6. 1. 2 FAR29. 1391Minimum intensities in the horizontal plane of forward and rear position lights. (Amendment 29-55)

Each position light intensity must equal or exceed the applicable values in the following table:

| Dihedral angle (light included) | Angle from right or left of longitudinal axis, measured from dead ahead | Intensity (candles) |
|---|---|---|
| L and R(forward red and green). | 0° to 10° | 40 |
| | 10° to 20° | 30 |
| | 20° to 110° | 5 |
| A(rear white) | 110° to 180° | 20 |

7. 2. 6. 1. 3 CS29. 1353Minimum intensities in the horizontal plane of forward and rear position lights (Amendment 8)

Each position light intensity must equal or exceed the applicable values in the following table:

| Dihedral angle (light included) | Angle from right or left of longitudinal axis, measured from dead ahead | Intensity (candelas) |
|---|---|---|
| L and R (forward red and green) | 0° to 10° | 40 |
| | 10° to 20° | 30 |
| | 20° to 110° | 5 |
| A(rear white) | 110° to 180° | 20 |

### 7.2.6.2 条款背景和历史沿革分析

#### 7.2.6.2.1 FAA 相关修正案及背景说明

FAR29.1391 相关的修正案情况如表 7-24 所示。经对修正案涉及的 NPRM 和 Final Rule 进行分析，情况如下。

表 7-24 FAR29.1391 相关的修正案情况

| 条款号 | 标题名称 | 修正案 | 生效时间 | 与 CCAR29 等效版本 |
|---|---|---|---|---|
| 29.1391 | Minimum intensities in the horizontal plane of forward and rear position lights. | Original | 1965.2.1 | R0/R1/R2 |

**CAR7。**

1956 年，美国民用航空委员会（Civil Aeronautics Board，CAB）创建了民用航空规章 CAR7，用于运输类旋翼航空器适航审定，其中的 CAR7.634 中的图 7-1 提出了针对前、后航行灯水平平面内的最小光强的要求（参见 7.2.5.2.1 节）。

**CAR7-1 修正案。**

1957 年，CAB 在题为《旋翼航空器：运输类航行灯和防撞灯要求》的 CAR7 第 1 次修正案（生效于 1957 年 4 月 1 日）中，删除了 CAR7.632（c）“后航行灯应由红灯和白灯组成”中的“红灯”，因为后航行灯已不包括红灯，因此同时将“有关后红色航行灯的光强的相应值”从 CAR7.634 图 7-1 中删除，即删除 CAR7.634 图 7-1 每列的最后一行。

**FAR29 修正案 0。**

FAA 于 1961 年、1964 年先后发布 NPRM61-25 及 NPRM64-30，提出了依据现有 CAR7 重新编排制定 FAR29 的建议。在 NPRM64-30 中，FAA 建议将 CAR7.634 中图 7-1 单独修订为针对前、后航行灯水平平面内的最小光强的 FAR29.737，其建议的条款要求如下。

FAR29.737“前、后航行灯水平平面内的最小光强”：

每个航行灯的光强必须等于或大于下表的相应值：

| 二面角 | 自正前方向左或向右偏离纵轴的角度/度 | 光强/坎 |
|---|---|---|
| 左或右(前红光或前绿光) | 0～10 | 40 |
| | 10～20 | 30 |
| | 20～110 | 5 |
| 后(后白光) | 110～180 | 20 |

建议的 FAR29.737 条款与 CAR7.634 中图 7-1 差异如下。

（ⅰ）图 7-1 被修改为相应的表，表中的内容除“Dihedral angle（light involved）”被修改为“Dihedral angle”外，其他要求均没更改。

（ⅱ）FAR29. 737 条款在表的上方增加了针对航行灯的光强要求，即每个航行灯的光强必须等于或大于下表的相应值。

FAA 于 1964 年 12 月 3 日在 Final rule 5084 中正式发布了 FAR29 修正案 0（1965 年 2 月 1 日）。在此修正案中，FAA 根据收到的反馈意见，对 NPRM64-30 建议的 FAR29. 737 做进一步修订，将表中的“Dihedral angle”修订为“Dihedral angle（light included）”，修订后的条款被重新编号为 FAR29. 1391，其原文见 7. 2. 5. 1. 2 节。

本次修订仅仅是将 CAR7. 634 中引用的图修订为单独的条款，澄清了原规章的法规用语，统一了规章格式，没有对原适航要求进行具体的实质性更改，其安全要求和技术内涵与原有 CAR7 规章完全一致。

7. 2. 6. 2. 2 EASA 相关修正案及背景说明

CS29. 1391 相关的修正案情况如表 7-25 所示。经对修正案涉及的 ED Decision 2003/16/RM 进行分析，情况如下。

表 7-25 CS29. 1391 相关的修正案情况

| 条款号 | 标题名称 | 修正案 | 生效时间 | 与 CCAR29 等效版本 |
|---|---|---|---|---|
| 29. 1391 | Minimum intensities in the horizontal plane of forward and rear position lights. | Initial issue | 2003. 11. 14 | R2 |

CS29 初版：按照欧盟规章第 15922002 号（基本法规）（2002 年 9 月 27 日生效）的要求，2003 年 11 月，EASA（于 2002 年 6 月成立，接替 JAA 开展相关工作）基于欧洲联合航空规章 JAR-29 第 3 修正案（2002 年 4 月 1 日生效）在 ED Decision 2003/16/RM 中正式颁布了 CS29/Initial issue（2003 年 11 月 14 日），根据需要，已对这些条款做了修改，以确保与欧洲共同体法律和欧洲联盟政策保持一致。CS29/Initial issue 中的 CS29. 1391 原文见 7. 2. 6. 1. 3。

7. 2. 6. 2. 3 规章差异分析

7. 2. 6. 2. 3. 1 FAR29 初版与 CS29 初版规章差异

现行有效的 FAR29. 1391 与现行有效的 CS29. 1391 仍为各自初版颁布的条款要求，一直沿用至今，两者条款要求一致。

7. 2. 6. 2. 3. 2 CCAR-29-R2 与 FAR29. 1391 初版规章差异

我国现行有效的 CCAR-29-R2 中的 29. 1391 条与 FAR29. 1391 初版条款要求一致。

### 7.2.6.3 条款的发展方向

为便于条款的使用，可考虑将 CCAR29. 1391 和 29. 1393 条及 29. 1395 条一同整合到 29. 1389 条中，分别将 29. 1391、29. 1393、29. 1395 条变为“表 1 前、后航行灯水平平面内的最小光强”“表 2 前、后航行灯任一垂直平面内的最小光强”“表 3 前、后航行灯的最大渗入光强”，同时分别将 29. 1389（b）中引用的“29. 1391 条”“29. 1393 条”“29. 1395 条”更改为“本条表 1”“本条表 2”“本条表 3”。

## 7.2.7 EH.1393 前、后航行灯任一垂直平面内的最小光强

### 7.2.7.1 条款原文

7. 2. 7. 1. 1 CCAR29. 1393 前、后航行灯任一垂直平面内的最小光强

每个航行灯的光强必须等于或大于下表规定的相应值。

| 自水平平面向上或向下的角度/度 | 光强/坎 |
|---|---|
| 0 | 1. 00I |
| 0～5 | 0. 90I |
| 5～10 | 0. 80I |
| 10～15 | 0. 70I |
| 15～20 | 0. 50I |
| 20～30 | 0. 30I |
| 30～40 | 0. 10I |
| 40～90 | 0. 05I |

7. 2. 7. 1. 2　FAR29. 1393Minimum intensities in any vertical plane of forward and rear position lights（Amendment 29-55）

Each position light intensity must equal or exceed the applicable values in the following table.

| Angle above or below the horizontal plane/度 | Intensity/cd |
|---|---|
| 0 | 1. 00I |
| 0 to 5 | 0. 90I |
| 5 to 10 | 0. 80I |
| 10 to 15 | 0. 70I |
| 15 to 20 | 0. 50I |
| 20 to 30 | 0. 30I |
| 30 to 40 | 0. 10I |
| 40 to 90 | 0. 05I |

7. 2. 7. 1. 3　CS29. 1393Minimum intensities in any vertical plane of forward and rear position lights（Amendment 8）

Each position light intensity must equal or exceed the applicable values in the following table.

| Angle above or below the horizontal plane/度 | Intensity/cd |
|---|---|
| 0 | 1. 00I |
| 0 to 5 | 0. 90I |
| 5 to 10 | 0. 80I |
| 10 to 15 | 0. 70I |
| 15 to 20 | 0. 50I |
| 20 to 30 | 0. 30I |
| 30 to 40 | 0. 10I |
| 40 to 90 | 0. 05I |

### 7.2.7.2　条款背景和历史沿革分析

#### 7. 2. 7. 2. 1　FAA 相关修正案及背景说明

FAR29. 1393 相关的修正案情况如表 7-26 所示。经对修正案涉及的 NPRM 和 Final Rule 进行分析，情况如下。

表 7-26　FAR29. 1393 相关的修正案情况

| 条款号 | 标题名称 | 修正案 | 生效时间 | 与 CCAR29 等效版本 |
|---|---|---|---|---|
| 29. 1393 | Minimum intensities in any vertical plane of forward and rear position lights | Original | 1965. 2. 1 | R0/R1/R2 |

**CAR7。**

1956 年，美国民用航空委员会（Civil Aeronautics Board，CAB）创建了民用航空规章 CAR7，用于运输类旋翼航空器适航审定，其中的 CAR7. 634 中图 7-2（参见 7. 2. 5. 2. 1 节，下同）提出了针对前、后航行灯任一垂直平面内的最小光强要求，CAR7. 634 中图 7-2 要求如下。

**CAR7-5 修正案。**

1962 年，CAB 在题为《首次适航审查的其他修正》的 CAR7 第 5 次修正案（生效于 1962 年 5 月 3 日）中，为使 CAR7. 634 中图 7-2 自水平面向上或向下 0°～90°范围的航行灯最小光强具有合理的连续性，满足其随角度变化的规律，将 CAR7. 634 中图 7-2 的自水平面向上或向下 40°～90°范围的光强由“至少 2 坎”修订为“0. 05*I*”。

**FAR29 修正案 0。**

FAA 于 1961 年、1964 年先后发布 NPRM61-25 及 NPRM64-30，提出了依据现有 CAR7 重新编排制定 FAR29 的建议。在 NPRM64-30 中，FAA 建议将 CAR7. 634 中的图 7-2 单独修订为针对前、后航行灯任一垂直平面内的最小光强的 FAR29. 739 条，建议的条款要求如下。

FAR29. 739 前、后航行灯任一垂直平面内的最小光强每个航行灯的光强必须等于或大于下表的相应值。

| 自水平面向上或向下的角度/度 | 光强/坎 |
|---|---|
| 0 | 1. 00*I* |
| 0～5 | 0. 90*I* |
| 5～10 | 0. 80*I* |
| 10～15 | 0. 70*I* |
| 15～20 | 0. 50*I* |
| 20～30 | 0. 30*I* |
| 30～40 | 0. 10*I* |
| 40～90 | 0. 05*I* |

建议的 FAR29. 739 条款与 CAR7. 634 中的图 7-2 差异如下。

（ⅰ）图 7-2 被修改为相应的表，但表中的内容无更改。

（ⅱ）FAR29. 739 条款在表的上方增加了针对航行灯的光强要求，即“每个航行灯的光强必须等于或大于下表的相应值。

FAA 于 1964 年 12 月 3 日在 Final rule 5084 中正式发布了 FAR29 修正案 0（1965 年 2 月 1 日），在此修正案中，FAA 根据收到的反馈意见，对 NPRM64-30 建议的 FAR29. 739 做进一步修订，将表中的“Angle above or below horizontal:”修订为“Angle above or below the horizontal plane:”，修订后的条款被重新编号为 FAR29. 1393，其原文见 7. 2. 5. 1. 2 节。

本次修订仅仅是将 CAR7. 634 中引用的图修订为单独的条款，澄清了原规章的法规用语，统一了规章格式，没有对原适航要求进行具体的实质性更改，其安全要求和技术内涵与原有 CAR7 规章完全一致。

7.2.7.2.2 EASA 相关修正案及背景说明

CS29. 1393 相关的修正案情况如表 7-27 所示。经对修正案涉及的 ED Decision 2003/16/RM 进行分析，情况如下。

表 7-27 CS29. 1393 相关的修正案情况

| 条款号 | 标题名称 | 修正案 | 生效时间 | 与 CCAR29 等效版本 |
|---|---|---|---|---|
| 29. 1393 | Minimum intensities in any vertical plane of forward and rear position lights | Initial issue | 2003. 11. 14 | R2 |

CS29 初版：按照欧盟规章第 15922002 号（基本法规）（2002 年 9 月 27 日生效）的要求，2003 年 11 月，EASA（于 2002 年 6 月成立，接替 JAA 开展相关工作）基于欧洲联合航空规章 JAR-29 第 3 次修正案（2002 年 4 月 1 日生效）在 ED Decision 2003/16/RM 中正式颁布了 CS29/Initial issue（2003 年 11 月 14 日），根据需要，已对这些条款做了修改，以确保与欧洲共同体法律和欧洲联盟政策保持一致。CS29/Initial issue 中的 CS29. 1393 原文见 7. 2. 5. 1. 3。

7.2.7.2.3 规章差异分析

7.2.7.2.3.1 FAR29 初版与 CS29 初版规章差异

现行有效的 FAR29. 1393 与现行有效的 CS29. 1393 仍为初版颁布时的条款要求，一直沿用至今，两者条款内容一致。

7.2.7.2.3.2 CCAR-29-R2 与 FAR29 初版规章差异

我国现行有效的 CCAR-29-R2 中的 29. 1393 条与 FAR29. 1393 初版中的条款要求一致。

#### 7.2.7.3 条款的发展方向

为便于条款的使用，可考虑将 CCAR29. 1393 和 29. 1391 条及 29. 1395 条一同整合到 29. 1389 条中，分别将 29. 1391 条、29. 1393 条、29. 1395 条变为“表 1 前、后航行灯水平平面内的最小光强”“表 2 前、后航行灯任一垂直平面内的最小光强”“表 3 前、后航行灯的最大渗入光强”，同时分别将 29. 1389（b）中引用的“29. 1391 条”“29. 1393 条”“29. 1395 条”更改为“本条表 1”“本条表 2”“本条表 3”。

## 7.2.8 EH.1395 前、后航行灯的最大渗入光强

### 7.2.8.1 条款原文

7.2.8.1.1 CCAR29. 1395 前、后航行灯的最大渗入光强

除 29. 1389(b)(Ⅲ) 规定者外，航行灯渗入光强均不得超过下表规定的相应值。

| 渗入光 | 最大光强 | |
|---|---|---|
| | A 区/坎 | B 区/坎 |
| 左二面角内的绿光 | 10 | 1 |
| 右二面角内的红光 | 10 | 1 |
| 后二面角内的绿光 | 5 | 1 |
| 后二面角内的红光 | 5 | 1 |
| 左二面角内的后部白光 | 5 | 1 |

| 渗入光 | 最大光强 | |
|---|---|---|
| | A 区/坎 | B 区/坎 |
| 右二面角内的后部白光 | 5 | 1 |

注：A 区包括在相邻的二面角内通过光源并与共同边界面相交成大于 10°，但小于 20°角的所有方向；B 区包括在相邻的二面角内通过光源并与共同边界面相交成大于 20°角的所有方向。

7. 2. 8. 1. 2 FAR29. 1395Maximum intensities in overlapping beams of forward and rear position lights（Amendment 29-55）

No position light intensity may exceed the applicable values in the following table，except as provided in Sec. 29. 1389 (b)(Ⅲ).

| Overlaps | Maximum intensity | |
|---|---|---|
| | Area A(candela) | Area B(candela) |
| Green in dihedral angle L | 10 | 1 |
| Red in dihedral angle R | 10 | 1 |
| Green in dihedral angle A | 5 | 1 |
| Red in dihedral angle A | 5 | 1 |
| Rear white in dihedral angle L | 5 | 1 |
| Rear white in dihedral angle R | 5 | 1 |

Where：

(a) Area A includes all directions in the adjacent dihedral angle that pass through the light source and intersect the common boundary plane at more than 10 degrees but less than 20 degrees；and

(b) Area B includes all directions in the adjacent dihedral angle that pass through the light source and intersect the common boundary plane at more than 20 degrees.

7. 2. 8. 1. 3 CS29. 1395Maximum intensities in overlapping beams of forward and rear position lights（Amendment 8）

No position light intensity may exceed the applicable values in the following table，except as provided in CS29. 1389 (b)(Ⅲ).

| Overlaps | Maximum intensity | |
|---|---|---|
| | Area A(candela) | Area B(candela) |
| Green in dihedral angle L | 10 | 1 |
| Red in dihedral angle R | 10 | 1 |
| Green in dihedral angle A | 5 | 1 |
| Red in dihedral angle A | 5 | 1 |
| Rear white in dihedral angle L | 5 | 1 |
| Rear white in dihedral angle R | 5 | 1 |

Where：

（a）Area A includes all directions in the adjacent dihedral angle that pass through the light source and intersect the common boundary plane at more than 10° but less than 20°；and

（b）Area B includes all directions in the adjacent dihedral angle that pass through the light source and intersect the common boundary plane at more than 20°.

### 7.2.8.2 条款背景和历史沿革分析

#### 7. 2. 8. 2. 1 FAA 相关修正案及背景说明

FAR29. 1395 相关的修正案情况如表 7-28 所示。经对修正案涉及的 NPRM 和 Final Rule 进行分析，情况如下。

表 7-28 FAR29. 1395 相关的修正案情况

| 条款号 | 标题名称 | 修正案 | 生效时间 | 与 CCAR29 等效版本 |
|---|---|---|---|---|
| 29. 1395 | Maximum intensities in overlapping beams of forward and rear position lights | Original | 1965. 2. 1 | R0/R1/R2 |

**CAR7。**

1956 年，美国民用航空委员会（Civil Aeronautics Board，CAB）创建了民用航空规章 CAR7，用于运输类旋翼航空器适航审定，其中 CAR7. 634 的图 7-3（参见 7. 2. 5. 2. 1 节，下同）提出了针对前、后航行灯的最大渗入光强要求，CAR7. 634 条图 7-3 要求如下。

**FAR29 修正案 0。**

FAA 于 1961 年、1964 年先后发布 NPRM61-25 及 NPRM64-30，提出了依据现有 CAR7 重新编排制定 FAR29 的建议。在 NPRM64-30 中，FAA 建议将 CAR7. 634 的要求重新修订为针对航行灯灯光分布和光强的 FAR29. 735 条款，其中的 CAR7. 634 中的图 7-3 单独修订为针对前、后航行灯的最大渗入光强的 FAR29. 741，建议的条款要求如下。

FAR29. 741“前、后航行灯的最大渗入光强”：

除 29. 735(b)(Ⅲ) 规定外，航行灯的光强均不得超过下表规定的相应值。

| 渗入光 | 最大光强 | |
|---|---|---|
| | A 区/坎 | B 区/坎 |
| 左二面角内的绿光 | 10 | 1 |
| 右二面角内的红光 | 10 | 1 |
| 后二面角内的绿光 | 5 | 1 |
| 后二面角内的红光 | 5 | 1 |
| 左二面角内的后部白光 | 5 | 1 |
| 右二面角内的后部白光 | 5 | 1 |

注：A 区包括在相邻的二面角内通过光源并与共同边界面相交成大于 10°，但小于 20°角的所有方向；B 区包括在相邻的二面角内通过光源并与共同边界面相交成大于 20°角的所有方向。

建议的 FAR29. 741 条款与 CAR7. 634 中的图 7-3 差异如下：

（ⅰ）图 7-3 被修改为相应的表，但表中的内容无更改；

（ⅱ）FAR29. 741 条款在表的上方增加针对航行灯的光强要求，即除 29. 735(b)(Ⅲ) 规定外，航行灯的光强均不得超过下表规定的相应值；

（ⅲ）FAR29. 741 条款将图 7-3 的注释内容拆分为（a）和（b）两部分，并对相应的词汇进行了更改或替换，但其对 A 区和 B 区的定义无更改。

FAA 于 1964 年 12 月 3 日在 Final rule 5084 中正式发布了 FAR29 修正案 0（1965 年 2 月 1 日），在此修正案中，FAA 采纳了 NPRM64-30 建议的 FAR29. 741，并将条款中引用的 “Sec. 29. 735” 适应性修改为 “Sec. 29. 1389”，修改后的条款被重新编号为 FAR29. 1395，其原文见 7. 2. 5. 1. 2 节。

注：在此修正案中，NPRM64-30 建议的 FAR29. 735 经进一步修订后被重新编号为 FAR29. 1389。

本次修订仅仅是将 CAR7. 634 中引用的图修订为单独的条款，澄清了原规章的法规用语，统一了规章格式，没有对原适航要求进行具体的实质性更改，其安全要求和技术内涵与原有 CAR7 规章完全一致。

7. 2. 8. 2. 2 EASA 相关修正案及背景说明

CS29. 1395 相关的修正案情况如表 7-29 所示。经对修正案涉及的 ED Decision 2003/16/RM 进行分析，情况如下。

表 7-29 CS29. 1395 相关的修正案情况

| 条款号 | 标题名称 | 修正案 | 生效时间 | 与 CCAR29 等效版本 |
|---|---|---|---|---|
| 29. 1395 | Maximum intensities in overlapping beams of forward and rear position lights | Initial issue | 2003. 11. 14 | R2 |

CS29 初版：按照欧盟规章第 15922002 号（基本法规）（2002 年 9 月 27 日生效）的要求，2003 年 11 月，EASA（于 2002 年 6 月成立，接替 JAA 开展相关工作）基于欧洲联合航空规章 JAR-29 第 3 修正案（2002 年 4 月 1 日生效）在 ED Decision 2003/16/RM 中正式颁布了 CS29/Initial issue（2003 年 11 月 14 日），根据需要，已对这些条款做了修改，以确保与欧洲共同体法律和欧洲联盟政策保持一致。CS29/Initial issue 中的 CS29. 1395 原文见 7. 2. 5. 1. 3。

7. 2. 8. 2. 3 规章差异分析

7. 2. 8. 2. 3. 1 FAR29 初版与 CS29 初版规章差异

现行有效的 FAR29. 1395 与现行有效的 CS29. 1395 仍为初版颁布时的条款要求，一直沿用至今，两者条款内容一致。

7. 2. 8. 2. 3. 2 CCAR-29-R2 与 FAR29 初版规章差异

我国现行有效的 CCAR-29-R2 中的 29. 1395 条与 FAR29. 1395 初版中的条款要求一致。

### 7.2.8.3 条款的发展方向

在现行有效的 CCAR29. 1395 “除第 29. 1389(b)(Ⅲ) 规定者外” 中的 “者” 为笔误，应将其删除或更改为 “之”。

为便于条款的使用，可考虑将 CCAR29. 1395 和 29. 1391 条及 29. 1393 条一同整合到 29. 1389 条中，分别将 29. 1391 条、29. 1393 条、29. 1395 条变为 “表 1 前、后航行灯水平平面内的最小光强”“表 2 前、后航行灯任一垂直平面内的最小光强”“表 3 前、后航行灯的最大渗入光强”，同时分别将 29. 1389(b) 中引用的 “29. 1391 条”“29. 1393 条”“29. 1395 条” 更改为 “本条表 1”“本条表 2”“本条表 3”。

### 7.2.9 EH.1397 航行灯颜色规格

#### 7.2.9.1 条款原文

7.2.9.1.1　CCAR29.1397 航行灯颜色规格

每个航行灯的颜色必须具有国际照明委员会规定下列相应色度坐标值。

（a）航空红色。

“y”不大于0.335；“z”不大于0.002。

（b）航空绿色。

“x”不大于0.440－0.320y；

“x”不大于y－0.170；

“y”不小于0.390－0.170x。

（c）航空白色。

“x”不小于0.300且不大于0.540；

“y”不小于“x－0.040”或“$y_0$－0.010”，取小者；

“y”不大于“x＋0.020”，也不大于“0.636－0.400x”。

其中，“$y_0$”为普朗克辐射器相对所论“x”值的“y”坐标值。

7.2.9.1.2　FAR29.1397Color specifications（Amendment 29-55）

Each position light color must have the applicable International Commission on Illumination chromaticity coordinates as follows：

（a）Aviation red：

"y" is not greater than 0.335；and

"z" is not greater than 0.002.

（b）Aviation green：

"x" is not greater than 0.440－0.320y；

"x" is not greater than y－0.170；and

"y" is not less than 0.390－0.17x.

（c）Aviation white：

"x" is not less than 0.300 and not greater than 0.540；

"y" is not less than "x－0.040" or $y_0$－0.010", whichever is the smaller；and "y" is not greater than "x＋0.020" nor "0.636－0.400x"；

Where "$y_0$" is the "y" coordinate of the Planckian radiator for the value of "x" considered.

7.2.9.1.3　CS29.1397Colour specifications（Amendment 8）

Each position light colour must have the applicable International Commission on Illumination chromaticity co-ordinates as follows：

（a）Aviation Red：

‘y’ is not greater than 0.335；and

‘z’ is not greater than 0.002.

（b）Aviation green：

‘x’ is not greater than 0.440－0.320y；

‘x’ is not greater than y－0.170；and

‘y’ is not less than 0.390－0.170x.

(c) Aviation white:

'x' is not less than 0. 300 and not greater than 0. 540;

'y' is not less than 'x−0. 040' or '$y_0$−0. 010', whichever is the smaller; and 'y' is not greater than 'x+0. 020' nor '0. 636−0. 400x' .

Where '$y_0$' is the 'y' co-ordinate of the Planckian radiator for the value of 'x' considered.

### 7.2.9.2 条款背景和历史沿革分析

#### 7. 2. 9. 2. 1 FAA 相关修正案及背景说明

FAR29. 1397 相关的修正案情况如表 7-30 所示。经对修正案涉及的 NPRM 和 Final Rule 进行分析，情况如下。

表 7-30 FAR29. 1397 相关的修正案情况

| 序号 | 条款号 | 标题名称 | 修正案 | 生效时间 | 与 CCAR29 等效版本 |
|---|---|---|---|---|---|
| 1 | 29. 1397 | Color specifications | Original | 1965. 2. 1 | 无 |
| 2 | 29. 1397 | Color specifications | 29-7 | 1971. 8. 11 | R0/R1/R2 |

**CAR7。**

1956 年，美国民用航空委员会（Civil Aeronautics Board，CAB）创建了民用航空规章 CAR7 部，用于运输类旋翼航空器适航审定，其中的 CAR7. 635 提出了针对航行灯颜色规格要求，其条款要求如下。

CAR7. 635 颜色规格航行灯的颜色应具有以下（a)～(c）所述的国际照明委员会色度坐标值。

(a) 航空红色。

"y" 不大于 0. 335;

"z" 不大于 0. 002。

(b) 航空绿色。

"x" 不大于 0. 440−0. 320y;

"x" 不大于 y−0. 170;

"y" 不小于 0. 390−0. 170x。

(c) 航空白色。

"x" 不小于 0. 350，且不大于 0. 540;

"y" − "$y_0$" 在数值上不大于 0. 01;

"$y_0$" 为普朗克辐射器相对 "$x_0$=x" 的 "y" 的坐标值。

**FAR29 修正案 0。**

FAA 于 1961 年、1964 年先后发布 NPRM61-25 及 NPRM64-30，提出了依据现有 CAR7 重新编排制定 FAR29 的建议。在 NPRM64-30 中，FAA 建议将 CAR7. 635 重新修订为 FAR29. 743，建议的条款要求如下。

FAR29. 743 "颜色规格":

每个航行灯的颜色必须具有国际照明委员会规定的下列相应色度坐标值。

(a) 航空红色。

"y" 不大于 0. 335;

"z" 不大于 0. 002。

(b) 航空绿色。

"x" 不大于 0. 440−0. 320y;

"x" 不大于 y－0.170；

"y" 不小于 0.390－0.170x。

(c) 航空白色。

"x" 不小于 0.350 且不大于 0.540。

"$y-y_e$" 在数值上不大于 0.01，"$y_e$" 是普朗克辐射器相对 "$z_e=z$" 的 "y" 坐标值。

对比 CAR7.634 和 NPRM64-30 建议的 FAR29.743 可知，建议的 FAR29.743 首先对开头段进行了简化和澄清，使其符合规章格式的要求；其次将（c）款中的 "$y_0$" 修订为 "$y_e$"，将 "$x_0=x$" 修订为 "$z_e=z$"，其他为一些符号的变更。其中的词汇等更改对比见表 7-31。

表 7-31 修订前、后的法规词汇等的更改对比（1）

| 序号 | CAR7.635 | | NPRM64-30 建议的 FAR29.743 | |
|---|---|---|---|---|
| | 条款号 | 词汇或短语 | 条款号 | 修订后的词汇或短语 |
| 1 | 开头段 | shall | 开头段 | must |
| 2 | | The colors of the position | | Each position light color |
| 3 | | lights have…on illumination chromaticity coordinates | | have the applicable…on Illumination chromaticity coordinates |
| 4 | | as set forth in paragraphs(a) through(c) of this section. | | as follows |
| 5 | (a) | Aviation red | (a) | Aviation red |
| 6 | (a)/(b)/(c) | "y" | (a)/(b)/(c) | y |
| 7 | | "z" | | z |
| 8 | (b) | Aviation green | (b) | Aviation green |
| 9 | | 0.440－0.320y | | 0.440－0.320y |
| 10 | | "y"－0.170 | | y－0.170 |
| 11 | | 0.390－0.170x | | 0.390－0.170x |
| 12 | (b)/(c) | "x" | (b)/(c) | x |
| 13 | (c) | Aviation white | (c) | Aviation white |
| 14 | (c) | "y"－"$y_0$" | (c) | $y-y_e$ |
| 15 | | "$y_0$" | | $y_e$ |
| 16 | | $x_0=x$ | | $z_e=z$ |

FAA 于 1964 年 12 月 3 日在 Final rule 5084 中正式发布了 FAR29 修正案 0（1965 年 2 月 1 日）。在此修正案中，FAA 根据收到的反馈意见，对 NPRM64-30 建议的 FAR29.743 作如表 7-32 所示的修改，修改后的条款被重新编号为 FAR29.1397。

表 7-32 修订前、后的法规词汇等的更改对比（2）

| 序号 | NPRM64-30 建议的 FAR29.743 | | Final rule 5084 的 FAR29.1397 | |
|---|---|---|---|---|
| | 条款号 | 词汇或短语 | 条款号 | 修订后的词汇或短语 |
| 1 | (a) | "y" | (a) | "y" |
| 2 | | "z" | | "z" |

续表

| 序号 | NPRM64-30 建议的 FAR29. 743 | | Final rule 5084 的 FAR29. 1397 | |
|---|---|---|---|---|
| | 条款号 | 词汇或短语 | 条款号 | 修订后的词汇或短语 |
| 3 | (b) | "x" | (b) | "x" |
| 4 | (c) | "$y-y_e$" | (c) | "$y-y_0$" |
| 5 | | "$y_e$" | | "$y_0$" |
| 6 | | "$z_e=z$" | | "$x_0=x$" |

本次修订仅仅是按照 NPRM61-25 的要求简化和澄清了原规章的法规用语（可参见表 7-31 和表 7-32），统一了规章格式，没有对原适航要求进行具体的实质性更改，其安全要求和技术内涵与原有 CAR7 规章完全一致。

**FAR 第 29-7 修正案。**

FAA 于 1970 年 6 月 4 日发布题为《防撞灯标准；建议制定法规通告》的 NPRM70-21，在此 NPRM 中，为便于某些白色防撞灯的使用，FAA 建议扩大航空白色的色度坐标范围，涉及航空白色的 29. 1397(c) 被修订如下。

FAR29. 1397 “颜色规格”：

……

(c) 航空白色

“x” 不小于 0. 300 且不大于 0. 540；

“y” 不小于 “x－0. 040” 或 “$y_c$－0. 010”，取小者；

“y” 不大于 “x＋0. 020”，也不大于 “0. 636－0. 400x”。

其中，“$y_c$” 为普朗克辐射器相对所论 “x” 值的 “y” 坐标值。

FAA 于 1971 年 7 月 10 日在题为《防撞灯标准》的 Final Rule 10129 中颁布了 29-7 修正案，在此修正案中，FAA 对建议的 FAR29. 1397(c) 做进一步的修订，将 NPRM70-21 建议的 FAR29. 1397(c) 中的 “$y_c$” 修改为 “$y_0$”。经 29-7 修正案修订后的 FAR29. 1397 原文见 7. 2. 9. 1. 2。

#### 7. 2. 9. 2. 2 EASA 相关修正案及背景说明

CS29. 1397 相关的修正案情况如表 7-33 所示。经对修正案涉及的 ED Decision 2003/16/RM 进行分析，情况如下。

表 7-33 CS29. 1397 相关的修正案情况

| 条款号 | 标题名称 | 修正案 | 生效时间 | 与 CCAR29 等效版本 |
|---|---|---|---|---|
| 29. 1397 | Color specifications | Initial issue | 2003. 11. 14 | R2 |

CS29 初版：按照欧盟规章第 15922002 号（基本法规）（2002 年 9 月 27 日生效）的要求，2003 年 11 月，EASA（于 2002 年 6 月成立，接替 JAA 开展相关工作）基于欧洲联合航空规章 JAR-29 第 3 次修正案（2002 年 4 月 1 日生效）在 ED Decision 2003/16/RM 中正式颁布了 CS29/Initial issue（2003 年 11 月 14 日），根据需要，已对这些条款做了修改，以确保与欧洲共同体法律和欧洲联盟政策保持一致。CS29/Initial issue 中的 CS29. 1397 原文见 7. 2. 9. 1. 3。

#### 7. 2. 9. 2. 3 规章差异分析

##### 7. 2. 9. 2. 3. 1 FAR29 第 7 次修正案与 CS29 初版规章差异

现行有效的 FAR29. 1397 是经 FAR29 第 7 次修正案修订后的条款要求，而现行有效的

CS29. 1397 仍为 CS29 初版颁布时的条款要求，一直沿用至今，两者条款内容一致。

7. 2. 9. 2. 3. 2　CCAR-29-R2 与 FAR29 第 7 次修正案规章差异

我国现行有效的 CCAR-29-R2 中的 29. 1397 条与 FAR29 第 7 次修正案中的 29. 1397 条的内容一致。

#### 7.2.9.3　条款的发展方向

在现行有效的 CCAR29. 1397 条款要求中有两处“座标值”的错误词汇，应将其纠正为“坐标值”。

## 7.2.10　EH.1399 停泊灯

### 7.2.10.1　条款原文

7. 2. 10. 1. 1　CCAR29. 1399 停泊灯

（a）水上作业所需要的每个停泊灯的安装必须符合下列规定：

（Ⅰ）在大气洁净的夜间至少能够在 2 海里的距离内显示白光；

（Ⅱ）当该旋翼航空器在水上停泊时，应尽可能显示最大无间断的灯光。

（b）可以使用外部吊灯。

7. 2. 10. 1. 2　FAR29. 1399Riding light（Amendment 29-55）

（a）Each riding light required for water operation must be installed so that it can：

（Ⅰ）Show a white light for at least two miles at night under clear atmospheric conditions；and

（Ⅱ）Show a maximum practicable unbroken light with the rotorcraft on the water.

（b）Externally hung lights may be used.

7. 2. 10. 1. 3　CS29. 1399Riding light（Amendment 8）

（a）Each riding light required for water operation must be installed so that it can：

（Ⅰ）Show a white light for at least 4 km（two miles）at night under clear atmospheric conditions；and

（Ⅱ）Show a maximum practicable unbroken light with the rotorcraft on the water.

（b）Externally hung lights may be used.

### 7.2.10.2　条款背景和历史沿革分析

7. 2. 10. 2. 1　FAA 相关修正案及背景说明

FAR29. 1399 相关的修正案情况如表 7-34 所示。经对修正案涉及的 NPRM 和 Final Rule 进行分析，情况如下。

表 7-34　FAR29. 1399 相关的修正案情况

| 条款号 | 标题名称 | 修正案 | 生效时间 | 与 CCAR29 等效版本 |
|---|---|---|---|---|
| 29. 1399 | Riding light | Original | 1965. 2. 1 | R0/R1/R2 |

**CAR7。**

1956 年，美国民用航空委员会（Civil Aeronautics Board，CAB）创建了民用航空规章 CAR7 部，用于运输类旋翼航空器适航审定，其中的 CAR7. 636 提出了针对停泊灯的要求，其条款要求如下。

CAR7. 636“停泊灯”。

（a）当水中作业的旋翼航空器需要停泊（锚）灯时，其应能够在大气洁净的夜间至少 2

英里内显示白光。

(b) 停泊灯的安装应做到：当旋翼航空器停泊或漂浮在水面上时，能尽可能显示最大无间断的灯光。允许使用外部吊灯。

**FAR29 修正案 0。**

FAA 于 1961 年、1964 年先后发布 NPRM61-25 及 NPRM64-30，提出了依据现有 CAR7 重新编排制定 FAR29 的建议。在 NPRM64-30 中，FAA 建议将 CAR7. 636 重新修订为 FAR29. 745，其条款要求如下。

FAR29. 745 “停泊灯”。

(a) 每个安装的停泊灯必须能够：

(Ⅰ) 在大气洁净的夜间至少 2 英里内显示白光；

(Ⅱ) 当该旋翼航空器在水上停泊时，应尽可能显示最大无间断的灯光。

(b) 允许使用外部吊灯。

建议的 FAR29. 745 首先删除了“当水中作业的旋翼航空器需要停泊（锚）灯时”的表述，按照规章的标准格式要求，原 (a) 和 (b) 款中对安装的停泊灯的性能要求被整合为 FAR29. 745(a)，原 (b) 款中对停泊灯的选装要求被修订为 FAR29. 745 (b)。

FAA 于 1964 年 12 月 3 日在 Final rule 5084 中正式发布了 FAR29 修正案 0（1965 年 2 月 1 日），在此修正案中，FAA 根据收到的反馈意见，对 NPRM64-30 建议的 FAR29. 745 做如表 7-35 所示的修改，修改后的条款被重新编号为 FAR29. 1399，其原文见 7. 2. 10. 1. 2 节。

**表 7-35　修订前、后的更改对比**

| 序号 | NPRM64-30 的 FAR29. 745 | | Final rule No. 5084 的 FAR29. 1399 | |
|---|---|---|---|---|
| | 条款号 | 短句 | 条款号 | 修订后的短句 |
| 1 | (a) | Each installed riding light must be able to | (a) | Each riding light required for water operation must be installed so that it can |
| 2 | (b) | Externally hung lights are allowed | (b) | Externally hung lights may be used |

从表 7-35 可知，FAR29. 1399(a) 将安装的航行灯重新添加了“水上作业所需要的”的限定。

本次修订仅仅是按照 NPRM61-25 的要求简化和澄清了原规章的法规用语，并以“简单和易于使用的形式”统一了规章格式，没有对原适航要求进行具体的实质性更改，其安全要求和技术内涵与原有 CAR7 规章完全一致。

#### 7. 2. 10. 2. 2　EASA 相关修正案及背景说明

CS29. 1399 相关的修正案情况如表 7-36 所示。经对修正案涉及的 ED Decision 2003/16/RM 进行分析，情况如下。

**表 7-36　CS29. 1399 相关的修正案情况**

| 条款号 | 标题名称 | 修正案 | 生效时间 | 与 CCAR29 等效版本 |
|---|---|---|---|---|
| 29. 1399 | Riding light | Initial issue | 2003. 11. 14 | R2 |

CS29 初版：按照欧盟规章第 15922002 号（基本法规）（2002 年 9 月 27 日生效）的要求，2003 年 11 月，EASA（于 2002 年 6 月成立，接替 JAA 开展相关工作）基于欧洲联合航空规章 JAR-29 第 3 修正案（2002 年 4 月 1 日生效）在 ED Decision 2003/16/RM 中正式颁布了 CS29/Initial issue（2003 年 11 月 14 日），根据需要，已对这些条款做了修改，以确保与欧

洲共同体法律和欧洲联盟政策保持一致。CS29/Initial issue 中的 CS29. 1399 原文见 7. 2. 10. 1. 3 节。

7. 2. 10. 2. 3　规章差异分析

(a) FAR29 初版与 CS29 初版规章差异。

现行有效的 FAR29. 1399 和现行有效的 CS29. 1399 仍为各自初版颁布时的条款要求，一直沿用至今，两者条款内容在 (a)(Ⅰ) 存在差异，FAR29. 1399(a) (Ⅰ) 要求在大气洁净的夜间至少能够在 2 英里的距离内显示白光；而 CS29. 1399(a)(Ⅰ) 要求在大气洁净的夜间至少能够在 4 千米（2 英里）的距离内显示白光。

英里和千米的换算关系为 1 英里约等于 1. 609 千米，那么 2 英里约等于 3. 218 千米，即 FAR29. 1399(a)(Ⅰ) 中要求的“2 英里”＜CS29. 1399(a)(Ⅰ) 中要求的“4 千米”，因此 CS29. 1399(a)(Ⅰ) 的要求比 FAR29. 1399(a)(Ⅰ) 的要求更严格，更能保证旋翼航空器在水上作业的安全。

(b) CCAR-29-R2 与 FAR29 初版规章差异。

我国现行有效的 CCAR-29-R2 中的 29. 1399 条与 FAR29 初版的 29. 1399 条中的内容也在 (a)(Ⅰ) 款存在差异，CCAR-29-R2 中的 29. 1399(a)(Ⅰ) 要求在大气洁净的夜间至少能够在 2 海里的距离内显示白光；而 FAR29. 1399(a)(Ⅰ) 要求在大气洁净的夜间至少能够在 2 英里的距离内显示白光；海里和米的换算关系为 1 海里约等于 1852 米，英里和米的换算关系为 1 英里约等于 1609 米。即 CCAR29. 1399(a)(Ⅰ) 中要求的“2 海里”＞FAR29. 1399(a)(Ⅰ) 中要求的“2 英里”，因此 CCAR29. 1399(a)(Ⅰ) 的要求比 FAR29. 1399(a)(Ⅰ) 的要求更严格，更能保证保证旋翼航空器在水上作业的安全。

### 7.2.10.3　条款的发展方向

由于 CS29. 1399(a)(Ⅰ) 要求夜间显示白光的最低距离范围比 FAR29. 1399(a)(Ⅰ) 和 CCAR29. 1399(a)(Ⅰ) 的要求更大，更能保证旋翼航空器在水上作业的安全。因此可考虑将 CCAR29. 1399(a)(Ⅰ) 改为与 CS29. 1399(a)(Ⅰ) 一致，即将 CCAR29. 1399(a)(Ⅰ) 中的“2 海里”改为“4 千米”。

## 7.2.11　EH.1401 防撞灯系统

### 7.2.11.1　条款原文

7. 2. 11. 1. 1　CCAR29. 1401 防撞灯系统

(a) 总则。如果申请夜间运行的合格审定，则旋翼航空器必须具有满足下列要求的防撞灯系统。

(Ⅰ) 由一个或几个经批准的防撞灯组成。其安装部位应使其发射的光线不影响机组的视觉，也不损害航行灯的明显性。

(Ⅱ) 满足本条 (b)～(f) 的要求。

(b) 作用范围。该系统必须有足够数量的灯，以照亮旋翼航空器周围的重要的区域（从旋翼航空器的外部状态和飞行特性考虑）。其作用范围必须至少达到旋翼航空器水平平面上下各 30°范围内的所有方向，但允许有被遮蔽的立体角，其总和不超过 0. 5 球面度。

(c) 闪光特性。该系统的布局，即光源数目、光束宽度、旋转速度以及其他特性，必须给出 40～100 次/分钟的有效闪光频率。有效闪光频率指从远处看到整个旋翼航空器防撞灯系统的闪光频率。当系统有一个以上的光源时，对有效闪光频率的规定也适用于有重叠部分的灯光区。在重叠区内，闪光频率可以超过 100 次/分钟，但不得超过 180 次/分钟。

(d) 颜色。防撞灯必须为航空红色，且必须满足第 29. 1397 条的有关要求。

(e) 光强。装上红色滤色镜（如使用时）测定并以“有效”光强表示的所有垂直平面内的最小光强，必须满足本条 (f) 的要求。必须采用下列关系式。

$$I_e = \frac{\int_{t_1}^{t_2} I(t)\mathrm{d}t}{0.2+(t_2-t_1)}$$

式中，$I_e$ 为有效光强，坎；$I(t)$ 为时间的函数的瞬时光强；$t_2-t_1$ 为闪光持续时间，秒。

通常，选择 $t_2$ 和 $t_1$ 使有效光强等于 $t_2$ 和 $t_1$ 时的瞬时光强，即可得到有效光强的最大值。

(f) 防撞灯的最小有效光强。每个防撞灯的有效光强必须等于或大于下表规定的相应值：

| 水平平面向上或向下的角度/度 | 有效光强/坎 |
| --- | --- |
| 0～5 | 150 |
| 5～10 | 90 |
| 10～20 | 30 |
| 20～30 | 15 |

7. 2. 11. 1. 2 FAR29. 1401Anticollision light system (Amendment 29-55)

(a) General. If certification for night operation is requested, the rotorcraft must have an anticollision light system that:

(Ⅰ) Consists of one or more approved anticollision lights located so that their emitted light will not impair the crew's vision or detract from the conspicuity of the position lights; and

(Ⅱ) Meets the requirements of paragraphs (b) through (f) of this section.

(b) Field of coverage. The system must consist of enough lights to illuminate the vital areas around the rotorcraft, considering the physical configuration and flight characteristics of the rotorcraft. The field of coverage must extend in each direction within at least 30° above the 30° below the horizontal plane of the rotorcraft, except that there may be solid angles of obstructed visibility totaling not more than 0. 5 steradians.

(c) Flashing characteristics. The arrangement of the system, that is, the number of light sources, beam width, speed of rotation, and other characteristics, must give an effective flash frequency of not less than 40, nor more than 100, cycles per minute. The effective flash frequency is the frequency at which the rotorcraft's complete anticollision light system is observed from a distance, and applies to each sector of light including any overlaps that exist when the system consists of more than one light source. In overlaps, flash frequencies may exceed 100, but not 180, cycles per minute.

(d) Color. Each anticollision light must be [aviation red] and must meet the applicable requirements of Sec. 29. 1397.

(e) Light intensity. The minimum light intensities in any vertical plane, measured with the red filter (if used) and expressed in terms of " effective" intensities, must meet the requirements of paragraph (f) of this section. The following relation must be assumed:

$$I_e = \frac{\int_{t_1}^{t_2} I(t)dt}{0.2+(t_2-t_1)}$$

where:

$I_e$ = effective intensity (candles).

$I(t)$ = instantaneous intensity as a function of time.

$t_2-t_1$ = flash time interval (seconds).

Normally, the maximum value of effective intensity is obtained when $t_2$ and $t_1$ are chosen so that the effective intensity is equal to the instantaneous intensity at $t_2$ and $t_1$.

(f) Minimum effective intensities for anticollision lights. Each anticollision light effective intensity must equal or exceed the applicable values in the following table:

| Angle above or below the horizontal plane: | Effective intensity(candles) |
|---|---|
| 0° to 5° | 150 |
| 5° to 10° | 90 |
| 10° to 20° | 30 |
| 20° to 30° | 15 |

7.2.11.1.3 CS29.1401Anti-collision light system (Amendment 8)

(a) General. If certification for night operation is requested, the rotorcraft must have an anti-collision light system that:

(Ⅰ) Consists of one or more approved anti-collision lights located so that their emitted light will not impair the crew's vision or detract from the conspicuity of the position lights; and

(Ⅱ) Meets the requirements of subparagraphs (b) to (f).

(b) Field of coverage. The system must consist of enough lights to illuminate the vital areas around the rotorcraft, considering the physical configuration and flight characteristics of the rotorcraft. The field of coverage must extend in each direction within at least 30° above and 30° below the horizontal plane of the rotorcraft, except that there may be solid angles of obstructed visibility totalling not more than 0.5 steradians.

(c) Flashing characteristics. The arrangement of the system, that is, the number of light sources, beam width, speed of rotation, and other characteristics, must give an effective flash frequency of not less than 40, nor more than 100, cycles per minute. The effective flash frequency is the frequency at which the rotorcraft's complete anti-collision light system is observed from a distance, and applies to each sector of light including any overlaps that exist when the system consists of more than one light source. In overlaps, flash frequencies may exceed 100, but not 180, cycles per minute.

(d) Colour. Each anti-collision light must be aviation red and must meet the applicable requirements of CS29.1397.

(e) Light intensity. The minimum light intensities in any vertical plane, measured with the red filter (if used) and expressed in terms of 'effective' intensities, must meet the requirements of sub-paragraph (f). The following relation must be assumed:

$$I_e = \frac{\int_{t_1}^{t_2} I(t)dt}{0.2+(t_2-t_1)}$$

where：

$I_e$ = effective intensity（candelas）.

$I(t)$ = instantaneous intensity as a function of time.

$t_2 - t_1$ = flash time interval（seconds）.

Normally，the maximum value of effective intensity is obtained when$t_2$ and $t_1$ are chosen so that the effective intensity is equal to the instantaneous intensity at $t_2$ and $t_1$.

（f） Minimum effective intensities for anti-collision light. Each anti-collision light effective intensity must equal or exceed the applicable values in the following table：

| Angle above or below the horizontal plane | Effective intensity(candelas) |
|---|---|
| 0° to 5° | 150 |
| 5° to 10° | 90 |
| 10° to 20° | 30 |
| 20° to 30° | 15 |

### 7.2.11.2　条款背景和历史沿革分析

#### 7.2.11.2.1　FAA 相关修正案及背景说明

FAR29. 1401 相关的修正案情况如表 7-37 所示。经对修正案涉及的 NPRM 和 Final Rule 进行分析，情况如下。

表 7-37　FAR29. 1401 相关的修正案情况

| 序号 | 条款号 | 标题名称 | 修正案 | 生效时间 | 与 CCAR29 等效版本 |
|---|---|---|---|---|---|
| 1 | 29. 1401 | Anticollision light system | Original | 1965. 2. 1 | 无 |
| 2 | 29. 1401 | Anticollision light system | 29-7 | 1971. 8. 11 | 无 |
| 3 | 29. 1401 | Anticollision light system | 29-11 | 1976. 2. 5 | R0/R1/R2 |

**CAR7。**

1956 年，美国民用航空委员会（Civil Aeronautics Board，CAB）创建了民用航空规章 CAR7 部，用于运输类旋翼航空器适航审定，其中的 CAR7. 637 提出了针对防撞灯的要求，其条款要求如下。

CAR7. 637 防撞灯除了 7. 632～7. 635 条规定的航行灯系统外，还应安装经批准的防撞灯。

**CAR7-1 修正案。**

空中交通密度的持续增加和明显更高速度飞机的出现，需要进一步改善飞机的外部照明，虽然当时创建的 CAR7. 637 要求安装经批准的防撞灯，但其还不够，因为当时有效的防撞灯规范是在几年前基于工业界和政府进行的试验及研究得出的结论而建立的，并没有经过实际应用的验证。在相当多的航空器上对符合这些规范的灯的使用表明防撞灯的规范需要进一步修订。在过去一年左右的试验中，聚光器-放电式防撞灯的发展似乎有某些有利的特点，然而，这种灯的固有特性不允许其符合某些现行规范。美国民用航空委员会（CAB）认为如果在一个有效的防撞灯系统纳入重要的设计特征，白炽灯和聚光器放电灯两者都有足够的优势，以允许他们的使用。因此，对 7.637 条进行修订，以包括新的规范，这些规范更详细地确立了防撞灯的重要特征，同时又足够广泛，以允许使用目前正在开发的新灯具。这些规范将涵盖旋翼航空器周围的所有重要区域，同时考虑到旋翼航空器的实体结构和飞行特性。

鉴于上述原因，1957 年，CAB 在题为《旋翼航空器：运输类航行灯和防撞灯要求》的 CAR7 第 1 次修正案（生效于 1957 年 4 月 1 日）中将 CAR7.637 修订如下。

CAR7.637“防撞灯系统”：

防撞灯系统的安装应满足：由一个或多个经批准的防撞灯组成，其安装部位应使发射的光线不会对有害于机组的视觉，并不损害航行灯的明显性。本系统应符合本条（a）～（d）款的规定。

（a）作用范围。该系统应由这样的灯组成，即其灯光将涵盖旋翼航空器周围的所有重要区域（在适当考虑到旋翼航空器的实体构型和飞行特性情况下）。在任何情况下，作用范围应达到旋翼航空器水平平面上、下各 30°范围内的所有方向，但允许立体角或被遮挡的能见度角，其总和不超过 0.03 球面度。

（b）闪光特性。该系统的布局，即光源数目、光束宽度、旋转速度等应给出 40～100 次/分钟的有效闪光频率。有效闪光频率应为从远处看到整个旋翼航空器防撞灯系统的闪光频率，并应适用于所有灯光区，包括系统由多个光源组成时可能存在的重叠灯光区。在重叠区内，应允许闪光频率超过 100 次/分钟，但不能超过 180 次/分钟。

（c）颜色。按照 7.635(a) 的规定，防撞灯的颜色应为航空红色。

（d）光强。用红色滤光片测定并以“有效”光强表示的所有垂直平面内的最小光强，应如图 7-4 所示。应采用下列关系式。

$$I_e = \frac{\int_{t_1}^{t_2} I(t)\,dt}{0.2 + (t_2 - t_1)}$$

式中，$I_e$ 为有效光强，坎德拉；$I(t)$ 为时间的函数的瞬时光强；$t_2 - t_1$ 为闪光持续时间，秒。

注：通常，选择 $t_2$ 和 $t_1$ 使有效光强等于 $t_2$ 和 $t_1$ 时的瞬时光强，即可得到有效光强的最大值。

| 水平平面向上或向下的角度/(°) | 有效光强/坎 |
|---|---|
| 0～5 | 100 |
| 5～10 | 60 |
| 10～20 | 20 |
| 20～30 | 10 |

图 7-4　防撞灯最小有效强度

**CAR7-5 修正案。**

1962 年，CAB 在题为《由第一次适航审查产生的其他修订》的 CAR7 第 5 次修正案（生效于 1962 年 5 月 3 日）中，对 7.637(a) 进行修订，将 7.637(a) 中的“0.03”球面度改为“0.5”球面度。

**FAR29 修正案 0。**

FAA 于 1961 年、1964 年先后发布 NPRM61-25 及 NPRM64-30，提出了依据现有 CAR7 重新编排制定 FAR29 的建议。在 NPRM64-30 中，FAA 建议将 CAR7.637 内容重新修订为针对防撞灯系统的 FAR29.747 条款，并将水平平面向上或向下 10°～20°的最小有效光强由“20 坎”更改为“30 坎”。FAR29.747 与 CAR7.637 的差异见表 7-38，FAR29.747 条款要求如下。

FAR29.747“防撞灯系统”：

(a) 总则。如果申请夜间运行的合格审定，则旋翼航空器必须具有满足下列要求的防撞灯系统。

(Ⅰ) 由一个或几个经批准的防撞灯组成。其安装部位应使其发射的光线不影响机组的视觉也不损害航行灯的明显性。

(Ⅱ) 满足本条 (b)～(f) 款的规定。

(b) 作用范围。该系统必须有足够数量的灯，以照亮旋翼航空器周围的所有重要的区域（适当考虑旋翼航空器的实体构型和飞行特性）。其作用范围必须至少达到旋翼航空器水平平面上下各 30°范围内的所有方向，但允许有被遮蔽的立体角，其总和不超过 0.5 球面度。

(c) 闪光特性。该系统的布局，即光源数目、光束宽度、旋转速度以及其他特性，必须给出 40～100 次/分钟的有效闪光频率。有效闪光频率指从远处看到整个旋翼航空器防撞灯系统的闪光频率。当系统有一个以上的光源时，对有效闪光频率的规定也适用于所有重叠部分的所有区灯光。在重叠区内，闪光频率可以超过 100 次/分钟，但不得超过 180 次/分钟。

(d) 颜色。防撞灯的颜色必须为航空红色，且必须符合 29.743(a)规定。

(e) 光强。装上红色滤色镜测定并以“有效”光强表示的所有垂直平面内的最小光强，必须满足本条 (f) 款的要求。必须采用下列关系式。

$$I_e=\frac{\int_{t_1}^{t_2} I(t)\mathrm{d}t}{0.2+(t_2-t_1)}$$

式中，$I_e$ 为有效光强，坎；$I(t)$ 为时间的函数的瞬时光强；$t_2-t_1$ 为闪光持续时间，秒。

通常，选择 $t_2$ 和 $t_1$ 使有效光强等于 $t_2$ 和 $t_1$ 时的瞬时光强，即可得到有效光强的最大值。

(f) 防撞灯的最小有效光强。每个防撞灯的有效光强必须等于或大于下表规定的相应值。

| 水平平面向上或向下的角度/度 | 有效光强/坎 |
|---|---|
| 0～5 | 150 |
| 5～10 | 90 |
| 10～20 | 30 |
| 20～30 | 15 |

**表 7-38 修订前、后的法规词语或短句更改对比（1）**

| 序号 | CAR7. 637 | | NPRM64-30 FAR29. 747 | |
|---|---|---|---|---|
| | 条款号 | 词语或短句 | 条款号 | 修订后的词语或短句 |
| 1 | 开头段 | shall | | must |
| 2 | | An anti-collision light system shall be installed which shall… | （a） | If certification for night operation is requested, the rotorcraft must have an anticollision light system that… |
| 3 | | be detrimental to | （a）（Ⅰ） | adversely affect |
| 4 | | comply with the provisions of paragraphs（a）through（d）of this seotion. | （a）（Ⅱ） | Conforms with the provisions of paragraphs（b）through（f）of this section. |
| 5 | （a） | such lights as will afford coverage of all vital areas around the rotorcraft | （b） | enough lights to illuminate all vital areas around the rotorcraft |
| 6 | | with due consideration to | | with due consideration of |
| 7 | | in any case | | — |
| 8 | | within 30 above and 30° below | | within at least 30 degrees above and 30 degrees |
| 9 | | a solid angle or angles of obstructed visibility totaling not more than 0. 5 steradians shall be permissible | | there may be solid angles of obstructed visibility totaling not more than 0. 5 steradians. |
| 10 | （b） | i. e. | （c） | that is |
| 11 | | etc | | and other characteristics |
| 12 | | be such as to give an effective flash frequency of not less than 40 and not more than 100 cycles per minute | | give an effective flash frequency of not less than 40, nor more than 100, cycles per minute |
| 13 | | shall be | | is |
| 14 | | shall apply to | | applies to |
| 15 | | including the overlaps which might exist | | including all overlaps that exist |
| 16 | | flash frequencies higher than 100 cycles per minute shall be permissible, accept that they shall not be higher than 180 cycles per minutes | | flash frequencies may exceed 100, but not 180, cycles per minute |
| 17 | （c） | the anti-collision lights | （d） | each anticollision light |
| 18 | | shall be aviation red in accordance with 7. 635（a） | | must be aviation read and must conform to Sec. 29. 743（a） |
| 19 | （d） | be in accordance with Figure 7-4 | （e） | conform to paragraph（f）of this section |

（2）FAA 于 1964 年 12 月 3 日在 Final rule 5084 中正式发布了 FAR29 修正案 0（1965 年 2 月 1 日）。在此修正案中，FAA 根据收到的反馈意见，对 NPRM64-30 建议的 FAR29. 747 又做了如表 7-39 所示的修改，其中（f）款表中 10°～20°最小有效光强由“20 坎”改为“30 坎”的修订建议没有被采纳，修改后的条款被重新编号为 FAR29. 1401。

表 7-39　修订前、后的法规词汇或短语更改对比（2）

| 序号 | NPRM64-30 的 FAR29. 747 | | Final rule No. 5084 的 FAR29. 1401 | |
|---|---|---|---|---|
| | 条款号 | 词汇或短语(句) | 条款号 | 修订后的词汇或短语(句) |
| 1 | (a)(Ⅰ)/(e) | so…that | (a)(Ⅰ)/(e) | so that |
| 2 | (a)(Ⅰ) | adversely affect | (a)(Ⅰ) | impair |
| 3 | (a)（Ⅱ） | Conforms with the provisions | (a)（Ⅱ） | Meets the requirements |
| 4 | (b) | all vital areas | (b) | the vital areas |
| | | with due consideration | | considering |
| 5 | | in all directions | | in each direction |
| 6 | (c) | all sectors of light including all overlaps | (c) | each sector of light including any overlaps |
| 7 | (d) | The color of each anticollision light | (d) | Each anticollision light |
| 8 | | conform to Sec. 29. 743（a） | | meet the requirements of Sec. 929. 1397（a） |
| 9 | (e) | in all vertical planes | (e) | in any vertical plane |
| 10 | | conform to paragraph（f）of this section | | meet the requirements of paragraph（f）of this section |
| 11 | (f) | 10° to 20°，Effective intensity：30（candles） | (f) | 10° to 20°，Effective intensity：20（candles） |

本次修订仅仅是按照 NPRM61-25 的要求简化和澄清了原规章的法规用语（可参见表 7-38 和表 7-39），统一了规章格式，没有对原适航要求进行具体的实质性更改，其安全要求和技术内涵与原有 CAR7 规章完全一致。

**FAR29-7 修正案。**

FAA 于 1970 年 6 月 4 日发布题为《防撞灯标准；建议立法通告》的 NPRM70-21，在此 NPRM 中，FAA 建议修改 29. 1401 条，增加航空白色作为防撞灯的颜色；同时建议增加防撞灯的最小有效强度并提议将当前规定的最小防撞光强度增加 4 倍，即建议将 FAR29. 1401 修订如下。

（ⅰ）将 FAR29. 1401（d）修改为：防撞灯颜色必须为航空红色或航空白色，且必须满足 29. 1397 条的有关要求。

本建议将“防撞灯颜色必须为航空红色”修改为“防撞灯颜色必须为航空红色或航空白色”，同时因航空白色要求是由 29. 1397(c）提出，航空红色要求是由 29. 1397(a）提出，因此相应的符合要求由“29. 1397(a）”扩展为“29. 1397 条”。

（ⅱ）修改 29. 1401(e)，在“红色滤色镜”一词后添加“（如使用时）”的限定。

因上述（ⅰ）已建议 29. 1401(d）增加对航空白色防撞灯的使用，使得航空红色不再是防撞灯唯一采用的颜色。相应地，红色滤色镜也不是必须安装的，当采用航空白色防撞灯就不必安装红色滤色镜，因此在“装上红色滤色镜”后添加“（如使用时）”说明“装上红色滤色镜”仅适用于采用航空红色的防撞灯，如果采用航空白色防撞灯本条就删除“装上红色滤色镜（如使用时）”。

（ⅲ）将 29. 1401(f) 中的最小有效光强修改如下表。

| 水平平面向上或向下的角度/度 | 有效光强/坎 |
|---|---|
| 0～5 | 400 |
| 5～10 | 240 |
| 10～20 | 80 |
| 20～30 | 40 |

FAA 于 1971 年 7 月 10 日在题为《防撞灯标准》的 Final Rule 10129 中颁布了 29-7 修正案（1971 年 8 月 11 日生效）。在此修正案中，FAA 采纳了 NPRM70-21 提出对 FAR29. 1401 的修订建议。

**FAR29-11 修正案。**

FAA 于 1975 年 5 月 27 日发布题为《适航审查计划第 5 号通告：设备和系统提案》的 NPRM75-23，建议对 29. 1401 条做如下修订。

（ⅰ）将 29. 1401(b) 两处“30°”更改为“75°”。

（ⅱ）将 29. 1401(d)“防撞灯颜色必须为航空红色或航空白色”重新改回“防撞灯颜色必须为航空红色”。

（ⅲ）将第 29. 1401（f）中的最小有效光强修改如下表。

| 水平平面向上或向下的角度/度 | 有效光强/坎 |
|---|---|
| 0～5 | 150 |
| 5～10 | 90 |
| 10～20 | 30 |
| 20～30 | 15 |
| 30～75 | 10 |

注：对本次建议的解释如下。

参见本次建议对 FAR29. 1401(b) 和（f）的修订，由于本次建议 FAR29. 1401(b) 的作用范围由“必须至少达到旋翼航空器水平平面上下各 30°范围内的所有方向”改为“必须至少达到旋翼航空器水平平面上下各 75°范围内的所有方向”，因此在建议的 FAR29. 1401(f) 表尾相应增加一行，内容为 30°～75°区域的最小有效光强的相应值为 10 坎。

另外旋翼航空器在军方的服役经验和试验表明，由于驾驶舱中令人反感的多次反射，导致 FAR29. 1401 规定的旋翼航空器防撞灯光强过高，因此，建议将 FAR29. 1401（f）各区域的最小有效光强降低到可接受的水平（原最小有效光强的 3/8）。

自 29-7 修正案生效日 1971 年 8 月 11 日开始至本 NPRM75-23 建议前，白色防撞灯的使用经验表明，白色防撞灯在晚间和离云层很近时会导致不希望的驾驶舱反光，会使飞行人员视野受到旋翼叶片的频闪光的有害影响，因此建议将防撞灯颜色限制为航空红色。

FAA 于 1976 年 2 月 5 日通过单独的法规制定行动颁布了第 29-11 修正案（1976 年 2 月 5 日生效）。在此修正案中，FAA 根据收到的反馈意见，采纳了 NPRM75-23 中对 29. 1401(d) 防撞灯颜色及对 29. 1401(f) 各区域的最小有效光强降低到可接受的水平（原最小有效光强的 3/8）的修订建议，而不采纳 NPRM75-23 中对 29. 1401(b) 防撞灯作用范围及在 29. 1401 (f) 表尾相应增加一行，内容为“在 30°～75°区域有效光强 10 坎”的修订建议。经第 29-11 修正案修订后的 FAR29. 1401 条原文见 7. 2. 11. 1. 2 节。

#### 7. 2. 11. 2. 2 EASA 相关修正案及背景说明

CS29. 1401 相关的修正案情况如表 7-40 所示。经对修正案涉及的 ED Decision2003/16/RM 进行分析，情况如下。

表 7-40 CS29. 1401 相关的修正案情况

| 条款号 | 标题名称 | 修正案 | 生效时间 | 与 CCAR29 等效版本 |
|---|---|---|---|---|
| 29. 1401 | Anticollision light system | Initial issue | 2003. 11. 14 | R2 |

**CS29 初版。**

(Ⅰ) 按照欧盟规章第 15922002 号（基本法规）（2002 年 9 月 27 日生效）的要求，2003 年 11 月，EASA（于 2002 年 6 月成立，接替 JAA 开展相关工作）基于欧洲联合航空规章 JAR-29 第 3 次修正案（2002 年 4 月 1 日生效）在 ED Decision 2003/16/RM 中正式颁布了 CS29/Initial issue（2003 年 11 月 14 日），根据需要，已对这些条款做了修改，以确保与欧洲共同体法律和欧洲联盟政策保持一致。在 CS29/Initial issue 中，除 CS29. 1401(f) 中的表 7-41 所示外，CS29. 1401 其他部分原文见 7. 2. 11. 1. 3 节。

(Ⅱ) 2018 年 6 月 14 日，EASA 在通过 Annex Ⅱ to ED Decision 2018/007/R 正式颁布的 CS29/amendment5 中，对 CS29. 1401 (f) 中的表进行如表 7-42 的编辑性修订。

表 7-41 修改前的 CS29. 1401 (f) 中的表

| $I_e=\dfrac{\int_{t_1}^{t_2} I(t)dt}{0.2+(t_2-t_1)}$ Angle above or below the horizontal plane/(°) | Effective intensity/candelas |
|---|---|
| 0 to 5 | 150 |
| 5 to 10 | 90 |
| 10 to 20 | 30 |
| 20 to 30 | 15 |

表 7-42 修改后的 CS29. 1401 (f) 中的表

| Angle above or belowthe horizontal plane/(°) | Effective intensity/candelas |
|---|---|
| 0 to 5 | 150 |
| 5 to 10 | 90 |
| 10 to 20 | 30 |
| 20 to 30 | 15 |

经第 29-5 修正案编辑性修改后的 CS29. 1401 原文见 7. 2. 11. 1. 3 节。

7.2.11.2.3　规章差异分析

7.2.11.2.3.1　FAR29 第 11 次修正案与 CS29 初版规章差异

现行有效的 FAR29. 1401 是经 FAR 第 11 次修正案修订后的条款要求，而现行有效的 CS29. 1401 仍为 CS29 初版颁布时的条款要求，一直沿用至今，两者条款内容一致。

7.2.11.2.3.2　CCAR-29-R2 与 FAR29 第 11 次修正案规章差异

我国现行有效的 CCAR-29-R2 中的 29. 1401 条与 FAR 第 11 修正案中的 29. 1401 条的内容一致。

### 7.2.11.3　条款的发展方向

现行有效的 CCAR29. 1401（e）“装上红色滤色镜（如使用时）测定并以‘有效’光强表示的所有垂直平面内的最小光强，必须满足本条（f）款的要求。”中的“（如使用时）”与现行有效的 FAR29. 1401（e）和 CS29. 1401（e）中的“（if used）”相一致，但“（if used）”在现行有效的 FAR29. 1401（e）和 CS29. 1401（e）中存在应是多余的。对于 FAR29. 1401 来说，“（if used）”是在 29-7 修正案中随 FAR29. 1401(d) 进行增加航空白色的修订而做相应的修订被添加至 FAR29. 1401(e) 中的，在 29-11 修正案中，FAA 又删除了 FAR29. 1401(d) 中的航空白色，相应将 FAR29. 1401(e) 中的“（if used）”也应被删除，但事实是 FAA 却遗漏了这一点。

鉴于上述原因，现行有效的 CCAR29. 1401 应纠正这一错误，因此应将 1401(e) 中的“（如使用时）”删除。

# 7.3　符合性验证思路

## 7.3.1　EH.1381 仪表灯

通过系统设计说明、系统原理图及安装图等说明性文件，阐述仪表照明系统的设计方案，包括以下内容。

（a）主、辅照明系统的组成，选型及其安装位置，灯光所覆盖的区域，以说明仪表照明系统的可用性。

（b）仪表灯在安装上采用的消除眩光的措施，除了在安装上采用遮光罩等手段遮蔽直射驾驶员眼睛的光线外，还应注意发光体与驾驶员眼睛的距离，发光面的形状、大小和亮度，环境的反射率，以及整个驾驶舱照明环境的均匀性等均要适当，以避免驾驶员眼睛受到伤害。

（c）仪表照明系统隔离措施，如驾驶员仪表板上的操纵器件与副驾驶员仪表板隔开，而这两块仪表板又都与中央仪表板隔开，使发生单个故障不会引起任何仪表或驾驶舱区域的主照明和辅助照明都失效，以满足为仪表、开关以及其他装置提供连续照明的需要。

（d）仪表照明灯光颜色的选择，所选择的灯光颜色应使仪表的色标易于识别。

（e）仪表照明系统的亮度、对比度调节的范围等，以表明所提供的照明能满足判读仪表、开关或其他装置的需要。

通过白天遮蔽驾驶舱后或夜间进行机上仪表照明系统试验，对驾驶舱仪表灯的照明效果进行整体评估，将仪表照明系统置于正常状态、应急状态和不同的故障状态，以验证在正常/应急状态下以及可能的故障状态下，每个仪表、开关和控制装置是否易于判读和识别，同时审查驾驶舱仪表照明能否遮住直射驾驶员眼睛的光线，且是否存在有害的反光。

通过飞行试验（含夜航），试飞驾驶员进行以下内容的评定：

(a) 驾驶舱仪表照明系统在正常照明状态下，能否遮住直射光，是否存在有害的反光；

(b) 在可能的故障状态下，仪表、开关或其他装置是否易于判读。

## 7.3.2 EH.1383 着陆灯

(a) 以系统设计方案，阐述着陆灯（或悬停灯）的工作原理、组成、数量、安装位置，工作和操作方式以及故障提示，以表明着陆灯（或悬停灯）的安装和使用满足本条款的要求。

(b) 以系统相关的安装图、布线图作为符合性说明的验证支持性文件，阐述着陆灯（或悬停灯）的安装位置、电气布线以及开关控制，以表明着陆灯（或悬停灯）控制开关的配置满足本条款要求，同时明确着陆灯（或悬停灯）远离燃油雾气等区域。

按照 29. 1309(b) 条款的要求对安装于航空器的着陆灯失效状态及影响进行评估。对于安装了可收放式的着陆灯，首先应对其收放机构进行分析，以确定是否有任何单个故障能使处在收藏位置的着陆灯发亮。如果收藏时会亮，应对着陆灯安装位置进行分析，分析其邻近区域过热或着火的可能性，以表明着陆灯故障产生的热量不会危及旋翼航空器的安全。

着陆灯的性能要求通常由试飞驾驶员来评定，并且常列入型号检查核准书，以作为进行夜间评定的一部分；夜航飞行过程中，分别在着陆灯（悬停灯）单独工作和同时工作状态下，验证其是否能为直升机夜间飞行（包括着陆和悬停）提供充足的光线，同时驾驶员是否能看到有害的眩光，是否会受到晕影的不利影响。

供应商按照适航部门可接受的着陆灯（或悬停灯）技术规范的要求，编制试验大纲，进行试验室试验，进行光强、功率、环境试验项目的测试，测试得到的各项数据应在着陆灯（或悬停灯）技术规范规定的范围内。

如果旋翼航空器安装了可收放式着陆灯，还应考虑它接触燃油雾气的可能性，通常要求供应商提供着陆灯组件的爆破试验合格证明文件。

## 7.3.3 EH.1385 航行灯系统的安装

(a) 以航行灯系统设计方案为例，阐述航行灯系统的组成、工作原理、数量、颜色、安装及控制电路的设置，说明航行灯的安装和控制满足本条款的要求。

(b) 以航行灯系统相关的安装、布线设计图作为符合性说明的验证支持性文件，阐明航行灯安装、电气布线，表明左、右前航行灯的颜色、间距，安装位置，后航行灯的颜色以及安装位置均满足本条款对航行灯的安装要求，并表明前、后航行灯分别构成独立的电路，以便于操作及与机上其他系统隔离。

由供应商按下列条件之一提供设备合格性证明材料，以表明航行灯设备是经过批准的。

(a) CTSOA 复印件，最优先方式。

(b) 对于 TSOA 设备，提供 CAAC 批准的 VDA 复印件；对于 ETSOA 设备，提供 CTSOA 复印件。

(c) 对于随航空器型号合格审定一起获得批准的设备，应提供其对 29. 1387 条至 29. 1397 条及本条的合格性证明文件，包括技术规范、试验大纲和报告等。

## 7.3.4 EH.1387 航行灯系统二面角

以前、后航行灯在旋翼航空器上的安装设计图作为符合性说明的验证支持性文件，阐述在旋翼航空器上安装的航行灯在本条款规定的二面角范围内有无遮挡物及其被遮挡情况，除了后航行灯允许有在规定范围内的部分遮挡，其他均不能被遮挡，以满足在本条款规定的各二面角范围内显示无间断灯光的要求。

对存在部分被遮蔽的后航行灯的遮蔽角进行分析计算，以验证其是否符合本条款的要求，分析时应考虑：

(a) 母线与通过后航行灯垂直线的夹角不超过 30°的限制；

(b) 如果存在多个遮蔽点，每个点都需要进行分析，并保证总的遮蔽角不大于 0.04 球面度。

通过机上地面试验，对航行灯进行机上灯光测试，以此验证在本条规定的各航行灯的二面角内所显示灯光的连续性。

由供应商提供航行灯对本条款的符合性证明文件。

### 7.3.5 EH.1389 航行灯灯光分布与光强

以在审旋翼航空器型号的航行灯系统对 29.1391 条至 29.1395 条的符合性验证文件作为符合性说明的验证支持性文件，表明对本条（b）款要求的符合性。

(a) 通过机上地面试验，对前、后航行灯在其左、右、后二面角范围内的水平平面内及任意垂直平面内的光强和渗入光强进行测定试验，以测定结果表明对 29.1391 条、29.1393 条、29.1395 条和本条款的符合性。

(b) 对于通过本试验测定的渗入光强超过 29.1395 条中规定的相应值的航行灯，则应对已测定的主光束光强与 29.1391 条和 29.1393 条中规定的最小值进行比较分析，如果比较的结果满足本条（b）(Ⅲ）款的要求，且通过进一步目视检查，证明其渗入光强对主光源清晰度无不利影响，以此表明航行灯相应渗入光强虽然不满足 29.1395 条的要求，但满足本条(b)(Ⅲ）款的要求。

(c) 为确保航行灯光强测定的有效性，光强测定条件应满足本条（a）款的要求。

由供应商按下列条件之一提供设备合格性证明材料。

(a) CTSOA 复印件，最优先方式。

(b) 对于 TSOA 设备，提供 CAAC 批准的 VDA 复印件；对于 ETSOA 设备，提供 CTSOA 复印件。

(c) 应提供在审机型航行灯对 29.1391 条、29.1393 条、29.1395 条和本条款的合格性证明文件，包括技术规范、试验室试验大纲和报告等一系列材料，试验室航行灯测定条件必须满足本条（a）款的要求。

### 7.3.6 EH.1391 前、后航行灯水平平面内的最小光强

通过机上地面试验，对各航行灯水平平面内不同角度的照度进行测量，并转换为光强，确认是否满足本条款要求。

对左前、右前航行灯在水平平面内，角度分别在 0°～10°、10°～20°及 20°～110°范围内的照度进行测量，并换算成光强。对后航行灯在水平面内，角度在 110°～180°范围内的照度进行测量，并换算成光强。

为确保航行灯光强测定的有效性，应确认试验满足以下条件后才能进行光强的测定：

(a) 机上安装的航行灯必须是装好了灯罩和滤色镜的新灯；

(b) 航行灯电源电压在飞机正常工作电压范围内；

（c）航行灯通电后发光达到稳定值。

由供应商按下列条件之一提供设备合格性证明材料：

（a）CTSOA 复印件，最优先方式；

（b）对于 TSOA 设备，提供 CAAC 批准的 VDA 复印件；对于 ETSOA 设备，提供 CTSOA 复印件。

（c）对于随航空器型号合格审定一起批准的航行灯设备，提供满足本条要求的包括技术规范、试验大纲和报告等一系列材料，用实测光强与条款要求的光强对比，表明其符合性，但实测光强必须是航行灯满足以下条件后测定的：

（Ⅰ）必须是装好了灯罩和滤色镜的新灯；

（Ⅱ）电源电压在飞机正常工作电压范围内；

（Ⅲ）通电后发光已达到稳定值。

### 7.3.7 EH.1393 前、后航行灯任一垂直平面内的最小光强

通过机上地面试验，对前、后航行灯任意垂直平面内不同角度的照度进行测量，并转换为光强，确认是否满足本条款要求。

对前、后航行灯在任一垂直平面内，角度分别在 0°、0°～5°、5°～10°、10°～15°、15°～20°、20°～30°、30°～40°、40°～90°范围内的照度进行测量，并换算成光强。

为确保航行灯光强测定的有效性，应确认试验满足以下条件后才能进行光强的测定：

（a）机上安装的航行灯必须是装好了灯罩和滤色镜的新灯；

（b）航行灯电源电压在飞机正常工作电压范围内；

（c）航行灯通电后发光达到稳定值。

由供应商按下列条件之一提供设备合格性证明材料。

（a）CTSOA 复印件，最优先方式。

（b）对于 TSOA 设备，提供 CAAC 批准的 VDA 复印件；对于 ETSOA 设备，提供 CTSOA 复印件。

（c）对于随航空器型号合格审定一起批准的航行灯设备，提供满足本条要求的技术规范、试验大纲和报告等一系列材料，用实测光强与条款要求的光强对比，表明其符合性，但实测光强必须是航行灯满足以下条件后测定的：

（Ⅰ）必须是装好了灯罩和滤色镜的新灯；

（Ⅱ）电源电压在飞机正常工作电压范围内；

（Ⅲ）通电后发光达到稳定值。

### 7.3.8 EH.1395 前、后航行灯的最大渗入光强

通过机上地面试验，对前、后航行灯在规定的 A 区、B 区内的渗入光强进行测量，以确认是否满足本条款要求。

为确保航行灯光强测定的有效性，应确认试验满足以下条件后才能进行光强的测定：

（a）机上安装的航行灯必须是装好了灯罩和滤色镜的新灯；

（b）航行灯电源电压在飞机正常工作电压范围内；

（c）航行灯通电后发光达到稳定值。

由供应商按下列条件之一提供设备合格性证明材料。

（a）CTSOA 复印件，最优先方式。

（b）对于 TSOA 设备，提供 CAAC 批准的 VDA 复印件；对于 ETSOA 设备，提供 CTSOA 复印件。

（c）对于随航空器型号合格审定一起批准的航行灯设备，提供满足本条要求的技术规范、试验大纲和报告等一系列材料，用实测光强与条款要求的光强对比，表明对其符合性，但实测光强必须是航行灯满足以下条件后测定的：

（Ⅰ）必须是装好了灯罩和滤色镜的新灯；

（Ⅱ）电源电压在飞机正常工作电压范围内；

（Ⅲ）通电后发光达到稳定值。

### 7.3.9 EH.1397 航行灯颜色规格

通过机上地面试验，对前、后航行灯的颜色色度值进行测量，确认其是否符合本条款要求。

由供应商按下列条件之一提供设备合格性证明材料。

（a）CTSOA 复印件，最优先方式。

（b）对于 TSOA 设备，提供 CAAC 批准的 VDA 复印件；对于 ETSOA 设备，提供 CTSOA 复印件。

（c）对于随航空器型号合格审定一起批准的航行灯设备，提供包括技术规范、试验大纲和报告等一系列材料，用实测的航行灯颜色色度坐标值与条款要求的相应色度坐标限值对比，得出满足本条款要求的结论。

### 7.3.10 EH.1399 停泊灯

本条款说明性文件涉及外部照明系统设计报告、停泊灯安装图纸，需对以下进行说明：停泊灯是否使用外部吊灯，停泊灯的安装位置是否能在绕旋翼航空器 360°的水平面内展现最亮的连续光。

如停泊灯存在可能的遮蔽角，需对遮蔽角进行分析，如遮蔽角分析报告表明即使有可能被遮挡，这种灯的阴影扇区也不超过 6°。

通过地面试验验证对 29.1399(a) 的符合性。

由供应商提供设备合格性证明材料，表明满足颜色和光强要求。

### 7.3.11 EH.1401 防撞灯系统

提供照明系统设计报告和防撞灯安装图样，表明：申请夜间运行的旋翼航空器，其安装有满足 CTSO-C96a 要求的经批准的防撞灯系统，防撞灯的安装不影响机组成员的视觉，同时还满足本条（b）～（f）款的要求。

进行遮蔽角分析，详细计算步骤可以参考 AC20-30B，可以通过比例图、电子样机或真实的航空器进行阴影区域的测量，验证遮蔽角总和是否超过 0.5 球面度。当安装有多个防撞灯时，需要分析重叠区的闪光频率，由于条款要求不大于 180 次/秒，选择防撞灯就需要考虑单个防撞灯的频率，避免超出条款要求。

对防撞灯进行地面安装测试，用于验证其是否满足规章要求。

进行试飞试验，由试飞机组对防撞灯的安装进行评定：

（a）在夜间飞行时，防撞灯的光线不得影响机组视觉；

（b）防撞灯不得影响航行灯的明显性。

由供应商按下列条件之一提供设备合格性证明材料。

(a) CTSOA 复印件，最优先方式。

(b) 对于 TSOA 设备，提供 CAAC 批准的 VDA 复印件；对于 ETSOA 设备，提供 CTSOA 复印件。

(c) 对于随航空器型号合格审定一起批准的防撞灯，提供包括技术规范、试验大纲和报告等一系列材料，并用实测光强、颜色、频率、技术方法等与条款要求对比。

# 7.4 条款解析

## 7.4.1 EH.1381 仪表灯

### 7.4.1.1 条款安全意图

29.1381 条对旋翼航空器仪表灯提出了“易于驾驶员观测和识别信息，同时避免驾驶员眼睛受到伤害”的具体要求，以保证安全运行。

### 7.4.1.2 条款实质要求

29.1381(a) 要求，安装的仪表灯必须保证驾驶员能在各种飞行条件下容易地观测和识别出仪表、开关或其他装置提供的所需信息。

29.1381(b) 要求仪表灯的安装应避免眩光对驾驶员的眼睛造成伤害。

### 7.4.1.3 条款关键点分析

29.1381(a) 要求，安装的仪表灯要使驾驶员能在各种飞行条件下容易地辨认仪表刻度、指针和字符，以及开关或其他装置的位置状态。这需要综合考虑下列各种因素：

(Ⅰ) 发光体的亮度或被照明区域的照度；

(Ⅱ) 颜色，包括被观察目标的颜色、照明的光色和色对比；

(Ⅲ) 对比，即被观察目标的亮度与背景亮度的对比以及照明的整体均匀性；

(Ⅳ) 大小，即被观察目标的几何形状和尺寸，以及与观察者眼睛之间的距离和视角；

(Ⅴ) 时间，即被观察目标运动的速度和注目观察的持续时间。

29.1381(b) 要求灯的安装应做到“遮蔽直射驾驶员眼睛的光线”，即应避免直射眩光。直射眩光按其影响程度可以分为以下三类。

第一类为不舒适眩光或心理眩光。由视线附近过亮的发光物引起，能使人感觉烦恼、不舒适，但不影响观察能力。

第二类为失能眩光或生理眩光。由视线附近过亮、大面积的发光物引起，会减小被识别物与背景物的对比度，使人丧失部分视功能。

第三类为失明眩光。由于光线太强，直射眼睛，当移开光源后，经过十几秒还看不清物体，造成短暂直射致盲。

此外 29.1381(b) 中还要求灯的安装要做到“使驾驶员看不到有害的反光”，即应避免间接眩光。间接眩光有两种：反射眩光和光幕反射。

可能产生眩光反应的原因有以下三种：

(Ⅰ) 由于高亮度刺激，使眼睛瞳孔缩小；

(Ⅱ) 由于角膜或晶状体等眼内组织产生光散射，在眼内形成光幕；

(Ⅲ) 由于视网膜受高亮度的刺激，使适应状态被破坏。

消除眩光的措施，除了在安装上采用遮光罩等手段遮蔽直射驾驶员眼睛的光线外，还应注意发光体与驾驶员眼睛的距离，发光面的形状、大小和亮度，环境的发射率，以及整个驾驶舱照明环境的均匀性均要适当。

## 7.4.2 EH.1383 着陆灯

### 7.4.2.1 条款安全意图和实质要求分析

#### 7.4.2.1.1 条款安全意图

第 29.1383 条提出了针对旋翼航空器着陆灯或悬停灯的具体要求，以保证其在不伤害驾驶员眼睛的情况下，为旋翼航空器夜间安全着陆和悬停提供足够的光线。

#### 7.4.2.1.2 条款实质要求

29.1383(a) 要求着陆灯（或悬停灯）设备必须经过局方批准方可安装。29.1383(b) 款规定了着陆灯（或悬停灯）在旋翼航空器上安装的最低性能要求，包括防止眩光、晕影，提供足够的光强。

29.1383(c) 要求十分明确，安装在同一处的几个着陆灯（或悬停灯）可以共用一个控制开关，而在不同处的着陆灯应各自单独设置开关。

#### 7.4.2.1.3 条款关键点分析

29.1383(a) 要求着陆灯（或悬停灯）设备必须经过局方批准，以此来确保从灯具本身上满足适航要求，着陆灯（或悬停灯）没有相关的 CTSO 标准，因此，设备可采用随旋翼航空器一起批准的方式获得批准。

29.1383(b) 规定了着陆灯（或悬停灯）在旋翼航空器上安装的最低性能要求，包括防止眩光、晕影，提供足够的光强，对足够光线的理解应充分考虑到着陆灯数量、照明覆盖及照度值等指标。

(a) 防止有害的眩光。旋翼航空器中，眩光一般是由灯、玻璃等透射或反射的光造成的，包括旋翼旋转的反射光。着陆灯功率很大，光强很强（一般大于 300000 坎），如果着陆灯安装不当，工作时可能产生有害的眩光，因此 29.1383(b)(Ⅰ) 要求着陆灯的安装必须做到使驾驶员看不到有害的眩光。

(b) 防止晕影的不利影响。晕影是指在光学中，出现图像周围的亮度或饱和度比中心区域低的现象。晕影是一个成像现象，几乎每一个光学系统都会有。晕影严重时会导致图像失真、模糊，影响驾驶员的视觉判断，并加速视觉疲劳。如果着陆灯安装不当，工作时同样可能产生严重的晕影现象，因此 29.1383(b)(Ⅱ) 要求着陆灯的安装必须做到使驾驶员不受晕影的不利影响。

(c) 提供足够的光强。着陆灯（或悬停灯）是旋翼航空器夜间运行必须安装的灯光照明设备之一，在起飞和着陆阶段以及能见度不高的条件下照亮跑道或着陆场地，供驾驶员观察。因此，着陆灯（或悬停灯）工作时必须提供足够的光强，通常的做法是选择大功率、高光强的着陆灯（或悬停灯）。

CCAR29 没有规定着陆灯（或悬停灯）的数量，但从运行安全角度考虑，为防止着陆灯（或悬停灯）故障导致丧失着陆照明，运行规则 CCAR91 部要求安装两个着陆灯（或悬停灯）（或一个灯内两个独立供电的灯丝）。着陆灯的安装设计可参考 SAEARP693 等。

29.1383(c) 要求十分明确，安装在同一处的几个着陆灯（或悬停灯）可以共用一个控制开关，而在不同处的着陆灯应各自单独设置开关，目的如下。

(a) 控制着陆灯（或悬停灯）的工作状态。着陆灯（或悬停灯）的功率很大，使用时产热很高。因此，在旋翼航空器的整个飞行过程中，仅在地面起飞前、滑跑前才打开，离地后关闭。旋翼航空器着陆时，最后进场阶段打开，落地后即关闭。

(b) 在着陆灯（或悬停灯）及其线路发生故障时，能及时切断供电，保护机上电路和其他着陆灯（或悬停灯）的正常工作。

#### 7.4.2.2 专用术语

(a) 着陆灯。航空器起飞和降落时用于跑道表面或着陆区域的照明，着陆灯可以是固定的，也可以是放出式的。

(b) 眩光。眩光是指视野范围内由于亮度分布和范围不适宜，或者在空间或时间上存在着极端的亮度对比而引起的一种不适的、降低观察能力的视觉状态或条件。一般是由灯、玻璃等透射或反射的光造成。眩光刺激眼睛，影响正常的视觉，并加速视觉疲劳，是影响照明质量的最重要因素之一。

### 7.4.3 EH.1385 航行灯系统的安装

#### 7.4.3.1 条款安全意图和实质要求分析

##### 7.4.3.1.1 条款安全意图

29.1385 条提出了针对旋翼航空器航行灯系统安装的要求，以保证航空器夜间安全飞行。

##### 7.4.3.1.2 条款实质要求

(a) 款是航行灯系统安装的总则条款。除满足本条 (b)～(e) 款的要求外，各航行灯系统作为整体还必须满足 29.1387～29.1397 条的要求。

(b) 款和 (c) 款分别对前、后航行灯的颜色、间距、安装位置及批准提出具体要求。

(d) 款要求对前、后航行灯设置单独的控制电路，以便操作。

(e) 款要求灯罩或滤色镜至少是抗燃的，另外还要求灯罩或滤色镜在正常工作中不会变色或变形，不会有任何明显的灯光透射损失，以满足相关要求。

##### 7.4.3.1.3 条款关键点分析

(a) 款是航行灯系统整体的安装要求，涉及其在旋翼航空器上的安装、灯光分布和光强及灯光颜色。

航行灯的主要功能是标识旋翼航空器外廓的大小、所在位置和运动方向，以便其他航空器的驾驶员发现后及时采取避让措施，防止航空器发生碰撞。

(b) 款和 (c) 款分别对前航行灯及后航行灯提出了要求。为了更好地体现旋翼航空器的轮廓，前航行灯横向间距要尽可能大，以展示航空器的最大横向尺寸，后航行灯要尽可能往后装，以展示旋翼航空器最大的长度尺寸。为了让有关人员能准确判别航空器所在的位置及运行方向，不致造成混乱，所有航空器的航行灯都布置为其左侧灯光为航空红色、右侧灯光为航空绿色、后部灯光为航空白色。

在夜间航行时，如果驾驶员看见同一高度有一架航空器，且只看到左绿右红，这说明对方正迎面飞来，有对撞危险，必须设法避开；如果只有一盏灯，说明对方在自己左侧或右侧；如果看到三盏灯，说明对方在自己上方或下方。后两种情况是没有危险的。

(b) 款和 (c) 款还要求前、后航行灯必须经批准，指的是经局方批准。CTSO-C30c 是航行灯的设备标准，应优先采用获得 CTSOA 的航行灯。对于未获得 CTSOA 的航行灯，可采用随旋翼航空器一起批准的方式获得批准，但必须满足 CTSO-C30c 的要求。

航行灯是旋翼航空器夜间运行的重要设备，运行时，只要航空器上还有人，无论航空器是在飞行状态还是在地面停放状态，都必须打开。因此，(d) 款要求对前、后航行灯设置单独的控制电路，以便操作。

航行灯有一定的光强要求，如在0°～10°不小于40坎，且长时间工作会产生一定热量，因此（e）款要求灯罩或滤色镜至少是抗燃的。另外，本款还要求灯罩或滤色镜在正常工作中不会变色或变形，不会有任何明显的灯光透射损失，这是因为变色后会导致不能满足29.1397条的颜色规定，变形和透射损失会导致不满足29.1391条和29.1393条最小光强的规定。

#### 7.4.3.2 专用术语

（a）抗燃。即阻燃，移除点火源后，超出安全限制范围时，不易受到火焰扩散点的影响而产生燃烧。

（b）滤色镜。能改变光谱成分的滤光镜。

## 7.4.4 EH.1387 航行灯系统二面角

### 7.4.4.1 条款安全意图和实质要求分析

#### 7.4.4.1.1 条款安全意图

29.1387条提出针对航行灯系统在规定的二面角内的具体照明要求，保证旋翼航空器夜航安全。

#### 7.4.4.1.2 条款实质要求

29.1387条要求除后航行灯允许有0.04球面度的遮蔽角外，其他航行灯必须在规定的二面角内显示无间断的灯光。

#### 7.4.4.1.3 条款关键点分析

29.1387(a) 要求前、后航行灯在规定的二面角内，必须发出不间断的灯光，也就是光源自身中间没有暗区或者没有被旋翼航空器的结构遮挡。

二面角：一个半平面绕其界限旋转到一定位置所得到的图形，或者从一条直线出发的两个半平面所组成的图形。

划分二面角的目的是：

(a) 便于驾驶员在夜间目视以判断旋翼航空器的航向，在驾驶员左侧最远处是红灯，右侧最远处是绿灯，机尾最远处是白灯；

(b) 便于准确控制、检查及度量航行灯系统的灯光分布及光强，二面角的划分实质上是将旋翼航空器周围360°空间分为三个区域。

由于后航行灯的安装可能存在小范围遮蔽情况，为了和后面规则对应，故（a）款提出“除本条（e）规定者外”的说法。

29.1387(b)～(d) 定义了旋翼航空器二面角划分方法：以水平放置的旋翼航空器的重心为原点，过旋翼航空器对称中心线顺航向的垂面为0°，与向其各110°的垂面构成旋翼航空器左右两侧各110°的两个空间，左侧就是29.1387(b) 规定的左二面角（L）。右二面角(R) 的划分方法和左二面角相同，只不过取右侧。后二面角（A）的划分方法同左、右二面角，只不过是向后140°的空间。

29.1387(e) 对后航行灯的遮蔽做出规定，允许后航行灯有部分遮蔽，但被遮蔽部分仅限于以后航行灯为顶点与过该灯的垂直线成30°的母线所围的圆锥体区域内，且总的遮蔽立体角不超过0.04球面度。

### 7.4.4.2 专用术语

(a) 二面角。一个半平面绕其界限旋转到一定位置所得到的图形，或者从一条直线出发的两个半平面所组成的图形叫二面角。

（b）立体角。一个锥面所围成的空间部分称为立体角。立体角是以锥的顶点为心，半径为 1 的球面被锥面所截得的面积来度量的，度量单位称为“立体弧度（球面度）”。

（c）球面度。以球心为顶点，在球的表面切割等于球半径平方的面积的立体角。

## 7.4.5 EH.1389 航行灯灯光分布与光强

### 7.4.5.1 条款安全意图和实质要求分析

#### 7.4.5.1.1 条款安全意图

29.1389 条提出了针对航行灯灯光分布和光强的具体要求，以利于驾驶员夜间目视观察，保证旋翼航空器安全运行。

#### 7.4.5.1.2 条款实质要求

29.1389 条规定了光强测定的具体条件及前、后航行灯灯光分布和光强必须满足 29.1391 条的水平平面内的最小光强、29.1393 条任意垂直平面内的最小光强和 29.1395 条最大渗入光强的要求，但是当主光束的光强远大于 29.1391 条和 29.1393 条中规定的最小值时，如果与主光束光强相比，渗入光强对主光源清晰度无不利影响，则可允许有更大的渗入光强。

#### 7.4.5.1.3 条款关键点分析

安装航行灯的目的是便于驾驶员在夜间飞行时目视观察和判断旋翼航空器的航向，只有合理的灯光分布和足够光强，才有利于驾驶员观察。

29.1389(a) 规定了光强测量的具体条件，目的是保证航行灯光强的测量结果与安装在旋翼航空器上的真实情况相吻合。在测量光强时，航行灯必须具备的条件为：

（a）应和旋翼航空器上预期安装的灯一样，且是一个装有灯罩和滤色镜的完整新灯；

（b）航行灯的电源电压等同于旋翼航空器上的正常工作电压；

（c）通电后等航行灯发光稳定后才能进行测量。

29.1389(b) 实际上是引用了 29.1391 条、29.1393 条和 29.1395 条的有关光强测量的具体规定，详见 29.1391 条、29.1393 条和 29.1395 条的解读。

需要强调的唯一例外是：当主光束的光强远大于第 29.1391 条和第 29.1393 条中规定的最小值时，如果与主光束光强相比，渗入光强对主光源清晰度无不利影响，则可允许有更大的渗入光强。

这样规定的目的是，确保渗入的光强不会对主光束清晰度产生有害的影响。需注意这里的计算应采用光强峰值。

### 7.4.5.2 专用术语

（a）光强。发光强度的简称，是光源在单位立体角内辐射的光通量，国际单位是 candela（坎德拉），符号 cd。

（b）光通量。指用于表示辐射功率经过人眼的视见函数影响后的光谱辐射功率大小的物理量，单位为流明（lm）。

（c）渗入光。所谓渗入光就是在本色光（即主光源）内混入了异色光（邻近光源的光）。

## 7.4.6 EH.1391 前、后航行灯水平平面内的最小光强

### 7.4.6.1 条款安全意图和实质要求分析

#### 7.4.6.1.1 条款安全意图

第 29.1391 条提出了针对旋翼航空器前、后航行灯水平平面内的最小光强要求，以利于

驾驶员夜间目视观察，保证旋翼航空器安全运行。

7.4.6.1.2　条款实质要求

本条款中提出了航行灯水平平面各角度范围内的最小光强要求，为判断供应商提供的航行灯是否满足要求给出了明确的判决，以便于航行灯的选择。

7.4.6.1.3　条款关键点分析

安装航行灯的目的是便于驾驶员夜间飞行时目视观察和判断旋翼航空器的航向，只有合理的灯光分布和足够光强，才有利于驾驶员观察。

对于前航行灯，在0°～110°的范围内随角度的增大，光强值的要求逐渐减小，其中0°～10°要求40坎德拉，10°～20°要求30坎德拉。这是因为在同一水平高度下，这两个角度范围内迎面飞行的两架旋翼航空器发生空中相撞的可能性最高，所以要求光强最大，从而保证在更远的距离内驾驶员能观察到对面的旋翼航空器，为驾驶员采取必要的规避动作提供更加充裕的时间。在20°～110°的范围内，即使看不到对方灯光，也不会发生会聚飞行，所以光强值要求很小，仅5坎德拉。

对于后航行灯，在其140°范围内的最小光强值要求都相同，均为20坎德拉。

条款中给出各角度范围内的最小光强，为判断供应商提供的航行灯是否满足条款要求给出了明确的判决，便于选择相应的机载航行灯。

### 7.4.6.2　专用术语

光强：发光强度的简称，是光源在单位立体角内辐射的光通量，国际单位是candela（坎德拉），符号为cd。

## 7.4.7　EH.1393前、后航行灯任一垂直平面内的最小光强

### 7.4.7.1　条款安全意图和实质要求分析

7.4.7.1.1　条款安全意图

第29.1393条提出了针对旋翼航空器前、后航行灯任意垂直平面内的最小光强要求，以利于驾驶员夜间目视观察，保证旋翼航空器安全运行。

7.4.7.1.2　条款实质要求

本条款中提出了航行灯任意垂直平面各角度范围内的最小光强要求，为判断供应商提供的航行灯是否满足要求给出了明确的判决，以便于航行灯的选择。

7.4.7.1.3　条款关键点分析

安装航行灯的目的是便于驾驶员夜间运行目视观察和判断旋翼航空器的航向，只有合理的灯光分布和足够光强，才有利于驾驶员观察。

条款中$I$为29.1391条中规定的该水平平面内相应角度的最小光强，29.1391条规定的左、右航行灯最小光强分为3个范围，分别是0°～10°（40坎），10°～20°（30坎），20°～90°（5坎），因此，换算后的最小光强见表7-43。

表7-43　换算后的最小光强

| 自水平平面向上或向下的角度/度 | 光强/坎 |
|---|---|
| 0 | 40 |
| 0～5 | 36 |
| 5～10 | 32 |
| 10～15 | 21 |

续表

| 自水平平面向上或向下的角度/度 | 光强/坎 |
| --- | --- |
| 15～20 | 15 |
| 20～30 | 1.5 |
| 30～40 | 0.5 |
| 40～90 | 0.25 |

垂直平面的光强，在向上或向下的角度内，光强要求对称且逐渐减小，其逐渐减小的理由同 29.1391 条。

条款中给出了各角度范围内的最小光强，为判断供应商提供的航行灯是否满足条款要求给出了明确的判据，便于选择相应的机载航行灯。

#### 7.4.7.2 专用术语

光强：发光强度的简称，是光源在单位立体角内辐射的光通量，国际单位是 candela（坎德拉），符号 cd。

### 7.4.8 EH.1395 前、后航行灯的最大渗入光强

#### 7.4.8.1 条款安全意图和实质要求分析

##### 7.4.8.1.1 条款安全意图

29.1395 条提出了针对旋翼航空器前、后航行灯最大渗入光强要求，以利于驾驶员夜间目视观察，保证旋翼航空器安全运行。

##### 7.4.8.1.2 条款实质要求

本条款中提出了航行灯最大渗入光强要求，为判断供应商提供的航行灯是否满足要求给出了明确的判决，以便于航行灯的选择。

##### 7.4.8.1.3 条款关键点分析

本条款要求 A 区和 B 区内渗入光强不得超过条款表中的规定值，作为例外，当主光束的光强远大于 29.1391 条和 29.1393 条中规定的最小值时，如果与主光束光强相比，渗入光强对主光源清晰度无不利影响，则可允许有更大的渗入光强［见 29.1389(b)(Ⅲ)］。

渗入光是指在本色光（即主光源）内混入的异色光（邻近光源的光）。本条款规定了前、后航行灯在 A 区和 B 区内的最大渗入光强，目的是保证邻近光源的光线射入驾驶员的眼中时，不会干扰对主光源的判断。

航行灯系统分三个颜色区，因此就有 6 个渗入光区域。按渗入光的大小分，每个渗入光区域又分三个区：A 区，B 区，未规定区。这些区域的划分是以光源为角度的顶点，以共同边界面为 0°，在本色光（即主光源）区域内 10°～20°范围内作为渗入光的 A 区，20°以外作为渗入光的 B 区，0°～10°内未对渗入光做出限制性要求。

条款中给出了各区域范围内的最大渗入光强，为判断供应商提供的航行灯是否满足条款要求给出了明确的判据，便于选择相应的机载航行灯。

#### 7.4.8.2 专用术语

(a) 光强：是光源在单位立体角内辐射的光通量。

(b) 渗入光：是指在本色光（即主光源）内混入的异色光（邻近光源的光）。

### 7.4.9 EH.1397 航行灯颜色规格

#### 7.4.9.1 条款安全意图

第 29. 1397 条提出了针对旋翼航空器航行灯颜色规格要求，以利于驾驶员夜间目视观察，保证旋翼航空器安全运行。

#### 7.4.9.2 条款实质要求

本条款要求旋翼航空器上的航行灯必须满足国际照明委员会规定的红、绿、白三种颜色色度坐标的定量标准，为判断供应商提供的航行灯是否满足要求给出了明确的判决，以便于航行灯的选择。

#### 7.4.9.3 条款关键点分析

由于心理和生理方面的影响，人对颜色的感官不会完全相同，即使是正常视觉的人眼判断也不完全相同。要定量地对一种颜色进行描述，并用物理方法代替人眼来测量颜色，就要用到色度坐标值。本条款对航行灯的红、绿、白三色的标准给出了定量的规定，其标准采用的是国际照明委员会（CIE）规定的色度坐标值。本条款之所以将航行灯定义为航空红色、航空绿色和航空白色三种不同的颜色，主要是考虑在夜间飞行时，需要装三个用来标识航空器的外廓大小，前航行灯必须由红色和绿色组成，横向间距尽可能大，展示航空器的最大横向尺寸，后航行灯必须为白色，尽可能往后装，即左红右绿尾白。

航向灯使用红色，是因为人的视网膜含有杆状和三种锥状感光细胞，对红光最敏感，此外，红光的穿透力最强，其他颜色的光很容易被散射，在雾天里不容易看到，而红光最不容易被散射，即使能见度很低，也很容易被看见。

航空红色坐标：

“y”不大于 0. 335；

“z”不大于 0. 002。

航行灯使用绿色原因同红色。

航空绿色坐标：

“x”不大于“0. 440－0. 320y”；

“x”不大于“y－0. 170”；

“y”不小于“0. 390－0. 170x”。

使用白色航向灯可能对某些航空器产生后向散射，但是亮度可增加 3～5 倍，可以通过对灯进行重新定位、恰当的遮蔽等方法来解决此散射问题。

航空白色坐标：

“x”不小于 0. 300 且不大于 0. 540；

“y”不小于“x－0. 040”或“$y_0$－0. 010”，取小者；

“y”不大于“x＋0. 020”，也不大于“0. 636－0. 400x”。

此外，左红右绿尾白可以标识航空器的运行方向，使得其他航空器驾驶员能准确判别航空器的所在位置和运动方向：如果驾驶员能同时看见三盏灯，这说明在自己上空或下方有旋翼航空器在飞行，这时是没有危险的。如果能看到红色和绿色的航行灯，说明有一架旋翼航空器正在迎面飞来，有对撞的危险，要设法避。如果只能看到一盏红灯或绿灯，则说明在左侧或右侧有旋翼航空器在飞行，只要不偏离航线是不会相撞的。

## 7.4.10 EH.1399 停泊灯

### 7.4.10.1 条款安全意图和实质要求分析

#### 7.4.10.1.1 条款安全意图

29.1399条提出了针对旋翼航空器停泊灯的具体要求，以保证旋翼航空器水上作业的安全。

#### 7.4.10.1.2 条款实质要求

29.1399条实质要求为旋翼航空器两栖作业而安装的停泊灯，其发出的灯光应在晴朗的夜晚，至少两海里范围内可见，并且要求尽可能显示最大无间断的白光，以使降落在水面的旋翼航空器能被其他船只看到，从而保证旋翼航空器水上作业安全。

#### 7.4.10.1.3 条款关键点分析

29.1399(a) 对停泊灯的安装提出如下要求。

(a) 大气洁净指能见度不受限制，即能见度不受雾、降雪、暴风雨、暴风沙或其他类似因素所限制。

(b) 必须是白光灯，颜色符合美国联邦规章法典33CFR中84.13条灯光颜色规范。

(c) 根据33CFR中84.15条定义的所需光强必须满足在晴朗的夜晚两海里范围内可见，由最小光强的计算公式可以得出停泊灯的最小光强为4.3坎。

(d) 安装的灯能在绕旋翼航空器360°的水平面内展现最亮的连续光，即使有可能被遮挡，这种灯的阴影扇区也不应超过6°。

(e) 此外灯的安装还应满足29.1309(b) 的故障要求，即停泊灯发生故障不会对旋翼航空器造成危害。

29.1399(b) 规定在选装停泊灯时允许使用外部吊灯，符合方法之一是使用经美国海岸警卫队（USCG）批准的、其亮度和外挂点都合适的全景灯。

### 7.4.10.2 专用术语

(a) 大气洁净。指能见度不受限制，即能见度不受雾、降雪、暴风雨暴风沙或其他类似因素所限制。

(b) 停泊灯。停泊灯是为满足旋翼航空器两栖作业要求而安装的，这种灯的作用是在旋翼航空器降落在水面时使其他船只在夜间能看到它。

## 7.4.11 EH.1401 防撞灯系统

### 7.4.11.1 条款安全意图和实质要求分析

#### 7.4.11.1.1 条款安全意图

29.1401条提出了针对旋翼航空器防撞灯系统的具体要求，以保证旋翼航空器夜间航行的安全。

#### 7.4.11.1.2 条款实质要求

本条款对申请夜间航行合格审定的旋翼航空器的防撞灯系统的安装、组成、作用范围、闪光特性、颜色、有效光强等方面提出了具体要求，以满足旋翼航空器夜间航行的要求。

#### 7.4.11.1.3 条款关键点分析

(a) 款为总则性要求，其要求必须安装经过批准的防撞灯系统，且为使其发射的光线不会对机组人员的视觉造成不利影响，同时也不会损害航行灯，使其不再具有醒目的显示，应选择合适的安装位置。并要求满足本条（b）～（f）的要求。

（b）款要求在考虑旋翼航空器外形结构和飞行特性的情况下，配备的防撞灯的数量必须保证照亮旋翼航空器周围的重要区域。此外规定了以下防撞灯灯光的最小作用范围：

（Ⅰ）旋翼航空器水平平面上下各30°范围内的所有方向；

（Ⅱ）允许有被遮蔽的立体角，其总和不超过0.5球面度。

（c）款对防撞灯系统的闪光特性提出明确要求。闪光特性主要由有效闪光频率来表征。有效闪光频率是指在适当的距离内观察到的旋翼航空器整个防撞灯系统明显闪光的频率，不是指单独一个防撞灯的发光频率。

灯光闪烁的目的是醒目，警告其他旋翼航空器及时采取措施躲避。经研究表明，有效闪光频率的最佳值为90次/分钟，这样能在一定的亮度下，在一定的距离内醒目地观察到预期闪烁的效果。若有效闪光频率太低，则会降低其醒目程度，若太高，以致超出闪烁临界值，则会由于视觉暂留效应而失去闪烁的效果。因此，规定防撞灯的有效闪光频率为40～100次/分钟，重叠区域内，闪光频率可以超过100次/分钟，但不能大于180次/分钟。

（d）款规定防撞灯的光色必须为航空红色，而且必须满足航空红色的色度坐标值。这是由于白灯在夜间可能会产生不良的驾驶舱反光，并且与云层相似，所以从1976年第29-11修正案修订后开始使用红色防撞灯来回避灯光的座舱反射等不良影响。

（e）款对防撞灯系统的光强作了具体的规定，为判明防撞灯效果而采用有效光强，以及最小有效光强的规定。由于防撞灯是时亮时灭的，除了规定其闪光频率外，对其光强还应做出规定。有效光强由下列公式定义。

$$I_e=\frac{\int_{t_1}^{t_2} I(t)\mathrm{d}t}{0.2+(t_2-t_1)}$$

式中，$I_e$为有效光强，坎；$I(t)$为时间函数的瞬时光强；$t_2-t_1$为闪光持续时间，秒。

（f）款规定了防撞灯的最小有效光强，要求上面计算所得的有效光强$I_e$的最大值不得小于该款中给出的最小有效光强。因空中旋翼航空器交会时容易发生碰撞的区域主要是旋翼航空器水平面上下一定的范围，所以对防撞灯光强的分布要求是以旋翼航空器水平面为基准向上、向下的角度来规定的。防撞灯在水平面向上或向下30°内（0°～5°，5°～10°，10°～20°，20°～30°），其有效光强分别不小于150坎、90坎、30坎、15坎。

#### 7.4.11.2 专用术语

有效闪光频率：指从远处看到整个旋翼航空器防撞灯系统的闪光频率。

## 7.5 符合性验证方法和审查要点

### 7.5.1 EH.1381 仪表灯

#### 7.5.1.1 国内外符合性验证方法分析

##### 7.5.1.1.1 FAAAC相关分析

FAA颁布过3项与FAR29.1381相关的咨询通告，如表7-44所示。

表 7-44 FAR29.1381 相关咨询通告

| 咨询通告编号 | 标题名称 | 生效时间 | 有效性 |
| --- | --- | --- | --- |
| AC29-2A | Certification of Transport Category Rotorcraft | 1987.9.16 | 无效 |
| AC29-2B | Certification of Transport Category Rotorcraft | 1997.7.30 | 无效 |
| AC29-2C | Certification of Transport Category Rotorcraft | 2018.7.2 | 有效，适用于当前有效的 CCAR29 要求 |

现行有效的 AC29-2C Change8 中的 AC29.1381，是针对 FAR29.1381 初版条款要求所颁布的咨询通告，虽经由 AC29-2B 到 AC29-2C 的升版和历次更改，但其内容始终与自 1997 年 7 月 30 日生效的 AC29-2B 中相应 AC 保持一致。我国当前有效的 CCAR29.1381 与 FAR29.1381 初版保持一致，所以目前有效的 AC29-2C-Chg8 中的 AC29.1381 是适用于我国当前有效的 CCAR29.1381 要求的。

AC29.1381(a) 指出本条为仪表照明系统提供了最低性能标准，在适当的情况下，29.1309(a)(b) 可用于对仪表照明系统设备和系统失效进行评估。

AC29.1381(b) 详细说明保证仪表灯系统的可用性和易于判读的具体方法，失效影响减到最小的具体方法。阐述了本条款的符合性验证方法——驾驶员试飞评定及通过遮暗驾驶舱进行地面模拟评定。

7.5.1.1.2 FAA 和 EASA 差异分析

根据 CS-29 BOOK2 的规定，现行有效的 CS29.1381 的可接受的符合性验证方法（AMC）与 FAAAC29-2C-Change7（2016 年 2 月 4 日）的 AC29.1381 保持一致，而 FAAAC29-2C-Change7 与现行有效的 AC29-2C-Change8 的 AC29.1381 无差异，所以针对 29.1381 条要求的符合性验证方法，FAA 和 EASA 无差异。

7.5.1.1.3 经验教训和风险分析

对于申请人采用设计图作为验证支持性文件进行 MC1 符合性说明的，由于保密等因素不便网上提交适航部门审查的，审查人员可以到申请人设计部门去审查，如有必要，还可到在审航空器上进行 MC7 工程符合性检查，以审查仪表照明系统的可用性。

通常情况下，可以通过其他试飞验证项目如航空器驾驶舱评审、人机工效试飞和人机工效符合性说明等对航空器照明系统（照明系统作为其一个分项）进行验证，不必进行单独的照明系统的试飞验证。

### 7.5.1.2 符合性验证工作流程及具体要求

(a) MC1 设计评审。通过系统设计说明、系统原理图及安装图等说明性文件，阐述仪表照明系统的设计方案，包括：

(Ⅰ) 主、辅照明系统的组成，选型及其安装位置，灯光所覆盖的区域，以说明仪表照明系统的可用性；

(Ⅱ) 仪表灯在安装上采用的消除眩光的措施，除了在安装上采用遮光罩等手段遮蔽直射驾驶员眼睛的光线外，还应注意发光体与驾驶员眼睛的距离，发光面的形状、大小和亮度，环境的发射率，以及整个驾驶舱照明环境的均匀性等均要适当，以避免驾驶员眼睛受到伤害；

(Ⅲ) 仪表照明系统隔离措施，如驾驶员仪表板上的操纵器件与副驾驶员仪表板隔开，而这两块仪表板又都与中央仪表板隔开，使发生单个故障不会引起任何仪表或驾驶舱区域的主照明和辅助照明都失效，以满足为仪表、开关以及其他装置提供连续照明的需要；

(Ⅳ) 仪表照明灯光颜色的选择，所选择的灯光颜色应使仪表的色标易于识别；

（Ⅴ）仪表照明系统的亮度、对比度调节的范围等，以表明所提供的照明能满足判读仪表、开关或其他装置的需要。

（b）MC5 相关产品上的地面试验。通过白天遮蔽驾驶舱后或夜间进行机上仪表照明系统试验，对驾驶舱仪表灯的照明效果进行整体评估，将仪表照明系统置于正常状态、应急状态和不同的故障状态，以验证在正常/应急状态下以及可能的故障状态下，每个仪表、开关和控制装置是否易于判读和识别，同时审查驾驶舱仪表照明能否遮住直射驾驶员眼睛的光线，且是否存在有害的反光。

（c）MC6 飞行试验。通过飞行试验（含夜航），试飞驾驶员进行以下内容的评定：

（Ⅰ）驾驶舱仪表照明系统在正常照明状态下，能否遮住直射光，是否存在有害的反光；

（Ⅱ）在可能的故障状态下，仪表、开关或其他装置是否易于判读。

#### 7.5.1.3 符合性验证资料

对于 CCAR29. 1381 各款的验证，可根据采用的符合性验证方法（MOC）从表 7-45 中选择适合的符合性验证资料。

表 7-45 CCAR29. 1381“仪表灯”的符合性验证资料

| 规章要求 | MOC | 符合性资料 |
|---|---|---|
| (a)所照明的每个仪表、开关或其他装置易于判读 | 1<br>1<br>5<br>6 | 仪表照明系统设计说明书<br>仪表照明系统设计原理图、安装图仪表照明系统地面试验大纲和报告<br>仪表照明系统飞行试验大纲和报告 |
| (b)灯的安装应做到：<br>(Ⅰ)遮蔽直射驾驶员眼睛的光线；<br>(Ⅱ)使驾驶员看不到有害的反光 | 1<br>5<br>6 | 仪表照明系统设计说明书<br>仪表照明系统地面试验大纲和报告<br>仪表照明系统飞行试验大纲和报告 |

#### 7.5.1.4 审定要点

审查中需要关注的一般要素和审查重点如下：驾驶员对仪表灯的评定是否满意。

## 7.5.2 EH.1383 着陆灯

### 7.5.2.1 国内外符合性验证方法分析

7.5.2.1.1 FAA AC 相关分析

FAA 颁布过 3 项与 FAR29. 1383 相关的咨询通告，如表 7-46 所示。

表 7-46 FAR29. 1383 相关咨询通告

| 咨询通告编号 | 标题名称 | 生效时间 | 有效性 |
|---|---|---|---|
| AC29-2A | Certification of Transport Category Rotorcraft | 1987. 9. 16 | 无效 |
| AC29-2B | Certification of Transport Category Rotorcraft | 1997. 7. 30 | 无效 |
| AC29-2C | Certification of Transport Category Rotorcraft | 2018. 7. 2 | 有效，适用于当前有效的 CCAR29 要求 |

现行有效的 AC29-2C-Change8 中的 AC29. 1383，是针对 FAR29. 1383 初版条款要求所颁布的咨询通告，虽经由 AC29-2B 到 AC29-2C 的升版和历次更改，但其内容始终与自 1997 年 7 月 30 日生效的 AC29-2B 中相应 AC 保持一致。

AC29. 1383(a) 对 FAR29. 1383 条款进行了总结性说明，指出着陆灯的合格审定除了必须执行本条规定外，还应满足其他运行规则的附加要求，对于其失效应满足 FAR29. 1309(b) 款的规定。

AC29. 1383(b) 表明了本条款的符合性验证方法——驾驶员试飞评定，着重说明对收藏式着陆灯组件安装的评定应注重的方面，指出应考虑着陆灯接触燃油雾气的可能性及必要时应采用经爆破试验合格的着陆灯组件。除此之外，还应审查其安装，以确定是否有任何单个故障能使处在收藏位置的着陆灯发亮。如果收藏时会亮，就应考虑邻近区域过热或着火的可能性。

虽然我国当前有效的 CCAR29. 1383 与 FAR29. 1383 初版条款要求在（a）款有所差异，但 AC29. 1383 中并没有对 FAR29. 1383(a) 做具体的解释和说明，所以目前有效的 AC29-2C-Chg8 中的 AC29. 1383 是适用于我国当前有效的 CCAR29. 1383 要求的。

7. 5. 2. 1. 2　FAA 和 EASA 差异分析

根据 CS-29 BOOK2 的规定，现行有效的 CS29. 1383 的可接受的符合性验证方法（AMC）与 FAAAC29-2C-Change7（日期为 2016 年 2 月 4 日）的 AC29. 1383 保持一致，而 FAAAC29-2C-Change7 与现行有效的 FAAAC29-2C-Change8 的 AC29. 1383 无差异，所以针对 29. 1383 条要求的符合性验证方法，FAA 和 EASA 无差异。

7. 5. 2. 1. 3　经验教训和风险分析

对于申请人采用设计图作为验证支持性文件进行 MC1 符合性说明的，由于保密等因素不便网上提交适航部门审查的，适航审查人员可以到申请人设计部门去审查，如有必要，还可到在审航空器上进行 MC7 工程符合性检查，以审查着陆灯或悬停灯的可用性及其控制开关的安装是否满足本条款的要求。

### 7.5.2.2　符合性验证工作流程及具体要求

（a）MC1 设计评审。

（Ⅰ）以系统设计方案，阐述着陆灯（或悬停灯）的工作原理、组成、数量、安装位置、工作和操作方式以及故障提示，以表明着陆灯（或悬停灯）的安装和使用满足本条款的要求。

（Ⅱ）以系统相关的安装图、布线图作为符合性说明的验证支持性文件，阐述着陆灯（或悬停灯）的安装位置、电气布线以及开关控制，以表明着陆灯（或悬停灯）控制开关的配置满足本条款要求，同时明确着陆灯（或悬停灯）远离燃油雾气等区域。

（b）MC3 安全评估。按照 29. 1309(b) 的要求对安装于航空器的着陆灯失效状态及影响进行评估。对于安装了可收放式的着陆灯，首先应对其收放机构进行分析，以确定是否有任何单个故障能使处在收藏位置的着陆灯发亮。如果收藏时会亮，应对着陆灯安装位置进行分析，分析其邻近区域过热或着火的可能性，以表明着陆灯故障产生的热量不会危及旋翼航空器的安全。

（c）MC6 飞行试验。着陆灯的性能要求通常由试飞驾驶员来评定，并且常列入型号检查核准书，以作为进行夜间评定的一部分；夜航飞行过程中，分别在着陆灯（悬停灯）单独工作和同时工作状态下，验证其是否能为直升机夜间飞行（包括着陆和悬停）提供充足的光线，同时验证驾驶员是否能看到有害的眩光，是否会受到晕影的不利影响。

（d）MC9 设备鉴定。供应商按照适航部门可接受的着陆灯（或悬停灯）技术规范的要求，编制试验大纲，进行试验室试验，进行光强、功率、环境试验项目的测试，测试得到的各项目数据应在着陆灯（或悬停灯）技术规范规定的范围内。

如果旋翼航空器安装了可收放式着陆灯，还应考虑它接触燃油雾气的可能性，通常要求供应商提供着陆灯组件的爆破试验合格证明文件。

### 7.5.2.3 符合性验证资料

对于 CCAR29. 1383 各款的验证，可根据采用的符合性验证方法（MOC）从表 7-47 中选择适合的符合性验证资料。

表 7-47 CCAR29. 1383“着陆灯”的符合性验证资料

| 规章要求 | MOC | 符合性资料 |
|---|---|---|
| (a)每个着陆灯或悬停灯必须经过批准 | 9 | 着陆灯(或悬停灯)合格证明文件 |
| (b)每个着陆灯安装必须做到：<br>(Ⅰ)使驾驶员看不到有害的眩光；<br>(Ⅱ)使驾驶员不受晕影的不利影响；<br>(Ⅲ)为夜间操作(包括着陆和悬停)提供足够的光线 | 1<br>1<br>6<br>3 | 着陆灯(或悬停灯)系统设计方案<br>着陆灯(或悬停灯)系统设计图<br>飞行试验大纲和报告<br>着陆灯安全性评估报告 |
| (c)对下列情况必须至少有一个单独的开关(视适用情况)：<br>(Ⅰ)单独安装的每个着陆灯；<br>(Ⅱ)装在同一部位的每组着陆灯 | 1<br>1 | 着陆灯(或悬停灯)系统设计方案<br>着陆灯(或悬停灯)系统设计图 |

### 7.5.2.4 审定要点

审查中需要关注的一般要素和审查重点如下：

(a) 着陆灯（或悬停灯）是否经过批准；

(b) 着陆灯（或悬停灯）工作时是否会产生有害的眩光和晕影；

(c) 着陆灯（或悬停灯）提供的亮度是否足够；

(d) 着陆灯（或悬停灯）的开关设置是否符合本条款（c）的要求。

## 7.5.3 EH.1385 航行灯系统的安装

### 7.5.3.1 国内外符合性验证方法分析

#### 7.5.3.1.1 FAAAC 相关分析

FAA 颁布过 3 项与 FAR29. 1385 相关的咨询通告，如表 7-48 所示。

表 7-48 FAR29. 1385 相关咨询通告

| 咨询通告编号 | 标题名称 | 生效时间 | 有效性 |
|---|---|---|---|
| AC29-2B | Certification of Transport Category Rotorcraft | 1997. 7. 30 | 无效 |
| AC29-2C | Certification of Transport Category Rotorcraft | 2018. 7. 2 | 有效，适用于当前有效的 CCAR29 要求 |
| AC20-74 | Aircraft Position and Anticollision Light Measurements | 1971. 7. 29 | 有效，适用于当前有效的 CCAR29 要求 |

(a) 现行有效的 AC29-2C-Chang8 中的 AC29. 1385 及现已取消的 AC29-2B 中的第 37 部分的 670-29. 1385 均是针对 FAR29. 1385 初版条款要求所颁布的咨询通告，其明确要求咨询通告的具体内容参考 AC20-74，因此 AC20-74 应适用于 FAR29. 1385 初版条款要求。

(b) 咨询通告 AC20-74 中与航行灯测量有关的内容。

(Ⅰ) 测量设备。本 AC 在第 2 章分别对航行灯光强测量设备和颜色测量设备进行了介绍。

（Ⅱ）航行灯的适航要求。详见本 AC 第 3 章测量数据的第一部分总则。

本部分明确指出旋翼航空器航行灯的适航要求由 FAR29. 1385～29. 1397 给出。

（Ⅲ）光强测量数据。详见本 AC 第 3 章测量数据的第二部分航行灯数据-光强。

光强的测量需要如第 2 章所述的光强测量设备。

本部分用在光度试验室中所做的前红色和绿色航行灯、后白色航行灯的光强试验的典型记录，表明光强试验实测数据应覆盖的范围。除此之外，还要求对覆盖范围进行目视检查，以确定是否有肉眼观察到的可疑阴影或区域。如果注意到任何这样的有问题的区域，就应该对这些区域进行进一步的测量，以证明航行灯有满意的覆盖范围。对光强测量的试验室报告应包括的内容进行了详细的描述。

（Ⅳ）颜色测量数据。详见本 AC 第 3 章测量数据的第二部分航行灯数据-颜色。

本部分对航行灯颜色测量所需设备、表明颜色符合性的形式、附带数据的试验室报告的内容等给出了如下具体的要求：

颜色：航行灯颜色测量需要如第 2 章所述的设备。应以色度坐标（$x,y,z$）形式表明航空绿色的符合性。应由同一类型的数据或由可选的亮度计和过滤方法来表明航空红色的符合性。当使用分光光度法程序时，数据应包括如本 AC 表 2. 1 所示的计算表。附带数据的试验室报告应至少包括以下内容。

（ⅰ）试验设备清单，如适用，应注明校准日期。

（ⅱ）使用红色玻璃时，数据应包括颜色测量时的灯罩温度和相对于温度的颜色特性。红色玻璃数据还应包括以下内容。

在装有红色灯罩的情况下进行测量，以证明当玻璃的外部温度为 78F°时，颜色将在限制范围内。

如果进行色度坐标测量，测量值应调整到与外罩玻璃温度 78F°相对应的值。

（ⅲ）获取颜色数据的过程描述。需要一张试验装置的简图。

当前有效的 FAR29. 1385 为初版颁布的条款要求，我国当前有效的 CCAR29. 1385 与 FAR29. 1385 初版条款要求保持一致。本 AC20-74 自 1971 年 7 月 29 日生效以来，一直沿用至今，在对当前有效的 FAR 中 29. 1391～29. 1397 条的符合性进行验证时，可选择应用以上 AC20-74 航行灯光强、颜色测量设备及测量数据部分的内容，因此 AC20-74 适用于当前有效的 FAR 中 29. 1391～29. 1397 条要求，由 29. 1391～29. 1397 条与 29. 1385 条的关系推断，AC20-74 同样也适用于当前有效的 FAR29. 1385 和 CCAR29. 1385 条要求。并以此推断 AC29-2C-Chg8 中的 AC29. 1385 也是适用当前有效的 FAR29. 1385 条款和 CCAR29. 1385 条款要求。

#### 7. 5. 3. 1. 2　FAA 和 EASA 差异分析

根据 CS-29 BOOK2 的规定，现行有效的 CS29. 1385 的可接受的符合性验证方法（AMC）与 FAAAC29-2C-Change7（日期为 2016 年 2 月 4 日）的 AC29. 1385 保持一致，而 FAAAC29-2C-Change7 与现行有效的 FAAAC29-2C-Change8 的 AC29. 1385 无差异，所以针对 29. 1385 条要求的符合性验证方法，FAA 和 EASA 无差异。

#### 7. 5. 3. 1. 3　经验教训和风险分析

对于申请人采用设计图作为验证支持性文件进行 MC1 符合性说明的，由于保密等因素不便网上提交适航部门审查的，适航审查人员可以到申请人设计部门完成对相关航行灯设计图的审查工作，如有必要，还应到在审型号的航空器上进行 MC7 工程符合性检查，验证航行灯在机上的实际安装，灯光实际控制是否满足本条款的要求。

### 7.5.3.2 符合性验证工作流程及具体要求

（a）MC1 设计评审。

（Ⅰ）以航行灯系统设计方案，阐述航行灯系统的组成、工作原理、数量、颜色、安装及控制电路的设置，以说明航行灯的安装和控制满足本条款的要求。

（Ⅱ）以航行灯系统相关的安装、布线设计图作为符合性说明的验证支持性文件，阐明航行灯安装、电气布线，以表明左右前航行灯的颜色、间距，安装位置，后航行灯的颜色以及安装位置均满足本条款对航行灯的安装要求，并表明前、后航行灯分别构成独立的电路，以便于操作及与机上其他系统隔离。

（b）MC9 设备鉴定。

由供应商按下列条件之一提供设备合格性证明材料，以表明航行灯设备是经过批准的。

（Ⅰ）CTSOA 复印件，最优先方式。

（Ⅱ）对于 TSOA 设备，提供 CAAC 批准的 VDA 复印件；对于 ETSOA 设备，提供 CTSOA 复印件。

（Ⅲ）对于随航空器型号合格审定一起获得批准的设备，应提供其对 29. 1387 条至 29. 1397 条及本条的合格性证明文件，包括技术规范、试验大纲和报告等。

### 7.5.3.3 符合性验证资料

对于 CCAR29. 1385 各款的验证，可根据采用的符合性验证方法（MOC）从表 7-49 中选择适合的符合性验证资料。

表 7-49 CCAR29. 1385“航行灯系统的安装”的符合性验证资料

| 规章要求 | MOC | 符合性资料 |
|---|---|---|
| (a)总则。航行灯系统中的每一部分必须满足本条中的有关要求，并且整个系统必须满足第 29. 1387 条至第 29. 1397 条的要求 | 1<br>1<br>9 | 航行灯照明系统设计方案<br>设计图<br>设备合格性证明文件 |
| (b)前航行灯。前航行灯必须由红灯和绿灯组成，其横向间距要尽可能大，朝前装在旋翼航空器上。当旋翼航空器处于正常飞行姿态时，灯的光色为左红右绿。每个灯必须经过批准 | 1<br>1<br>9 | 航行灯照明系统设计方案<br>设计图<br>设备合格性证明文件 |
| (c)后航行灯。后航行灯必须是白灯，要尽可能往后装，并且必须经过批准 | 1<br>1<br>9 | 航行灯照明系统设计方案<br>设计图<br>设备合格性证明文件 |
| (d)电路。两个前航行灯和后航行灯必须构成单独的电路 | 1<br>1 | 航行灯照明系统设计方案<br>设计图 |
| (e)灯罩和滤色镜。每个灯罩或滤色镜必须至少是抗燃的，在正常使用中不得改变颜色或形状，也不得有任何明显的灯光透射损失 | 9 | 设备合格性证明文件 |

### 7.5.3.4 审定要点

审查中需要关注的一般要素和审查重点如下：

（a）航行灯设备是否经过批准；

（b）航行灯安装是否满足左红、右绿、后白的要求；

（c）左、右航行灯安装位置是否横向间距尽可能大，后航行灯安装位置是否尽可能往后。

## 7.5.4 EH.1387 航行灯系统二面角

### 7.5.4.1 国内外符合性验证方法分析

7.5.4.1.1 FAAAC 相关分析

FAA 颁布过两项与 FAR29. 1387 相关的咨询通告，如表 7-50 所示。

表 7-50 FAR29. 1387 相关咨询通告

| 咨询通告编号 | 标题名称 | 生效时间 | 有效性 |
|---|---|---|---|
| AC29-2B | Certification of Transport Category Rotorcraft | 1997. 7. 30 | 无效 |
| AC29-2C | Certification of Transport Category Rotorcraft | 2018. 7. 2 | 有效,适用于当前有效的 CCAR29 要求 |
| AC20-74 | Aircraft Position and Anticollision Light Measurements | 1971. 7. 29 | 有效,适用于当前有效的 CCAR29 要求 |

(a) 现行有效的 AC29-2C-Chang8 中的 AC29. 1387 及现已取消的 AC29-2B 中的第 37 部分的 671-29. 1387 均是针对 FAR29. 1387 第 9 次修正案的条款要求所颁布的咨询通告，其明确要求咨询通告的具体内容参考 AC20-74，因此 AC20-74 应适用于 FAR29. 1387 第 9 次修正案的条款要求。

(b) 咨询通告 AC20-74 中与航行灯测量有关的内容。

(Ⅰ) 测量设备。本 AC 在第 2 章分别对航行灯光强测量设备和颜色测量设备进行了介绍。

(Ⅱ) 航行灯的适航要求。详见本 AC 第 3 章测量数据的第一部分总则。

本部分明确指出旋翼航空器航行灯的适航要求由 FAR 中的 29. 1385～29. 1397 条给出。

(Ⅲ) 光强测量数据。详见本 AC 第 3 章测量数据的第二部分航行灯数据-光强。

光强的测量需要如第 2 章所述的光强测量设备。

本部分用在光度试验室中所做的前红色和绿色航行灯、后白航行灯的光强试验的典型记录表明光强试验实测数据应覆盖的范围。除此之外，还要求对覆盖范围进行目视检查，以确定是否有肉眼观察到的可疑阴影或区域。如果注意到任何这样的有问题的区域，就应该对这些区域进行进一步的测量，以证明航行灯有满意的覆盖范围。对光强测量的试验室报告应包括的内容进行了详细的描述。

(Ⅳ) 颜色测量数据。详见本 AC 第 3 章测量数据的第二部分航行灯数据-颜色。

当前有效的 FAR29. 1387 为 FAR29 第 9 次修正案（颁布于 1971 年 11 月 5 日）条款要求，我国当前有效的 CCAR29. 1387 与 FAR29. 1387 第 9 次修正案条款要求保持一致。本 AC20-74 自 1971 年 7 月 29 日生效以来，一直沿用至今。在对当前有效的 FAR 中的 29. 1391～29. 1395 条的符合性进行验证时，可选择应用以上 AC20-74 航行灯光强测量设备及测量数据部分的内容，因此 AC20-74 适用于当前有效的 FAR 中的 29. 1391～29. 1395 条。由 29. 1391～29. 1395 条与 29. 1389 条的关系及 29. 1389 条与 29. 1387 条的关系推断，AC20-74 同样也适用于当前有效的 FAR29. 1387 和 CCAR29. 1387 条款要求，进而推断 AC29-2C-Chg8 中的 AC29. 1387 也适用于当前有效的 FAR29. 1387 条款和 CCAR29. 1387 条款要求。

7.5.4.1.2　FAA 和 EASA 差异分析

根据 CS-29 BOOK2 的规定，现行有效的 CS29. 1387 的可接受的符合性验证方法（AMC）与 FAAAC29-2C-Change7（日期为 2016 年 2 月 4 日）的 AC29. 1387 保持一致，而 FAAAC29-2C-Change7 与现行有效的 FAAAC29-2C-Change8 的 AC29. 1387 无差异，所以针对 29. 1387 条要求的符合性验证方法，FAA 和 EASA 无差异。

7.5.4.1.3　经验教训和风险分析

对于申请人采用设计图作为验证支持性文件进行 MC1 符合性说明的，由于保密等因素不便网上提交适航部门审查的，适航审查人员可以到申请人设计部门完成对相关航行灯设计图的审查工作，如有必要，还应到在审型号的航空器上进行 MC7 工程符合性检查，验证航行灯在机上的实际安装，灯光的连续性是否满足本条款的要求。

### 7.5.4.2　符合性验证工作流程及具体要求

（a）MC1 设计评审。以前、后航行灯在旋翼航空器上的安装设计图作为符合性说明的验证支持性文件，阐述在旋翼航空器上安装的航行灯在本条款规定的二面角范围内有无遮挡物及其被遮挡情况，除了后航行灯允许有在规定范围内的部分遮挡外，其他均不能被遮挡，以满足在本条规定的各二面角范围内显示无间断灯光的要求。

（b）MC2 分析/计算。对存在部分被遮蔽的后航行灯的遮蔽角进行分析计算，以验证其是否符合本条款的要求，分析时应考虑：

（Ⅰ）母线与通过后航行灯垂直线的夹角不超过 30°的限制；

（Ⅱ）如果存在多个遮蔽点，每个点都需要进行分析，并保证总的遮蔽角不大于 0. 04 球面度。

（c）MC5 相关产品上的地面试验。通过机上地面试验，对航行灯进行机上灯光测试，以此验证在本条规定的各航行灯的二面角内所显示灯光的连续性。

（d）MC9 设备鉴定。由供应商提供航行灯对本条款的符合性证明文件。

### 7.5.4.3　符合性验证资料

对于 CCAR29. 1387 各款的验证，可根据采用的符合性验证方法（MOC）从表 7-51 中选择适合的符合性验证资料。

表 7-51　CCAR29. 1387“航行灯系统二面角”的符合性验证资料

| 规章要求 | MOC | 符合性资料 |
|---|---|---|
| (a)除本条(e)规定者外，所装的每个前、后航行灯在本条规定的二面角内，必须显示无间断的灯光 | 1<br>1<br>5<br>9 | 符合性说明文件<br>航行灯安装设计图<br>航行灯地面试验大纲和报告<br>设备合格性证明文件 |
| (b)左二面角(L)由两个相交的垂直平面组成，当沿着旋翼航空器纵轴向前看时，一个平面与旋翼航空器纵轴平行，而另一个向左偏离第一个平面 110 度 | 1<br>5<br>9 | 航行灯安装设计图<br>航行灯地面试验大纲和报告<br>设备合格性证明文件 |
| (c)右二面角(R)由两个相交的垂直平面组成，当沿着旋翼航空器纵轴向前看时，一个平面与旋翼航空器纵轴平行，而另一个向右偏离第一个平面 110 度 | 1<br>5<br>9 | 航行灯安装设计图<br>航行灯地面试验大纲和报告<br>设备合格性证明文件 |
| (d)后二面角(A)由两个相交的垂直平面组成，当沿着旋翼航空器纵轴向后看时，这两个平面分别向左、向右偏离通过旋翼航空器纵轴的垂直平面各 70 度 | 1<br>5<br>9 | 航行灯安装设计图<br>航行灯地面试验大纲和报告<br>设备合格性证明文件 |

续表

| 规章要求 | MOC | 符合性资料 |
| --- | --- | --- |
| (e)如果根据第 29. 1385(c)款尽可能往后安装的后航行灯，在本条(d)所定义的二面角 A 内不能显示出无间断的灯光，则在该二面角内允许有一个或几个被遮蔽的立体角，但其总和在下述圆锥体内不得超过 0. 04 球面度，该圆锥体以后航行灯为顶点，母线与通过后航行灯的垂直线成 30 度夹角 | 1<br>2<br>5<br>9 | 航行灯安装设计图<br>航行灯遮蔽角计算/分析<br>航行灯地面试验大纲和报告<br>设备合格性证明文件 |

#### 7.5.4.4 审定要点

审查中需要关注的一般要素和审查重点如下：

(a) 机上前、后航行灯在规定的二面角内是否显示无间断的灯光；

(b) 机上后航行灯在被遮蔽的情况下，其总遮蔽角是否超过 0. 04 球面度。

### 7.5.5 EH.1389 航行灯灯光分布与光强

#### 7.5.5.1 国内外符合性验证方法分析

##### 7. 5. 5. 1. 1 FAAAC 相关分析

FAA 颁布过 3 项与 FAR29. 1389 相关的咨询通告，如表 7-52 所示。

表 7-52 FAR29. 1389 相关咨询通告

| 咨询通告编号 | 标题名称 | 生效时间 | 有效性 |
| --- | --- | --- | --- |
| AC29-2B | Certification of Transport Category Rotorcraft | 1997. 7. 30 | 无效 |
| AC29-2C | Certification of Transport Category Rotorcraft | 2018. 7. 2 | 有效，适用于当前有效的 CCAR29 要求 |
| AC20-74 | Aircraft Position and Anticollision Light Measurements | 1971. 7. 29 | 有效，适用于当前有效的 CCAR29 要求 |

(a) 现行有效的 AC29-2C-Chang8 中的 AC29. 1389 及现已取消的 AC29-2B 中第 37 部分 672-29. 1389 均是针对 FAR29. 1389 初版条款要求所颁布的咨询通告，其明确要求咨询通告的具体内容参考 AC20-74，因此 AC20-74 应适用于 FAR29. 1389 初版条款要求。

(b) 咨询通告 AC20-74 中与航行灯测量有关的内容。

(Ⅰ) 测量设备。本 AC 在第 2 章分别对航行灯光强测量设备和颜色测量设备进行了介绍。

(Ⅱ) 航行灯的适航要求。详见本 AC 第 3 章测量数据的第一部分总则。

本部分明确指出旋翼航空器航行灯的适航要求由 FAR 中的 29. 1385～29. 1397 给出。

(Ⅲ) 光强测量数据。详见本 AC 第 3 章测量数据的第二部分航行灯数据-光强。光强的测量需要如第 2 章所述的光强测量设备。

本部分用在光度试验室中所做的前红色和绿色航行灯、后白航行灯的光强试验的典型记录表明光强试验实测数据应覆盖的范围。除此之外，还要求对覆盖范围进行目视检查，以确定是否有肉眼观察到的可疑阴影或区域。如果注意到任何这样的有问题的区域，就应该对这些区域进行进一步的测量，以证明航行灯有满意的覆盖范围。对光强测量的试验室报告应包括的内容进行了详细的描述。

（Ⅳ）颜色测量数据。详见本 AC 第 3 章测量数据的第二部分航行灯数据-颜色。

当前有效的 FAR29. 1389 为初版颁布的条款要求，我国当前有效的 CCAR29. 1389 与 FAR29. 1389 初版条款要求保持一致。本 AC20-74 自 1971 年 7 月 29 日生效以来，一直沿用至今。在对当前有效的 FAR 中的 29. 1391～29. 1395 条的符合性进行验证时，可选择应用以上 AC20-74 航行灯光强测量设备及测量数据部分的内容，因此 AC20-74 适用于当前有效的 FAR 中的 29. 1391～29. 1395 条要求。由 29. 1391～29. 1395 条与 29. 1389 条的关系推断，AC20-74 同样适用于当前有效的 FAR29. 1389 和 CCAR29. 1389 条款要求。并以此推断 AC29-2C-Chg8 中的 AC29. 1389 也是适用当前有效的 FAR29. 1389 条款和 CCAR29. 1389 条款要求。

7.5.5.1.2　FAA 和 EASA 差异分析

根据 CS-29 BOOK2 的规定，现行有效的 CS29. 1389 的可接受的符合性验证方法（AMC）与 FAAAC29-2C-Change7（日期为 2016 年 2 月 4 日）的 AC29. 1389 保持一致，而 FAAAC29-2C-Change7 与现行有效的 FAAAC29-2C-Change8 的 AC29. 1389 无差异，所以针对第 29. 1389 条要求的符合性验证方法，FAA 和 EASA 无差异。

7.5.5.1.3　经验教训和风险分析

对于旋翼航空器所配备的航行灯，其光强对本条款及其相关的 29. 1391～29. 1395 条的符合性，虽然采用 MC5 或 MC9 两种方法都能对其进行验证，但推荐采用 MC1 和 MC9 两种方法叠加验证。因为单采取一种方法都不十分充分，如单采取 MC9 方法由供应商提供 CTSO 证明，或航行灯试验室试验报告，只能证明所选择的航行灯设备本身光强正常，满足条款要求，但这并不能证明其安装在旋翼航空器上后，还能对本条款要求的区域提供正常光强的照明，因为航空器本身的外形特征，有可能对航行灯所发出的光线造成遮挡，对此最好在 MC9 方法验证基础上，对其进行 MC5 相关产品地面试验，在机上条款要求的各个航行灯区域测出相应的水平平面内及任意垂直平面内的光强和渗入光强，以此充分表明在审型号的旋翼航空器航行灯的灯光分布和光强是否符合条款要求。

7.5.5.1.4　CAAC 的相关 AC

目前 CAAC 正在制定与本条相关的 AC，尚未发布。

#### 7.5.5.2　符合性验证工作流程及具体要求

（a）MC1 设计评审。以在审旋型号翼航空器的航行灯系统对 29. 1391～29. 1395 条的符合性验证文件作为符合性说明的验证支持性文件，表明对本条（b）款要求的符合性。

（b）MC5 相关产品上的地面试验。

（Ⅰ）通过机上地面试验，对前、后航行灯在其左、右、后二面角范围内的水平平面内及任意垂直平面内的光强和渗入光强进行测定试验，以测定结果表明对 29. 1391 条、29. 1393 条、29. 1395 条和本条款的符合性。

（Ⅱ）对于通过本试验测定的渗入光强超过第 29. 1395 条中规定的相应值的航行灯，则应对已测定的主光束光强与第 29. 1391 条和第 29. 1393 条中规定的最小值进行比较分析，如果比较的结果满足本条（b)(Ⅲ）款的要求，且通过进一步目视检查，证明其渗入光强对主光源清晰度无不利影响，以此表明航行灯相应渗入光强虽然不满足 29. 1395 条的要求，但满足本条（b)(Ⅲ）款的要求。

（Ⅲ）为确保航行灯光强测定的有效性，光强测定条件应满足本条（a）款的要求。

（c）MC9 设备鉴定。由供应商按下列条件之一提供设备合格性证明材料。

（Ⅰ）CTSOA 复印件，最优先方式。

（Ⅱ）对于 TSOA 设备，提供 CAAC 批准的 VDA 复印件；对于 ETSOA 设备，提供 CTSOA 复印件。

（Ⅲ）应提供在审机型航行灯对 29. 1391 条、29. 1393 条、29. 1395 条和本条款的合格性证明文件，包括技术规范、试验室试验大纲和报告等一系列材料，试验室航行灯测定条件必须满足本条（a）款的要求。

#### 7.5.5.3 符合性验证资料

对于 CCAR29. 1389 各款的验证，可根据采用的符合性验证方法（MOC）从表 7-53 中选择适合的符合性验证资料。

表 7-53 CCAR29. 1389“航行灯灯光分布与光强”的符合性验证资料

| 规章要求 | MOC | 符合性资料 |
| --- | --- | --- |
| (a)总则。本条规定的光强必须用装有灯罩和滤色镜的新灯来测定。光强测定必须在光源发光达到稳定值后进行(该稳定值指光源在旋翼航空器正常工作电压时的平均输出光通)。每个航行灯灯光分布和光强必须满足本条(b)的要求 | 9<br>5 | 设备合格性证明文件<br>航行灯地面试验大纲和报告 |
| (b)前、后航行灯。前、后航行灯灯光分布和光强必须以左、右、后二面角范围内水平平面内的最小光强、任意垂直平面内的最小光强和最大渗入光强表示,且必须满足下列要求 | | |
| (Ⅰ)水平平面内的光强。水平平面(包含旋翼航空器纵轴并垂直于旋翼航空器对称平面的平面)内各范围的光强必须等于或大于 29. 1391 条规定的相应值 | 1<br>5<br>9 | 符合性说明文件<br>航行灯地面试验大纲和报告<br>航行灯设备合格性证明文件 |
| (Ⅱ)任意垂直平面内的光强。任意垂直平面(垂直于水平平面的平面)内各范围的光强必须等于或大于 29. 1393 条规定的相应值,其中,$I$ 为 29. 1391 条规定的该水平平面内相应角度的最小光强 | 1<br>5<br>9 | 符合性说明文件<br>航行灯地面试验大纲和报告<br>航行灯设备合格性证明文件 |
| (Ⅲ)相邻光源间的渗入光强。相邻光源间的任何渗入光强均不得超过第 29. 1395 条中规定的相应值,但是当主光束的光强远大于 29. 1391 条和 29. 1393 条中规定的最小值时,如果与主光束光强相比,渗入光强对主光源清晰度无不利影响,则可允许有更大的渗入光强 | 1<br>5<br>9 | 符合性说明文件<br>航行灯地面试验大纲和报告<br>航行灯设备合格性证明文件 |

#### 7.5.5.4 审定要点

审查中需要关注的一般要素和审查重点如下：

提供的航行灯测试条件是否符合本条（a）款的要求；

前、后航行灯的光强是否满足 29. 1391 条、29. 1393 条和 29. 1395 条的要求；

如果试验测得的渗入光强超过 29. 1395 条的规定，是否进行了补充分析，分析结果是否满足本条（b）款的要求。

### 7.5.6 EH.1391 前、后航行灯水平平面内的最小光强

#### 7.5.6.1 国内外符合性验证方法分析

##### 7.5.6.1.1 FAAAC 相关分析

FAA 颁布过 3 项与 FAR29. 1391 相关的咨询通告，如表 7-54 所示。

**表 7-54 FAR29. 1391 相关咨询通告**

| 咨询通告编号 | 标题名称 | 生效时间 | 有效性 |
|---|---|---|---|
| AC29-2B | Certification of Transport Category Rotorcraft | 1997. 7. 30 | 无效 |
| AC29-2C | Certification of Transport Category Rotorcraft | 2018. 7. 2 | 有效，适用于当前有效的 CCAR29 要求 |
| AC20-74 | Aircraft Position and Anticollision Light Measurements | 1971. 7. 29 | 有效，适用于当前有效的 CCAR29 要求 |

(a) 现行有效的 AC29-2C-Chang8 中的 AC29. 1391 及现已取消的 AC29-2B 中第 37 部分 673-29. 1391 均是针对 FAR29. 1391 初版条款要求所颁布的咨询通告，其明确要求咨询通告的具体内容参考 AC20-74，因此 AC20-74 应适用于 FAR29. 1391 初版条款要求。

(b) 咨询通告 AC20-74 中与航行灯测量有关的内容。

(Ⅰ) 测量设备。本 AC 在第 2 章分别对航行灯光强测量设备和颜色测量设备进行了介绍。

其中用于测量光强的仪器叫做光度计。光度计可分为目视型和直读光电型两大类。

(Ⅱ) 航行灯的适航要求。详见本 AC 第 3 章测量数据的第一部分总则。

本部分明确指出旋翼航空器航行灯适航要求由 FAR 中的 29. 1385～29. 1397 条给出，并分别给出第 29. 1391 条和第 29. 1393 条航行灯水平平面和垂直平面内的最小光强要求，而第 29. 1397 条航行灯航空红色（左）、航空绿色（右）和航空白色（后）的色度坐标限制则包含在本 AC 中。

(Ⅲ) 光强测量数据。

详见本 AC 第 3 章测量数据的第二部分航行灯数据-光强。

光强的测量需要如第 2 章所述的光强测量设备。

本部分用在光度试验室中所做的前红色和绿色航行灯、后白色航行灯的光强试验的典型记录表明光强试验实测数据应覆盖的范围，除此之外，还要求对覆盖范围进行目视检查，以确定是否有肉眼观察到的可疑阴影或区域。如果注意到任何这样的有问题的区域，就应该对这些区域进行进一步的测量，以证明航行灯有满意的覆盖范围。对光强测量的试验室报告应包括的内容进行了详细的描述。

(Ⅳ) 颜色测量数据

详见本 AC 第 3 章测量数据的第二部分航行灯数据-颜色。

当前有效的 FAR29. 1391 为初版颁布的条款要求，我国当前有效的 CCAR29. 1391 与 FAR29. 1391 初版条款要求保持一致。本 AC20-74 自 1971 年 7 月 29 日生效以来，一直沿用至今，在对当前有效的 FAR29. 1391 条款的符合性进行验证时，可选择应用以上 AC20-74 航行灯光强测量设备及测量数据部分的内容，因此 AC20-74 适用于当前有效的 FAR29. 1391 条款要求，同样也适用于我国当前有效的 CCAR29. 1391 条款要求。并以此推断 AC29-2C-Chg8 中的 AC29. 1391 也是适用当前有效的 FAR29. 1391 条款和 CCAR29. 1391 条款要求。

#### 7. 5. 6. 1. 2 FAA 和 EASA 差异分析

根据 CS-29 BOOK2 的规定，现行有效的 CS29. 1391 的可接受的符合性验证方法（AMC）与 FAAAC29-2C-Change7（2016 年 2 月 4 日）的 AC29. 1391 保持一致，而 FAAAC29-2C-Change7 与现行有效的 FAAAC29-2C-Change8 的 AC29. 1391 无差异，所以针对

29. 1391 条要求的符合性验证方法，FAA 和 EASA 无差异。

7. 5. 6. 1. 3　经验教训和风险分析

对于旋翼航空器所配备的航行灯，其光强对 29. 1389～29. 1395 条的符合性，虽然采用 MC5 或 MC9 两种方法都能对其进行验证，但推荐采用 MC1 和 MC9 两种方法叠加验证。因为单采取一种方法并不十分充分，如单采取 MC9 方法由供应商提供 CTSO 证明，或航行灯试验室试验报告，只能证明所选择的航行灯设备本身照明能力足够，光强正常，满足条款要求，但这并不能证明其安装在旋翼航空器上后，还能对本条款要求的区域提供正常光强的照明，因为航空器本身的外形特征，有可能对航行灯所发出的光线有遮挡。对此最好在 MC9 方法验证基础上，对其进行 MC5 相关产品上的地面试验，在机上条款要求的各个航行灯区域测出相应的水平平面内及任意垂直平面内的光强和渗入光强，以此充分表明在审型号的旋翼航空器航行灯的灯光分布和光强是否符合条款要求。

### 7.5.6.2　符合性验证工作流程及具体要求

(a) MC5 相关产品地面试验。通过机上地面试验，对各航行灯在水平平面内不同角度的照度进行测量，并转换为光强，确认是否满足本条款要求。

分别对左前、右前航行灯在水平平面内，角度分别在 0°～10°、10°～20°及 20°～110°范围内的照度进行测量，并换算成光强。对后航行灯在水平面内，角度在 110°～180°范围内照度进行测量，并换算成光强。

为确保航行灯光强测定的有效性，应确认试验满足以下条件后才能进行光强的测定：

(Ⅰ) 机上安装的航行灯必须是装好了灯罩和滤色镜的新灯；

(Ⅱ) 航行灯电源电压在飞机正常工作电压范围内；

(Ⅲ) 航行灯通电后发光达到稳定值。

(b) MC9 设备鉴定。由供应商按下列条件之一提供设备合格性证明材料。

(Ⅰ) CTSOA 复印件，最优先方式；

(Ⅱ) 对于 TSOA 设备，提供 CAAC 批准的 VDA 复印件；对于 ETSOA 设备，提供 CTSOA 复印件。

(Ⅲ) 对于随航空器型号合格审定一起批准的航行灯设备，提供满足本条要求的包括技术规范、试验大纲和报告等一系列材料，用实测光强与条款要求的光强对比，表明其符合性，但实测光强必须是航行灯满足以下条件后测定的：

(ⅰ) 必须是装好了灯罩和滤色镜的新灯；

(ⅱ) 电源电压在飞机正常工作电压范围内；

(ⅲ) 通电后发光已达到稳定值。

### 7.5.6.3　符合性验证资料

对于 CCAR29. 1391 各款的验证，可根据采用的符合性验证方法（MOC）从表 7-55 中选择适合的符合性验证资料。

表 7-55　CCAR29. 1391“前、后航行灯水平平面内的最小光强”的符合性验证资料

| 规章要求 | MOC | 符合性资料 |
| --- | --- | --- |
| 每个航行灯的光强必须等于或大于下表规定的相应值；具体内容参见 7. 5. 6. 1. 1 节 | 5<br>9 | 航行灯地面试验大纲和报告<br>设备合格性证明文件 |

### 7.5.6.4　审定要点

审查提供的实测光强是否符合本条款的要求。

### 7.5.7 EH.1393 前、后航行灯任意垂直平面内的最小光强

#### 7.5.7.1 国内外符合性验证方法分析

7.5.7.1.1 FAAAC 相关分析

FAA 颁布过 3 项与 FAR29. 1393 相关的咨询通告，如表 7-56 所示。

表 7-56 FAR29. 1393 相关咨询通告

| 咨询通告编号 | 标题名称 | 生效时间 | 有效性 |
|---|---|---|---|
| AC29-2B | Certification of Transport Category Rotorcraft | 1997. 7. 30 | 无效 |
| AC29-2C | Certification of Transport Category Rotorcraft | 2018. 7. 2 | 有效，适用于当前有效的 CCAR29 要求 |
| AC20-74 | Aircraft Position and Anticollision Light Measurements | 1971. 7. 29 | 有效，适用于当前有效的 CCAR29 要求 |

(a) 现行有效的 AC29-2C-Chang8 中的 AC29. 1393 及现已取消的 AC29-2B 中第 37 部分 674-29. 1393 均是针对 FAR29. 1393 初版条款要求所颁布的咨询通告，明确要求其通告的具体内容参考 AC20-74，因此 AC20-74 应适用于 FAR29. 1393 初版条款要求。

(b) 咨询通告 AC20-74 中与航行灯测量有关的内容。

(Ⅰ) 测量设备。本 AC 在第 2 章分别对航行灯光强测量设备和颜色测量设备进行了介绍。其中用于测量光强的仪器叫作光度计。光度计可分为目视型和直读光电型两大类。

(Ⅱ) 航行灯的适航要求。详见本 AC 第 3 章测量数据的第一部分总则。

本部分明确指出旋翼航空器航行灯适航要求由 FAR 中的 29. 1385～29. 1397 条给出，其中分别给出 29. 1391 条和 29. 1393 条航行灯水平平面和垂直平面内的最小光强要求。

(Ⅲ) 光强测量数据。详见本 AC 第 3 章测量数据的第二部分航行灯数据-光强。

光强的测量需要如第 2 章所述的光强测量设备。

本部分用在光度试验室中所做的前红色和绿色航行灯、后白航行灯的光强试验的典型记录表明光强试验实测数据应覆盖的范围，除此之外，还要求对覆盖范围进行目视检查，以确定是否有肉眼观察到的可疑阴影或区域。如果注意到任何这样的有问题的区域，就应该对这些区域进行进一步的测量，以证明航行灯有满意的覆盖范围。对光强测量的试验室报告应包括的内容进行了详细的描述。

(Ⅳ) 颜色测量数据。详见本 AC 第 3 章测量数据的第二部分航行灯数据-颜色。

当前有效的 FAR29. 1393 为初版颁布的条款要求，我国当前有效的 CCAR29. 1393 与 FAR29. 1393 初版条款要求保持一致。本 AC20-74 自 1971 年 7 月 29 日生效以来，一直沿用至今，在对当前有效的 FAR29. 1393 条款的符合性进行验证时，可选择应用以上 AC20-74 航行灯光强测量设备及测量数据部分的内容，因此 AC20-74 适用于当前有效的 FAR29. 1393 条款要求，同样适用于我国当前有效的 CCAR29. 1393 条款要求。以此推断 AC29-2C-Chg8 中的 AC29. 1393 也是适用当前有效的 FAR29. 1393 条款和 CCAR29. 1393 条款要求。

7.5.7.1.2 FAA 和 EASA 差异分析

根据 CS-29 BOOK2 的规定，现行有效的 CS29. 1393 的可接受的符合性验证方法 (AMC) 与 FAAAC29-2C-Change7（日期为 2016 年 2 月 4 日）的 AC29. 1393 保持一致，而 FAAAC29-2C-Change7 与现行有效的 FAAAC29-2C-Change8 的 AC29. 1393 无差异，所以针对

29. 1393 条要求的符合性验证方法，FAA 和 EASA 无差异。

7. 5. 7. 1. 3　经验教训和风险分析

对于旋翼航空器所配备的航行灯，其光强对本条款及其相关的 29. 1389 条、29. 1391 条、29. 1395 条的符合性，虽然采用 MC5 或 MC9 两种方法并能对其进行验证，但推荐采用 MC1 和 MC9 两种方法叠加验证。因为单采取一种方法并不十分充分，如单采取 MC9 方法由供应商提供 CTSO 证明，或航行灯试验室试验报告，只能证明所选择的航行灯设备本身光强正常，满足条款要求，但这并不能证明其安装在旋翼航空器上后，还能对本条款要求的区域提供正常光强的照明，因为航空器本身的外形特征，有可能对航行灯所发出的光线有遮挡。对此最好在 MC9 方法验证基础上，对其进行 MC5 机上地面试验，在机上条款要求的各个航行灯区域测出相应的水平平面内及任意垂直平面内的光强和渗入光强，以此充分表明在审型号的旋翼航空器航行灯的灯光分布和光强是否符合条款要求。

### 7.5.7.2　符合性验证工作流程及具体要求

(a) MC5 相关产品地面试验。通过机上地面试验，对前、后航行灯在任意垂直平面内不同角度的照度进行测量，并转换为光强，确认是否满足本条款要求。

分别对前、后航行灯在任一垂直平面内，角度分别在 0°、0°～5°、5°～10°、10°～15°、15°～20°、20°～30°、30°～40°、40°～90°范围内的照度进行测量，并换算成光强。

为确保航行灯光强测定的有效性，应确认试验满足以下条件后才能进行光强的测定：

(Ⅰ) 机上安装的航行灯必须是装好了灯罩和滤色镜的新灯；

(Ⅱ) 航行灯电源电压在飞机正常工作电压范围内；

(Ⅲ) 航行灯通电后发光达到稳定值。

(b) MC9 设备鉴定。由供应商按下列条件之一提供设备合格性证明材料。

(Ⅰ) CTSOA 复印件，最优先方式。

(Ⅱ) 对于 TSOA 设备，提供 CAAC 批准的 VDA 复印件；对于 ETSOA 设备，提供 CTSOA 复印件。

(Ⅲ) 对于随航空器型号合格审定一起批准的航行灯设备，提供满足本条要求的技术规范、试验大纲和报告等一系列材料，用实测光强与条款要求的光强对比，表明其符合性，但实测光强必须是航行灯满足以下条件后测定的：

(ⅰ) 必须是装好了灯罩和滤色镜的新灯；

(ⅱ) 电源电压在飞机正常工作电压范围内；

(ⅲ) 通电后发光达到稳定值。

### 7.5.7.3　符合性验证资料

对于 CCAR29. 1393 各款的验证，可根据采用的符合性验证方法（MOC）从表 7-57 中选择适合的符合性验证资料。

表 7-57　CCAR29. 1393“前、后航行灯任意垂直平面内的最小光强”的符合性验证资料

| 规章要求 | MOC | 符合性资料 |
| --- | --- | --- |
| 每个航行灯的光强必须等于或大于下表规定的相应值:具体内容参见 7. 5. 6. 1. 1 节 | 5<br>9 | 航行灯地面试验大纲和报告<br>航行灯设备合格性证明文件 |

### 7.5.7.4　审定要点

审查提供的实测光强是否符合本条款的要求。

## 7.5.8 EH.1395 前、后航行灯的最大渗入光强

### 7.5.8.1 国内外符合性验证方法分析

7.5.8.1.1 FAAAC 相关分析

FAA 颁布过 3 项与 FAR29.1395 相关的咨询通告，如表 7-58 所示。

表 7-58 FAR29.1393 相关咨询通告

| 咨询通告编号 | 标题名称 | 生效时间 | 有效性 |
|---|---|---|---|
| AC29-2B | Certification of Transport Category Rotorcraft | 1997.7.30 | 无效 |
| AC29-2C | Certification of Transport Category Rotorcraft | 2018.7.2 | 有效，适用于当前有效的 CCAR29 要求 |
| AC20-74 | Aircraft Position and Anticollision Light Measurements | 1971.7.29 | 有效，适用于当前有效的 CCAR29 要求 |

(a) 现行有效的 AC29-2C-Chang8 中的 AC29.1395 及现已取消的 AC29-2B 中第 37 部分 675-29.1395 均是针对 FAR29.1395 初版条款要求所颁布的咨询通告，明确要求其通告的具体内容参考 AC20-74，因此 AC20-74 应适用于 FAR29.1395 初版条款要求。

(b) 咨询通告 AC20-74 中与航行灯测量有关的内容。

(Ⅰ) 测量设备。本 AC 在第 2 章分别对航行灯光强测量设备和颜色测量设备进行了介绍。其中用于测量光强的仪器叫作光度计。光度计可分为目视型和直读光电型两大类。

(Ⅱ) 航行灯的适航要求。详见本 AC 第 3 章测量数据的第一部分总则。

本部分明确指出旋翼航空器航行灯适航要求由 FAR29.1385～29.1397 条给出。

(Ⅲ) 光强测量数据。详见本 AC 第 3 章测量数据的第二部分航行灯数据-光强。光强的测量需要如第 2 章所述的光强测量设备。

本部分用在光度试验室中所做的前红色和绿色航行灯、后白色航行灯的光强试验的典型记录表明光强试验实测数据应覆盖的范围，除此之外，还要求对覆盖范围进行目视检查，以确定是否有肉眼观察到的可疑阴影或区域。如果注意到任何这样的有问题的区域，就应该对这些区域进行进一步的测量，以证明航行灯有满意的覆盖范围。对光强测量的试验室报告应包括的内容进行了详细的描述。

(Ⅳ) 颜色测量数据。详见本 AC 第 3 章测量数据的第二部分航行灯数据-颜色。

当前有效的 FAR29.1395 为初版颁布的条款要求，我国当前有效的 CCAR29.1395 与 FAR29.1395 初版条款要求保持一致。本 AC20-74 自 1971 年 7 月 29 日生效以来，一直沿用至今，在对当前有效的 FAR29.1395 条款的符合性进行验证时，可选择应用以上 AC20-74 航行灯光强测量设备及测量数据部分的内容，因此 AC20-74 适用于当前有效的 FAR29.1395 条款要求，同样也适用于我国当前有效的 CCAR29.1395 条款要求。以此推断 AC29-2C-Chg8 中的 AC29.1395 也是适用当前有效的 FAR29.1395 条款和 CCAR29.1395 条款要求。

7.5.8.1.2 FAA 和 EASA 差异分析

根据 CS-29 BOOK2 的规定，现行有效的 CS29.1395 的可接受的符合性验证方法 (AMC) 与 FAAAC29-2C-Change7（日期为 2016 年 2 月 4 日）的 AC29.1395 保持一致，而 FAAAC29-2C-Change7 与现行有效的 FAAAC29-2C-Change8 的 AC29.1395 无差异，所以针对 29.1395 条要求的符合性验证方法，FAA 和 EASA 无差异。

7.5.8.1.3 经验教训和风险分析

对于旋翼航空器所配备的航行灯，其光强对本条款及其相关的第 29.1389～29.1393 条

的符合性，虽然采用MC5或MC9两种方法并能对其进行验证，但推荐采用MC1和MC9两种方法叠加验证。因为单采取一种方法并不十分充分，如单采取MC9方法由供应商提供CTSO证明，或航行灯试验室试验报告，只能证明所选择的航行灯设备本身光强正常，满足条款要求，但这并不能证明其安装在旋翼航空器上后，还能对本条款要求的区域提供正常光强的照明，因为航空器本身的外形特征，有可能对航行灯所发出的光线有遮挡。对此最好在MC9方法验证基础上，对其进行MC5机上地面试验，在机上条款要求的各个航行灯区域测出相应的水平平面内及任意垂直平面内的光强和渗入光强，以此充分表明在审型号的旋翼航空器航行灯的灯光分布和光强是否符合条款要求。

#### 7.5.8.2 符合性验证工作流程及具体要求

(a) MC5相关产品地面试验。通过机上地面试验，对前、后航行灯在规定的A区、B区内的渗入光强进行测量，以确认是否满足本条款要求。

为确保航行灯光强测定的有效性，应确认试验满足以下条件后才能进行其光强的测定：

（Ⅰ）机上安装的航行灯必须是装好了灯罩和滤色镜的新灯；

（Ⅱ）航行灯电源电压在飞机正常工作电压范围内；

（Ⅲ）航行灯通电后发光达到稳定值。

(b) MC9设备鉴定。由供应商按下列条件之一提供设备合格性证明材料。

（Ⅰ）CTSOA复印件，最优先方式。

（Ⅱ）对于TSOA设备，提供CAAC批准的VDA复印件；对于ETSOA设备，提供CTSOA复印件。

（Ⅲ）对于随航空器型号合格审定一起批准的航行灯设备，提供满足本条要求的技术规范、试验大纲和报告等一系列材料，用实测光强与条款要求的光强对比，表明对其符合性，但实测光强必须是航行灯满足以下条件后测定的：

（ⅰ）必须是装好了灯罩和滤色镜的新灯；

（ⅱ）电源电压在飞机正常工作电压范围内；

（ⅲ）通电后发光达到稳定值。

#### 7.5.8.3 符合性验证资料

对于CCAR29.1395各款的验证，可根据采用的符合性验证方法（MOC）从表7-59中选择适合的符合性验证资料。

表7-59 CCAR29.1395“前、后航行灯的最大渗入光强”的符合性验证资料

| 规章要求 | MOC | 符合性资料 |
|---|---|---|
| 除第29.1389(b)(Ⅲ)款规定者外，航行灯渗入光强均不得超过下表规定的相应值：具体内容参见7.5.8.1.1 | 5<br>9 | 航行灯地面试验大纲和报告<br>航行灯设备合格性证明文件 |

#### 7.5.8.4 审定要点

审查提供的实测的渗入光强是否符合本条款要求。

### 7.5.9 EH.1397航行灯颜色规格

#### 7.5.9.1 国内外符合性验证方法分析

##### 7.5.9.1.1 FAAAC相关分析

FAA颁布过3项与FAR29.1397相关的咨询通告，如表7-60所示。

表 7-60 FAR29. 1397 相关咨询通告

| 咨询通告编号 | 标题名称 | 生效时间 | 有效性 |
|---|---|---|---|
| AC29-2B | Certification of Transport Category Rotorcraft | 1997. 7. 30 | 无效 |
| AC29-2C | Certification of Transport Category Rotorcraft | 2018. 7. 2 | 有效，适用于当前有效的 CCAR29 要求 |
| AC20-74 | Aircraft Position and Anticollision Light Measurements | 1971. 7. 29 | 有效，适用于当前有效的 CCAR29 要求 |

(a) 现行有效的 AC29-2C-Chang8 中的 AC29. 1397 及现已取消的 AC29-2B 的第 37 部分的 676-29. 1397（Amendment 29-7）均是针对 FAR29 第 7 次修正案修订之后的 29. 1397 条要求所颁布的咨询通告，其明确要求咨询通告的具体内容参考 AC20-74，因此 AC20-74 应适用于 FAR29. 1397 第 7 次修正案条款要求。

(b) 咨询通告 AC20-74 中与航行灯测量有关的内容。

（Ⅰ）测量设备。本 AC 在第 2 章分别对航行灯光强测量设备和颜色测量设备进行了介绍。

其中用于颜色测量的设备有目视光度计、分光光度计、光谱辐射计、亮度计、三色色度计五种，与之相应的就有五种不同的测量方法。着重对分光光度计进行较详细的介绍。

（Ⅱ）航行灯的适航要求。详见本 AC 第 3 章测量数据的第一部分总则。

本部分明确指出旋翼航空器航行灯的适航要求由 FAR 中的 29. 1385～29. 1397 条给出，其中给出了 29. 1397 条航行灯航空红色（左）、航空绿色（右）和航空白色（后）的色度坐标限制。

（Ⅲ）光强测量数据。详见本 AC 第 3 章测量数据的第二部分航行灯数据-光强。

（Ⅳ）颜色测量数据。详见本 AC 第 3 章测量数据的第二部分航行灯数据-颜色。

本部分对航行灯颜色测量所需设备、表明颜色符合性的形式、附带数据的试验室报告的内容等给出了如下具体的要求。

航行灯颜色测量需要如第 2 章所述的设备。应以色度坐标（x，y，z）形式表明航空绿色的符合性。应由同一类型的数据或由可选的亮度计和过滤方法来表明航空红色的符合性。当使用分光光度法程序时，数据应包括如本 AC 中的计算表。附带数据的试验室报告应至少包括以下内容。

（ⅰ）试验设备清单，如适用，应注明校准日期。

（ⅱ）使用红色玻璃时，数据应包括颜色测量时的灯罩温度和相对于温度的颜色特性。红色玻璃数据还应包括以下内容：在装有红色灯罩的情况下进行测量，以证明当玻璃的外部温度为 78F°时，颜色将在限制范围内；如果进行色度坐标测量，测量值应调整到与外罩玻璃温度 78F°相对应的值。

（ⅲ）获取颜色数据的过程描述。需要一张试验装置的简图。

当前有效的 FAR29. 1397 为 FAR29 第 7 修正案（颁布于 1971 年 7 月 10 日）修正后的条款要求，我国当前有效的 CCAR29. 1397 与 FAR29. 1397 的第 7 次修正案条款要求保持一致。本 AC20-74 自 1971 年 7 月 29 日生效以来，一直沿用至今，在对当前有效的 FAR29. 1397 条款的符合性进行验证时，可选择应用以上 AC20-74 航行灯颜色测量设备及测量数据部分的内容，因此 AC20-74 适用于当前有效的 FAR29. 1397 条款要求，同样也适用于我国当前有效的 CCAR29. 1397 条款要求。以此推断 AC29-2C-Chg8 中的 AC29. 1397 也是适用当前有效的 FAR29. 1393 条款和 CCAR29. 1393 条款要求的。

7.5.9.1.2　FAA 和 EASA 差异分析

根据 CS-29 BOOK2 的规定，现行有效的 CS29. 1397 的可接受的符合性验证方法（AMC）与 FAAAC29-2C-Change7（日期为 2016 年 2 月 4 日）的 AC29. 1397 保持一致，而 FAAAC29-2C-Change7 与现行有效的 FAAAC29-2C-Change8 的 AC29. 1397 无差异，所以针对 29. 1397 条要求的符合性验证方法，FAA 和 EASA 无差异。

7.5.9.1.3　经验教训和风险分析

对于旋翼航空器所配备的航行灯，其颜色色度对本条款符合性，虽然可采用 MC9 方法对其进行验证，为使验证更加充分，可在 MC9 方法验证基础上，在条件具备的条件下（如选择地面试验进行航行灯光强测量验证），可再对其进行 MC5 机上地面试验验证，测出其在机上实际的色度坐标值，以此充分表明待取证的旋翼航空器航行灯的灯光颜色是满足本条款要求的。

### 7.5.9.2　符合性验证工作流程及具体要求

(a) MC5 相关产品地面试验。通过机上地面试验，对前、后航行灯的颜色色度值进行测量，确认其是否符合本条款要求。

(b) MC9 设备鉴定。由供应商按下列条件之一提供设备合格性证明材料。

(Ⅰ) CTSOA 复印件，最优先方式。

(Ⅱ) 对于 TSOA 设备，提供 CAAC 批准的 VDA 复印件；对于 ETSOA 设备，提供 CTSOA 复印件。

(Ⅲ) 对于随航空器型号合格审定一起批准的航行灯设备，提供包括技术规范、试验大纲和报告等一系列材料，用实测的航行灯颜色色度坐标值与条款要求的相应色度坐标限制对比，得出满足本条款要求的结论。

### 7.5.9.3　符合性验证资料

对于 CCAR29. 1397 各款的验证，可根据采用的符合性验证方法（MOC）从表 7-61 中选择适合的符合性验证资料。

表 7-61　CCAR29. 1397“航行灯颜色规格”的符合性验证资料

| 规章要求 | MOC | 符合性资料 |
|---|---|---|
| (a)航空红色<br>“y”不大于 0. 335<br>“z”不大于 0. 002 | 5<br>9 | 航行灯地面试验大纲和报告<br>设备合格性证明文件 |
| (b)航空绿色<br>“x”不大于 0. 440－0. 320y<br>“x”不大于 y－0. 170<br>“y”不小于 0. 390－0. 170x | 5<br>9 | 航行灯地面试验大纲和报告<br>设备合格性证明文件 |
| (c)航空白色<br>“x”不小于 0. 300 且不大于 0. 540<br>“y”不小于“x－0. 040”或“$y_0$－0. 010”，取小者<br>“y”不大于“x＋0. 020”，也不大于“0. 636－0. 400x”<br>其中，“$y_0$”为普朗克辐射器相对于所论<br>“x”值的“y”坐标值 | 5<br>9 | 航行灯地面试验大纲和报告<br>设备合格性证明文件 |

注：每个航行灯的颜色必须具有国际照明委员会规定的相应色度坐标值。

### 7.5.9.4 审定要点

审查提供的实测颜色色度坐标值是否符合本条款的要求。

## 7.5.10 EH.1399 停泊灯

### 7.5.10.1 国内外符合性验证方法分析

#### 7.5.10.1.1 FAAAC 相关分析

FAA 颁布过 3 项与 FAR29. 1399 相关的咨询通告，如表 7-62 所示。

表 7-62 FAR29. 1399 相关咨询通告

| 咨询通告编号 | 标题名称 | 生效时间 | 有效性 |
|---|---|---|---|
| AC29-2A | Certification of Transport Category Rotorcraft | 1987. 9. 16 | 无效 |
| AC29-2B | Certification of Transport Category Rotorcraft | 1997. 7. 30 | 无效 |
| AC29-2C | Certification of Transport Category Rotorcraft | 2018. 7. 2 | 有效，适用于当前有效的 CCAR 要求 |

(a) 现行有效的 AC29-2C-Chg8 中的 AC29. 1399 与 AC29-2B 中的 677 除了 (b) 款涉及 29. 1309(b) 条的括号内的说明不同外（前者为“参见本 AC 的 621”，后者为“参见 AC29. 1309”），其他内容完全相同，而 AC29-2B 中的 621 和 AC29-2C 中的 AC29. 1309 均为 FAR29. 1399 初版的咨询通告。

(Ⅰ) 现行有效的 AC29-2C-Chg8 中的 AC29. 1399(a) 阐述了停泊灯的功能说明及美国海岸警卫队（USCG）的导航规则对降落在水上的旋翼航空器的定义，指出获得 USCG 资料的具体途径。

(Ⅱ) 现行有效的 AC29-2C-Chg8 中的 AC29. 1399(b) 阐述了对白光灯安装及安装位置的要求，即安装应满足 29. 1309(b) 的故障要求（见 AC29. 1309)，并使之能在绕旋翼航空器 360 度的水平面内展现最亮的连续光。即使有可能被遮挡，这种灯的阴影扇区也不应超过 6 度。并具体说明白光灯以下适用的规定。

(ⅰ) 白光灯的色度符合标准及获得所参考资料的途径。

(ⅱ) 白色区界限给定的直角坐标值及对亮度的具体要求，灯光的最小亮度的确定公式：$L=3.43\times10^{6}TD^{-2}$。

(ⅲ) 通过 (ⅱ) 的公式计算得出：白光灯所要求的最低亮度为 4.3 坎。

(Ⅲ) 现行有效的 AC29-2C-Chg8 中的 AC29. 1399 的“注”表明采用机外悬挂一盏或几盏经 USCG 批准的、其亮度和外挂点都合适的全景灯可以满足 FAR29. 1399 的要求。

(b) 目前有效的 FAR29. 1399 为初版修订后的条款要求，我国当前有效的 CCAR29. 1399 与 FAR29. 1399 的初版修订后的条款除在(a)(Ⅰ) 存在“2 海里”和“2 英里”的差别外，其他完全一致。而目前有效的 AC29-2C-Chg8 中的 AC29. 1399 仅涉及“2 海里”，未涉及“2 英里”，即在 b(Ⅱ) 中，对白光灯的亮度要求中表明应保证在晴天的夜间 2 海里远处能看到降落在水上的旋翼航空器，这和 CCAR29. 1399(a)(Ⅰ)“在大气洁净的夜间至少能够在 2 海里的距离内显示白光”的要求一致，所以目前有效的 AC29-2C-Chg8 中的 AC29. 1399 是适用于我国当前有效的 CCAR29. 1399 求。

7.5.10.1.2 FAA 和 EASA 差异分析

根据 CS-29 BOOK2 的规定，现行有效的 CS29.1399 的可接受的符合性验证方法（AMC）与 FAAAC29-2C-Change7（日期为 2016 年 2 月 4 日）的 AC29.1399 保持一致，而 FAAAC29-2C-Change7 与现行有效的 FAAAC29-2C-Change8 的 AC29.1399 无差异，所以针对 29.1399 条要求的符合性验证方法，FAA 和 EASA 无差异。

7.5.10.1.3 经验教训和风险分析

对于申请人采用设计图纸作为验证支持性文件进行 MC1 符合性说明的，由于保密等因素不便网上提交适航部门审查的，适航审查人员可到申请人设计部门完成对相关设计图纸的审查工作。如有必要，还应到在审型号的航空器上进行 MC7 工程符合性检查，验证停泊灯在机上的实际安装位置，其应与设计安装图纸相符。

### 7.5.10.2 符合性验证工作流程及具体要求

（a）MC1 设计评审。本条款说明性文件涉及外部照明系统设计报告、停泊灯安装图纸，需对以下进行说明：停泊灯是否使用外部吊灯，停泊灯的安装位置是否能在绕旋翼航空器 360°的水平面内展现最亮的连续光。

（b）MC2 分析/计算。如停泊灯存在可能的遮蔽角，需对遮蔽角进行分析，如遮蔽角分析报告表明即使有可能被遮挡，这种灯的阴影扇区也不超过 6 度。

（c）MC5 相关产品地面试验。通过地面试验验证对 29.1399(a) 的符合性。

（d）MC9 设备鉴定。由供应商提供设备合格性证明材料，表明其满足颜色和光强要求。

### 7.5.10.3 符合性验证资料

对于 CCAR29.1399 各款的验证，可根据采用的符合性验证方法（MOC）从表 7-63 中选择适合的符合性验证资料。

表 7-63 CCAR29.1399“电气设备及安装”的符合性验证资料

| 规章要求 | MOC | 符合性资料 |
|---|---|---|
| (a)水上作业所需要的每个停泊灯的安装必须符合下列规定<br>（Ⅰ）在大气洁净的夜间至少能够在 2 海里的距离内显示白光<br>（Ⅱ）当该旋翼航空器在水上停泊时，应尽可能显示最大无间断的灯光 | 5<br>9<br>1<br>1<br>2<br>5 | 地面试验大纲和报告<br>设备合格性证明书<br>外部照明系统设计报告<br>停泊灯安装图纸<br>遮蔽角分析/计算报告<br>地面试验大纲和报告 |
| (b)可以使用外部吊灯 | 1<br>1 | 外部照明系统设计报告<br>停泊灯安装图纸 |

### 7.5.10.4 审定要点

（a）审查停泊灯的颜色、光强是否满足条款要求。

（b）审查遮蔽角是否超过 6°。

（c）审查停泊灯故障或失效是否影响电气系统安全。

## 7.5.11 EH.1401 防撞灯系统

### 7.5.11.1 国内外符合性验证方法分析

7.5.11.1.1 FAAAC 相关分析

FAA 颁布过 3 项与 FAR29.1401 相关的咨询通告，如表 7-64 所示。

表 7-64 FAR29.1401 相关咨询通告

| 咨询通告编号 | 标题名称 | 生效时间 | 有效性 |
| --- | --- | --- | --- |
| AC29-2A | Certification of Transport Category Rotorcraft | 1987.9.16 | 无效 |
| AC29-2B | Certification of Transport Category Rotorcraft | 1997.7.30 | 无效 |
| AC29-2C | Certification of Transport Category Rotorcraft | 2018.7.2 | 有效，适用于当前有效的 CCAR 要求 |

(a) 现行有效的 AC29-2C-Chg8 中的 AC29.1401(a)(b) 与 AC29-2B 中的 678(Ⅰ)(Ⅱ) 除了添加了标题外，内容完全相同，其中 AC29-2B 的 678(Ⅰ) 添加标题"解释"后就变为 AC29-2C 中的 AC29.1401(a)，AC29-2B 中的 678(Ⅱ) 添加标题"程序"后就变为 AC29-2C 中的 AC29.1401(b)。特别要说明的是在 AC29-2C 的 AC29.1401(b) 中的"在 1976 年，29.1401(b) 已被改成要求用红光防撞灯"中，"29.1401(b)"是错误的，应改为"29.1401(d)"。

(b) 现行有效的 AC29-2C-Chg8 中的 AC29.1401(a) 对夜间运行的合格审定所要求的经批准的航空红色防撞灯进行进一步的解释，阐述满足规章要求的防撞灯位置的确定和安装数量的决定因素，指出计算 29.1401(b) 所要求的实测覆盖区和测量和计算 29.1401(e) 所要求灯光强度和颜色的方法相应的指导材料。

(c) 现行有效的 AC29-2C-Chg8 中的 AC29.1401(b) 阐述了防撞灯的布局和要求其为红色的目的，说明已通过 29-7 修正案被允许使用的白灯，再次于 29-11 修正案从所要求的防撞灯颜色中被取消的原因。特别指出在旋翼航空器上除了安装有必要的红灯外，如果还要安装白灯，则必须对白光灯提供独立的控制，以便驾驶员能消除任何不利的驾驶舱反光，才可获得批准。

(d) 目前有效的 FAR29.1401 为第 11 次修正案修正后的条款要求，我国当前有效的 CCAR29.1401 与 FAR29.1401 的第 11 次修正案修正后的条款保持一致。而目前有效的 AC29-2C-Chg8 中的 AC29.1401，是针对 FAR29.1401 第 11 次修正案之后条款要求所颁布的咨询通告，自 2014 年 AC29-2C 进行第 4 次（Change4）修订以后一直沿用至今，所以目前有效的 AC29-2C-Chg8 中的 AC29.1401 是适用于我国当前有效的 CCAR29.1401 要求。

7.5.11.1.2 FAA 和 EASA 差异分析

根据 CS-29 BOOK2 的规定，现行有效的 CS29.1401 的可接受的符合性验证方法（AMC）与 FAAAC29-2C-Change7（日期为 2016 年 2 月 4 日）的 AC29.1401 保持一致，而 FAAAC29-2C-Change7 与现行有效的 FAAAC29-2C-Change8 的 AC29.1401 无差异，所以针对 29.1401 条款要求的符合性验证方法，FAA 和 EASA 无差异。

7.5.11.1.3 经验教训和风险分析

对于申请夜航的旋翼航空器所配备的防撞灯系统，其有效光强对本条款的符合性，虽然采用 MC5 或 MC9 两种方法都能对其进行验证，但推荐采用 MC5 和 MC9 两种方法叠加验证。因为单采取一种方法都不十分充分，如单采取 MC9 方法由供应商提供 CTSO 证明，或防撞灯系统试验室试验报告只能证明所选择的防撞灯系统本身光强正常，满足条款要求，但这并不能证明其安装在旋翼航空器上后，还能对本条款要求的区域提供正常光强的照明，因为航空器本身的外形特征，有可能对防撞灯所发出的光线有遮挡。对此最好在 MC9 方法验证基础上，对其进行 MC5 相关产品上的地面试验，在机上条款要求的防撞灯系统作用区域测出相应的有效光强，以此充分表明待取证的旋翼航空器防撞灯系统有效光强是否满足条款要求。

#### 7.5.11.2 符合性验证工作流程及具体要求

（a）MC1 设计评审。提供照明系统设计报告和防撞灯安装图样，表明申请夜间运行的旋翼航空器，其安装有满足 CTSO-C96a 要求的经批准的防撞灯系统，防撞灯的安装不影响机组成员的视觉，同时还满足本条（b）～（f）款的要求。

（b）MC2 分析/计算。进行遮蔽角分析，详细计算步骤可以参考 AC20-30B，可以通过比例图、电子样机或真实的航空器进行阴影区域的测量，验证遮蔽角总和是否超过 0.5 球面度。当安装有多个防撞灯时，需要分析重叠区的闪光频率，由于条款要求不大于 180 次/秒，选择防撞灯就需要考虑单个防撞灯的频率，避免超出条款要求。

（c）MC5 相关产品上的地面试验。对防撞灯进行地面安装测试，用来验证其是否符合规章要求。

（d）MC6 飞行试验。进行试飞试验，由试飞机组对防撞灯的安装进行评定：

（Ⅰ）在夜间飞行时，防撞灯的光线不得影响机组视觉；

（Ⅱ）防撞灯不得影响航行灯的明显性。

（e）MC9 设备鉴定。由供应商按下列条件之一提供设备合格性证明材料。

（Ⅰ）CTSOA 复印件，最优先方式。

（Ⅱ）对于 TSOA 设备，提供 CAAC 批准的 VDA 复印件；对于 ETSOA 设备，提供 CTSOA 复印件。

（Ⅲ）对于随航空器型号合格审定一起批准的防撞灯，提供包括技术规范、试验大纲和报告等一系列材料，并用实测光强、颜色、频率、技术方法等与条款要求对比。

#### 7.5.11.3 符合性验证资料

对于 CCAR29.1401 各款的验证，可根据采用的符合性验证方法（MOC）从表 7-65 中选择适合的符合性验证资料。

表 7-65 CCAR29.1401“防撞灯系统”的符合性验证资料

| 规章要求 | MOC | 符合性资料 |
| --- | --- | --- |
| (a)总则。如果申请夜间运行的合格审定，则旋翼航空器必须具有满足下列要求的防撞灯系统<br>(Ⅰ)由一个或几个经批准的防撞灯组成。其安装部位应使其发射的光线不影响机组的视觉，也不损害航行灯的明显性<br>(Ⅱ)满足本条(b)～(f)款的要求 | 1<br>1<br>5<br>6<br>9 | 照明系统设计报告<br>防撞灯安装图样<br>地面试验大纲和报告<br>飞行试验大纲和报告<br>设备合格证明文件 |
| (b)作用范围。该系统必须有足够数量的灯，以照亮旋翼航空器周围的重要的区域(从旋翼航空器的外部状态和飞行特性考虑)。其作用范围必须至少达到旋翼航空器水平平面上下各 30°范围内的所有方向，但允许有被遮蔽的立体角，其总和不超过 0.5 球面度 | 1<br>1<br>2<br>9 | 照明系统设计报告<br>防撞灯安装图样<br>分析/计算报告<br>设备合格证明文件 |
| (c)闪光特性。该系统的布局，即光源数目、光束宽度、旋转速度以及其他特性，必须给出 40～100 次/分钟的有效闪光频率。有效闪光频率指从远处看到整个旋翼航空器防撞灯系统的闪光频率。当系统有一个以上的光源时，对有效闪光频率的规定也适用于有重叠部分的灯光区。在重叠区内，闪光频率可以超过 100 次/分钟，但不得超过 180 次/分钟 | 1<br>1<br>2<br>9 | 照明系统设计报告<br>防撞灯安装图样<br>分析/计算报告<br>设备合格证明文件 |

续表

| 规章要求 | MOC | 符合性资料 |
| --- | --- | --- |
| (d)颜色。防撞灯必须为航空红色，且必须满足 29.1397 条的有关要求 | 1<br>1<br>9 | 照明系统设计报告<br>防撞灯安装图样<br>设备合格证明文件 |
| (e)光强。装上红色滤色镜（如使用时）测定并以"有效"光强表示的所有垂直平面内的最小光强，必须满足本条(f)的要求。必须采用下列关系式<br>$I_e=\frac{\int_{t_1}^{t_2} I(t)\mathrm{d}t}{0.2+(t_2-t_1)}$<br>式中，$I_e$ 为有效光强，坎德拉；$I(t)$为时间的函数的瞬时光强；$t_2-t_1$ 为闪光持续时间，秒<br>通常，选择 $t_2$ 和 $t_1$ 使有效光强等于 $t_2$ 和 $t_1$ 时的瞬时光强，即可得到有效光强的最大值 | 1<br>1<br>9 | 照明系统设计报告<br>防撞灯安装图样<br>设备合格证明文件 |
| (f)防撞灯的最小有效光强。每个防撞灯的有效光强必须等于或大于下表规定的相应值 | 1<br>1<br>9 | 照明系统设计报告<br>防撞灯安装图样<br>设备合格证明文件 |

### 7.5.11.4 审定要点

#### 7.5.11.4.1 审定要点

审查中需要关注的一般要素和审查重点如下：

(a) 审查防撞灯系统的安装是否影响机组的视觉、航行灯的明显性；

(b) 审查防撞灯的作用范围是否达到条款要求，遮蔽角总和是否超过 0.5 球面度；

(c) 审查防撞灯系统的布局能否满足 40～100 次/分钟的有效闪光频率（重叠区域不超过 180 次/分钟）；

(d) 审查防撞灯系统的光强是否满足要求。

#### 7.5.11.4.2 CAAC 相关 CTN

目前 CAAC 尚未发布与本条款相关的审定技术指导材料（CTN）。

# 第 8 章

# 告警系统

## 8.1 告警系统概述

### 8.1.1 概述

当座舱显示系统探测到戒备级别的告警信息时，驱动仪表板上的两个主戒备灯同时闪亮。可以通过按压任意一个主戒备灯实现对座舱显示系统显示戒备信息的确认，同时主戒备灯停止闪烁。当座舱显示系统探测到警告级别的告警信息时，驱动仪表板上的两个主警告灯同时闪亮。驾驶员可以通过按压任意一个主警告灯实现对座舱显示系统显示警告信息的确认，同时主警告灯停止闪烁。

按照警告、戒备信息级别在输出警告、戒备信息时输出音响告警信号。可以通过音响测试按钮，实现对音响告警信息的测试。当音响系统出现故障时，通过座舱显示系统输出音响故障的告警信息。

### 8.1.2 系统功能性能

座舱显示系统探测到直升机的警告信息或戒备信息后，在座舱显示系统的 CAS 页面反色显示，并输出闪光信号给直升机的主警告灯或主戒备灯，驱动主警告灯（对应警告信息）、主戒备灯（对应戒备信息）闪亮。

主警告灯、主戒备灯具有复位功能，按压主警告灯、主戒备灯，向座舱显示系统输入开关量信号，对座舱显示系统显示的反色的警告信号、戒备信号进行确认，确认后的告警信息变成常亮显示，座舱显示系统不再输出信号驱动主警告灯或主戒备灯。

在主警告灯、主戒备灯没有复位的情况下，如果直升机的告警信息消除，CAS 页面显示的信息消除，同时不再驱动主警告灯、主戒备灯闪亮。

## 8.2 重要条款概述

适用于电动旋翼航空器的告警系统的适航验证包含如表 8-1 所示重要条款的符合性验证。

表 8-1　适航验证重要条款

| 条款编号 | 条款名称 |
|---|---|
| EH. 1322 | 警告灯、戒备灯和提示灯 |

## 8.2.1 条款原文

### 8.2.1.1 CCAR29. 1322 警告灯、戒备灯和提示灯

如果在驾驶舱内装有警告灯、戒备灯或提示灯，则除民航总局另行批准外，灯的颜色必须按照下述规定：

（a）红色，用于警告灯（指示危险情况，可能要求立即采取纠正动作的指示灯）；

（b）琥珀色，用于戒备灯（指示将可能需要采取纠正动作的指示灯）；

（c）绿色，用于安全工作灯；

（d）任何其他颜色，包括白色，用于本条（a）～（c）款未作规定的灯，该颜色要足以同本条（a）～（c）款规定的颜色相区别，以避免可能的混淆。

### 8.2.1.2 FAR29. 1322 Warning，caution，and advisory lights（Amendment29-55）

If warning，caution or advisory lights are installed in the cockpit they must，unless otherwise approved by the Administrator，be：

（a）Red，for warning lights（lights indicating a hazard which may require immediate corrective action）；

（b）Amber，for caution lights（lights indicating the possible need for future corrective action）；

（c）Green，for safe operation lights；and

（d）Any other color，including white，for lights not described in paragraphs（a）through（c）of this section，provided the color differs sufficiently from the colors prescribed in paragraphs（a）through（c）of this section to avoid possible confusion.

### 8.2.1.3 CS29. 1322 Warning，caution，and advisory lights（Amendment 8）

If warning，caution or advisory lights are installed in the cockpit they must，unless otherwise approved by the Agency，be：

（a）Red，for warning lights（lights indicating a hazard which may require immediate corrective action）；

（b）Amber，for caution lights（lights indicating the possible need for future corrective action）；

（c）Green，for safe operation lights；and

（d）Any other colour，including white，for lights not described in sub-paragraphs

（a）to（c），provided the colour differs sufficiently from the colours prescribed in sub-paragraphs（a）to（c）to avoid possible confusion.

## 8.2.2 条款背景和历史沿革分析

### 8.2.2.1 FAA 相关修正案及背景说明

FAR29. 1322 相关的修正案情况如表 8-2 所示。

表 8-2 FAR29.1322 相关的修正案情况

| 序号 | 条款号 | 标题名称 | 修正案 | 生效时间 | 有效性 |
|---|---|---|---|---|---|
| 1 | 29.1322 | Warning, caution, and advisory lights | 29-3 | 1968.2.25 | 无效 |
| 2 | 29.1322 | Warning, caution, and advisory lights | 29-12 | 1977.2.1 | 有效，与 CCAR-29-R2 现行有效条款等效 |

经对修正案涉及的 NPRM 和 Final Rule 进行分析，情况如下。

(a) 1965 年 12 月 21 日，FAA 发布 NPRM65-42（Rotorcraft Review; Miscellaneous Type Certification Standards），建议修订旋翼航空器型号审定标准。在旋翼航空器上使用灯光作为信息来源正变得越来越普遍，在这个领域几乎没有颜色标准化。因此，颜色标准化对提升旋翼航空器安全性是必要的。

1968 年 1 月 19 日 FAA 发布 Final Rule 7087（Rotorcraft Type Certification Requirements），决定按照建议增加 29.1322 条。

1968 年 2 月 25 日，FAA 通过修正案 29-3 增加了 29.1322 条。

(b) 1975 年 2 月 27 日，FAA 发布 NPRM75-10（Airworthiness Review Program, Notice Number 2; Miscellaneous Proposals），建议通过修订更新和改进航空器审定规章、运行规章及适航标准和相关的程序要求。部分建议提供了标准化的灯光要求，以及批准的灯光颜色差异。还建议指定蓝色作为位置指示灯等的颜色。

1976 年 12 月 13 日，FAA 发布 Final Rule14324（Airworthiness Review Program），部分建议认为蓝色在阳光直射下难以看见，而在阴暗的装置中很容易分辨，因此要求位置指示灯为蓝色并不合适，FAA 撤回了对 29.1322(d) 关于蓝灯的修订建议；建议阐明条款适用范围限于安装在驾驶舱内的指示灯，FAA 同意该建议。

1977 年 2 月 1 日，FAA 通过修正案 29-12 修订了 29.1322 条。

### 8.2.2.2 EASA 相关修正案及背景说明

CS29.1322 相关的修正案情况如表 8-3 所示。

表 8-3 CS29.1322 相关的修正案情况

| 条款号 | 标题名称 | 修正案 | 生效时间 | 现行有效 |
|---|---|---|---|---|
| 29.1322 | Warning, caution, and advisory lights | Initial Issue | 2003.11.14 | 是，与 CCAR-29-R2 现行有效条款对应 |

2003 年 11 月 14 日，EASA 首次发布 CS29 Initial，29.1322 条对应 FAR 修正案 29-12。至今，未做修订。

### 8.2.2.3 规章差异分析

29.1322 条款对应关系如表 8-4 所示。

表 8-4 29.1322 条款对应关系

| 序号 | CCAR29 | FAR29 | CS29 |
|---|---|---|---|
| 1 | CCAR-29 初版，29.1322 | FAR29，修正案 29-12，29.1322 | CS29 Initial，29.1322 |
| 2 | CCAR-29-R1，29.1322 | FAR29，修正案 29-12，29.1322 | CS29 Initial，29.1322 |
| 3 | CCAR-29-R2，29.1322 | FAR29，修正案 29-12，29.1322 | CS29 Initial，29.1322 |

8.2.2.3.1　FAR29 第 12 修正案与 CS29 Initial 规章差异

FAR29 第 12 修正案与 CS29 Initial 无差异。

8.2.2.3.2　CCAR-29-R2 与 FAR 第 12 修正案规章差异

我国现行有效的 CCAR-29-R2 中的 29.1322 条与 FAR 第 12 修正案中的 29.1322 条的内容一致。

### 8.2.3　条款发展方向

FAA 针对集成视觉、听觉与触感的机组告警系统对 FAR25.1322 进行了相应修订，CAAC 已计划针对 CCAR25.1322 进行修订，保持与 FAA 和 EASA 规章的一致性。未来针对 29.1322 条可能也会进行相应的修订。

## 8.3　符合性验证思路

本条款设计评审包括系统设计说明、设计图样等。

告警系统设计说明应阐述以下内容：

（ⅰ）信号灯盒/信号灯的工作原理；

（ⅱ）系统的告警方式、告警信息级别划分；

（ⅲ）不同等级的告警信息对应的信号灯以及显示颜色规定；

（ⅳ）告警信息的显示和备份；

（ⅴ）驾驶舱及信号灯盒的照明方式。

告警系统接线图和操纵台安装图纸应表明信号灯的布置及逻辑控制。

通过 FHA、FTA、FMEA、SSA 等工作，分析虚假告警和丧失告警的可能性。

（Ⅰ）提供告警系统试验大纲、报告，试验内容应包含以下几点：

（ⅰ）测试信号灯的功能；

（ⅱ）检查告警信息与信号灯之间对应关系的准确性；

（ⅲ）若存在告警信息备份，测试告警信息与航电系统之间交连关系的可靠性。

（Ⅱ）在地面进行评估，评估日夜条件下信号灯的可视性和可读性。

提供驾驶员评估报告，评估飞行过程中信号灯/告警信息指示功能正常，颜色符合条款要求，并在日夜条件下信号灯/告警信息指示清晰可辨。若信号灯具有闪烁功能，能否在驾驶员操作下复位。

## 8.4　条款解析

### 8.4.1　条款安全意图

本条款的目的是引起驾驶员的注意，使其了解不正常状况的存在或了解旋翼航空器的状态，从而做出保证飞行安全的正确决策和响应。

### 8.4.2　条款实质要求

本条款对告警系统的告警级别和各级别对应的颜色做了清晰、严格而具体的规定，无论是采用传统的灯光告警系统，还是采用“玻璃化”驾驶舱设计的类似综合显示系统中的警告显示，都应满足本条款的规定。

### 8.4.3 条款关键点分析

考虑到光是由红、橙、黄、绿、青、蓝、紫七种光色组成的，其中红色的光波最长，穿透介质的能力也最大，人的眼睛对红色的感觉也比较敏锐，最容易被人们的视觉观察到，同时也易给人一种危险、警觉的心理反应，因此本条（a）款对存在危险状态，要求驾驶员立即识别并采取纠正动作或补偿动作的故障状态做出了规定，要求警告灯必须使用红色指示。

琥珀色介于橙色和黄色之间，可以和红色、绿色有一个明显的色调差异，其波长也较长，显示的距离也比较远，因此本条（b）款对用于警示操作员需要立即知道不正常状态的存在，或在常规使用中起提醒作用，需要随后采取纠正措施的状态做出了规定，要求起戒备作用的信号灯必须使用琥珀色。

绿色光也是波长较长的一种色光，显示距离也比较远，且从色调环上可以看出红色和绿色处在趋于对称的位置，相差约 180 度，所以红色和绿色是一组不易被看错的颜色，因此（c）款用绿色表示安全运行状态，更特殊地用于表示起落架已伸出并锁住，用于提示驾驶员，可能需要机组随后采取动作。通常应避免绿色信号器遍及驾驶员座舱，从而导致可能与指示起落架的特殊绿色信号发生混淆。如果绿色信号器在起落架操作中从物理上或从功能上移除，则可接受绿色信号器应用于表明各设备的安全操作。

（d）款指明允许使用其他颜色用作提示灯，用于提供旋翼航空器状态信息，红色和琥珀色除外，以免驾驶舱内发生混淆。同时考虑到黄色和粉色与琥珀色和红色类似，所以应避免使用。且根据型号经验，为减轻驾驶员工作负担，驾驶舱指示灯应避免过多使用红色、琥珀色。

### 8.4.4 专用术语

（a）警告灯（Warning Light）。指示旋翼航空器或机载系统的危险状态，要求驾驶员立即知晓并立即响应的告警类别。

（b）戒备灯（Caution Light）。要求驾驶员立即知晓，但比警告类告警紧急程度更低，可随后采取响应的告警类别。

（c）提示灯（Advisory Light）。不需要驾驶员立即知道，并可能要求随后采取相应的告警类别。

## 8.5 符合性验证方法和审查要点

### 8.5.1 国内外符合性验证方法分析

#### 8.5.1.1 FAAAC 相关分析

FAR29. 1322 相关咨询通告见表 8-5。

表 8-5 FAR29. 1322 相关咨询通告

| 咨询通告编号 | 标题名称 | 生效时间 | 有效性 |
|---|---|---|---|
| AC29-2A | Certification of Normal Category Rotorcraft | 1987. 9. 16 | 无效 |

续表

| 咨询通告编号 | 标题名称 | 生效时间 | 有效性 |
| --- | --- | --- | --- |
| AC29-2B | Certification of Normal Category Rotorcraft | 1997. 7. 30 | 无效 |
| AC29-2C | Certification of Normal Category Rotorcraft | 2018. 7. 02 | 有效，适用于现有 CCAR-29-R2 |

AC29. 1322 自发布后至今未做修订。

现行有效的 AC29-2-Chg8 中的 AC29. 1322 是适用于我国当前有效的 CCAR29. 1322 要求的。

AC29. 1322 对 FAR29. 1322 条款进行了详细的解释和说明，表明了条款的符合性验证的着眼点。

#### 8.5.1.2 FAA 和 EASA 差异分析

根据 CS-29BOOK2 的规定，现行有效的 CS29. 1322 的 AMC 与 FAAAC29-2C-Chg7（2016 年 2 月 4 日）的 AC29. 1322 保持一致，FAAAC29-2C-Chg7 与 FAAAC29-2C-Chg8 无差异。

针对此条款要求的符合性验证方法，FAA 与 EASA 无差异。

#### 8.5.1.3 经验教训和风险分析

目前美欧等国家有很多已颁证型号证明了其符合 29. 1322 条的要求。国内同样具备相关经验，已颁证的 H425-100 型号已完成本条款的符合性验证工作。

由于该条款为相对成熟的条款，因此该条款目前无较大风险。

### 8. 5. 2 符合性验证工作流程及具体要求

(a) MC1 设计评审。本条款设计评审包括系统设计说明、设计图样等。

(Ⅰ) 告警系统设计说明应阐述以下内容：

(ⅰ) 信号灯盒/信号灯的工作原理；

(ⅱ) 系统的告警方式、告警信息级别划分；

(ⅲ) 不同等级的告警信息对应的信号灯以及显示颜色规定；

(ⅳ) 告警信息的显示和备份；

(ⅴ) 驾驶舱及信号灯盒的照明方式。

(Ⅱ) 告警系统接线图和操纵台安装图纸应表明信号灯的布置和逻辑控制。

(b) MC3 安全评估。通过 FHA、FTA、FMEA、SSA 等工作分析虚假告警和丧失告警的可能性。

(c) MC5 地面试验。

(Ⅰ) 提供告警系统试验大纲、报告，试验内容应包含以下几点：

(ⅰ) 测试信号灯的功能；

(ⅱ) 检查告警信息与信号灯之间对应关系的准确性；

(ⅲ) 若存在告警信息备份，测试告警信息与航电系统之间交连关系的可靠性。

(Ⅱ) 在地面进行评估，评估日夜条件下信号灯的可视性和可读性。

(d) MC6 飞行试验。提供驾驶员评估报告，评估飞行过程中信号灯/告警信息指示功能正常，颜色符合条款要求，并在日夜条件下信号灯/告警信息指示清晰可辨。若信号灯具有闪烁功能，能否在驾驶员操作下进行复位。

## 8.5.3 符合性验证资料

符合性验证资料见表 8-6。

表 8-6 29.1322“警告灯、戒备灯和提示灯”的符合性验证资料

| 规章要求 | MOC | 符合性验证资料 |
|---|---|---|
| 如果在驾驶舱内装有警告灯、戒备灯或提示灯，则除民航总局另行批准外，灯的颜色必须按照下述规定<br>(a)红色，用于警告灯(指示危险情况，可能要求立即采取纠正动作的指示灯)<br>(b)琥珀色，用于戒备灯(指示将可能需要采取纠正动作的指示灯)<br>(c)绿色，用于安全工作灯<br>(d)任何其他颜色，包括白色，用于本条(a)～(c)款未作规定的灯，该颜色要足以同本条(a)～(c)款规定的颜色相区别，以避免可能的混淆 | 1<br>3<br>5<br>6 | 符合性说明文件<br>安全分析报告<br>地面试验大纲和试验报告<br>飞行试验大纲和试验报告 |

## 8.5.4 审定要点

审查中需要关注的一般要素和审查重点如下：

(a) 每种指示灯的功能与颜色是否匹配；

(b) 其他颜色是否与红色、琥珀色、绿色相区别，是否能避免混淆；

(c) 试飞机组评定状态是否具有代表性，是否充分考虑了所有可预见的照明条件和告警情况；

(d) 尽管此条款的名称为“警告灯、戒备灯和提示灯”，但其中颜色逻辑的使用原则对于现代综合显示系统中颜色的使用仍然具有指导意义，红色专用于需立即采取纠正措施的紧急情况的告示；琥珀色专用于不需要机组立即采取措施的失效或故障；绿色则表示安全运行状态。此外，对于综合显示系统中其他颜色的使用，审查代表应根据此处的原则统一考虑具体实现过程中颜色使用逻辑的一致性及可能需要的等效安全等问题。

# 第9章

# 电气和电源系统

## 9.1 电气和电源系统概述

### 9.1.1 概述

电动直升机电源系统作为现代旋翼航空器的能量核心，彻底改变了传统以化石燃料为基础的推进方式。该系统通过高效电能转换与存储技术，将化学能或燃料电池产生的电能转化为旋翼驱动所需的机械能，实现零排放飞行。与传统直升机动力系统相比，电动电源系统具有能量转换效率高（可达 90% 以上）、噪声水平显著降低（减少 30% ～50%）、维护成本低等突出优势，代表了绿色航空的重要发展方向。

从技术定位看，电动直升机电源系统属于多学科交叉领域，涉及电化学、电力电子、材料科学和航空工程等多个专业范畴。其核心价值在于为电动垂直起降（eVTOL）提供可靠、安全且高效的能源保障。根据应用场景不同，电源系统可分为纯电池电动系统（如中国研发的锂电池驱动直升机）、混合动力系统（如美国陆军资助的 HEPPS 项目）以及氢燃料电池系统（如 Unither Bioelectronics 的氢动力 R44）三类技术路线。

随着电池能量密度的提升和新型电力推进技术的突破，电动直升机电源系统已从概念验证阶段逐步进入实际应用阶段。2025 年 3 月，Unither Bioelectronics 成功实现世界首架氢燃料电池载人直升机飞行，证明电动推进系统已具备实际飞行的可行性；602 所开发的 270V 航空保障电源系统则解决了中频电网高效转换的问题；而 540V/100A · h 无人机电池系统方案则实现了 2h 持续飞行能力，标志着电动直升机电源技术正向实用化快速迈进。

### 9.1.2 系统组成

#### 9.1.2.1 电池系统

（a）电芯与模组。现代电动直升机主要采用高镍 NCM 三元锂电芯或高倍率 Pouch 型电芯（软包电芯），单体能量密度可达 250W · h/kg 以上。例如，中型无人直升机使用的 540V 系统采用 146S1P 配置（146 个电芯串联），标称电压 540V，容量 100A · h，总能量达 54kW · h。这种设计通过铝壳散热导流结构和母排铜排连接，确保高功率输出下的结构稳定性和散热效率。

电芯级别的安全设计包括 CID（电流中断装置）、PTC（正温度系数电阻）和过温熔断机制，构成多级安全防护体系。

(b) 电池管理系统（BMS）。作为电池系统的“智能大脑”，BMS 采用主从式分布式控制架构和双系统容灾备份设计，确保极端情况下的系统可靠性。其核心功能如下。

(Ⅰ) 状态监测：实时采集单体电压、温度、电流等参数。

(Ⅱ) 安全保护：实现过压/欠压、过温、过流、短路等多重保护。

(Ⅲ) 能量管理：精确计算 SOC（充电状态）和 SOH（健康状态）。

(Ⅳ) 通信交互：通过 CAN-FD/航空以太网与飞控系统深度协同。

双 BMS 设计保证在一个系统失效时，备用系统能立即接管，可满足系统安全性要求。

(c) 结构封装。电池组采用碳纤维-航空铝合金复合外壳，兼顾轻量化与机械强度，防护等级达 IP65 以上。模块化设计配合底部滑轨卡扣＋顶部自动导电插接的快换机构，使地面维护时间缩短至传统系统的 1/3。抗震性能严格遵循 MIL-STD-810G 军标，适应直升机特有的振动环境。电池系统关键技术指标见表 9-1。

**表 9-1　电池系统关键技术指标**

| 参数类别 | 典型指标 | 技术实现 | 应用意义 |
|---|---|---|---|
| 能量密度 | 125～160W·h/kg(系统级) | 高镍 NCM 电芯＋轻量化封装 | 延长续航时间 |
| 峰值功率 | 60kW(＜60s) | 低内阻设计＋液冷散热 | 满足起飞/爬升需求 |
| 工作温度 | －30～60℃ | 柔性加热膜＋液冷板 | 高原/极地适用 |
| 循环寿命 | ≥2000 次(80% 容量保持) | 智能充放电策略 | 降低全生命周期成本 |
| 充电速度 | 0～80% ≤45min(30kW 快充) | CCSType2 接口＋高倍率电芯 | 提高任务出勤率 |

### 9.1.2.2　电力推进单元

(a) 电驱系统。电动直升机的推进核心由高功率密度永磁电机、多级减速器及数字电调组成。以氢电动 R44 为例，其采用 Magnix 航空电动机，功率密度超过 5kW/kg，远超传统活塞发动机。电机控制器采用碳化硅（SiC）功率器件，开关频率达数万赫兹，减少开关损耗的同时提高系统效率。电调系统通过矢量控制算法精确调节电机转矩和转速，响应速度达毫秒级，满足直升机复杂机动需求。

(b) 混合架构。系统采用电池-超级电容或电池-燃料电池混合架构。如有人驾驶直升机动力系统采用 11 个 360F 超级电容串联（约合 16V/360F），可在发动机启动时提供瞬时峰值功率（50A 以上输出），持续 1.5s 后自动切断。超级电容与锂电的功率耦合通过智能继电器实现，由监控模块根据飞行状态自动切换能量来源，兼顾高能量密度与高功率输出需求。

(c) 能量回收。在直升机下降或减速阶段，电驱系统转为发电机模式，将动能转化为电能存储于电池或超级电容中。再生制动能量回收效率可达 20%～30%，显著延长了续航时间，特别是在城市空中交通（UAM）频繁起降场景中效果更为显著。

### 9.1.2.3　功率管理系统

(a) 配电与转换。270V 高压直流系统正成为新一代电动直升机标准。中国直升机设计研究所开发的电源系统包含变压器隔离、正弦波整流和调压限流三级结构。

(Ⅰ) 变压器：实现输入电压匹配与电气隔离。

(Ⅱ) 正弦波整流电路：降低电网谐波干扰（THD＜5%）。

(Ⅲ) 调压限流电路：实现输出电压快速调节（响应时间＜10ms）和短路保护。

该系统支持 400Hz 中频电网输入，输出稳定 270V 直流，功率因数校正（PFC）达 0.99

以上。

(b) 智能配电单元。采用固态功率控制器（SSPC）替代传统继电器，实现无弧切换和数字熔断功能。如昌航航空的直流电源控制组件检测装置，集成离散量/模拟量采集、高精度电阻表及电流传感器测试单元，通过转接电缆实现全系统状态监控。配电系统具备分区供电能力，关键设备（如飞控计算机）采用冗余双总线供电，提升系统生存性。

#### 9.1.2.4 热管理系统

(a) 温度控制。针对航空严苛环境，采用液冷-风冷混合架构。

(Ⅰ) 液冷系统：模块化液冷板紧贴电芯表面，热导率达 200W/(m·K)。

(Ⅱ) 风冷系统：高流量离心风机驱动冷却气流。

(Ⅲ) 加热系统：柔性加热膜覆盖电芯表面，−20℃环境下 15min 内升温至工作温度。

系统通过多区域温度传感器与 PID 控制算法，将电芯温差控制在±3℃内，避免低温性能衰减或高温热失控。

(b) 高原适应性。针对高海拔稀薄空气环境，可选低压加压壳体设计（类似飞机客舱增压），并结合高原自适应温控策略。

(Ⅰ) 海拔＞3000m 时自动提升冷却液流量。

(Ⅱ) 低温环境下启动脉冲加热模式。

(Ⅲ) 优化电池充放电温升模型。

确保在−30～60℃环境温度范围内系统性能稳定。

### 9.1.3 功能与性能

#### 9.1.3.1 高功率输出与能量管理

电动直升机电源系统的核心功能是提供满足飞行全阶段需求的电能供应，其关键性能指标如表 9-2 所示。典型任务剖面要求系统具备以下输出。

(a) 持续功率输出：25～30kW（巡航阶段）。

(b) 峰值功率输出：60kW 以上（起飞/爬升阶段，持续≤60s）。

混合电源系统通过超级电容补偿策略解决锂电池瞬时功率限制：当检测到输出电流突增时（如＞50A），监控模块在毫秒级时间内接通超级电容组，与锂电池协同供电。实验表明，该设计可使发动机启动功率提升 40%，同时减少锂电池大电流损耗。

能量优化分配算法根据飞行阶段动态调整功耗。

(a) 起飞阶段：优先保障推进系统供电。

(b) 巡航阶段：启用最佳能耗点（BCP）控制策略。

(c) 应急情况：自动切断非关键负载（如客舱娱乐）。

通过 CAN 总线与飞控系统实时交互（更新频率≥10Hz），预测剩余飞行时间精度达±3%。

表 9-2 电动直升机电源系统关键性能指标示例

| 性能参数 | 典型指标 | 技术实现 | 功能价值 |
| --- | --- | --- | --- |
| 系统电压 | 540V DC(工作范围 495～620V) | 多模块串联拓扑 | 减少传输损耗 |
| 持续飞行时间 | ≥2h(中型无人直升机) | 54kW·h 能量＋高效电驱 | 满足巡查/运输任务 |
| 峰值功率比 | 2C(60kW/30s) | 超级电容辅助输出 | 保障紧急爬升动力 |
| 快充能力 | 0～80%≤45min | 30kW DC 快充＋液冷散热 | 提高任务出勤率 |

续表

| 性能参数 | 典型指标 | 技术实现 | 功能价值 |
|---|---|---|---|
| 高原性能 | 海拔 5000m 功率保持率≥90% | 加压壳体+自适应温控 | 拓展作业范围 |

#### 9.1.3.2 安全可靠性与故障容错

航空级电源系统需满足极端工况下的安全运行要求，主要措施如下。

(a) 多级故障防护：从电芯 CID 保护到系统级熔断器，设置 7 层以上安全屏障。

(b) 预测性维护：BMS 基于 SOH（健康状态）分析预测失效风险，精度>95%。

(c) 容错设计：双 CAN 总线通信、电压采样冗余、接触器冗余控制。

特别在短路保护方面，调压限流电路采用两级响应机制。

(a) 初级限流：100μs 内将电流限制在 1.5 倍额定值。

(b) 快速关断：持续短路时 5ms 内切断输出。

此设计可避免传统熔丝熔断的延迟问题，显著降低电气火灾风险。

#### 9.1.3.3 环境适应性与特殊工况

(a) 宽温域运行。通过智能温控策略，电源系统可在−30℃极寒环境至 60℃高温沙漠全气候工作。低温启动时，BMS 自动启动自加热模式。

(Ⅰ) 阶段 1：脉冲小电流加热至 0℃。

(Ⅱ) 阶段 2：恒功率加热至 10℃。

(Ⅲ) 阶段 3：正常充电/放电。

整个过程不超过 15min，解决电动航空器的“冷启动难题”。

(b) 振动与冲击。直升机特有的高频振动（50～2000Hz）对电源系统构成严峻挑战。

(Ⅰ) 三维隔振支架：衰减 80% 以上机械振动。

(Ⅱ) 灌封工艺：电路板全覆盖导热硅胶。

(Ⅲ) 动态应力分析：基于 MIL-STD-810G 进行多轴振动测试。

确保在恶劣工况下电气连接可靠性。

#### 9.1.3.4 智能维护与状态监测

现代电动直升机电源系统集成预测性健康管理（PHM）功能。

(a) 地面检测装置：如昌航航空专利技术，通过高精度电阻表单元和电流传感器测试单元，自动完成电源控制组件功能检测，相比传统手动检测效率提升 5 倍。

(b) 飞行中状态监控：实时采集大于 300 个参数（电压/温度/电流/绝缘电阻等）。

(c) 大数据分析：基于历史数据训练故障预测模型，提前 100 飞行小时预警潜在故障。

维护系统通过 AR 界面指导地勤人员操作，快换机构设计使电池更换时间压缩至 10min 内，大幅提升任务出勤率。

### 9.1.4 关键技术

#### 9.1.4.1 高能量密度电池技术

电动直升机的续航能力直接取决于电池质量能量密度。目前主流采用三元锂电体系（NMC811），通过纳米硅碳负极、固态电解质和薄型集流体实现≥300W·h/kg 的能量密度。中航工业正在测试锂硫电池（理论密度 500W·h/kg）和锂空气电池（理论密度 200W·h/kg），但循环寿命仍是主要挑战。电池组采用模块化分舱设计，即使单电芯热失控也能通过气流导隔板抑制蔓延。

#### 9.1.4.2 混合储能功率耦合技术

锂电池-超级电容混合系统通过动态功率分配算法实现性能优化。关键技术突破如下。

(a) 自适应并联控制：当霍尔传感器检测到输出电流＞50A时，监控模块控制输出继电器闭合，超级电容自动投入。

(b) 状态依赖性切换：电容电压≥75%额定值时，直接并联输出；电容电压＜75%额定值时，现有电池充电2min再并联。

(c) 二极管隔离防反流：双隔离二极管结构确保电容放电时不冲击电池，反向耐压≥600V。

#### 9.1.4.3 轻量化与热管理技术

(a) 结构轻量化。采用碳纤维复合材料外壳，密度1.6g/cm$^3$（较铝合金减重40%）。集成化设计将监控模块、继电器等嵌入电池包空隙，空间利用率提升60%。

(b) 高效热管理。

(Ⅰ) 相变材料（PCM）：在电芯间填充石蜡基复合材料，潜热吸收≥150J/g.

(Ⅱ) 变流量液冷：低温环境小流量循环减少热损失；高温大流量（8L/min）确保散热。

(Ⅲ) 热失控预警：基于气体传感器（$H_2$、CO），提前10min预测热失控风险。

#### 9.1.4.4 智能监控与诊断技术

多层级状态监测系统是电源安全的“神经中枢”，其创新点如下。

(a) 电化学阻抗谱分析：注入1kHz微幅交流信号，通过阻抗相移检测电池微短路。

(b) 光纤温度传感器：沿电池表面布置分布式光纤，温度分辨率0.1℃，空间精度5mm。

(c) 数字孪生模型：构建电池老化与电容衰减的耦合模型，剩余寿命预测误差≤5%。

(d) 区块链存证：关键故障数据实时上传，为事故分析提供不可篡改的记录。

### 9.1.5 发展趋势

#### 9.1.5.1 氢电混合系统

氢燃料电池正成为下一代电动直升机的重要能源方向，其优势如下。

(a) 能量密度跃升：液氢系统可达800W·h/kg以上，远超锂电池。

(b) 零排放特性：仅排放水蒸气，符合净零碳目标。

(c) 快速加注：3～5min完成燃料补充。

2025年3月，Unither Bioelectronics的氢电动R44完成世界首飞，采用双PEM燃料电池堆+小型缓冲电池架构，90%飞行能量直接来自氢能。该系统的创新如下。

(a) 模块化电堆设计：单堆功率80kW，冗余配置。

(b) 智能功率分配：燃料电池负责巡航供电，电池应对峰值负载。

(c) 热管理优化：利用电堆废热为客舱供暖。

未来3～5年，液态氢存储系统将成为研发重点，可将续航里程提升至500km以上，满足区域空中救护需求。

#### 9.1.5.2 混合动力架构

针对不同任务需求，多能源混合系统将成为主流。

(a) 发电单元：微型燃气轮机/重油发动机（200kW以上）。

(b) 储能单元：锂电/超级电容/飞轮储能。

(c) 能量管理：智能动态分配算法。

美国陆军资助的 HEPPS 项目（Electra 公司）开发了超短距起降（Ultra-STOL）混合系统，特点如下。

（a）150ft 起降能力：电机提供瞬时大扭矩。

（b）燃油节省 40%：优化发电机组工作点。

（c）移动电源功能：地面可输出 50kW 电力。

此类系统在军用领域尤其重要，可在无跑道区域部署并兼作战场移动电站。

#### 9.1.5.3 超快充与模块化换电

充电基础设施正朝两个方向突破。

（a）超快充技术：350kW 航空快充站（10min 补充 400km 续航）。

（b）模块化换电：无人直升机领域率先应用标准化电池箱。

540V 电池系统已支持快换/快充双模式。

（a）快充：30～60kW DC 充电（1h 内充满）。

（b）快换：滑轨式机械接口（5min 完成更换）。

未来将发展航空充电网络，实现“直升机版”换电站，大幅提升运行效率。

#### 9.1.5.4 智能电源网络与飞行安全

基于数字孪生技术的智能电源网络正在形成。

（a）实时健康评估：结合飞行数据预测电池寿命。

（b）自适应容错：单点故障时自动重构供电拓扑。

（c）协同安全策略：与飞控系统深度耦合。

研究表明，混合电源系统可降低 35% 事故率：当主电源失效时，备用电池可提供 3～4min 应急电力，足够实施安全着陆。中国直升机设计研究所研发的 270V 电源系统通过正弦波整流技术显著降低电网谐波干扰，提升供电质量，未来将与多电飞机技术进一步融合。电动直升机电源系统技术路线见表 9-3。

表 9-3 电动直升机电源系统技术路线

| 时间阶段 | 技术特征 | 能量密度目标 | 典型应用场景 |
|---|---|---|---|
| 2023—2025 年 | 高镍锂电＋超级电容 | 160～180W・h/kg(系统) | 轻型无人机/训练直升机 |
| 2025—2028 年 | 固态电池＋混合动力 | 250～300W・h/kg(系统) | 城市空中出租车 |
| 2028—2030 年 | 液氢储运＋燃料电池 | 500～800W・h/kg(系统) | 区域医疗转运 |
| 2030 年以后 | 金属空气电池/超导储能 | 1000W・h/kg 以上 | 长航时直升机 |

## 9.2 重要条款概述

适用于电动旋翼航空器的电气和电源系统的适航验证包含如表 9-4 所示重要条款的符合性验证。

表 9-4 适航验证重要条款

| 序号 | 条款编号 | 条款名称 |
|---|---|---|
| 1 | EH. 1316 | 电气和电子系统的闪电防护 |
| 2 | EH. 1317 | 高强度辐射场(HIRF)保护 |
| 3 | EH. 1351 | 总则 |

续表

| 序号 | 条款编号 | 条款名称 |
|---|---|---|
| 4 | EH. 1353 | 电气设备及安装 |
| 5 | EH. 1355 | 配电系统 |
| 6 | EH. 1357 | 电路保护装置 |
| 7 | EH. 1359 | 电气系统防火和防烟 |
| 8 | EH. 1363 | 电气系统试验 |

## 9.2.1 EH. 1316 电气和电子系统的闪电防护

### 9.2.1.1 条款原文

9.2.1.1.1 CCAR29.1316 电气和电子系统的闪电防护

(a) 对于其功能失效会妨碍旋翼航空器继续安全飞行和着陆的每一个电子及电气系统的设计与安装必须符合下列规定。

(Ⅰ) 当旋翼航空器暴露于闪电环境期间和暴露以后，其功能不会受到不利影响。

(Ⅱ) 在旋翼航空器暴露于闪电之后，系统及时地自动恢复其功能的正常运行。

(b) 对于其功能失效会降低旋翼航空器或飞行机组应对不利运行条件能力的每一个电子和电气系统的设计与安装，必须确保在旋翼航空器暴露于闪电环境之后，能及时恢复其功能的正常运行。

9.2.1.1.2 FAR29.1316 Electrical and electronic system lightning protection (Amendment 29-55)

(a) Each electrical and electronic system that performs a function, for which failure would prevent the continued safe flight and landing of the rotorcraft, must be designed and installed so that--

(Ⅰ) The function is not adversely affected during and after the time the rotorcraft is exposed to lightning; and

(Ⅱ) The system automatically recovers normal operation of that function in a timely manner after the rotorcraft is exposed to lightning.

(b) Each electrical and electronic system that performs a function, for which failure would reduce the capability of the rotorcraft or the ability of the flightcrew to respond to an adverse operating condition, must be designed and installed so that the function recovers normal operation in a timely manner after the rotorcraft is exposed to lightning.

9.2.1.1.3 CS29.1316 Electrical and electronic system lightning protection (Amendment 8)

(a) Each electrical and electronic system that performs a function whose failure would prevent the continued safe flight and landing of the rotorcraft, must be designed and installed in a way that:

(Ⅰ) the function is not adversely affected during and after the time the rotorcraft's exposure to lightning; and

(Ⅱ) the system automatically recovers normal operation of that function, in a timely manner, after the rotorcraft's exposure to lightning, unless the system's recovery conflicts with other operational or functional requirements of the system that would prevent continued safe flight and landing of the rotorcraft.

(b) For rotorcraft approved for instrument flight rules operation, each electrical and electronic system that performs a function whose failure would reduce the capability of the rotorcraft or the ability of the flight crew to respond to an adverse operating condition, must be designed and installed in a way that the function recovers normal operation in a timely manner after the rotorcraft's exposure to lightning.

### 9.2.1.2 条款背景和历史沿革分析

#### 9.2.1.2.1 FAA相关修正案及背景说明

FAR29.1316相关的修正案情况如表9-5所示。经对修正案涉及的NPRM和Final Rule进行分析，情况如下。

表9-5 FAR29.1316相关的修正案情况

| 序号 | 条款号 | 标题名称 | 修正案 | 生效时间 | 与CCAR29等效版本 |
|---|---|---|---|---|---|
| 1 | 29.1309(c) | Equipment, systems, and installations | Original | 1965.2.1 | 无 |
| 2 | 29.610(a) | Lightning protection | 29-24 | 1984.12.6 | R0 |
| 3 | 29.1309(h) | Equipment, systems, and installations | 29-24 | 1984.12.6 | R0 |
| 4 | 29.610(d)(4) | Lightning and static electricity protection | 29-40 | 1996.8.8 | R1 |
| 5 | 29.1309(h) | Equipment, systems, and installations | 29-40 | 1996.8.8 | R1 |
| 6 | 29.1316 | Electrical and electronic system lightning protection | 29-53 | 2011.8.8 | R2 |

**CAR7。**

1956年，美国民用航空委员会（Civil Aeronautics Board，CAB）颁布了民用航空规章CAR7，用于运输类旋翼航空器适航审定，虽然CAR7中没有专门针对电子和电气系统闪电防护的条款，但其中的CAR7.625(a)要求适用于对电气系统、设备的闪电防护，其对电气设备和装置提出了如下的总体要求。

CAR7.625(a)在表明电气系统、设备和安装满足7.606(a)(b)要求时，应考虑关键的环境条件的影响。

与CAR7.625(a)相关的CAR7.606(a)(b)明确提出对设备、系统和装置的如下要求。

> CAR7.606“设备、系统和装置”：
>
> (a) 功能和可靠性。对于所有的设备、系统和装置（其功能为表明本条款规章的符合性所必需的）的设计与安装，应确保它们能在所有合理可预见的运行条件下可靠地执行其预期功能；
>
> (b) 危害。所有设备、系统和装置的设计，都应确保在其发生失效或故障时旋翼航空器不会受到危害。

将CAR7.625(a)中要求考虑的“关键环境”具体化为“闪电环境”后再与CAR7.606(a)(b)整合就变为对电气系统和设备闪电防护的如下适航要求。

当旋翼航空器暴露于闪电环境下，电气系统、设备应可靠地完成预定功能；如果引起失效或故障，必须能够防止旋翼航空器受到危害。

自此，美国联邦航空局（FAA）开始参照CAR7.625(a)开展旋翼航空器电气系统和设备的闪电防护的适航审定。

**FAR29 修正案 0。**

FAA 于 1961 年、1964 年先后发布 NPRM61-25 及 NPRM64-30（1964 年 5 月 28 日），提出了依据现有 CAR7 重新编排制定 FAR29 的建议。在 NPRM64-30（1964 年 5 月 28 日）中，FAA 建议，将原有的 CAR7. 625（a）和 CAR7. 606 整合为针对设备、系统和装置的 FAR29. 677。

FAA 在 Final rule 5084（1964 年 12 月 3 日）中正式发布了 FAR29 修正案 0（1965 年 2 月 1 日），在此修正案中，FAA 根据收到的反馈意见，对 NPRM64-30 建议的 FAR29. 677 条进行进一步修订，修订后的条款被重新编号为 FAR29. 1309，其条款要求如下。

> FAR29. 1309“设备、系统和装置”：
>
> (a) 功能和可靠性。对于设备、系统和装置（其功能为本条款所要求的）的设计与安装，必须确保它们在任何可预见的运行条件下都执行其预期功能。
>
> (b) 危害。设备、系统和装置的设计，必须防止在其发生失效或故障时旋翼航空器受到危害。
>
> (c) 电气系统。对于电气系统、设备和装置，在满足本条 (a)(b) 款的要求时，必须考虑关键的环境条件的影响。

本次修订的结果是 CAR7. 625(a) 和 CAR7. 606 被整合修订为 FAR29. 1309。其中的 FAR29. 1309(c) 是基于对原 CAR7. 625(a) 的修订，FAR29. 1309 其他部分是基于对原 CAR7. 606 的修订。

此次修订仅仅是简化和澄清了原规章的法规用语，并统一了规章格式，没有对原适航要求进行具体的实质性更改，其安全要求和技术内涵与原有 CAR7 规章完全一致。

自本修正案正式生效后，FAA 开始参照 FAR29. 1309(c) 款开展旋翼航空器电气系统和设备的闪电防护的适航审定。

**FAR29-24 修正案。**

在针对 FAR29 进行的第 24 次修订中，FAA 对 29. 1309 条进行了修订，并引入了新的 29. 610 条。

在 NPRM82-12（1982 年 8 月 26 日）中，为加强对旋翼航空器的闪电防护，FAA 提出两个方面的修订提议。第一，引入新的 29. 610 条用于旋翼航空器的闪电防护，其中的 (a) 款“必须保护旋翼航空器免受闪电的灾难性影响”，是对旋翼航空器闪电防护总体要求。此款不仅适用于旋翼航空器结构的保护，同样适用于旋翼航空器的系统、设备的保护。第二，在对 29. 1309 条进行重组和修订中，新增 (h) 款“在表明 1309(a)(b)符合性时，考虑闪电冲击对旋翼航空器的影响。”用于对旋翼航空器的系统、设备的闪电防护。

FAA 在 Final Rule 23266（1984 年 11 月 6 日）中正式发布第 29-24 修正案（1984 年 12 月 6 日），此修正案采纳了 NPRM82-12 的建议，新增 FAR29. 610，以及在 FAR29. 1309 重新修订中，新增了 (h) 款。

由于新引入的 29. 610(a) 的闪电保护要求已经涉及了旋翼航空器的系统、设备和安装，所以新的 29. 1309(h) 还在条款后加入“按照 29. 610 条的要求”，强调本款考虑的是“闪电的灾难性影响”以便与 FAR29. 610 保持一致。修订后 29. 1309(h) 要求型号合格证申请人在对旋翼航空器系统、设备和安装进行 29. 1309(a)(b)符合性验证时要“考虑”闪电冲击的灾难性影响［引用 29. 610(a)］。

自第 29-24 修正案正式生效后，FAA 开始依据此修正案新增的 29. 1309(h) 开展旋翼航空器电子和电气系统闪电防护的适航审定。

**FAR29-40 修正案。**

在针对 FAR29 部进行的第 40 次修订中，FAA 对 29.1309 条及 29.610 条进行了修订。

在 NPRM94-36（1994 年 12 月 28 日）中，在与电子和电气系统闪电防护有关条款的修订建议中，FAA 提出如下的修订提议。第一，修订 29.610(a) 的同时新增（d）款，其中在原（a）款中增加“结构”一词后，将（a）款由“必须保护旋翼航空器免受闪电的灾难性影响”更改为“必须保护旋翼航空器结构免受闪电的灾难性影响”，保护对象由“旋翼航空器”改为“旋翼航空器结构”，明确了（a）款闪电防护要求针对的是旋翼飞机的结构，其不再适用于旋翼航空器系统、设备的闪电防护。但新增加的 29.610(d)(Ⅳ) 开始对防止闪电的电搭接措施提出了“将闪电对主要电气和电子设备的功能影响降低到可接受的水平”的总体要求。第二，对 29.1309(h) 进行基于 29.610(a) 的修订，删除“按照 29.610 条的要求”。

FAA 在 Final Rule 28008（1996 年 5 月 2 日）中正式发布第 29-40 修正案（1996 年 8 月 8 日），此修正案采纳了 NPRM94-36 的建议，将 FAR29.1309 及 FAR29.610 进行了重新修订。

修订后的 29.1316(h) 和 610(d)(Ⅳ) 要求型号合格证申请人在对旋翼航空器系统、设备和安装进行 29.1309(a)(b)符合性验证时要“考虑”闪电冲击的影响，并为此所采取的电搭接措施要“将闪电对主要电气和电子设备的功能影响降低到可接受的水平”。对“闪电”不再限定只考虑“其灾难性影响”，对于闪电的其他级别的影响也应考虑。

自第 29-40 修正案正式生效后，FAA 开始依据此修正案修订后的 29.1309(h) 和 29.610(d)(Ⅳ) 开展旋翼航空器电子和电气系统的闪电防护的适航审定。

**ARAC 的建议。**

早期的旋翼航空器都只设计机械系统或简单的电气和电子系统，且机身部件采用铝材料，电导率高，具有良好的闪电防护性能，因此闪电并未对旋翼航空器构成重大威胁。当时适用的规章可以满足旋翼航空器闪电防护要求。现代旋翼航空器越来越多地采用先进的电子和电气系统去完成关键及重要的功能，这些电子和电气系统易受到闪电的不利影响，而高电磁辐射能力和低导电率的非金属结构材料越来越多地被开发和使用，又降低了机体对这些系统的电磁屏蔽性能，所以闪电对旋翼航空器电子和电气系统危害问题日益突出。虽然当时的 29.1309 条、29.610 条适用于第 29 部分“旋翼航空器的电气和电子系统的闪电防护”，但对申请人的要求还仅限于在系统完成其预定的功能时，根据 29.1309 条、29.610 条“考虑”闪电的影响，对电气和电子系统闪电防护的要求还是不够明确和充分。为了应对闪电对电子和电气系统日益增长的威胁，迫切需要对执行关键或重要功能的电子电气系统提供具体的闪电防护，因此，FAA 于 1992 年 12 月 11 日委任航空立法咨询委员会（ARAC）负责运输飞机及发动机事宜，为建立第 29 部分“飞机特定的电气和电子系统闪电防护”规章制定建议。

1998 年 11 月，ARAC 向 FAA 提交了题为《适航标准：系统闪电防护》的 FAA NPRM/JAANPA 草案。在草案中建议建立基于电子和电气系统功能失效后果的闪电防护标准 29.1316 条，其同时适用于 FAR29 和 JAR29 规章。ARAC 向 FAA 提交的建议的 29.1316 条草案如下。

> 29.1316“系统闪电防护草案”：
>
> 旋翼航空器的电气和电子系统、设备和安装（单独以及与其他系统组合考虑）的设计和安装，必须符合以下要求。
>
> (a) 对于其失效会妨碍旋翼航空器继续安全飞行和着陆的每个功能必须符合下列规定：
>
> (Ⅰ) 在旋翼航空器暴露于闪电环境期间和之后，必须不能受到不利影响；

（Ⅱ）在旋翼航空器暴露于闪电环境后，每一个执行该功能的受影响系统必须自动恢复正常运行，除非系统的这种恢复与该系统的其他运行或功能要求相冲突。

(b) 对于其功能失效会引起旋翼航空器性能或机组应对不利运行条件能力严重降低的每一个系统，在旋翼航空器暴露于闪电环境之后，不能受到损坏，并必须及时地恢复。

(c) 对于其功能失效会降低旋翼航空器性能或机组应对不利运行条件能力的每一个系统，必须在旋翼航空器暴露于闪电环境之后，不能受到损坏，并必须及时地恢复。

FAA在制定NPRM中的电子和电气系统闪电防护条款时，仔细考虑和研究了ARAC提交的上述草案，对其进行了如下修订。

（ⅰ）首先删除草案中的29.1316(a)(Ⅱ) 中的“除非系统的这种恢复与该系统的其他运行或功能要求相冲突”这部分。对于这种“在系统的恢复将与系统的其他运行或功能要求发生冲突的情况下，对其应例外处理”情况，FAA表示无法确定在什么情况下这种例外是合适的，也无法证明这种例外的必要性，更无法制定标准来确保采用例外情况时具有同等安全水平。

（ⅱ）将草案中的29.1316(a)(Ⅱ) 的“每一个执行该功能的受影响系统必须自动恢复正常运行”改为“系统及时地自动恢复其功能的正常运行”，将建议的29.1316(b)(c) 的“系统及时地恢复”改为“功能及时地恢复正常运行”。FAA认为在暴露于闪电期间，系统受到影响后，要求恢复的是系统执行的功能，而非系统本身，所以29.1316(a)(Ⅱ) 要求系统的自动恢复应仅限于那些失效会阻止安全飞行和着陆的功能，系统执行的其他功能则不要求自动恢复。同理，29.1316(b)(c) 要求及时恢复应仅限于那些其失效会降低旋翼航空器性能或飞行机组应对不利运行条件能力的功能。

（ⅲ）FAA按照规章标准格式的要求对经上述修改后的草案重新进行了如下整合和修改，使其描述更加精炼和准确。

条款的标题由“系统闪电防护”改为“电气和电子系统闪电防护”，并删除条款首段中的“单独和与其他系统一起考虑的设备和安装”，使本条款的针对对象简化为“电子和电气系统”；删除“闪电环境”中的“环境”；“cope with”改为“respond to”，“机组”改为“飞行机组”。

将条款整合为 (a) 及 (b) 款。草案中的 (b) 及 (c) 款除了对系统执行功能的失效影响的描述上存“严重降低”和“降低”的差异外，其他内容完全一致，因此将草案中的 (b) 和 (c) 款整合为新的 (b) 款，整合后，不再细分“严重降低”和“降低”，将其统一为“降低”；草案中除 (b) 及 (c) 外的其他要求外，按照新的 (b) 款格式被整合为新的 (a) 款。

**FAR29-53修正案。**

在针对FAR29部进行的第53次修订中，FAA提出以经上述 (d) 款修订后形成的29.1316条提案来替代29.1309(h) 及29.610(d)(Ⅳ) 对旋翼航空器电子和电气系统实施专门的闪电防护。

在NPRM10-05（2010年4月2日）中，FAA正式发布29.1316条提案，建议建立第29部分旋翼航空器电气和电子系统的闪电防护型号审定标准，同时删除29.1309(h) 及从29.610(d)(Ⅳ) 中删除“lighting and”，即用电气和电子系统闪电防护的专用性能标准取代原适用规章对闪电防护的规定，其29.1316条提案要求如下。

29.1316“电气和电子系统的闪电防护”：

(a) 对于其功能失效会妨碍旋翼航空器继续安全飞行和着陆的每一个电子及电气系统的设计与安装必须符合下列规定：

（Ⅰ）当旋翼航空器暴露于闪电环境期间和暴露以后，其功能不会受到不利影响；

（Ⅱ）在旋翼航空器暴露于闪电之后，系统及时地自动恢复其功能的正常运行。

(b) 对于其功能失效会降低飞机性能或飞行机组应对不利运行条件能力的每一个电子和电气系统的设计和安装，必须确保符合下列规定：

（Ⅰ）旋翼航空器暴露于闪电后，系统不得受到损坏；

（Ⅱ）在旋翼航空器暴露于闪电环境之后，功能及时地恢复正常运行。

截至 2010 年 7 月 1 日，NPRM 的意见征询期结束后，FAA 开始根据收到的反馈意见对 NPRM 中 29. 1316(b) 提案进行修改，FAA 采纳的修改建议及修改原因如下。

将建议的 29. 1316(b) 中“飞机”改为“旋翼航空器”。美国汽车工程师协会（SAE）国际 AE-2 闪电委员会建议将上述 29. 1316(b) 中一处“飞机”改为“旋翼航空器”。在建议的 29. 1316 中，除了这处采用了“飞机”，其他均采用适用的“旋翼航空器”，FAA 同意了此更改。

删除建议的 29. 1316(b)(Ⅰ)。NPRM10-05 中建议的 FAR29. 1316(b)(Ⅰ) 的要求为：“在旋翼航空器暴露于闪电环境之后，系统不得受到损坏。”

SAE AE-2 闪电委员会、塞斯纳飞机公司、Garmin 国际公司以及一名个人评论者要求 FAA 删除建议的 (b)(Ⅰ) 款。SAE AE-2 闪电委员会和塞斯纳表示担心，该 (b)(Ⅰ) 款要求不能反映 FAA 所要求的现行行业规范。SAE AE-2 闪电委员会和某个人评论者也认为该 (b)(Ⅰ) 款将对执行符合 (b)(Ⅱ) 款所要求功能的无线电系统配备了多个冗余天线的飞机生产产生重大的经济影响；反映了对现有系统闪电防护规定的重大更改。

评论者解释说，尽管闪电通常附着在天线上，但是这些系统使用的是空间上分开的冗余天线，因此单次雷击仅仅损坏单个天线及其相关的无线电系统。如果通过 (b)(Ⅰ) 款，则无线电和天线安装设计将需要进行重大更改。具体而言，飞机设计人员和安装人员将必须安装不会被雷击损坏的外部传感器（例如，天线、大气数据探头），从而使系统在闪电事件后仍可恢复。这种传感器通常比当前的传感器系统更重、更复杂且成本更高。评论者指出，这种传感器是不必要的，因为在无线电系统中使用冗余且在空间上分开的天线为这些系统提供了有效的闪电防护。SAE AE-2 闪电委员会指出，FAA 在分析中并未适当考虑建议的 (b)(Ⅰ) 款的经济影响。

FAA 在仔细考虑了评论者提出的观点之后，得出结论，不应采纳建议的 (b)(Ⅰ) 款。当最初制定建议的 (b)(Ⅰ) 款时，FAA 是根据 ARAC 下的运输飞机和发动机问题组的电磁效应协调工作组（EEHWG）的建议做出的，他们认为即使这些系统包含冗余元素以维护系统的完整性和可用性，对这些系统的雷击也会造成损害，导致功能无法恢复。在这种假设下，系统将不再能够执行其预期的功能，这将降低飞机的性能或机组人员应对不利运行条件的能力。

评论者指出，EEHWG 错误地认为装备了外部传感器（如无线电天线和大气数据探头）的系统功能的丧失（由闪电伤害造成）是无法恢复的，而这些外部传感器偶尔也会被闪电损坏。如果建议的 (b)(Ⅰ) 款要求被采纳，设计师和制造商将不再能够使用分离式传感器作为一种符合性验证方法。因此，规章要求的改变将淘汰在当时的规章体制下可接受的一种符合性办法。

Garmin 进一步评论说，建议的 (b)(Ⅰ) 款一旦获得通过，将具有需要过度防雷的意外效果。Garmin 解释说，执行具有危险或重大失效后果的功能的系统可能包括执行其他功能的系统，其功能的故障可能会造成较小的后果，甚至没有安全影响。Garmin 建议仅对那些具有危险或重大失效后果的与拟议的（b)(Ⅱ）款（要求……在旋翼航空器暴露于闪电之后，功能及时地恢复正常运行）所表述类似的功能要求拟议的标准，FAA 认可 Garmin 的观点，即（b)(Ⅰ）款可能有这种意外的解释。

基于上述原因，FAA 认为建议的（b)(Ⅰ）款将无法达到其预期的目的，因此不应被采纳。此外，该要求将限制飞机系统设计人员用来表明设计和安装符合（b)(Ⅱ）要求的方法。根据提议，删除（b)(Ⅰ）款不会对安全产生影响，因为（b)(Ⅱ）款将要求“功能”必须在闪电暴露后及时恢复。Garmin 对意外解释的关注，以及个人评论者对额外成本影响的关注，都由 FAA 决定不采纳此提案来解决。

（Ⅲ）FAA 在 Final rule 2010-0224（2011 年 6 月 8 日）中正式发布第 29-53 修正案（2011 年 8 月 8 日），此修正案采纳了以上修订建议，对 NPRM 10-05 建议的 29. 1316(b) 进行了修订，修订后的 FAR29. 1316 具体原文见 9. 2. 1. 1. 2。

自第 29-53 修正案正式生效后，FAA 开始根据 FAR29. 1316 条款开展旋翼航空器电子和电气系统的闪电防护的适航审定。

9. 2. 1. 2. 2　CS29 对应条款背景和历史沿革分析

CS29. 1316 相关的修正案情况如表 9-6 所示。经对修正案涉及的 NPA 进行分析，情况如下。

表 9-6　CS29. 1316 相关的修正案情况

| 序号 | 条款号 | 标题名称 | 修正案 | 生效时间 | 与 CCAR29 等效版本 |
|---|---|---|---|---|---|
| 1 | 29. 610(d)(Ⅳ) | Lightning and static electricity protection | Initial issue | 2003. 11. 14 | R1 |
| 2 | 29. 1309(h) | Equipment, systems, and installations | Initial issue | 2003. 11. 14 | R1 |
| 3 | 29. 1316 | Electrical and electronic system lightning protection | 29-4 | 2016. 12. 1 | R2 |

(a) CS29 初版。

2003 年 11 月 14 日，EASA 发布 ED Decision 2003/016/RM 决议，决定将第 29 部分旋翼航空器适航规章由 JAR29 整体改版为 CS29/Initial issue，其中新的 CS29. 610 和 29. 1309 条与 FAR29 第 40 修正案 610 条和 1309 条除了在用词上存在微小差异外，其他内容完全相同，EASA 和 FAA 一样，采用 CS29. 610（d)(Ⅳ）和 CS29. 1309（h)，对第 29 部分旋翼航空器电子和电气系统的闪电防护进行适航审定。

(b) CS29-4 修正案。

（Ⅰ）早在 1998 年，ARACEEHWG 就提交了题为《适航标准：系统闪电防护》的 FAANPRM/JAANPA 草案，经过长时间的准备，FAA 已于 2011 年基于 ARAC 提交的 FAA NPRM/JAANPA 草案颁布了专门的电子电气系统闪电防护规章 29. 1316 条，并以此开展 FAR29 旋翼航空器相应的适航审查工作，但当时的JAA 及其后来的 EASA（于 2002 年 6 月成立，接替 JAA 开展相关工作）推迟了这项工作，直到 2014 年 6 月 25 日，才由 EASA 发布相应的建议修正案通告（NPA）2014-16。在此 NPA 中，EASA 同样建议建立第 29 部分旋翼航空器电气和电子系统的闪电防护型号审定标准 29. 1316 条，同时删除 29. 1309（h）及从 29. 610（d)(Ⅳ）中删除“lighting and”，即用电气和电子系统闪电防护的专用性能标准取代原适用规章对闪电防护的规定。

对比 NPA2014-16 的 CS29. 1316 和 FAR29. 1316 第 53 修正案，除了在用词上存在微小差

异外，内容基本一致。

（Ⅱ）截止到2014年9月25日，NPA的意见征询期结束后，EASA开始根据收到的反馈意见对NPA中建议的29.1316条进行修改，EASA采纳的修改建议如下。

（ⅰ）对NPA建议的29.1316（a)(Ⅱ）最后添加“除非系统的恢复与妨碍旋翼航空器继续安全飞行和着陆的系统的其他运行或功能要求相冲突”，以表明本款的要求不适用于“系统的恢复与妨碍旋翼航空器继续安全飞行和着陆的系统其他的运行或功能要求相冲突”的情况。

（ⅱ）对NPA建议的29.1316(b）开头添加“用于经批准按仪表飞行规则运行的旋翼航空器”，表明本款要求仅适用于被批准按照仪表飞行规则运行的旋翼航空器。

（Ⅲ）2016年11月30日，EASA发布ED Decision 2016/025/R决议，将第29部分旋翼航空器适航规章正式升版为CS29/Amendment 4（生效日：2016年12月1日)，此修正案采纳以上的修订建议，对NPA2014-16中的29.1316(a)(Ⅱ)、(b）款进行了上述的修订，同时删除了 CS29.1309（h）及 CS29.610（d)(Ⅳ）中的“lighting and”，CS29.1316原文见9.2.1.1.3。

9.2.1.2.3 规章差异分析

针对电子和电气系统的闪电防护，与欧美相应规章的演化历程相似，由最初的只考虑“闪电”的影响，到基于ARAC的建议草案分别创建了各自的电子和电气系统特定的闪电防护标准，现行有效的CS29.1316和FAR29.1316规章对系统闪电防护要求思路基本一致，都是要求申请人根据系统功能失效的后果建立相应的闪电防护标准，但在具体的闪电防护要求上仍然存在一些差异。

(a) FAR29第53次修正案与CS29第4次修正案规章差异。

现行有效的FAR29.1316第53次修正案要求与CS29.1316第4次修正案要求的差异体现在以下两个方面。

（Ⅰ）FAR29.1316(a)(Ⅱ）和CS29.1316(a)(Ⅱ）的差异。

CS29.1316(a)(Ⅱ）比FAR20.1316(a)(Ⅱ）多出“除非系统的恢复与妨碍旋翼航空器继续安全飞行和着陆的系统其他的运行或功能要求相冲突”部分。

FAA在制定FAR29.1316(a)(Ⅱ）时，没有完全采纳ARAC的建议，删除了ARAC建议中的“除非这与系统的其他运行或功能要求相冲突”部分，FAA认为无法确定在什么情况下这种例外是合适的，无法证明这种例外的必要性，也无法提出可以确保同等安全水平的要求。此外，FAA认为如果采用例外规定，不能提出发生在例外情况下的客观标准。

在EASA制定的CS29.1316(a)(Ⅱ）中，不仅包含“除非系统的恢复与系统的其他运行或功能要求相冲突”部分，而且还在其后添加了“它们会妨碍旋翼航空器继续安全飞行和着陆”，将“系统其他运行或功能的要求”限定为“妨碍旋翼航空器继续安全飞行和着陆的系统其他运行或功能要求”。对于添加这样的限定的原因是EASA认识到仅采纳“ARACEEHWG的建议”还不够，因为“系统其他运行或功能的要求”没有表明运行或功能的关键与否。如果关键功能的自动恢复干扰了非关键功能，这时取消关键功能的自动恢复，显然是不可取的；但是如果关键功能的自动恢复将干扰另一个关键功能，这时就应取消原关键功能的自动恢复，不取消则会产生不安全的状态。这个不安全状态是由另一个关键功能受到干扰所致。由29.1316(a)(Ⅰ）可知，原关键功能由于还有备用系统去执行而不会受到影响。由于以上原因，EASA将与关键功能的自动恢复发生冲突的“系统其他运行或功能要求”限定为“妨碍旋翼航空器继续安全飞行和着陆的关键功能”。

（Ⅱ）FAR29. 1316(b) 与 CS29. 1316(b) 差异。

CS29. 1316(b) 比 FAR29. 1316(b) 在条款开头多出“对于批准按照仪表飞行规则运行的旋翼航空器”部分。

FAA 在制定 FAR29. 1316(b) 时，采纳了 ARAC 的建议，要求所有旋翼航空器都应符合本款的规定，不仅包括被批准按照仪表飞行规则运行的旋翼航空器，也包括被批准按照目视飞行规则运行的旋翼航空器。

EASA 制定的 CS29. 1316(b) 仅要求被批准按照仪表飞行规则运行的旋翼航空器应符合本条的规定。

从安全角度考虑，FAR29. 1316 (b) 比 CS29. 1316 (b) 要求更严格。

(b) CCAR-29-R2 与 FAR29 第 53 次修正案及 CS29 第 4 修正案规章差异。

我国现行有效的 CCAR29. 1316 与 FAR29. 1316 第 53 修正案的内容一致，因此其与 CS29. 1316 第 4 修正案规章差异与 9. 2. 1. 2. 3 节欧美规章差异相同，在此不再赘述。

### 9.2.1.3 条款的发展方向

可考虑参照 FAR29. 1316(a)(Ⅱ) 和 CS29. 1351(a)(Ⅱ) 原文及 9. 2. 1. 2. 3 节的差异分析，将 CCAR29. 1316 进行以下修订。

(a) 为使条款要求更加严谨，对 CCAR29. 1316(a)(Ⅱ) 按照 CS29. 1316(a)(Ⅱ) 进行补充和完善，在 CCAR29. 1316(a)(Ⅱ) 的条款末添加“除非系统的恢复与妨碍旋翼航空器继续安全飞行和着陆的系统其他的运行或功能要求相冲突”部分，以表明本条在这种例外情况下必须取消系统对其功能的恢复。

(b) 对 CCAR29. 1316(b) 按照 FAR29. 1316(b) 进行修订，即在 CCAR29. 1316(b) 的条款开头添加“对于批准按照仪表飞行规则运行的旋翼航空器”部分，将适用于本款的对象由“所有旋翼航空器”改为“仅适用于被批准按照仪表飞行规则运行的旋翼航空器”，以此来减轻申请人的负担，促进旋翼航空器制造业的发展。

## 9.2.2 EH. 1317 高强度辐射场（HIRF）保护

### 9.2.2.1 条款原文

9. 2. 2. 1. 1 CCAR29. 1317 *高强辐射场（HIRF）防护*

(a) 对于其功能失效会妨碍旋翼航空器继续安全飞行和着陆的每一个电气及电子系统的设计与安装，必须确保：

（Ⅰ）在旋翼航空器暴露于附件 E 中所描述的 HIRF 环境Ⅰ期间和暴露以后，其功能不会受到不利影响；

（Ⅱ）在旋翼航空器暴露于附件 E 中所描述的 HIRF 环境Ⅰ之后，系统及时地自动恢复其功能的正常运行，除非系统的这种功能恢复与系统的其他运行或功能要求相冲突；

（Ⅲ）在旋翼航空器暴露于附件 E 中所描述的 HIRF 环境Ⅱ期间和暴露以后，其系统不会受到不利影响。

（Ⅳ）在旋翼航空器暴露于附件 E 中所描述的 HIRF 环境Ⅲ期间和暴露以后，目视飞行规则下飞行所需的各个功能不会受到不利影响。

(b) 对于其功能失效后会严重降低旋翼航空器或飞行机组应对不利的运行条件能力的电子和电气系统必须设计及安装，当提供这些功能的设备暴露于附件 D 所描述的设备 HIRF 测试水平 1 或 2 时，系统不受不利影响。

(c) 对于其功能失效后会降低旋翼航空器或飞行机组应对不利运行条件能力的电子和电

气系统必须设计和安装，当提供这些功能的设备暴露于附件 D 所描述的设备 HIRF 测试水平 3 时，系统不会受到不利影响。

9.2.2.1.2 FAR29.1317 High-intensity Radiated Fields (HIRF) Protection (Amendment 29-55)

(a) Except as provided in paragraph (d) of this section, each electrical and electronic system that performs a function whose failure would prevent the continued safe flight and landing of the rotorcraft must be designed and installed so that:

(Ⅰ) The function is not adversely affected during and after the time the rotorcraft is exposed to HIRF environment Ⅰ, as described in appendix E to this part;

(Ⅱ) The system automatically recovers normal operation of that function, in a timely manner, after the rotorcraft is exposed to HIRF environment I, as described in appendix E to this part, unless this conflicts with other operational or functional requirements of that system;

(Ⅲ) The system is not adversely affected during and after the time the rotorcraft is exposed to HIRF environment Ⅱ, as described in appendix E to this part; and

(Ⅳ) Each function required during operation under visual flight rules is not adversely affected during and after the time the rotorcraft is exposed to HIRF environment Ⅲ, as described in appendix E to this part.

(b) Each electrical and electronic system that performs a function whose failure would significantly reduce the capability of the rotorcraft or the ability of the flightcrew to respond to an adverse operating condition must be designed and installed so the system is not adversely affected when the equipment providing these functions is exposed to equipment HIRF test level 1 or 2, as described in appendix E to this part.

(c) Each electrical and electronic system that performs such a function whose failure would reduce the capability of the rotorcraft or the ability of the flightcrew to respond to an adverse operating condition must be designed and installed so the system is not adversely affected when the equipment providing these functions is exposed to equipment HIRF test level 3, as described in appendix E to this part.

(d) Before December 1, 2012, an electrical or electronic system that performs a function whose failure would prevent the continued safe flight and landing of a rotorcraft may be designed and installed without meeting the provisions of paragraph (a) provided:

(Ⅰ) The system has previously been shown to comply with special conditions for HIRF, prescribed under Sec. 21.16, issued before December 1, 2007;

(Ⅱ) The HIRF immunity characteristics of the system have not changed since compliance with the special conditions was demonstrated; and

(Ⅲ) The data used to demonstrate compliance with the special conditions is provided.

9.2.2.1.3 CS29.1317 High-Intensity Radiated Fields (HIRF) protection (Amendment 8)

(a) Each electrical and electronic system that performs a function whose failure would prevent the continued safe flight and landing of the rotorcraft, must be designed and installed in a way that:

(Ⅰ) the function is not adversely affected during and after the time the rotorcraft's exposure to HIRF environment I as described in Appendix E;

（Ⅱ）the system automatically recovers normal operation of that function，in a timely manner after the rotorcraft's exposure to a HIRF environment I as described in Appendix E unless the system's recovery conflicts with other operational or functional requirements of the system that would prevent continued safe flight and landing of the rotorcraft；

（Ⅲ）the system is not adversely affected during and after the time the rotorcraft's exposure to a HIRF environment II as described in Appendix E；and

（Ⅳ）each function required during operation under visual flight rules is not adversely affected during and after the time the rotorcraft's exposure to a HIRF environment III as described in Appendix E.

（b）Each electrical and electronic system that performs a function whose failure would significantly reduce the capability of the rotorcraft or the ability of the flight crew to respond to an adverse operating condition must be designed and installed in a way that the system is not adversely affected when the equipment providing the function is exposed to equipment HIRF test level 1 or 2，as described in Appendix E.

（c）Each electrical and electronic system that performs a function whose failure would reduce the capability of the rotorcraft or the ability of the flight crew to respond to an adverse operating condition must be designed and installed in a way that the system is not adversely affected when the equipment providing the function is exposed to equipment HIRF test level 3，as described in Appendix E.

### 9.2.2.2 条款背景和历史沿革分析

#### 9.2.2.2.1 FAA相关修正案及背景说明

FAR29.1317相关的修正案情况如表9-7所示。经对修正案涉及的NPRM和Final Rule进行分析，情况如下。

表9-7 FAR29.1317相关的修正案情况

| 条款号 | 标题名称 | 修正案 | 生效时间 | 与CCAR29等效版本 |
|---|---|---|---|---|
| 29.1317 | High-intensity Radiated Fields(HIRF) Protection | 29-49 | 2007.9.5 | R2 |

（a）修订背景。

（Ⅰ）HIRF防护的必要性。电磁HIRF环境是由地面、船载或机载雷达、无线电、电视以及其他射频（RF）发射机传输的电磁能量产生的，其存在会对航空器电子和电气系统的运行产生不利影响。

尽管HIRF环境并未对早期的航空器构成重大威胁，但自20世纪70年代末期起，民用航空器设计也像军用航空器一样开始采用关键的飞行电子控制设备、电子显示设备和电子发动机设备。这些设备的运行极易受到HIRF环境的有害影响，甚至由此可能导致相关的航空器事故。

此外，由于以下原因，近年来对机载电子和电气系统的HIRF防护的必要性大大增加：

（ⅰ）航空器持续安全飞行和着陆对电子与电气系统工作性能的依赖性日益增强；

（ⅱ）航空器设计中使用的一些复合材料降低了航空器的电磁屏蔽性能；

（ⅲ）由于数据总线或处理器的运行速度提高，集成电路和板卡的密度增加，以及电子设备的灵敏度增加，使得电气和电子系统对HIRF的敏感性增加；

（ⅳ）扩大了射频发射机频率使用范围，尤其是在 1GHz 以上的频率；

（ⅴ）由于射频发射机数量和功率的增加，导致 HIRF 环境的严重程度增加；

（ⅵ）一些航空器实际飞行过程中经受了 HIRF 的有害影响。

（Ⅱ）HIRF 专用条件和临时审定指南的引入。虽然当时 29. 1309 提出了适用于所有旋翼航空器系统和设备安装的总体审定要求，其中的 29. 1309(a) 要求“系统、设备和安装必须确保其在任何可预见的运行条件下完成预定的功能”。但不包括针对 HIRF 防护的专门审定要求。由于缺少专门的 HIRF 审定规定，自 1986 年开始，FAA 对申请型号合格证（TC)、TC 更改或补充型号合格证（STC）的申请人施加了解决 HIRF 并能提供足够的安全性等级的专用条件。申请人可以选择以下两种满足 HIRF 防护要求的方法来证明其功能具有灾难性失效状态（通常称为关键功能或 A 级）系统的符合性：一种是采用 HIRF 专用条件定义的外部 HIRF 环境进行全机试验；另一种是在全频段采用 100V/m 系统基准试验电平进行系统实验室试验，以较小者为准。

1998 年 4 月 2 日，FAA 发布第 N8110. 71 号通告《在高强度辐射场（HIRF）环境中运行航空器的审定指南》，作为 HIRF 环境中运行的旋翼航空器的附加临时指南，要求旋翼航空器上执行关键功能的系统，应在 10kHz～18GHz 频率范围内以平均 200V/m 的场强进行 HIRF 台架试验。本通告于 1999 年 4 月 2 日被取消。

(b) HIRF 防护规章的创建。

由于机身和电子系统设计的技术不断进步以及航空器环境中辐射功率等级的不断增加。这些改变增加了执行关键和重要功能的电子和电气系统对电磁环境的脆弱性。随着旋翼航空器 HIRF 干扰问题日益突出，FAA 意识到必须制定专门的 HIRF 防护规章去替代 HIRF 专用条件来保护机载电子电气系统免受 HIRF 的危害。

（Ⅰ）规章制定前的准备。1992 年 12 月 11 日，FAA 在航空立法咨询委员会（ARAC）下成立了电磁效应协调工作组（EEHWG)，委任其与 JAA 协调制定航空器的 HIRF 审定要求。

EEHWG 最终开发出了一套欧美统一的 HIRF 环境，并分别编写了统一的咨询通告/咨询材料联合草案（AC/AMJ）和 FAA 的 HIRFNPRM 草案/JAA 的 HIRF 提议修正案通告草案(NPA)。

EEHWG 开发的统一 HIRF 环境被进一步优化后，于 1997 年 11 月，经 FAA、JAA 和行业参与者同意，被 EEHWG 采用，以此修订了 AC/AMJ 和 FAA HIRF 草案/JAAHIRF NPA 草案。最终 NPRM/NPA 草案于 2000 年 9 月提交给 FAA。

（Ⅱ）FAR29-49 修正案。2006 年 2 月 1 日，基于 HIRF NPRM/NPA 草案，FAA 发布了 NPRM 06-02 通告。在此 NPRM 中，FAA 建议根据系统所提供的功能失效的后果建立 29 部旋翼航空器电气和电子系统的 HIRF 防护审定标准，即 29. 1317 条，其条款要求如下。

29. 1317“高强辐射场（HIRF）防护”：

(a) 对于其功能失效会妨碍旋翼航空器继续安全飞行和着陆的每一个电气及电子系统的设计与安装，必须确保：

（Ⅰ）在旋翼航空器暴露于附件 E 中所描述的 HIRF 环境Ⅰ期间和暴露以后，其功能不会受到不利影响；

（Ⅱ）在旋翼航空器暴露于附件 E 中所描述的 HIRF 环境Ⅰ之后，系统及时地自动恢复其正常运行，除非系统的这种恢复与系统的其他运行或功能要求相冲突；

（Ⅲ）在旋翼航空器暴露于附件 E 中所描述的 HIRF 环境Ⅱ期间和暴露以后，其系统不会受到不利影响。

(Ⅳ)在旋翼航空器暴露于附件E中所描述的HIRF环境Ⅲ期间和暴露以后，目视飞行规则下飞行所需的各个功能不会受到不利影响。

(b)对于其功能失效后会严重降低旋翼航空器性能或飞行机组应对不利的运行条件能力的电子和电气系统必须设计与安装，当提供这些功能的设备暴露于附件E所描述的设备HIRF试验电平1、2或3时，系统不会受到不利影响。

(c)对于其功能失效后会降低旋翼航空器性能或飞行机组应对不利运行条件能力的电子和电气系统必须设计与安装，当提供这些功能的设备暴露于附件E所描述的设备HIRF试验电平4时，系统不会受到不利影响。

截止到2006年5月2日，NPRM的评论期结束，FAA开始根据收到的反馈意见修改NPRM06-02建议的HIRF防护标准，FAA采纳的修改建议及修改原因如下。

(ⅰ)删除HIRF试验电平1。为了使HIRF设备试验标准化，并最大限度地减少选择合适设备试验电平时的混乱，FAA根据反馈建议删除了NPRM建议规章附件中设定的设备HIRF试验电平1，并把原来编号的试验电平2、3、4修改成最终定稿的试验电平1、2、3。同时将29.1317(b)设备HIRF试验电平由原来的“1、2、3”改为“1、2”，29.1317(c)设备HIRF试验电平由原来的“4”改为“3”。

(ⅱ)修订传导电流敏感度试验要求。为了使试验电平与航空器上测得的实际值相吻合，FAA修改了拟议的设备HIRF试验电平2和4（最终法规中的试验电平1和3）的传导电流幅度，以使传导电流从40MHz开始，持续到400MHz以每10倍频下降20dB。这个修改导致400MHz时的电流是40MHz时电流的1/10。

(ⅲ)将“系统自动恢复其正常运行”改为“系统自动恢复其功能的正常运行”。有反馈建议要求明确界定建议的FAR29.1317(a)(Ⅱ)，提出将建议的FAR29.1317(a)(Ⅱ)要求的“在旋翼航空器暴露于HIRF环境Ⅰ之后，系统自动恢复正常运行”中的“系统自动恢复正常运行”明确澄清为“系统自动恢复功能的正常运行”。

反馈建议者认为对电气或电子系统自动恢复的期望仅限于其失效会妨碍旋翼航空器安全飞行和着陆的功能，其他功能则无须恢复到“正常运行”状态，“正常运行”被解释为表示执行继续安全飞行和着陆所要求的功能的能力，而不一定是全功能特性和冗余。

FAA同意此项意见，认为所要求的更改阐明了该HIRF规章的意图，即电气或电子系统的自动恢复仅限于那些失效会妨碍安全飞行和着陆的功能。因此，将最终的29.1317(a)(Ⅱ)更改为：“在旋翼航空器暴露于HIRF环境Ⅰ之后，系统自动恢复功能的正常运行”。

(ⅳ)添加免除根据先前HIRF专用条件审定的设备按照建议的29.1317(a)款重新进行验证的要求。

有反馈建议者提出：应免除那些已证明符合按FAR21.16规定下发的HIRF专用条件并安装在航空器上的系统按照新规章重新进行验证。反馈建议者认为，当申请对新航空器上的满足已发布的HIRF专用条件的设备进行认证，NPRM建议中提出的新的试验要求会造成在得到很小的安全收益的同时，付出巨大成本。

反馈建议者建议，如果安装在航空器上待认证的系统与先前满足其他航空器已有的HIRF专用条件的系统相同，则应视其满足HIRF防护要求。

FAA承认，许多按照HIRF专用条件安装的系统都有可靠的服务历史，并且如最初建议的那样，遵守该建议的规章将需要额外的试验和成本。为了解决这个问题，FAA进行了相应的修改，如果可以证明对于其功能失效会妨碍航空器继续安全飞行和着陆的电气或电子系统继续符合2007年12月1日之前发布的HIRF专用条件，那么就允许其安装，此宽限政策的具体内容包含在HIRF防护条款的（d）款中，并且限制期为五年。如果安装不能满足（d）款的要求，则必须满足（a）款的要求。

申请人如果要使用此项宽限，必须能够：

（ⅰ）提供证据证明该系统是2007年12月1日之前发布的HIRF专用条件的对象；

（ⅱ）表明没有进行过使最初按先前发布的HIRF专用条件已证明的HIRF抗干扰特性无效的系统设计更改；

（ⅲ）提供用于证明符合HIRF专用条件的数据，系统先前已按照此专用条件获得批准。

2007年8月6日，FAA在最终法则（Final rule）2006-23657中正式颁布了第29-49修正案。在此修正案中，FAA按照采纳的反馈建议对NPRM中的29.1317条进行了修订，FAR29.1317原文具体内容见9.2.2.1.2节。

第29-49修正案于2007年9月5日正式生效，自此FAA开始根据FAR29.1317条款开展旋翼航空器电子和电气系统HIRF防护的适航审定。

9.2.2.2.2 CS29对应条款背景和历史沿革分析

CS29.1317相关的修正案情况如表9-8所示。经对修正案涉及的NPA进行分析，情况如下。

表9-8 CS29.1317相关的修正案情况

| 条款号 | 标题名称 | 修正案 | 生效时间 | 与CCAR29等效版本 |
|---|---|---|---|---|
| 29.1317 | High-intensity Radiated Fields(HIRF)Protection | 29-4 | 2016.12.01 | R2 |

（a）修订背景。

HIRF防护的必要性参见9.2.2.2.1节（a)（Ⅰ）相关内容。

HIRF专用条件的引入：基于和FAA同样的原因，在缺少专门的HIRF审定要求的情况下，自1986年开始，EASA与FAA一样对申请型号合格证（TC），TC更改或补充型号合格证（STC）的申请人施加了解决HIRF的专用条件，但采用的专用条件在具体技术要求上与FAA又不完全相同，在其采用的方法上比FAA要求更为严格，FAA的专用条件规定了两种满足HIRF防护要求的方法：一种是采用外部HIRF环境进行全机试验；另一种是采用全频段的系统实验室试验。EASA不允许申请人采用全频段的系统实验室试验进行验证，要求申请人必须采用HIRF专用条件定义的外部HIRF环境，以及ED-14G第20条的关键和必要系统类别进行全机试验，表明符合性。

（b）HIRF防护规章的创建。

规章创建前的准备参见9.2.2.2.1节（b)（Ⅰ）相关内容。

CS29-4修正案：早在2000年，ARAC EEHWG提交了FAA HIRF NPRM/JAA HIRF NPA草案，经过长时间的准备，FAA已于2007年基于ARAC EEHWG提交的FAA HIRF NPRM/JAA HIRF NPA草案颁布了专门的电子电气系统HIRF防护规章29.1317条，并以此开展FAR29部旋翼航空器相应的适航审查工作，但当时的JAA及其后来的EASA（于2002年6月成立，接替JAA开展相关工作）推迟了这项工作。直到2014年6月25日，才由EASA发布相应的建议修正案通告（NPA）2014-16，在此NPA中，EASA同样建议根据航空器系统所提供的功能失效的后果建立CS29部旋翼航空器电气和电子系统的HIRF防护型号审定标准，即CS29.1317条款。

截止到2014年9月25日，NPA的意见征询期结束后，EASA开始根据收到的反馈意见对NPA中建议的29.1317条进行修改，EASA采纳的修改建议如下。

在 NPA 的 29. 1317(a)(Ⅱ) 最后添加“除非系统的恢复与妨碍旋翼航空器持续安全飞行和着陆的系统其他的运行或功能要求相冲突”，以表明本款的要求不适用于“系统的恢复与妨碍旋翼航空器持续安全飞行和着陆的系统其他的运行或功能要求相冲突”的情况。

2016 年 11 月 30 日，EASA 发布 ED Decision 2016/025/R 决议，将第 29 部分旋翼航空器适航规章正式升版为 CS29/Amendment4（生效日：2016 年 12月1日），此修正案按照采纳的反馈建议对 NPA2014-16 中的 29. 1316(a)(Ⅱ) 进行了修订，CS29. 1316 原文具体内容见 9. 2. 2. 1. 3 节。

#### 9. 2. 2. 2. 3 规章差异分析

针对电子和电气系统的 HIRF 防护，欧美相应规章的演化历程相似，均经历了从参照其他适用条款-专用条件-专门规章的阶段，而且各自创建的电子和电气系统特定的 HIRF 防护规章均基于 ARAC EEHWG 的建议草案，现行有效的 CS29. 1317 和 FAR29. 1317 规章对系统 HIRF 防护要求思路基本一致，都是要求申请人根据系统功能失效的后果建立相应的 HIRF 防护标准，但在具体的 HIRF 防护要求上仍然存在一些差异。

虽然我国开展适航审定工作比较晚，但从一开始就与 FAA 保持一致，在没有制定专门的电子和电气系统的 HIRF 防护规章 CCAR29. 1317 条款之前，也是采用 HIRF 专用条件进行合格审定，其采用的专用条件在技术要求上与 FAA 的专用条件相同。

CAAC 在 2017 年发布的 CCAR29 R2 中增加了 29. 1317 条，从 2017 年 5 月 1 日起，对 HIRF 防护不再采用专用条件。

(a) FAR29 第 49 次修正案与 CS29 第 4 次修正案规章差异。

现行有效的 FAR29. 1317 第 49 次修正案要求与 CS29. 1317 第 4 次修正案要求的差异体现在以下两个方面。

(Ⅰ) FAR29. 1317(a)(Ⅱ) 和 CS29. 1317(a)(Ⅱ) 的差异。除了用词和标点符号的微小差异外，两者差异主要体现在对本款不适用情况的表述上，即 FAR29. 1317(a)(Ⅱ) 对不适用情况表述为“除非系统的恢复与系统其他的运行或功能要求相冲突”，CS29. 1317(a)(Ⅱ) 对不适用情况表述为“除非系统的恢复与妨碍旋翼航空器持续安全飞行和着陆的系统其他的运行或功能要求相冲突”。与 FAR29. 1317(a)(Ⅱ) 相比，CS29. 1317(a)(Ⅱ) 对本款不适用情况的表述多出于对“系统其他的运行或功能要求”的限定，即 CS29. 1317(a)(Ⅱ) 在“系统其他的运行或功能要求”后添加了“妨碍旋翼航空器继续安全飞行和着陆”的限定，而 FAR29. 1317(a)(Ⅱ) 没加此限定。

FAA 在制定 FAR29. 1317(a)(Ⅱ) 时，采纳了 ARAC EEHWG 的建议，保留了建议中对本款不适用的“系统的恢复与系统其他的运行或功能要求相冲突”情况的表述。

在 EASA 制定的 CS29. 1317(a)(Ⅱ) 时，认识到仅采纳 ARAC EEHWG 的建议还不够，“系统其他运行或功能”既可以是关键功能，也可以是非关键功能。“如果是一个关键功能干扰了一个非关键功能，这时取消关键功能的自动恢复，显然是不可取的。但是如果关键功能的自动恢复将干扰另一个关键功能，这时就应取消原关键功能的自动恢复，不取消则会产生不安全的状态。这个不安全状态是由另一个关键功能受到干扰所致。由 1317(a)(Ⅰ) 可知，原关键功能由于还有备用系统去执行而不会受到影响。由于以上原因，EASE 将与关键功能的自动恢复发生冲突的“系统其他运行或功能要求”限定为“妨碍旋翼航空器继续安全飞行和着陆的关键功能”。

(Ⅱ) FAR29. 1317 和 CS29. 1317 其他差异。FAR29. 1317 比 CS29. 1317 多了一个 (d) 款的要求，并在 (a) 款句首添加“除非本条 (d) 款另有规定”，允许对以前发布的 HIRF 专用条件的使用有一个到 2012 年 12 月 1 日之前的过渡期，以此来免除 2012 年 12 月 1 日前按照 HIRF 专用条件进行合格审定的 A 级电子和电气系统重新按照 FAR29. 1317(a) 款验证的要求，而 CS29. 1317 无此类免除规定，其适用于所有 A 级电子和电气系统。因为当时的 EASA 认为，在认证审查项目（CRIs）中采用的 HIRF 专用条件已经与 CS29. 1317 的规章高度一致，所以没有采用这个过渡条款。

(b) CCAR-29-R2 与 FAR29 第 49 次修正案及 CS29 第 4 次修正案规章差异。

我国现行有效的 CCAR-29-R2 中的 29. 1317 条与 CS29. 1317 同样少了一个（d）款，且在（a）款开头无相应的“除了本条（d）款规定的以外”的表述，对专用条件的使用没有过渡期的宽免。即要求从条款生效起，以此条款的 HIRF 防护要求对所有电气和电子系统的设计和安装均要求进行适航审查。除此差异之外，CCAR-29-R2 29. 1317 与 FAR29 第 49 次修正案 29. 1317 内容保持一致。

CCAR-29-R2 29. 1317 与 FAR29. 1317 在（a)(Ⅱ）款要求，都包括“除非系统这种功能的恢复与系统的其他运行或功能要求相冲突”部分，但比 CS29. 1317 的（a)(Ⅱ）款少了对“系统其他的运行或功能要求”的“妨碍旋翼航空器继续安全飞行和着陆”的限定。除了(a)(Ⅱ）款的差异外，CCAR-29-R2 29. 1317 其他各款均与 CS29 第 4 次修正案 29. 1317 条要求一致。

#### 9.2.2.3 条款发展方向

(a) 参照 CCAR29 附件 E 对 CCAR29. 1317(b)(c) 中的错误进行如下改正：

(Ⅰ) 将 CCAR29. 1317(b)(c) 中的“附件 D”改为“附件 E”；

(Ⅱ) 将 CCAR29. 1317(b)(c) 中的“设备 HIRF 测试水平”改为“设备 HIRF 试验水平”。

(b) 参照 FAR29. 1317 和 CS29. 1317 款原文，再将经（a）款改正后的“设备 HIRF 试验水平”修订为“设备 HIRF 试验电平”。

(c) 为与 CCAR29. 1317(c) 要求一致，将 CCAR29. 1317(b) 中的“系统不受不利影响”更改为“系统不会受到不利影响”。

(d) 为使条款要求更加严谨，可考虑参照 FAR29. 1316(a)(Ⅱ）和 CS29. 1351(a)(Ⅱ）款原文及 9. 2. 2. 2. 3 节的差异分析，对 CCAR29. 1317（a)(Ⅱ）按照 CS29. 1317(a)(Ⅱ）进行补充和完善，将 CCAR29. 1316(a)(Ⅱ）中的“除非系统的这种功能恢复与系统的其他的运行或功能要求相冲突”改为“除非系统的这种功能恢复与妨碍旋翼航空器继续安全飞行和着陆的系统其他的运行或功能要求相冲突”，以表明本条在这种例外情况下必须取消系统对其功能的恢复。

### 9.2.3 EH. 1351 总则

#### 9.2.3.1 条款原文

##### 9. 2. 3. 1. 1 CCAR29. 1351 总则

(a) 电气系统容量。对于所需的发电容量、电源数目和种类规定如下：

(Ⅰ) 必须由电气负载分析确定；

(Ⅱ) 必须满足第 29. 1309 条的要求。

(b) 发电系统。发电系统包括电源、主电源汇流条、传输电缆以及有关的控制、调节和保护装置。发电系统的设计必须符合下列规定：

(Ⅰ) 电源在单独工作或并联运行时功能正常；

（Ⅱ）任意电源的失效或故障均不得造成危险或损害其余的电源向重要负载供电的能力；

（Ⅲ）在任何可能的运行条件下，重要负载设备端的系统电压和频率（如果适用）均能保持在该设备的设计限制范围之内；

（Ⅳ）因切换、清除故障或其他原因而引起的系统瞬变不会使重要负载不工作，且不会造成冒烟或着火的危险；

（Ⅴ）备有在飞行中相应机组成员容易接近的措施，以将各电源与该主汇流条单独断开或一起断开；

（Ⅵ）备有措施向相应机组成员指示发电系统安全运行所必需的系统参量，如每台发动机的输出电压和电流。

（c）外部电源。如果备有设施将外部电源接到旋翼航空器上，且该外部电源能与除用于发动机启动之外的其他设备相连接，则必须有措施确保反极性或逆相序的外部电源不能向该旋翼航空器的电气系统供电。

（d）无正常电源时运行。

（Ⅰ）必须通过分析、试验或者储用来表明，当正常电源（除蓄电池之外的电源）不工作、燃油（从熄火和重新启动能力考虑）为临界状态，且旋翼航空器最初处于最大审定高度的情况下，旋翼航空器能按目视飞行规则安全飞行至少5分钟。电气系统中满足下列条件的部分才可以保持接通：（ⅰ）包括导线束或接线盒起火在内的单个故障不会导致丧失断开部分和接通部分；（ⅱ）接通部分在电气上和机械上与断开部分隔离。

（Ⅱ）对于A类旋翼航空器：（ⅰ）除非能够表明丧失正常发电系统为极不可能，否则必须提供一个独立于正常发电系统的应急电源系统，并且其能为持续安全飞行和着陆所需的所有系统提供足够的电能；（ⅱ）对于将会导致丧失正常和应急发电系统的失效（包括接线盒、控制板或导线束失火等），必须表明其发生为极不可能；（ⅲ）与安全性直接相关的系统必须在丧失正常发电系统的情况下无须飞行机组的动作即能持续工作。

9.2.3.1.2 FAR29.1351 General（Amendment 29-55）

（a）Electrical system capacity. The required generating capacity and the number and kind of power sources must：

（Ⅰ）Be determined by an electrical load analysis；and

（Ⅱ）Meet the requirements of Sec. 29.1309.

（b）Generating system. The generating system includes electrical power sources，main power busses，transmission cables，and associated control，regulation，and protective devices. It must be designed so that：

（Ⅰ）Power sources function properly when independent and when connected in combination；

（Ⅱ）No failure or malfunction of any power source can create a hazard or impair the ability of remaining sources to supply essential loads；

（Ⅲ）The system voltage and frequency（as applicable）at the terminals of essential load equipment can be maintained within the limits for which the equipment is designed，during any probable operating condition；

（Ⅳ）System transients due to switching，fault clearing，or other causes do not make essential loads inoperative，and do not cause a smoke or fire hazard；

（Ⅴ）There are means accessible in flight to appropriate crewmembers for the individual and collective disconnection of the electrical power sources from the main bus; and

(Ⅵ) There are means to indicate to appropriate crewmembers the generating system quantities essential for the safe operation of the system, such as the voltage and current supplied by each generator.

(c) External power. If provisions are made for connecting external power to the rotorcraft, and that external power can be electrically connected to equipment other than that used for engine starting, means must be provided to ensure that no external power supply having a reverse polarity, or a reverse phase sequence, can supply power to the rotorcraft's electrical system.

(d) Operation with the normal electrical power generating system inoperative.

(Ⅰ) It must be shown by analysis, tests, or both, that the rotorcraft can be operated safely in VFR conditions for a period of not less than 5 minutes, with the normal electrical power generating system (electrical power sources excluding the battery) inoperative, with critical type fuel (from the standpoint of flameout and restart capability), and with the rotorcraft initially at the maximum certificated altitude. Parts of the electrical system may remain on if:

(ⅰ) A single malfunction, including a wire bundle or junction box fire, cannot result in loss of the part turned off and the part turned on;

(ⅱ) The parts turned on are electrically and mechanically isolated from the parts turned off; and

(Ⅱ) Additional requirements for Category A Rotorcraft.

(ⅰ) Unless it can be shown that the loss of normal electrical power generating system is extremely improbable, an emergency electrical power system, independent of the normal electrical power generating system, must be provided, with sufficient capacity to power all systems necessary for continued safe flight and landing.

(ⅱ) Failures, including junction box, control panel, or wire bundle fires, which would result in the loss of the normal and emergency systems, must be shown to be extremely improbable.

(ⅲ) Systems necessary for immediate safety must continue to operate following the loss of the normal electrical power generating system, without the need for flight crew action.

9.2.3.1.3 CS29.1351 General (Amendment 8)

(a) Electrical system capacity. The required generating capacity and the number and kind of power sources must:

(Ⅰ) Be determined by an electrical load analysis; and

(Ⅱ) Meet the requirements of CS29.1309.

(b) Generating system. The generating system includes electrical power sources, mainpower busses, transmission cables, and associated control, regulation, and protective devices. It must be designed so that:

(Ⅰ) Power sources function properly when independent and when connected in combination;

(Ⅱ) No failure or malfunction of any power source can create a hazard or impair the ability of remaining sources to supply essential loads;

(Ⅲ) The system voltage and frequency (as applicable) at the terminals of essential load equipment can be maintained within the limits for which the equipment is designed, during any probable operating condition;

(Ⅳ) System transients due to switching, fault clearing, or other causes do not make essential loads inoperative, and do not cause a smoke or fire hazard;

(Ⅴ) There are means accessible in flight to appropriate crew members for the individual and collective disconnection of the electrical power sources from the main bus; and

(Ⅵ) There are means to indicate to appropriate crew members the generating system quantities essential for the safe operation of the system, such as the voltage and current supplied by each generator.

(c) External power. If provisions are made for connecting external power to the rotorcraft, and that external power can be electrically connected to equipment other than that used for engine starting, means must be provided to ensure that no external power supply having a reverse polarity, or a reverse phase sequence, can supply power to the rotorcraft's electrical system.

(d) Operation with the normal electrical power generating system inoperative.

(Ⅰ) It must be shown by analysis, tests, or both, that the rotorcraft can be operated safely in VFR conditions, for a period of not less than five minutes, with the normal electrical power generating system inoperative, with critical type fuel (from the stand point of flameout and restart capability), and with the rotorcraft initially at the maximum certificated altitude. Parts of the electrical system may remain on if:

(ⅰ) A single malfunction, including a wire bundle or junction box fire, cannot result in loss of the part turned off and the part turned on; and

(ⅱ) The parts turned on are electrically and mechanically isolated from the parts turned off.

(Ⅱ) Additional requirements for Category A Rotorcraft

(ⅰ) Unless it can be shown that the loss of the normal electrical power generating system is extremely improbable, an emergency electrical power system, independent of the normal electrical power generating system, must be provided with sufficient capacity to power all systems necessary for continued safe flight and landing.

(ⅱ) Failures, including junction box, control panel or wire bundle fires, which would result in the loss of the normal and emergency systems must be shown to be extremely improbable.

(ⅲ) Systems necessary for immediate safety must continue to operate following the loss of the normal electrical power generating system, without the need for flight crew action.

### 9.2.3.2 条款背景和历史沿革分析

#### 9.2.3.2.1 FAA 相关修正案及背景说明

FAR29.1351 相关的修正案情况如表 9-9 所示。经对修正案涉及的 NPRM 和 Final Rule 进行分析，情况如下。

表 9-9 FAR29.1351 相关的修正案情况

| 序号 | 条款号 | 标题名称 | 修正案 | 生效时间 | 与 CCAR29 等效版本 |
|---|---|---|---|---|---|
| 1 | 29.1351 | Electrical system and equipment: General | Original | 1965.2.1 | 无 |
| 2 | 29.1351 | Electrical system and equipment: General | 29-14 | 1977.9.1 | R0 |

续表

| 序号 | 条款号 | 标题名称 | 修正案 | 生效时间 | 与 CCAR29 等效版本 |
|---|---|---|---|---|---|
| 3 | 29. 1351 | Electrical system and equipment: General | 29-40 | 1996. 8. 8 | 无 |
| 4 | 29. 1351 | Electrical system and equipment: General | 29-42 | 1998. 9. 8 | R1/R2 |
| 5 | 29. 1351 | Electrical system and equipment: General | 29-59 | 2023. 4. 11 | 无 |

**CAR7。**

1956 年，美国民用航空委员会（Civil Aeronautics Board，CAB）创建了民用航空规章 CAR7 部，用于运输类旋翼航空器适航审定，其中的 CAR7. 621 提出了针对电气系统容量的要求，CAR7. 622 提出了针对发电系统的要求，其 CAR7. 621、CAR7. 622 条款要求如下。

CAR7. 621 “电气系统容量”：

所需的发电容量、电源的数量和类型应由电气负载分析确定，并应符合 7. 806 条的要求。

CAR7. 622 “发电系统”：

(a) 发电系统应包括电源、主电源汇流条、传输电缆以及有关的控制、调节和保护装置。

(b) 发电系统的设计应使各电源在并联运行或单独工作时均能正常工作，且任何电源的故障或失效不会对其余电源向重要负载供电造成危害或损害。

(c) 应提供在飞行中相应机组成员容易接近的措施，以将电源与主汇流条单独断开或一起断开。

(d) 应提供措施向相应机组成员指示发电系统安全运行所必需的系统参量。

注：每台发动机的输出电压和电流是应考虑的必不可少的参数。

**CAR7-4 修正案。**

1962 年，CAB 在题为《首次适航审查的其他修正》的 CAR7 第 5 次修正案中，对 7. 622 (b) 进行修订，按照规章标准化的要求将原 7. 622(b) 拆分为 7. 622(b)～7. 622(b)(Ⅱ)，同时新增了 7. 622(b)(Ⅲ)(Ⅳ)，修订后的 CAR7. 622(b) 要求如下。

CAR7. 622(b) 发电系统应设计成：

(Ⅰ) 电源单独或并联时均能正常工作；

(Ⅱ) 任何电源的失效或故障都不会造成危险或损害其余电源向重要负载供电的能力：

(Ⅲ) 在任何可能的运行条件下，所有重要负载设备端的系统电压和频率（如果适用）均能保持在设备设计限制范围之内；

(Ⅳ) 由切换、清除故障或其他原因而引起的系统瞬变不会导致重要负载不工作，且不会引入烟雾或火灾隐患。

**FAR29 修正案 0。**

FAA 于 1961 年、1964 年先后发布 NPRM61-25 及 NPRM64-30，提出依据现有 CAR7 重新编排制定 FAR29 部的建议。在 NPRM64-30 中，FAA 建议分别将原有的 CAR7. 621 和 CAR7. 622 重新修订为针对电气系统容量的 FAR29. 705 和针对发电系统的 FAR29. 707 条款。

FAA 于 1964 年 12 月 3 日在 Final rule5084 中正式发布了 FAR29 修正案 0（Original Version)(1965 年 2 月 1 日)，在此修正案中，FAA 根据收到的反馈意见，将 NPRM64-30 建议的 FAR29. 705 和 29. 707 条两个条款整合修订为针对电气系统和设备总则性要求的 FAR29. 1351。最终修订结果是针对电气系统容量的条款内容被拆分为 FAR29. 1351(a)(Ⅰ)

(Ⅱ)，以符合规章标准化的要求；针对发电系统条款内容被重新编排为 FAR29. 1351(b)～(b)(Ⅳ)，其中将对发电系统的组成要求和发电系统的设计要求整合修订为 FAR29. 1351(b)，原有关发电系统设计的具体要求（b)(Ⅰ)～(Ⅳ)款被修订为 FAR29. 622(b)(Ⅰ)～(b)(Ⅳ)，原有关发电系统的（c)（d）款及注释被修订为 FAR29. 1351(b)(Ⅴ)(Ⅵ)。修订后的 FAR29. 1351 要求如下。

FAR29. 1351“总则”：

(a) 电气系统容量。对于所需的发电容量、电源数目和种类规定如下：

(Ⅰ) 必须由电气负载分析确定；

(Ⅱ) 必须满足第 29. 1309 条的要求。

(b) 发电系统。发电系统包括电源、主电源汇流条、传输电缆以及有关的控制、调节和保护装置。发电系统的设计必须符合下列规定：

(Ⅰ) 电源在单独工作或并联运行时功能正常；

(Ⅱ) 任意电源的失效或故障均不得造成危险或损害其余的电源向重要负载供电的能力；

(Ⅲ) 在任何可能的运行条件下，重要负载设备端的系统电压和频率（如果适用）均能保持在该设备的设计限制范围之内；

(Ⅳ) 因切换、清除故障或其他原因而引起的系统瞬变不会使重要负载不工作，且不会造成冒烟或着火的危险；

(Ⅴ) 备有在飞行中相应机组成员容易接近的措施，以将各电源与该主汇流条单独断开或一起断开；

(Ⅵ) 备有措施向相应机组成员指示发电系统安全运行所必需的系统参量，如每台发电机的输出电压和电流。

此次修订按照 NPRM61-25 的要求仅对 CAR7. 621 和 CAR7. 622 进行了组合和精简，并以“简单和易于使用的形式”进行了整理，简化和澄清了原规章的法规用语（可参见表 9-10），统一了规章格式，没有对原适航要求进行具体的实质性更改，其安全要求和技术内涵与原有 CAR7 规章完全一致。

**表 9-10 修订前、后的法规词汇或短语更改对比**

| 序号 | CAR7. 621 及 7. 622 | | FAR29. 1351 修正案 0 | |
|---|---|---|---|---|
| | 条款号 | 词汇或短语(句) | 条款号 | 修订后的词汇或短语(句) |
| 1 | 7. 621/622 | shall | (a)/(b) | must |
| 2 | 7. 621 | type | (a) | kind |
| 3 | | comply with | | meet |
| 4 | 7. 622(b)(Ⅳ) | initiated by | (b)(Ⅳ) | due to |
| 5 | | render | | make |
| 6 | | introduce | | cause |
| 7 | 7. 622(c)/(d) | crewmembers | (b)(Ⅴ)/(Ⅵ) | crew members |
| 8 | | Means shall be provided | | There are means |
| 9 | 7. 622(d) | those generating system quantities which are essential | (b)(Ⅵ) | the generating system quantities essential |
| 10 | 7. 622(b)(Ⅱ) | the remaining sources | (b)(Ⅱ) | remaining sources |
| 11 | 7. 622(b)(Ⅲ) | all essential load equipment | (b)(Ⅲ) | essential load equipment |

**FAR29-14 修正案。**

FAA 于 1975 年 5 月 27 日发布题为《适航审查计划第 5 号通告：设备和系统提案》的 NPRM75-23，建议新增 29. 1351(c)(d)，提出了对外部电源和无正常电源运行时的如下要求。

> FAR29. 1351 总则
>
> ……
>
> (c) 外部电源。如果备有设施将外部电源接到旋翼航空器上，且该外部电源不是仅用于启动发动机，而且必须有措施确保反极性或逆相序的外部电源不能向该旋翼航空器的电气系统供电。
>
> (d) 无正常电源时运行。必须通过分析、试验或者两者来表明，当正常电源不工作、燃油（从熄火和重新起动能力考虑）为临界状态，且旋翼航空器最初处于最大审定高度的情况下，旋翼航空器能按目视飞行规则安全飞行至少 5 分钟。电气系统中满足下列条件的部分才可以保持接通：
>
> (Ⅰ) 包括导线束或接线盒起火在内的单个故障不会导致丧失接通部分和断开部分；
>
> (Ⅱ) 接通部分应在电气上和机械上与断开部分隔离；
>
> (Ⅲ) 接通部分的导线和电缆的绝缘以及其他材料在按照 25. 1359(d)（自本建议生效之日起生效）进行试验时，均应是自熄的。

建议新增的 FAR29. 1351(c)，对旋翼航空器备有的不是仅用于启动发动机的外部电源连接设施提出要求，要求其提供保证措施以防止具有反极性或逆相序的外部电源接入旋翼航空器的电气系统为其供电，进而导致系统严重损坏。

建议新增的 FAR29. 1351(d) 的内容在过去几年中一直被 FAA 采用作为适用于第 29 部分旋翼航空器的专用条件。其要求：在失去正常电源的情况下，旋翼航空器在目视飞行规则（VFR）条件下可以至少安全运行 5 分钟。为了安全完成飞行，应提供应急电源。这种应急电源应该从机械和电气上与正常系统隔离，这样，任何单一的故障，包括切断电缆束或接线盒损坏，都不会影响正常和应急电源。除此之外，还要求电气系统接通部分导线和电缆的绝缘及其他材料，在按照第 25. 1359(d) 款（自本建议生效之日起生效）进行试验时，应是自熄的。

在征求意见阶段，有反馈意见建议对 NPRM75-23 提出新增的 29. 1351(c)(d) 进行修改，FAA 采纳了其中的以下修改建议。

有评论者提出本 NPRM 中建议的 29. 1351(c) 外部电源“不是仅用于启动发动机”的措辞可能被曲解。NPRM 中的解释指出，建议的 29. 1351(c) 旨在防止在外部电源发生反极性或逆相序时对旋翼航空器电气系统造成损害。FAA 采纳了此评论者的建议，对 291351(c) 进行如下澄清：外部电源“能与用于除发动机启动之外的其他设备相连接”。

也有评论者指出，本 NPRM 中建议的 29. 1351(d) 要求“旋翼航空器在没有正常发电机或蓄电池的情况下至少安全运行 5 分钟”不符合它们所基于的专用条件，其专用条件允许使用蓄电池供电。FAA 认同这个评论并对 NPRM 中建议的 29. 1351(d) 进行了修订，在第一句“电源”一词之后插入说明“（除蓄电池之外的电源）”，即将 29. 1351(d) 第一句中的“当正常电源不工作”更改为“当正常电源（除蓄电池之外的电源）不工作”，以使其与专用条件相符。

FAA 于 1977 年 7 月 18 日的题为《适航审查计划第 5 号修正案：设备和系统修正》Final

Rule 14625 中颁布了第 29-14 修正案，在此修正案中，FAA 采纳了上述的反馈建议对 NPRM75-23 提出新增的 FAR29. 1351(c)(d) 进行了修改。又因本修正案生效日为 1977 年 9 月 1 日，所以将建议的 FAR29. 1351(d)(Ⅲ) 中的“自本建议生效之日起生效”改为“自 1977 年 9 月 1 日起生效”。

**FAR29-40 修正案。**

1994 年 12 月 28 日，FAA 发布题为《对规章进行基于欧洲联合适航要求建议书的更改》的 NPRM94-36，在本 NPRM 中，为使美国旋翼航空器适航标准和欧洲联合航空规章 JAR-29 相协调，建议在对原 29. 1351(d) 进行重新整合的基础上，新增 29. 1351(d)(Ⅱ)，以对 A 类旋翼航空器的应急电源系统提出相应的额外要求。其建议修订后的 29. 1351(d) 要求如下。

FAR29. 1351 总则

……

(d) 在正常的发电系统不工作时的运行：

(Ⅰ) 必须通过分析、试验或者两者相结合来表明，当正常发电系统（除蓄电池之外的电源）不工作、燃油（从熄火和重新启动能力考虑）为临界状态，且最初处于最大审定高度的情况下，能按目视飞行规则安全飞行至少 5 分钟。电气系统中满足下列条件的部分才可以保持接通：

(ⅰ) 包括导线束或接线盒起火在内的单个故障不会导致丧失接通部分和断开部分；

(ⅱ) 接通部分应在电气上和机械上与断开部分隔离；

(ⅲ) 接通部分的导线和电缆的绝缘以及其他材料在按照 25. 1359(d)（自本建议生效之日起生效）进行试验时，均应是自熄的。

(Ⅱ) 对于 A 类旋翼航空器：

(ⅰ) 除非能够表明丧失正常发电系统为极不可能，否则必须提供一个独立于正常发电系统的应急电源系统，并且其能为持续安全飞行和着陆所需的所有系统提供足够的电能；

(ⅱ) 对于将会导致丧失正常发电和应急电源系统的失效（包括接线盒、控制板或导线束失火等），必须表明其发生概率为极不可能；

(ⅲ) 与安全性直接相关的系统必须在丧失正常发电系统的情况下无须飞行机组的动作即能持续工作。

由此可见，原 29. 1351(d)(Ⅰ)～(Ⅲ) 被整合为 29. 1351(d)(Ⅰ)(ⅰ)～(ⅲ)，其中原 (d)(Ⅰ)、(d)(Ⅱ) 和 (d)(Ⅲ) 款被重新指定为 (d)(Ⅰ)(ⅰ)、(d)(Ⅰ)(ⅱ) 和 (d)(Ⅰ)(ⅲ) 款，其条款要求不变。修订后的 29. 1351(d)～29. 1351 (d)(Ⅰ) 源于原 29. 1351(d)，即将原 (d) 款中的说明性内容重新指定为 (d)(Ⅰ) 款，将 (d) 款的标题由“无正常电源时的运行”改为“在正常的发电系统不工作时的运行”，并且在 (d)(Ⅰ) 款中的“electrical power”之后增加了“generating system”，以澄清本规定适用于正常的发电系统。

建议新增的 29. 1351(d)(Ⅱ)(ⅰ)要求向经审定符合 A 类要求的旋翼飞机的持续安全飞行和着陆所需的系统提供独立于正常发电系统的应急电源系统。应急电源容量的选择需要考虑旋翼航空器到达适当的着陆点并进行安全着陆的可能飞行时间。A 类旋翼飞机的持续安全飞行和降落至少需要 30 分钟的飞行时间。

建议新增的 29. 1351(d)(Ⅱ)(ⅱ)要求证明正常和应急电源系统的失效极不可能发生。这将确保不会发生任何单一故障（例如火灾或接线盒损坏），不会导致正常和应急电源系统的瘫痪。

建议新增的 29. 1351(d)(Ⅱ)(ⅲ)要求应急电源系统包括独立的、自动的电气负载减载功能，以在正常发电系统失效后维持应急电能为安全所必需的系统供电。目的是让机组人员有时间采取纠正措施，以应对发动机起火、驾驶舱起火或其他在飞行中的紧急情况，这些情况通常会导致正常发电系统失效，而不会因需要手动关闭非必要的系统电源而分散注意力，过多地消耗应急电能。在这方面，“immediate”是指那些如果不能继续运行，就必须引起机组人员注意的系统。

FAA 于 1996 年 5 月 10 日的 Final Rule 28008 中颁布了第 29-40 修正案，在此修正案中，FAA 采纳了 NPRM94-36 提出的对 FAR29. 1351(d) 的修订建议，以保持与欧洲联合航空规章 JAR-29 部的协调一致。

**FAR29-42 修正案。**

1997 年 6 月 9 日，FAA 发布了题为《其他旋翼航空器规章的协调》的 NPRM97-8，为与欧洲联合航空规章 JAR-29 相协调，对适用于运输类旋翼航空器电线燃烧试验要求的 29. 1351 (d)(Ⅰ)(ⅲ) 提出了管理性的变更，即将电线燃烧试验要求从 29. 1351(d)(Ⅰ)(ⅲ) 移至新的 29. 1359(c) 中，使其置于更适合的标题下，以便于管理；因试验要求引用的 25. 1359(d) 已通过第 25-72 修正案（55 FR 29756，1990 年 7 月 20 日）从 FAR25 中删除。新的 29. 1359(c) 将不再引用 25. 1359(d) 进行试验，而改为引用正确的参考文献——FAR25 附录 F 第一部分的 (a)(Ⅲ)，本次更改是管理性的，不会改变对电线燃烧试验的要求。

FAA 于 1998 年 8 月 11 日的 Final Rule 28929 中颁布了第 29-42 修正案，在此修正案中，FAA 采纳了 NPRM97-8 提出的删除 FAR29. 1351(d)(Ⅰ)(ⅲ) 建议，以保持与 JAR-29 的协调一致。

**FAR29-59 修正案。**

2017 年 11 月 1 日，FAA 发布了题为《正常类和运输类旋翼航空器认证》的 NPRM2017-23360，在此 NPRM 中，FAA 提议将按照基于性能的通用性要求对 29. 1353 条进行修订，以使条款适用于包括锂电池在内的任何储能系统，同时考虑到 FAR29. 1353(a)(b) 是所有电气系统及设备安装的通用要求，将其放在 FAR29. 1351 条中更为合适，因此提议将 FAR29. 1353(a)(b) 款移至 FAR29. 1351 中，分别作为 FAR29. 1351 的 (e) 款和 (f) 款。

2023 年 2 月 10 日，FAA 通过 Final Rule2017-0990 颁布了第 29-59 修正案，在此修正案中，FAA 按照 NPRM2017-23360 的建议，对 FAR29. 1351 进行了修订。

经第 29-59 修正案修订后的 FAR29. 1351 的 (e) 款和 (f) 款如下。

(e) 电气设备、控制装置和线路的安装，必须使任意部件或系统的工作不会对安全运行必不可少的任何其他电气部件或系统的同时工作产生不利影响。

(f) 电缆必须分组、分路和分层敷设，以便如果载有大电流的电缆发生故障，对重要电路的损害能减至最低限度。

#### 9. 2. 3. 2. 2 CS29 对应条款背景和历史沿革分析

CS29. 1351 相关的修正案情况如表 9-11 所示。经对修正案涉及的 NPA 进行分析，情况如下。

表 9-11 CS29. 1351 相关的修正案情况

| 条款号 | 标题名称 | 修正案 | 生效时间 | 与 CCAR29 等效版本 |
|---|---|---|---|---|
| 29. 1351 | Electrical system and equipment: General | Initial issue | 2003. 11. 14 | R2 |

CS29 初版：按照欧盟规章第 15922002 号（基本法规）(2002 年 9 月 27 日生效) 的要求，2003 年 11 月，EASA（于 2002 年 6 月成立，接替 JAA 开展相关工作）基于欧洲联合航

空规章 JAR-29 第 3 修正案（2002 年 4 月 1 日）在 ED Decision 2003/16/RM 中正式颁布了 CS29/Initial issue（2003 年 11月14日），根据需要，已对这些条款做了修改，以确保与欧洲共同体法律和欧洲联盟政策保持一致。CS29/Initial issue 中的 CS29. 1351 原文见 9. 2. 3. 1. 3。

9. 2. 3. 2. 3　*规章差异分析*

针对电气系统和设备总体要求，欧美相应规章的技术要求思路基本一致，都从电气系统容量、发电系统、外部电源和无正常电源时运行方面对其适航要求做出了具体规定。

在条款修订和演变的历史上，主要针对无正常电源时运行的适航要求进行修订，最终修订后的要求为：所有旋翼航空器在发电系统不工作时仍能按 VFR 连续安全运行至少 5 分钟。除此之外，还特别要求 A 类旋翼航空器在正常发电系统不工作时，由独立于正常发电系统的应急电源系统为其持续安全飞行和着陆所需的系统供电，保证其持续工作而无须飞行机组的动作。

(a) FAR29 第 42 次修正案与 CS29 初版规章差异。

现行有效的 FAR29. 1351 是经 FAR 第 42 次修正案修订后的条款要求，为与当时的欧洲联合航空要求（JAR）第 29 部分相应条款协调一致，已经过 2 次基于欧美规章一体化要求的修订，现行有效的 CS29. 1351 是基于原 JAR29 相应条款重新编排制定的 CS29 初版的条款要求。因此第 42 次修订后，FAR29. 1351 的条款要求与现行有效的 CS29. 1351 的内容基本上达成一致，但在（d)(Ⅰ）款中仍有以下一点细微差异，FAR29. 1351 要求：在正常发电系统（除蓄电池之外的电源）不工作的情况下，旋翼航空器能按目视飞行规则安全飞行至少 5 分钟。CS29. 1351 要求：在正常发电系统不工作的情况下，旋翼航空器能按目视飞行规则安全飞行至少 5 分钟，即 CS29. 1351(d)(Ⅰ）中的“正常发电系统”无“（除蓄电池之外的电源）”限制条件。

按照 29. 1351 条的要求及 AC29. 1351 中正常发电系统的定义，对于电气系统的供电，除正常发电系统之外，还可能包括应急电源系统，应急电源系统又有应急蓄电池和应急发电机之分，而“除蓄电池之外的电源”表达的意思除了“正常发电系统”外，还可能包括应急发电机电源，即括号内的说明与“正常发电系统”相矛盾，其为多余，建议将“（除蓄电池之外的电源）”删除，因此 CS29. 1351(d)(Ⅰ）更能表达条款的意图。

(b) CCAR-29-R2 与 FAR 第 42 次修正案规章差异。

我国现行有效的 CCAR29. 1351 与 FAR29. 1351 第 42 次修正案的内容一致，在此不再赘述。

### 9.2.3.3　条款的发展方向

参照 FAR29. 1351(d）和 CS29. 1351(d）原文，应对 CCAR29. 1351 中的错误进行如下修订。

(b)(Ⅵ)“备有措施向相应机组成员指示发电系统安全运行所必需的系统参量，如每台发动机的输出电压和电流”中的“发动机”应改为“发电机”；

(d)(Ⅰ)“必须通过分析、试验或者储用来表明”中的“储用”应改为“两者”；

(d)(Ⅰ)(ⅱ)“接通部分在电气上和机械上与断开部分隔”应改为“接通部分应在电气上和机械上与断开部分隔离”；

(d)(Ⅱ)(ⅱ)“对于将会导致丧失正常和应急发电系统的失效（包括接线盒、控制板、或导线束失火等），必须表明其发生为极不可能”中的“正常和应急发电系统”应改为“正常发电系统和应急电源系统”。

为阐明出条款的真正意图，参照 FAR29. 1351(d）和 CS29. 1351(d）原文及 9. 2. 3. 2. 3

节的差异分析，将 CCAR29.1351(d) 中的“无正常电源时运行”改为“正常发电系统不工作时的运行”；将 (d)(Ⅰ)“正常电源（除蓄电池之外的电源）不工作”改为“正常发电系统不工作”。

## 9.2.4 EH.1353 电气设备及安装

### 9.2.4.1 条款原文

9.2.4.1.1 CCAR29.1353 电气设备及安装

(a) 电气设备、控制装置和线路的安装，必须使任意部件或系统的工作不会对安全运行必不可少的任何其他电气部件或系统的同时工作产生不利影响。

(b) 电缆的组合、敷设和相互间隔必须使得如果载有大电流的电缆发生故障，对重要电路的损害能减至最低限度。

(c) 蓄电池必须按下列要求设计和安装。

(Ⅰ) 在任何可能的充电和放电状态下，单体蓄电池的温度和压力必须保持在安全范围之内。当蓄电池（在预先安全放电之后）在下列情况重新充电时，单体蓄电池的温度不得有不可控制的升高：(ⅰ) 以调定的最大电压或功率；(ⅱ) 最长持续飞行期间；(ⅲ) 服役中很可能出现的最不利的冷却条件。

(Ⅱ) 必须通过试验表明符合本条 (c)(Ⅰ) 的要求，但是，如果类似的蓄电池和安装方法的使用经验业已表明，使单体蓄电池保持安全的温度和压力不存在问题则除外。

(Ⅲ) 正常工作时，充电系统或蓄电池装置发生任何可能的故障时，从任何蓄电池逸出易爆或有害气体，在旋翼航空器内的积聚量不得达到危险程度。

(Ⅳ) 蓄电池可能逸出的腐蚀性液体或气体，均不得损坏周围的旋翼航空器结构或邻近的重要设备。

(Ⅴ) 能够用于启动发动机或辅助动力装置的每个镉镍蓄电池装置，必须有措施防止蓄电池或某个单体蓄电池短路时所发出的最大热量危及结构或重要系统。

(Ⅵ) 能够用于启动发动机或辅助动力装置的镉镍蓄电池必须具有下列系统之一：(ⅰ) 自动控制蓄电池充电速率的系统，以防止蓄电池过热；(ⅱ) 蓄电池温度敏感和超温警告系统，该系统具有一旦出现超温情况即可将蓄电池与其充电电源断开的措施；(ⅲ) 蓄电池失效敏感和警告系统，该系统具有一旦发生蓄电池失效即可将蓄电池与其充电电源断开的措施。

9.2.4.1.2 FAR29.1353 Electrical equipment and installations (Amendment 29-55)

(a) Electrical equipment, controls, and wiring must be installed so that operation of any one unit or system of units will not adversely affect the simultaneous operation of any other electrical unit or system essential to safe operation.

(b) Cables must be grouped, routed, and spaced so that damage to essential circuits will be minimized if there are faults in heavy current-carrying cables.

(c) Storage batteries must be designed and installed as follows:

(Ⅰ) Safe cell temperatures and pressures must be maintained during any probable charging and discharging condition. No uncontrolled increase in cell temperature may result when the battery is recharged (after previous complete discharge):

(ⅰ) At maximum regulated voltage or power;

(ⅱ) During the flight of maximum duration; and

（ⅲ）Under the most adverse cooling condition likely in service.

（Ⅱ）Compliance with subparagraph（Ⅰ）of this paragraph must be shown by test unless experience with similar batteries and installations has shown that maintaining safe cell temperatures and pressures presents no problem.

（Ⅲ）No explosive or toxic gases emitted by any battery in normal operation，or as the result of any probable malfunction in the charging system or battery installation，may accumulate in hazardous quantities within the rotorcraft.

（Ⅳ）No corrosive fluids or gases that may escape from the battery may damage surrounding structures or adjacent essential equipment.

（Ⅴ）Each nickel cadmium battery installation capable of being used to start an engine or auxiliary power unit must have provisions to prevent any hazardous effect on structure or essential systems that may be caused by the maximum amount of heat the battery can generate during a short circuit of the battery or of its individual cells.

（Ⅵ）Nickel cadmium battery installations capable of being used to start an engine or auxiliary power unit must have：

（ⅰ）A system to control the charging rate of the battery automatically so as to prevent battery overheating；

（ⅱ）A battery temperature sensing and over-temperature warning system with a means for disconnecting the battery from its charging source in the event of an over-temperature condition；or

（ⅲ）A battery failure sensing and warning system with a means for disconnecting the battery from its charging source in the event of battery failure.

9.2.4.1.3 FAR 29.1353 Energy storage systems（Amendment 29-59）

Energy storage systems must be designed and installed as follows：

(a) Energy storage systems must provide automatic protective features for any conditions that could prevent continued safe flight and landing.

(b) Energy storage systems must not emit any flammable，explosive，or toxic gases，smoke，or fluids that could accumulate in hazardous quantities within the rotorcraft.

(c) Corrosive fluids or gases that escape from the system must not damage surrounding structures，adjacent equipment，or systems necessary for continued safe flight and landing.

(d) The maximum amount of heat and pressure that can be generated during any operation or under any failure condition of the energy storage system or its individual components must not result in any hazardous effect on rotorcraft structure，equipment，or systems necessary for continued safe flight and landing.

(e) Energy storage system installations required for continued safe flight and landing of the rotorcraft must have monitoring features and a means to indicate to the pilot the status of all critical system parameters.

9.2.4.1.4 CS29.1353 Electrical equipment and installations（Amendment 8）

(a) Electrical equipment，controls，and wiring must be installed so that operation of any one unit or system of units will not adversely affect the simultaneous operation of any other electrical unit or system essential to safe operation.

(b) Cables must be grouped, routed, and spaced so that damage to essential circuits will be minimised if there are faults in heavy current carrying cables.

(c) Storage batteries must be designed and installed as follows:

(Ⅰ) Safe cell temperatures and pressures must be maintained during any probable charging and discharging condition. No uncontrolled increase in cell temperature may result when the battery is recharged (after previous complete discharge):

(ⅰ) At maximum regulated voltage or power;

(ⅱ) During a flight of maximum duration; and

(ⅲ) Under the most adverse cooling condition likely in service.

(Ⅱ) Compliance with sub-paragraph (c)(Ⅰ) must be shown by test unless experience with similar batteries and installations has shown that maintaining safe cell temperatures and pressures presents no problem.

(Ⅲ) No explosive or toxic gases emitted by any battery in normal operation, or as the result of any probable malfunction in the charging system or battery installation, may accumulate in hazardous quantities within the rotorcraft.

(Ⅳ) No corrosive fluids or gases that may escape from the battery may damage surrounding structures or adjacent essential equipment.

(Ⅴ) Each nickel cadmium battery installation capable of being used to start an engine or auxiliary power unit must have provisions to prevent any hazardous effect on structure or essential systems that may be caused by the maximum amount of heat the battery can generate during a short circuit of the battery or of its individual cells.

(Ⅵ) Nickel cadmium battery installations capable of being used to start an engine or auxiliary power unit must have:

(ⅰ) A system to control the charging rate of the battery automatically so as to prevent battery overheating;

(ⅱ) A battery temperature sensing and over-temperature warning system with a means for disconnecting the battery from its charging source in the event of an over-temperature condition; or

(ⅲ) A battery failure sensing and warning system with a means for disconnecting the battery from its charging source in the event of battery failure.

### 9.2.4.2 条款背景和历史沿革分析

#### 9.2.4.2.1 FAA 相关修正案及背景说明

FAR29.1353 相关的修正案情况如表 9-12 所示。经对修正案涉及的 NPRM 和 Final Rule 进行分析，情况如下。

表 9-12 FAR29.1353 相关的修正案情况

| 序号 | 条款号 | 标题名称 | 修正案 | 生效时间 | 与 CCAR29 等效版本 |
|---|---|---|---|---|---|
| 1 | 29.1353 | Electrical equipment and installations | Original | 1965.2.1 | 无 |
| 2 | 29.1353 | Electrical equipment and installations | 29-14 | 1977.9.1 | 无 |
| 3 | 29.1353 | Electrical equipment and installations | 29-15 | 1978.3.1 | R0/R1/R2 |
| 4 | 29.1353 | Energy storage systems | 29-59 | 2023.4.11 | 无 |

**CAR7。**

1956 年，美国民用航空委员会（Civil Aeronautics Board，CAB）创建了民用航空规章 CAR7 部，用于运输类旋翼航空器适航审定，其中的 CAR7. 625 提出了针对电气设备和安装的要求，其条款要求如下。

CAR7. 625“电气设备和安装”：

在表明电气系统、设备和安装对 7. 606(a)(b) 的符合性时，应考虑到关键的环境条件（注：关键环境条件可能包括温度、压力、湿度、通风、位置、加速度、振动和有害物质的存在）；

所有电气设备、控制装置和线路的安装，应使任意部件或部件系统的工作不会对旋翼航空器的安全运行必不可少的任何其他电气部件或部件系统的同时工作产生不利影响；

(c) 电缆的组合、敷设和相互间隔应使得如果载有大电流的电缆发生故障，对重要电路的损害能减至最低限度；

(d) 电池及其安装应提供通风、排液、排气和保护旋翼航空器的其他盘体免受电池腐蚀性液体的侵蚀。

**CAR7-4 修正案。**

1959 年，CAB 在题为《1958 年度适航审查的杂项修正》的 CAR7 第 4 次修正案（生效于 1959 年 10 月 1 日）中，在 AC29 原 CAR7. 625(a)～(c)内容和要求不变基础上，对 CAR7. 625(d) 进行修订，修订后 CAR7. 625(d) 要求如下：

CAR7. 625(d) 蓄电池的设计和安装应符合以下要求。

(Ⅰ) 在任何可能的充电和放电状态下，单体蓄电池的温度和压力保持在安全范围之内。当蓄电池（在预先安全放电之后）在以调定的最大电压或功率，最长持续飞行期间，服役中很可能出现的最不利的冷却条件重新充电时，单体蓄电池的温度不应有不可控制的升高。如果类似的蓄电池和安装方法的令人满意的使用经验业已表明，使单体蓄电池保持安全温度和压力不存在问题，则不应要求进行试验以表明符合本款规章的要求。

(Ⅱ) 正常工作时，充电系统或蓄电池装置发生任何可能的故障时，从蓄电池逸出易爆或有害气体，在旋翼航空器内的积聚量不应达到危险程度。

(Ⅲ) 蓄电池可能逸出的腐蚀性液体或气体，均不应损坏周围的旋翼航空器结构或邻近的重要设备。

此次修正案将 CAR7. 625(d) 由“(d) 对电池及其装置的概括性要求”改为“(d)(Ⅰ)～(Ⅲ) 对蓄电池设计和安装的较为详细的具体要求”。

**FAR29 修正案 0。**

FAA 于 1961 年、1964 年先后发布 NPRM61-25 及 NPRM64-30，提出了依据现有 CAR7 重新编排制定 FAR29 的建议。在 NPRM64-30 中，FAA 建议将除（a）款之外的 CAR7. 625 其他部分内容重新修订为针对电气设备和安装的 FAR29. 713。

FAA 于 1964 年 12 月 3 日在 Final rule 5084 中正式发布了 FAR29 修正案 0（Original Version）（1965 年 2 月 1 日），在此修正案中，FAA 根据收到的反馈意见，对 NPRM64-30 建议的 FAR29. 713 进行进一步修订，修订后的条款被重新编号为 FAR29. 1353，其条款要求如下。

FAR29. 1353“电气设备和安装”：

(a) 电气设备、控制装置和线路的安装，必须使任意部件或系统的工作不会对安全运行必不可少的任何其他电气部件或系统的同时工作产生不利影响。

(b) 电缆必须分组（类）、分路（向）和分层（排）敷设，以便如果载有大电流的电缆发生故障，对重要电路的损害能减至最低限度。

(c) 蓄电池必须按下列要求设计和安装。

(Ⅰ) 在任何可能的充电和放电状态下，单体蓄电池的温度和压力必须保持在安全范围之内。当蓄电池（在预先安全放电之后）在下列情况重新充电时，单体蓄电池的温度不得有不可控制的升高：(ⅰ) 以调定的最大电压；(ⅱ) 最长持续飞行期间；(ⅲ) 服役中很可能出现的最不利的冷却条件。

(Ⅱ) 必须通过试验表明符合本条 (c)(Ⅰ) 的要求，但是，如果类似的蓄电池和安装方法的使用经验业已表明，使单体蓄电池保持安全的温度和压力不存在问题则除外。

(Ⅲ) 正常工作时，充电系统或蓄电池装置发生任何可能的故障时，从任何蓄电池逸出易爆或有害气体，在旋翼航空器内的积聚量不得达到危险程度。

(Ⅳ) 蓄电池可能逸出的腐蚀性液体或气体，均不得损坏周围的旋翼航空器结构或邻近的重要设备。

经本次修正案修订后的结果是 CAR7.625(b)(c) 被修订为 FAR29.1353(a)(b)，CAR7.625(d)(Ⅱ)(Ⅲ) 被修订为 FAR29.1353(c)(Ⅲ) 和 (c)(Ⅳ)；为符合标准化规章格式要求，将 CAR7.625(d)(Ⅰ) 拆分修订为 FAR29.1353 (c)(Ⅰ) ～ (c)(Ⅱ)。

本次修订仅仅是按照 NPRM61-25 的要求简化和澄清了原规章的法规用语（表 9-13），统一了规章格式，没有对原适航要求进行具体的实质性更改，其安全要求和技术内涵与原有 CAR7 规章完全一致。

**表 9-13 修订前、后的法规词汇或短语更改对比**

| 序号 | CAR7.625 | | FAR29.1353 修正案 0 | |
|---|---|---|---|---|
| | 条款号 | 词汇或短语 | 条款号 | 修订后的词汇或短语 |
| 1 | (b)(c)(d) | shall | (a)(b)(c) | must 或 may |
| 2 | (b) | so…that | (a) | so that |
| 3 | (c) | in the event of faults | (b) | if there are fault |
| 4 | (d) | Such、so…that | (c) | as follows |
| 5 | (d)(Ⅰ) | storage battery | (c)(Ⅰ) | battery |
| 6 | | not…if | (c)(Ⅱ) | unless |
| 7 | (d)(Ⅱ) | the storage battery | (c)(Ⅲ) | any battery |
| 8 | (d)(Ⅲ) | which | (c)(Ⅳ) | That |
| 9 | | be emitted or spilled | | escape |
| 10 | | storage battery | | battery |
| 11 | (b) | All electrical equipment | (c) | electrical equipment |
| 12 | (b) | system of units essential | (c) | system essential |
| 13 | (b) | the safe operation of the rotorcraft | (c) | safe operation |
| 14 | (d)(Ⅰ) | likely to occur in service | (c)(Ⅰ) | likely in service |
| 15 | (c)(Ⅰ) | satisfactory operating experiencc | (c)(Ⅱ) | experience |

**FAR29-14 修正案。**

FAA 于 1975 年 5 月 27 日发布题为《适航审查计划第 5 号通告：设备和系统建议》的

NPRM75-23，在此 NPRM 中，FAA 建议修订 29. 1353(c)(Ⅰ)(ⅰ)，将“最大调定电压”扩大为“最大调定电压或功率”，同时新增 29. 1353(c)(Ⅵ)“能够用于启动发动机或辅助动力装置的每个镉镍蓄电池装置，必须有措施防止蓄电池或单体蓄电池短路时所发出的最大热量危及结构或重要系统”。

FAA 指出，在 29. 1353(c)(Ⅰ)(ⅰ) 规定的电池再次充电标准中添加“或功率”替代标准的目的是明确澄清本款，使其更适当地包括所有电池充电方式和参数。在有些电池充电技术中，电压不是一个不可控因素，只能通过电池反应判断，同样，功率是一个反映电池的热输入的衡量尺度。

使用经验表明，镍镉蓄电池会发生短路故障（无论是在电池内部或通过电池帽对飞机结构形成短路）。这种短路产生的热量在某些情况下可能会损坏附近的结构或重要系统。因此，FAA 建议新增 29. 1353(c)(Ⅵ)，以防止由此种隐患产生的任何不利影响。

FAA 于 1977 年 7 月 18 日在题为《适航审查程序第 5 号修正案：设备和系统修正》的 Final rule 14625 中颁布了第 29-14 修正案，在此修正案中，FAA 采纳了 NPRM75-23 提出对 FAR29. 1353 修订建议，但鉴于 NPRM75-10 建议的 29. 1353(c)(Ⅴ) 尚未通过，所以将 NPRM75-23 建议的 29. 1351(c)(Ⅵ) 重新指定为第 29. 1353(c)(Ⅴ)。

**FAR29-15 修正案。**

FAA 于 1975 年 3 月 7 日发布题为《适航审查计划第 2 号通告：其他建议》的 NPRM75-10，建议新增 29. 1353(c)(Ⅴ)，对启动发动机和辅助动力装置（APU）的镍镉电池安装提出要求，以满足当时发布的适航指令 AD72-19-4(b) 的要求。建议新增的 29. 1353(c)(Ⅴ) 要求如下：

> 29. 1353(c)(Ⅴ) 能够用于启动发动机或辅助动力装置的镉镍蓄电池必须具有下列系统之一：
>
> (ⅰ) 自动控制蓄电池充电速率的系统，以防止蓄电池过热；
>
> (ⅱ) 蓄电池温度敏感和超温警告系统，该系统具有一旦出现超温情况即可将蓄电池与其充电电源断开的措施；
>
> (ⅲ) 蓄电池失效敏感和警告系统，该系统具有一旦发生蓄电池失效即可将蓄电池与其充电电源断开的措施。如果表明满足 (c)(Ⅴ)(ⅱ) 或 (ⅲ) 款要求，则必须提供电池与充电电源断开的操作程序并将其包含在旋翼航空器飞行手册中。

FAA 于 1978 年 1 月 16 日在题为《适航审查计划第 6 号修正案：飞行修正》的 Final rule 14684 和 14324 中颁布了第 29-15 修正案，在此修正案中，FAA 将 NPRM75-10 建议新增的 FAR29. 1353(c)(Ⅴ)(ⅲ) 中关于旋翼航空器飞行手册中操作程序的要求，即将“如果表明满足 (c)(Ⅴ)(ⅱ) 或 (ⅲ) 款要求，则必须提供电池与充电电源断开的操作程序并将其包含在旋翼航空器飞行手册中”转移到 FAR29. 1585 (d) 中，使其置于更适合的条款下。鉴于第 29-14 修正案通过了新的第 29. 1353(c)(Ⅴ)，所以将 NPRM75-10 建议的 29. 1353(c)(Ⅴ) 的其余部分重新指定为 29. 1353(c)(Ⅵ)。经第 29-15 修正案修订后的 FAR29. 1353 原文见 9. 2. 4. 1. 2 节。

**FAR29-59 修正案。**

2017 年 11 月 1 日，FAA 发布了题为《正常类和运输类旋翼航空器认证》的 NPRM 2017-23360，在此 NPRM 中，FAA 提议按照基于性能的通用性要求对 29. 1353 条整体进行重新修订，以使条款适用于包括锂电池在内的任何储能系统。本 NPRM 提议的 29. 1353 条要求如下。

29.1353“能量存储系统”

能量存储系统必须按下列要求设计和安装。

(a) 能量存储系统必须提供自动保护功能，以应对任何可能妨碍旋翼航空器继续安全飞行和着陆的情况。

(b) 除非通过设计的排气装置，否则能量储存系统不应释放任何易爆或有害气体、烟雾或液体，并且在旋翼航空器内的积聚量不应达到危险程度。

(c) 从系统中逸出的腐蚀性液体或气体不得损坏旋翼航空器继续安全飞行和着陆所必需的周围结构、邻近设备或系统。

(d) 在能量存储系统或其各个部件的任何工作过程中或任何失效状态下所能产生的最大热量，不应对旋翼航空器继续安全飞行和着陆所必需的航空器结构、设备或系统造成任何危险的影响。

(e) 对于旋翼航空器继续安全飞行和着陆所要求的能量储存系统装置必须具有监测功能，并有措施向飞行员指示所有关键系统参数的状态。

FAA对27/29.1353条进行以上修订的理由及意图如下。

经FAR29-15修正案修订后的27/29.1353条规章关于旋翼航空器电池的规定只包括铅酸电池和镍镉电池的特定要求。近年来，已经开发出的锂电池开始应用于旋翼航空器上，但原来的27.1353条和29.1353条没有涵盖对锂电池安装的特定要求，因此对于安装了锂电池的旋翼航空器，在起初阶段，FAA通过发布“安装于航空器上的锂电池”专用条件对锂电池提出特定要求，以此作为对27/29.1353条的补充，同时每个锂电池项目都要求一份符合性验证方法问题纪要。为了减轻自身和旋翼航空器工业方在发布专用条件和相关问题纪要方面的负担，FAA建议对27/29.1353条进行修订，但并没有提议在27/29.1353条中直接增加具体的锂电池要求，因为锂电池的储能化学问题尚未解决。而是基于铅酸、镍镉和锂电池都是具有不同运行参数和失效机制的储能装置，提议要提供不针对特定电池或电池化学问题的通用规章，以适应任何储能系统。

本NPRM所提议的27/29.1353条比前一版规章更具规范性，其直接适用于铅酸和镍镉电池，而不会施加额外的要求，同时满足NTSB对FAA提出“要求航空器制造商必须表明机载锂电池可接受的性能”的建议。此外，这种通用方法将允许FAA考虑蓄电池、燃料电池或任何其他尚未开发的储能设备。

2023年2月10日，FAA通过Final Rule2017-0990颁布了第29-59修正案，在此修正案中，FAA根据公众意见对本NPRM提议的29.1353(b)(d)进行了如下进一步的修订。

29.1353“能量存储系统”

……

(b) 能量储存系统不应释放在旋翼航空器内的积聚量可能会达到危险程度的任何易燃、易爆或有害气体、烟雾或液体。

……

(d) 在能量存储系统或其各个部件的任何工作期间或任何失效状态下所能产生的最大热量和压力，不应对旋翼航空器继续安全飞行和着落所必需的航空器结构、设备或系统造成任何危险的影响。

……

以上修订适用于不同的储能系统，并为本规章提供必要的灵活性，以跟上技术的变化。

修订前，NPRM 提议的 29. 1353(b) 指定排气作为限制有害气体、液体和烟雾积聚的措施。贝尔（Bell）公司和通用航空制造商协会（GAMA）要求修改提议的 27/29. 1353(b) 的此项要求。美国联邦航空局同意这些意见，并采用了贝尔公司和 GAMA 推荐的语言对（b）款进行了修订，以允许其他类型危险的缓解措施。该条款的目的是要求排放物不能积聚到危险（易燃性、毒性、能见度等）数量。设计可以通过通风或其他方式实现这一点。

修订后的（b）款还增加了“易燃的气体、烟雾或液体”，因为能量存储系统不应释放的排放物中除了包括易爆或有害的气体、烟雾或液体外，还应包括易燃的气体、烟雾或液体。

修订前，NPRM 提议的 29. 1353(d) 只提供了对能量存储系统产生的“最大热量”的要求，美国国家运输安全委员会（NTSB）要求修改提议的 27/29. 1353(d)，以解决储能系统失效产生的最大压力。美国联邦航空局对此表示同意，因为压力的快速增加（超过了能量存储系统的最大值，不能被储存）可能会导致对周围系统或结构的损坏。

经第 29-59 修正案修订后的 FAR29. 1353 条款原文见 9. 2. 4. 1. 2 节。

9. 2. 4. 2. 2　CS29 对应条款背景和历史沿革分析

CS29. 1353 相关的修正案情况如表 9-14 所示。经对修正案涉及的 ED Decision 2003/16/RM 进行分析，情况如下。

表 9-14　CS29. 1353 相关的修正案情况

| 条款号 | 标题名称 | 修正案 | 生效时间 | 与 CCAR29 等效版本 |
| --- | --- | --- | --- | --- |
| 29. 1353 | Electrical equipment and installations | Initial issue | 2003. 11. 14 | R2 |

CS29 初版：按照欧盟规章第 15922002 号（基本法规）(2002 年 9 月 27 日生效）的要求，2003 年 11 月，EASA（于 2002 年 6 月成立，接替 JAA 开展相关工作）基于欧洲联合航空规章 JAR-29 第 3 修正案（2002 年 4 月 1 日生效）在 ED Decision 2003/16/RM 中正式颁布了 CS29/Initial issue（2003 年 11 月 14 日），根据需要，已对这些条款做了修改，以确保与欧洲共同体法律和欧洲联盟政策保持一致。CS29/Initial issue 中的 CS29. 1353 原文见 9. 2. 4. 1. 4 节。

9. 2. 4. 2. 3　规章差异分析

（a）FAR29 第 15 次修正案与 CS29 初版规章差异。

现行有效的 FAR29. 1353 是经 FAR29 第 15 次修正案修订后的条款要求，而现行有效的 CS29. 1353 仍为 CS29 初版颁布时的条款要求，一直沿用至今，两者条款内容一致。

（b）CCAR-29-R2 与 FAR 第 15 次修正案规章差异。

CCAR29. 1353 和 FAR29. 1353 在（b）款要求存在如下差异。

我国现行有效的 CCAR-29-R2 中的 29. 1353(b) 要求：电缆的组合、敷设和相互间隔必须使得如果载有大电流的电缆发生故障，对重要电路的损害能减至最低限度。而 FAR29 第 15 次修正案中的 29. 1353(b) 的要求：电缆必须分组（类）、分路（向）和分层（排）敷设，以便如果载有大电流的电缆发生故障，对重要电路的损害能减至最低限度。

除上述差异之外，CCAR29. 1353 与 FAR29. 1353 内容一致。

### 9.2.4.3　条款的发展方向

参照 FAR29. 1353(b) 款原文，将 CCAR29. 1353(b) 改为“电缆必须分组（类）、分路（向）和分层（排）敷设，以便如果载有大电流的电缆发生故障，对重要电路的损害能减至最低限度”更能表达出本条款的真实意图。

### 9.2.5 EH.1355 配电系统

#### 9.2.5.1 条款原文

9.2.5.1.1 CCAR29.1355 配电系统

（a）配电系统包括配电汇流条、与其相关联的馈电线及每个控制和保护装置。

（b）如果民用航空规章要求由两个独立的电源向某些特定的设备或系统供电，则这些设备或系统的一个电源一旦失效，另一个电源（包括其单独的馈电线）必须能自动或手动接通，以维持设备或系统的工作。

9.2.5.1.2 FAR29.1355 Distribution system（Amendment 29-55）

（a）The distribution system includes the distribution busses，their associated feeders，and each control and protective device.

（b）If two independent sources of electrical power for particular equipment or systems are required by this chapter，in the event of the failure of one power source for such equipment or system，another power source（including its separate feeder）must be provided automatically or be manually selectable to maintain equipment or system operation.

9.2.5.1.3 CS29.1355 Distribution system（Amendment 8）

（a）The distribution system includes the distribution busses，their associated feeders，and each control and protective device.

（b）If two independent sources of electrical power for particular equipment or systems are required by any applicable CS or operating rule，in the event of the failure of one power source for such equipment or system，another power source（including its separate feeder）must be provided automatically or be manually selectable to maintain equipment or system operation.

#### 9.2.5.2 条款背景和历史沿革分析

9.2.5.2.1 FAA相关修正案及背景说明

FAR29.1355相关的修正案情况如表9-15所示。经对修正案涉及的NPRM和Final Rule进行分析，情况如下。

表9-15 FAR29.1355相关的修正案情况

| 序号 | 条款号 | 标题名称 | 修正案 | 生效时间 | 与CCAR29等效版本 |
|---|---|---|---|---|---|
| 1 | 29.1355 | Distribution system | Original | 1965.2.1 | 无 |
| 2 | 29.1355 | Distribution system | 29-14 | 1977.9.1 | 无 |
| 3 | 29.1355 | Distribution system | 29-24 | 1984.12.6 | R0/R1/R2 |

**CAR7。**

1956年，美国民用航空委员会（Civil Aeronautics Board，CAB）创建了民用航空规章CAR7部，用于运输类旋翼航空器的适航审定，其中的CAR7.623提出了针对配电系统的要求，其条款要求如下。

> CAR7.623“配电系统”：
>
> （a）配电系统应被认为包括所有配电汇流条、与其相关联的馈电线及控制和保护装置。
>
> （b）A类：单个的配电系统的设计应确保在发生合理可能的故障或断路情况下，能够向重要负载电路供电。
>
> （c）如果本条款要求由两个独立的电源向某些特定的设备或系统供电，则应保证其电能供应。

**FAR29 修正案 0。**

FAA 于 1961 年、1964 年先后发布 NPRM61-25 及 NPRM64-30，提出依据现有 CAR7 重新编排制定 FAR29 的建议。在 NPRM64-30 中，FAA 建议将原有的 CAR7. 623 重新修订为针对配电系统的 FAR29. 709。

FAA 在 Final rule 5084（1964 年 12 月 3 日）中正式发布了 FAR29 修正案 0（Original Version)（1965 年 2 月 1 日)，在此修正案中，FAA 根据收到的反馈意见，对 NPRM64-30 建议的 FAR29. 709 进行进一步修订。修订后的条款被重新编号为 FAR29. 1355，其条款要求如下。

FAR29. 1355 “配电系统”：

(a) 配电系统包括配电汇流条、与其相关联的馈电线及每个控制和保护装置。

(b) 每个系统的设计必须满足下列要求：

(Ⅰ) 对于 A 类旋翼航空器，在合理可能的故障或断路情况下，单独的配电系统确保能够向重要负载电路供电；

(Ⅱ) 如果本规章要求由两种独立的电源向特定设备或系统供电，则应保证其能源供应。

在此次修正中，FAA 将原来的 CAR7. 623(a)～(c)修订为 FAR29. 1355(a)～(b)，其中 FAR29. 1355(a) 源自 CAR7. 623(a)，提出对配电系统的组成要求；FAR29. 1355(b) 源自 CAR7. 623(b)(c)，提出对配电系统设计的要求。

此次修订仅仅是简化和澄清了原规章的法规用语（表 9-16），统一了规章格式，没有对原适航要求进行具体的实质性更改，其安全要求和技术内涵与原有 CAR7 规章完全一致。

表 9-16　修订前、后的法规词汇或短语更改对比

| 序号 | CAR7. 623 | | FAR29. 1355 修正案 0 | |
|---|---|---|---|---|
| | 条款号 | 词汇或短语 | 条款号 | 修订后的词汇或短语 |
| 1 | (a) | shall be considered to include | (a) | includes |
| 2 | (b) | shall | (b) | must |
| 3 | (b) | insure | (b)(Ⅰ) | ensure |
| 4 | (c) | where | (b)(Ⅱ) | if |
| 5 | (c) | by the regulations in this subchapter | (b)(Ⅱ) | by this chapter |
| 6 | (c) | assure | (b)(Ⅱ) | ensure |
| 7 | (c) | electrical energy supply | (b)(Ⅱ) | energy supply |

**FAR29-14 修正案。**

FAA 于 1975 年 5 月 27 日发布了题为《适航审查计划第 5 号通告：设备和系统建议》的 NPRM75-23，建议将 29. 1355 (b)(Ⅰ) 修订为：“(b)(Ⅰ) 对于 A 类旋翼航空器，在合理可能的故障或断路的情况下，能够向重要负载电路供电”。

FAA 指出，原 29. 1355 (b)(Ⅰ) 中对 “单独的配电系统” 引用是多余的，其指定了 “每个系统”，而 29. 1355(b) 已明确针对的是每个系统，并且 29. 1355(a) 还定义了每个配电系统中包含的部件，所以没有必要在 29. 1355(b)(Ⅰ) 中再次强调 “每个配电系统” 的说法，因此在本 NPRM 中，FAA 本着使规章更为简洁易懂的原则删除了 (b)(Ⅰ) 款中的冗余字样“单独的配电系统确保”。

FAA 于 1977 年 7 月 18 日在题为《适航审查计划第 5 号修正案：设备和系统修正》的

Final rule 14625 中颁布了第 29-14 修正案，在此修正案中，FAA 采纳了 NPRM75-23 的上述建议对 FAR29. 1355 进行了修订。

**FAR29-24 修正案。**

FAA 于 1982 年 8 月 26 日发布题为《旋翼航空器监管审查计划第 2 号通告》的 NPRM82-12，建议将 29. 1355(b) 按如下修订：“（b）如果本规章要求由两个独立的电源向某些特定的设备或系统供电，则这些设备或系统的一个电源一旦失效后，另一个电源（包括其单独的馈电线）必须能自动或手动接通，以维持设备或系统的工作。”

本 NPRM 建议删除了第 29-14 修正案的 29. 1355（b）及（b)(Ⅰ)，将其（b)(Ⅱ）款修订为新的 29. 1355(b)，新的 29. 1355(b) 阐明了当要求由两个独立的电源向设备或系统供电时，其中一个发生故障后，另一个电源的可用性。

经上述修订，新的 29. 1355(b) 要求 B 类旋翼航空器和 A 类旋翼航空器所要求的设备和系统满足相同电源标准，进一步表述了关于旋翼航空器系统和设备如何在故障条件下维持电力的方法。该提议的目的是为运输类旋翼航空器的重要负载电路提供两个独立的电源。因为原 29. 1355(b) 对于在故障情况下独立电源将以何种方式维持电力没有明确说明，所以本提案是必要的。

FAA 于 1984 年 11 月 6 日的 Final rule 23266 中颁布了第 29-24 修正案，在此修正案中，FAA 采纳了 NPRM82-12 上述建议对 FAR29. 1355 进行了修订。经第 29-24 修订后的 FAR29. 1355 条款原文见 9. 2. 5. 1. 2。

9. 2. 5. 2. 2　EASA 相关修正案及背景说明

CS29. 1355 相关的修正案情况如表 9-17 所示。经对修正案涉及的 ED Decision 2003/16/RM 进行分析，情况如下。

表 9-17　CS29. 1355 相关的修正案情况

| 条款号 | 标题名称 | 修正案 | 生效时间 | 与 CCAR29 等效版本 |
|---|---|---|---|---|
| 29. 1355 | Distribution system | Initial issue | 2003. 11. 14 | R2 |

CS29 初版：按照欧盟规章第 15922002 号（基本法规）(2002 年 9 月 27 日生效）的要求，2003 年 11 月，EASA（于 2002 年 6 月成立，接替 JAA 开展相关工作）基于欧洲联合航空规章 JAR-29 第 3 次修正案（2002 年 4 月 1 日）在 ED Decision 2003/16/RM 中正式颁布了 CS29/Initial issue（2003 年 11 月 14 日），根据需要，已对这些条款做了修改，以确保与欧洲共同体法律和欧洲联盟政策保持一致。CS29/Initial issue 中的 CS29. 1355 原文见 9. 2. 5. 1. 3。

9. 2. 5. 2. 3　规章差异分析

（a）FAR29 第 24 次修正案与 CS29 初版规章差异。

现行有效的 FAR29. 1355 是经 FAR 第 24 次修正案修订后的条款要求，而现行有效的 CS29. 1355 仍为 CS29 初版颁布时的条款要求，一直沿用至今，两者条款要求表述上稍微存在一点差异，FAR29. 1355(b) 所述由两个独立的电源向某些特定的设备或系统供电是“本规章”要求的，而 CS29. 1355（b）所述由两个独立的电源向某些特定的设备或系统供电是“任何适用的审定规范或运行规则”要求的。

FAR29. 1355 所述“本规章”是指联邦法规第 14 篇《航空和航天》第一章，即 FAA 监管的民用航空规章。CS29. 1355（b）所述“任何适用的审定规范或运行规则”中的“审定规范或运行规则”是指 EASA 监管的民用航空规章。根据以上分析，可知 FAR29. 1355 所述“本规章”和 CS29. 1355（b）所述“任何适用的审定规范或运行规则”均指民用航空规章，因此其要求基本一致。

现行有效的FAR29. 1355和现行有效的CS29. 1355除了上述不同之外，两者其他内容和要求完全一致，无差异。

(b) CCAR-29-R2与FAR第24次修正案规章差异。

我国现行有效的CCAR-29-R2中的29. 1355条与FAR第24次修正案中的29. 1355条中的内容一致。

## 9.2.6 EH. 1357 电路保护装置

### 9.2.6.1 条款原文

9. 2. 6. 1. 1 CCAR29. 1357 *电路保护装置*

(a) 必须采用自动保护装置，在线路发生故障或在系统或所连接的设备发生严重失灵时，最大限度地减小对电气系统的损坏和对旋翼航空器的危险。

(b) 发电系统中保护和控制装置的设计，必须能足够迅速地断电，并将故障电源和输电设备与其相关联的汇流条断开，防止出现危险的过压或其他故障。

(c) 每个可复位型电路保护装置的设计，必须在发生过载或电路故障时，无论其操作位置如何，均能断开电路。

(d) 如果飞行安全要求必须有使其一断路器复位或更换某一熔断器的能力，则这种断路器或熔断器的位置和标识必须使其在飞行中易被复位或更换。

(e) 每个重要负载电路必须具有单独的电路保护，但不要求重要负载系统中的每个电路（如系统中的每个航行灯电路）都有单独的保护。

(f) 如果采用熔断器，则必须有备用熔断器供飞行中使用。其数量至少应为保护整个电路所需的每种规格熔断器数量的50%。

(g) 如果对于设备的供电电缆已有电路保护，则可采用自动复位断路器作为该电气设备自身装有的保护器。

9. 2. 6. 1. 2 FAR29. 1357 Circuit protective devices（Amendment 29-55）

(a) Automatic protective devices must be used to minimize distress to the electrical system and hazard to the rotorcraft in the event of wiring faults or serious malfunction of the system or connected equipment.

(b) The protective and control devices in the generating system must be designed to de-energize and disconnect faulty power sources and power transmission equipment from their associated buses with sufficient rapidity to provide protection from hazardous overvoltage and other malfunctioning.

(c) Each resettable circuit protective device must be designed so that，when an overload or circuit fault exists，it will open the circuit regardless of the position of the operating control.

(d) If the ability to reset a circuit breaker or replace a fuse is essential to safety in flight，that circuit breaker or fuse must be located and identified so that it can be readily reset or replaced in flight.

(e) Each essential load must have individual circuit protection. However，individual protection for each circuit in an essential load system（such as each position light circuit in a system）is not required.

(f) If fuses are used，there must be spare fuses for use in flight equal to at least 50 percent of the number offuses of each rating required for complete circuit protection.

(g) Automatic reset circuit breakers may be used as integral protectors for electrical equipment provided there is circuit protection for the cable supplying power to the equipment.

9.2.6.1.3 CS 29.1357 Circuit protective devices (Amendment 8)

(a) Automatic protective devices must be used to minimise distress to the electrical system and hazard to the rotorcraft in the event of wiring faults or serious malfunction of the system or connected equipment.

(b) The protective and control devices in the generating system must be designed to de-energise and disconnect faulty power sources and power transmission equipment from their associated busses with sufficient rapidity to provide protection from hazardous overvoltage and other malfunctioning.

(c) Each resettable circuit protective device must be designed so that, when an overload or circuit fault exists, it will open the circuit regardless of the position of the operating control.

(d) If the ability to reset a circuit breaker or replace a fuse is essential to safety in flight, that circuit breaker or fuse must be located and identified so that it can be readily reset or replaced in flight.

(e) Each essential load must have individual circuit protection. However, individual protection for each circuit in an essential load system (such as each position light circuit in a system) is not required.

(f) If fuses are used, there must be spare fuses for use in flight equal to at least 50% of the number offuses of each rating required for complete circuit protection.

(g) Automatic reset circuit breakers may be used as integral protectors for electrical equipment provided there is circuit protection for the cable supplying power to the equipment.

### 9.2.6.2 条款背景和历史沿革分析

9.2.6.2.1 FAA相关修正案及背景说明

FAR29.1357相关的修正案情况如表9-18所示。经对修正案涉及的NPRM和Final Rule进行分析，情况如下。

表9-18 FAR29.1357相关的修正案情况

| 序号 | 条款号 | 标题名称 | 修正案 | 生效时间 | 与CCAR29等效版本 |
|---|---|---|---|---|---|
| 1 | 29.1357 | Circuit protective devices | Original | 1965.2.1 | 无 |
| 2 | 29.1357 | Circuit protective devices | 29-24 | 1984.12.6 | R0/R1/R2 |

**CAR7。**

1956年，美国民用航空委员会（Civil Aeronautics Board，CAB）创建了民用航空规章CAR7部，用于运输类旋翼航空器适航审定，其中的CAR7.624提出了针对电气保护的要求，其条款要求如下。

CAR7.624“电气保护”：

(a) 应提供自动保护装置，在线路发生故障或在系统或所连接设备发生严重失灵时，最大限度地减小对电气系统的损坏和对旋翼航空器的危害。

(b) A类：在发电系统中，应提供自动断电和将产生危险过压的任意电源与主汇流条断开的措施。

(c) 所有可复位型电路保护装置的设计，应当在发生过载或电路故障时，无论其操作机构的位置如何，均能断开电路。

(d) 重要负载电路中使用的保护装置或其控制装置应便于在飞行中复位。

(e) 重要负载电路应具有单独的电路保护。

(f) 如果采用熔断器，则应提供备用熔断器供飞行中使用，其数量至少应为保护整个电路所需的每种规格熔断器数量的 50%。

**CAR7-5 修正案。**

1962 年，CAB 在题为《首次适航审查的其他修正》的 CAR7 第 5 次修正案中，对 CAR7. 624(d) 进行修订，修订后的 CAR7. 624(d) 要求如下：如果飞行安全要求必须有使其一断路器复位或更换某一熔断器的能力，则这种断路器或熔断器的位置和标识应使其在飞行中易被复位或更换。

原 CAR7. 624(d) 中提到的“重要负载电路”中的一些确实对飞行安全至关重要，其发生故障将影响旋翼航空器的继续安全飞行和着陆。但其他的“重要负载电路”发生故障则不会影响飞行安全。本次修正案剔除了那些对飞行安全不是至关重要的负载电路的“保护装置或控制装置应便于在飞行中复位”的限制性要求。断路器或熔断器是对飞行安全至关重要的负载电路的电气保护或控制装置，断路器的复位或熔断器的更换能力对飞行安全更是至关重要，因此其在机上的位置应易于复位或更换。

**FAR29 修正案 0。**

(Ⅰ) FAA 于 1961 年、1964 年先后发布 NPRM61-25 及 NPRM64-30（1964 年 5 月 28 日），提出了依据现有 CAR7 重新编排制定 FAR29 的建议。在 NPRM64-30 中，FAA 建议将 CAR7. 624 重新修订为针对电气保护的 FAR29. 711。

(Ⅱ) FAA 在 Final rule 5084（1964 年 12 月 3 日）中正式发布了 FAR29 修正案 0 (Original Version)（1965 年 2 月 1 日），在此修正案中，FAA 根据收到的反馈意见，对 NPRM64-30 建议的 FAR29. 711 进行进一步修订。修订后的条款被重新编号为 FAR29. 1357，条款名称更改为“电路保护装置”，其条款要求如下。

FAR29. 1357“电路保护装置”：

(a) 必须采用自动保护装置，在线路发生故障或在系统或所连接的设备发生严重失灵时，最大限度地减小对电气系统的损坏和对旋翼航空器的危害。

(b) 对于 A 类旋翼航空器，在发电系统中必须有自动断电和将产生危险过压的任意电源与主汇流条断开的措施。

(c) 每个可复位型电路保护装置的设计，必须在发生过载或电路故障时，无论其操作机构的位置如何，均能断开电路。

(d) 如果飞行安全要求必须有使其一断路器复位或更换某一熔断器的能力，则这种装置的位置和标识必须使其在飞行中易被复位或更换。

(e) 每个重要负载电路必须具有单独的电路保护。

(f) 如果采用熔断器，则必须有备用熔断器供飞行中使用。其数量至少应为保护整个电路所需的每种规格熔断器数量的 50%。

此次修订仅仅是简化和澄清了原规章的法规用语（修订前后的条款变化可参见表 9-19），并统一了规章格式，没有对原适航要求进行具体的实质性更改，其安全要求和技术内涵与原有 CAR7 规章完全一致。

表 9-19　修订前、后的法规词汇或短语更改对比

| 序号 | CAR7. 624 | | FAR29. 1357 修正案 0 | |
|---|---|---|---|---|
| | 条款名称 | Electrical protection | 条款名称 | Circuit protective devices |
| 1 | 条款号 | 词汇或句子 | 条款号 | 修订后的词汇或句子 |
| 2 | (a)～(f) | shall | (a)/(b) | must |
| 3 | (a) | be provided | (a) | be used |
| 4 | | malfunctioning | | malfunction |
| 5 | (b) | category A | (b) | For category A rotorcraft |
| 6 | | which develops hazardous overvoltage | | developing hazardous overvoltage |
| 7 | | means shall be provided | | there must be means |
| 8 | (c) | All resettable type circuit protective devices | (c) | Each resettable circuit protective devices |
| 9 | | irrespective of | | regardless of |
| 10 | (c)/(d) | so…that | (c)/(d) | so that |
| 11 | (d) | that circuit breaker or fuse | (d) | that device |
| 12 | (e) | Circuits for essential loads | (e) | Each circuit for essential loads |
| 13 | (f) | there shall be provided spare fuses | (f) | there must be spare fuses |

**FAR29-24 修正案。**

FAA 于 1982 年 4 月 29 日发布 NPRM82-12（1982 年 8 月 26 日），建议对 29. 1357(b)～(e)进行修订，并增加了新的（g）款，其建议修订后的条款要求如下。

FAR29. 1357　电路保护装置

……

(b) 发电系统中保护和控制装置的设计，必须能足够迅速地断电，并将故障电源和输电设备与其相关联的汇流条断开，防止出现危险的过压或其他故障。

……

(d) 如果飞行安全要求必须有使其一断路器复位或更换某一熔断器的能力，则这种断路器或熔断器的位置和标识必须使其在飞行中易被复位或更换。

(e) 每个重要负载必须具有单独的电路保护，但不要求重要负载系统中的每个电路（如系统中的每个航行灯电路）都有单独的保护。

……

(g) 如果对于设备的供电电缆已有电路保护，则可采用自动复位断路器作为该电气设备自身装有的保护器。

建议的新 29. 1357(b) 删除了“对于 A 类旋翼航空器”，使本款的要求由仅针对 A 类旋翼航空器更改为针对所有旋翼航空器，不仅要求 B 类旋翼航空器具有原 A 类旋翼航空器所要求的过电压保护，而且应包括其他故障的保护。原（b）款仅要求“A 类旋翼航空器”的发电系统必须配备能“自动”将“产生危险的过压的电源”与“主电源汇流条”断开的“装置”，其要求对电源实施过压保护；建议的新（b）款明确要求“所有旋翼航空器”的发电系统必须配备能“快速地”将“故障电源和输电设备”与“其相关的汇流条”断开的“保护和控制装置”，以防止危险的过电压和其他故障，其要求对电源和输电设备实施过压和其他故障的保护。

建议的新 29. 1357(d) 将“装置”改为“断路器或熔断器”，其更改更明确地阐明了本款规章的意图。

为了清晰起见，本提案略微修改了一下 29. 1357(e) 的措辞，将必须配备“单独的电路保护”的对象由“每个重要负载电路”改为“每个重要负载”，并纳入了第 25. 1357(e) 后部分“但不要求重要负载系统中的每个电路（如系统中的每个航行灯电路）都有单独的保护”的要求。

新增的 29. 1357(g) 以法规形式重述了多年来使用自动复位断路器的政策，明确说明了在什么情况下自动复位断路器可以使用。

FAA 于 1984 年 8 月 14 日的 Final rule 23266（1984 年 11 月 6 日）中颁布了第 29-24 修正案，在此修正案中，FAA 采纳了 NPRM82-12 提出的以上对 FAR29. 1357 修订建议。经第 29-24 修订后的 FAR29. 1357 条款原文见 9. 2. 6. 1. 2。

9. 2. 6. 2. 2　EASA 相关修正案及背景说明

CS29. 1357 相关的修正案情况如表 9-20 所示。经对修正案涉及的 ED Decision 2003/16/RM 进行分析，情况如下。

表 9-20　CS29. 1357 相关的修正案情况

| 条款号 | 标题名称 | 修正案 | 生效时间 | 与 CCAR29 等效版本 |
| --- | --- | --- | --- | --- |
| 29. 1357 | Circuit protective devices | Initial issue | 2003. 11. 14 | R2 |

CS29 初版：按照欧盟规章第 15922002 号（基本法规）(2002 年 9 月 27 日生效) 的要求，2003 年 11 月，EASA（于 2002 年 6 月成立，接替 JAA 开展相关工作）基于欧洲联合航空规章 JAR-29 第 3 次修正案（2002 年 4 月 1 日）在 ED Decision 2003/16/RM 中正式颁布了 CS29/Initial issue（2003 年 11 月 14 日），根据需要，已对这些条款做了修改，以确保与欧洲共同体法律和欧洲联盟政策保持一致。CS29/Initial issue 中的 CS29. 1357 原文见 9. 2. 6. 1. 3。

9. 2. 6. 2. 3　规章差异分析

(a) FAR29 第 24 次修正案与 CS29 初版规章差异。

现行有效的 FAR29. 1357 是经 FAR29 第 24 次修正案修订后的条款要求，而现行有效的 CS29. 1357 仍为 CS29 初版颁布时的条款要求，一直沿用至今，两者条款内容基本一致，无差异。

(b) CCAR-29-R2 与 FAR29 第 24 次修正案规章差异。

现行有效的 CCAR29. 1357(c)(e)与第 24 次修正案相应的 FAR29. 1357(c)(e)不相符，具体情况如下。

CCAR29. 1357(c) 要求：“每个可复位型电路保护装置的设计，必须在发生过载或电路故障时，无论其操作位置如何，均能断开电路”。而 FAR29. 1357(c) 要求：“每个可复位型电路保护装置的设计，必须在发生过载或电路故障时，无论其操作机构的位置如何，均能断开电路。”

CCAR29. 1357(e) 针对的是每个重要负载电路，而 FAR29. 1357(e) 针对的是每个重要负载；

除此之外，CCAR29. 1357 与 FAR29. 1357 要求一致。

### 9.2.6.3　条款的发展方向

将 CCAR29. 1357(a)“必须采用自动保护装置，在线路发生故障或在系统或所连接的设备发生严重失灵时，最大限度地减小对电气系统的损坏和对旋翼航空器的危险”中的“危险”改为“危害”更为恰当。

为阐明本条款的真正意图，可考虑参照 FAR29. 1357 及 CS29. 1357（c）（e）的原文，将 CCAR29. 1357（c）（e）进行以下修订：

将 CCAR29. 1357（c）“每个可复位型电路保护装置的设计，必须在发生过载或电路故障时，无论其操作位置如何，均能断开电路”中的“操作位置”改为“操作机构的位置”；

将 CCAR29. 1357（e）“每个重要负载电路必须具有单独的电路保护，但不要求重要负载系统中的每个电路（如系统中的每个航行灯电路）都有单独的保护”中的“每个重要负载电路”改为“每个重要负载”。

## 9.2.7 EH. 1359 电气系统防火和防烟

### 9.2.7.1 条款原文

9. 2. 7. 1. 1 CCAR29. 1359 电气系统防火和防烟

（a）电气系统的部件必须满足 29. 831 条和 29. 863 条中有关的防火和防烟要求。

（b）装在指定火区之内供应急程序使用的电缆、接线端以及设备必须至少是耐火的。

（c）旋翼航空器上安装的导线和电缆的绝缘材料，在按中国民用航空规章第 25 部分附件 F 第 I 部分（a)(Ⅲ）试验时必须是自熄的。

9. 2. 7. 1. 2 FAR29. 1359 Electrical system fire and smoke protection（Amendment 29-55）

（a）Components of the electrical system must meet the applicable fire and smoke protection provisions of Secs. 29. 831 and 29. 863.

（b）Electrical cables，terminals，and equipment，in designated fire zones，and that are used in emergency procedures，must be at least fire resistant.

（c）Insulation on electrical wire and cable installed in the rotorcraft must be self-extinguishing when tested in accordance with Appendix F，Part I（a)(Ⅲ)，of part 25 of this chapter.

9. 2. 7. 1. 3 CS 29. 1359 Electrical system fire and smoke protection（Amendment 8）

（a）Components of the electrical system must meet the applicable fire and smoke protection provisions of CS 29. 831 and 29. 863.

（b）Electrical cables，terminals，and equipment，in designated fire zones，and that are used in emergency procedures，must be at least fire resistant.

（c）Insulation on electrical wire and cable installed in the rotorcraft must be self-extinguishing when tested in accordance with CS25，Appendix F，Part I（a)(Ⅲ）.

### 9.2.7.2 条款背景和历史沿革分析

9. 2. 7. 2. 1 FAA 相关修正案及背景说明

FAR29. 1359 相关的修正案情况如表 9-21 所示。经对修正案涉及的 NPRM 和 Final Rule 进行分析，情况如下。

表 9-21 FAR29. 1359 相关的修正案情况

| 序号 | 条款号 | 标题名称 | 修正案 | 生效时间 | 与 CCAR29 等效版本 |
|---|---|---|---|---|---|
| 1 | 29. 1359 | Electrical system fire and smoke protection. | Original | 1965. 2. 1 | R0 |
| 2 | 29. 1359 | Electrical system fire and smoke protection. | 29-42 | 1998. 9. 8 | R1/R2 |

**CAR7。**

1956 年，美国民用航空委员会（Civil Aeronautics Board，CAB）创建了民用航空规章 CAR7 部，用于运输类旋翼机适航审定，其中的 CAR7. 626 提出了针对电气系统防火和防烟的要求，其条款要求如下。

> CAR7. 626“电气系统防火和防烟”：
>
> 电气系统的所有部件的设计和安装都应符合 CAR7. 358(c) 和 CAR7. 385 的相关防火和防烟要求。在应急程序中所必需的、位于指定火区之内的所有电缆、接线端以及设备都应是耐火的。

**FAR29 修正案 0。**

FAA 于 1961 年、1964 年先后发布 NPRM61-25 及 NPRM64-30（1964 年 5 月 28 日），提出了依据现有 CAR7 重新编排制定 FAR29 的建议。在 NPRM64 -30 中，FAA 建议将 CAR7. 626 重新修订为针对电气系统防火和防烟的 FAR29. 715。

FAA 在 Final rule 5084（1964 年 12 月 3 日）中正式发布了 FAR29 修正案 0（Original Version)(1965 年 2 月 1 日)，在此修正案中，FAA 根据收到的反馈意见，对 NPRM64-30 建议的 FAR29. 715 条进行进一步修订，修订后的条款被重新编号为 FAR29. 1359。另外，在此修正案中，CAR7. 626 涉及的 CAR7. 358 被重新编排修订为针对通风的 FAR29. 831，CAR7. 385 被重新编排修订为针对易燃液体防火的 FAR29. 863。本次修订后的 FAR29. 1359 要求如下。

> FAR29. 1359“电气系统防火和防烟”：
>
> (a) 电气系统的部件必须满足 29. 831 条和 29. 863 条中相关的防火和防烟要求。
>
> (b) 装在指定火区之内供应急程序使用的电缆、接线端以及设备必须至少是耐火的。

对比 CAR7. 627 和 FAR29. 1363 修正案 0 可知：此次修订将 CAR7. 626 拆分为 FAR29. 1359(a)(b)，其中将 CAR7. 626 中对电气系统部件提出的总的防火和防烟要求指定为 FAR29. 1359(a)，将 CAR7. 626 中对指定火区及紧急程序中使用的电缆、接线端子及设备的防火要求添加最低标准的限定后指定为 FAR29. 1359(b)。

此次修订仅仅是简化和澄清了原规章的法规用语（表 9-22)，并统一了规章格式，对没有对原适航要求进行具体的实质性更改，其安全要求和技术内涵与原有 CAR7 规章完全一致。

表 9-22 修订前、后的法规词汇或短语更改对比

| 序号 | CAR7. 626 | | FAR29. 1359 修正案 0 | |
|---|---|---|---|---|
| | 条款号 | 词汇或短语 | 条款号 | 修订后的词汇或短语 |
| 1 | — | shall…shall | (a)/(b) | must |
| 2 | | The design and installation of all components of the electrical system | (a) | components of the electrical system |
| 3 | | comply with | | meet |
| 4 | | the pertinent fire and smoke protection provisions of 7. 358 (c) and 7. 385 | (b) | the applicable fire and smoke protection provisions of Secs. 29. 831and29. 863 |
| 5 | | All electrical cables, terminals, and equipment | | electrical cables, terminals, and equipment |

续表

| 序号 | CAR7. 626 | | FAR29. 1359 修正案 0 | |
|---|---|---|---|---|
| | 条款号 | 词汇或短语 | 条款号 | 修订后的词汇或短语 |
| 6 | — | which are necessary in emergency procedures | (b) | that are used in emergency procedures |
| 7 | | which are located to designated fire zones | | in designated fire zones |
| 8 | | be fireresistant | | be at least fire resistant |

**FAR29-42 修正案。**

1997 年 5 月 30 日，FAA 发布了题为《其他旋翼航空器规章的协调》的 NPRM97-8（1997 年 6 月 9 日），其中对适用于运输类旋翼航空器电线燃烧试验要求的 29. 1351（d)（Ⅰ）（ⅲ）提出了管理性的变更，即将电线燃烧试验要求从 29. 1351(d)（Ⅰ)（ⅲ）移至新的 29. 1359(c）中，使其置于更适合的标题下，以便于管理；因电线燃烧试验要求引用的第 25. 1359(d）已通过第 25-72 修正案（55FR29756，1990 年 7 月 20 日）从 FAR25 中删除，所以新的 29. 1359(c）试验要求引用正确的参考文献——FAR25 规章附录 F，以上建议的更改与欧洲联合航空规章 JAR-29 相协调，其更改是管理性的，不改变当前的要求。

（Ⅱ）FAA 于 1998 年 8 月 7 日的 Final Rule 28929（1998 年 8 月 11 日）中颁布了第 29-42 修正案，在此修正案中，FAA 采纳了 NPRM 97-8 提出的新增 FAR29. 1359(c)，同时删除 29. 1351(d)（Ⅰ)（ⅲ）的建议，以保持与 JAR 的协调一致。新增的 FAR29. 1359(c）要求如下：

FAR29. 1359(c）旋翼航空器上安装的导线和电缆的绝缘材料，在按本规章第 25 部分附件 F 第一部分（a)(Ⅲ）试验时必须是自熄的。

本次修正案删除的 29. 1351(d)（Ⅰ)（ⅲ）内容如下：

FAR29. 1351(d)（Ⅰ)（ⅲ）电气系统接通部分的导线、电缆的绝缘材料及其他材料，在按 1977 年 9 月 1 日生效的 FAR25. 1359(d）试验时必须是自熄的。

对比以上的更改前后的两款，可看出试验要求针对对象由“电气系统接通部分的导线、电缆绝缘材料及其他材料”更改为“旋翼航空器上安装的导线和电缆的绝缘材料”，而且其中的“导线、电缆的绝缘材料”术语表达方式也进行了由“The electrical wire and cable insulation”到“Insulation on electrical wire and cable”标准化的更改。经第 29-42 修正案修订后的 FAR29. 1359 条款原文见 9. 2. 7. 1. 2。

9. 2. 7. 2. 2　EASA 相关修正案及背景说明

CS29. 1359 相关的修正案情况如表 9-23 所示。经对修正案涉及的 ED Decision 2003/16/RM 进行分析，情况如下。

表 9-23　CS29. 1359 相关的修正案情况

| 条款号 | 标题名称 | 修正案 | 生效时间 | 与 CCAR29 等效版本 |
|---|---|---|---|---|
| 29. 1359 | Electrical system fire and smoke protection | Initial issue | 2003. 11. 14 | R2 |

CS29 初版：按照欧盟规章第 15922002 号（基本法规）(2002 年 9 月 27 日生效）的要求，2003 年 11 月，EASA（于 2002 年 6 月成立，接替 JAA 开展相关工作）基于欧洲联合航空规章 JAR-29 第 3 修正案（2002 年 4 月 1 日）在 ED Decision 2003/16/RM 中正式颁布了

CS29/Initial issue（2003 年 11 月 14 日），根据需要，已对这些条款做了修改，以确保与欧洲共同体法律和欧洲联盟政策保持一致。CS29/Initial issue 中的 CS29. 1359 原文见 9. 2. 7. 1. 3。

9. 2. 7. 2. 3　规章差异分析

（a）FAR29 第 42 次修正案与 CS29 初版规章差异。

现行有效的 FAR29. 1359 是经 FAR 第 42 次修正案修订后的条款要求，此次修订是根据欧美规章一体化的要求，为便于管理，将电线燃烧试验要求从 FAR29. 1351 移至新的 FAR29. 1359(c) 款中。经第 42 次修订后，FAR29. 1359 的条款要求与 CS29. 1359 的内容基本上达成一致。

（b）CCAR-29-R2 与 FAR29 第 42 次修正案规章差异。

我国现行有效的 CCAR-29-R2 中的 29. 1359 条与 FAR 第 42 次修正案修订后的 29. 1359 条的内容基本一致。

## 9.2.8　EH. 1363 电气系统试验

### 9.2.8.1　条款原文

9. 2. 8. 1. 1　CCAR29. 1363 电气系统试验

（a）进行电气系统的试验室试验时：

（Ⅰ）该试验必须使用与旋翼航空器上所用相同的发电设备在实体模型上进行；

（Ⅱ）设备必须模拟配电线路和所接负载的电气特性，其模拟程度要能取得可靠的试验结果；

（Ⅲ）试验室发电机传动位置，必须模拟旋翼航空器上实际的原动机对发电机加载（包括由故障引起的加载）的反应。

（b）对于在试验室内或通过旋翼航空器地面试验不能适当模拟的每种飞行状态，必须进行飞行试验。

9. 2. 8. 1. 2　FAR29. 1363 Electrical system tests（Amendment 29-55）

（a）When laboratory tests ofthe electrical system are conducted：

（Ⅰ）The tests must be performed on a mock-up using the same generating equipment used in the rotorcraft；

（Ⅱ）The equipment must simulate the electrical characteristics of the distribution wiring and connected loads to the extent necessary for valid test results；and

（Ⅲ）Laboratory generator drives must simulate the prime movers on the rotorcraft with respect to their reaction to generator loading，including loading due to faults.

（b）For each flight condition that cannot be simulated adequately in the laboratory or by ground tests on the rotorcraft，flight tests must be made.

9. 2. 8. 1. 3　CS29. 1363 Electrical system tests（Amendment 8）

（a）When laboratory tests ofthe electrical system are conducted：

（Ⅰ）The tests must be performed on a mock-up using the same generating equipment used in the rotorcraft；

（Ⅱ）The equipment must simulate the electrical characteristics of the distribution wiring and connected loads to the extent necessary for valid test results；and

（Ⅲ）Laboratory generator drives must simulate the prime movers on the rotorcraft with respect to their reaction to generator loading，including loading due to faults.

(b) For each flight condition that cannot be simulated adequately in the laboratory or by ground tests on the rotorcraft, flight tests must be made.

### 9.2.8.2 条款背景和历史沿革分析

#### 9.2.8.2.1 FAA 相关修正案及背景说明

FAR29.1363 相关的修正案情况如表 9-24 所示。经对修正案涉及的 NPRM 和 Final Rule 进行分析，情况如下。

表 9-24 FAR29.1363 相关的修正案情况

| 条款号 | 标题名称 | 修正案 | 生效时间 | 与 CCAR29 等效版本 |
|---|---|---|---|---|
| 29.1363 | Electrical system tests | Original | 1965.2.1 | R0/R1/R2 |

**CAR7。**

1956 年，美国民用航空委员会（Civil Aeronautics Board，CAB）创建了民用航空规章 CAR7 部，用于运输类旋翼机适航审定。1962 年，CAB 在 CAR7 第 5 次修正案中新增了针对电气系统试验的 CAR7.627 条款，其条款要求如下。

> CAR7.627 “电气系统试验”：
>
> 进行电气系统的试验室试验时，试验应使用与旋翼航空器上相同的发电设备组在实体模型上进行。设备应模拟配电线路和所接负载的电气特性，其模拟程度要能取得有效的试验结果。试验室发电机驱动装置应模拟旋翼飞机上的实际原动机对发电机加载（包括由故障引起的加载）的反应。当在试验室内或通过原型旋翼航空器地面试验不能适当模拟飞行状态时，应进行飞行试验。

**FAR29 修正案 0。**

FAA 于 1961 年、1964 年先后发布 NPRM61-25 及 NPRMNo.64-30（1964 年 5 月 28 日），提出了依据现有 CAR7 重新编排制定 FAR29 的建议。在 NPRM64-30 中，FAA 建议将 CAR7.627 重新修订为针对电气系统试验的 FAR29.717。

FAA 于 1964 年 12 月 3 日在 Final rule 5084（1964 年 10 月 13 日）中正式发布了 FAR29 修正案 0（Original Version）(1965 年 2 月 1 日)，在此修正案中，FAA 根据收到的反馈意见，对 NPRM64-30 建议的 FAR29.717 进行进一步修订，修订后的条款被重新编号为 FAR29.1363（原文见 9.2.8.1.2 节），其条款要求如下。

> FAR29.1363 “电气系统试验”：
>
> (a) 进行电气系统的试验室试验时：
>
> (Ⅰ) 该试验必须使用与旋翼航空器上所用相同的发电设备在实体模型上进行；
>
> (Ⅱ) 设备必须模拟配电线路和所接负载的电气特性，其模拟程度要能取得有效的试验结果；
>
> (Ⅲ) 试验室发电机驱动装置，必须模拟旋翼航空器上原动机对发电机加载（包括由故障引起的加载）的反应。
>
> (b) 对于在试验室内或通过旋翼航空器地面试验不能适当模拟的每种飞行状态，必须进行飞行试验。

对比 CAR7.627 和 FAR29.1363 修正案 0 可知：此次修订将 CAR7.627 拆分为 FAR29.1363(a)(b)，其中将 CAR7.627 中对电气系统的试验室试验要求分别指定为 FAR(a)(Ⅰ)、(a)(Ⅱ)、(a)(Ⅲ) 款，将 CAR7.627 中对不能充分模拟的飞行状态必须进行飞行试验的要求指定为 FAR29. 1363(b)。

此次修订仅仅是简化和澄清了原规章的法规用语（表 9-25），并统一了规章格式，没有对原适航要求进行具体的实质性更改，其安全要求和技术内涵与原有 CAR7 规章完全一致。

表 9-25　修订前、后的法规词汇或短语更改对比

| 序号 | CAR7. 627 | | FAR29. 1363 修正案 0 | |
|---|---|---|---|---|
| | 条款号 | 词汇或短语 | 条款号 | 修订后的词汇或短语 |
| 1 | 7. 627 | shall…shall…shall…shall | (a)/(b) | must |
| 2 | | they | (a)(Ⅰ) | The tests |
| 3 | | utilizing the same generating equipment complement as in the rotorcraft | | using the same generating equipment used in the rotorcraft |
| 4 | | the actual prime movers | (a)(Ⅲ) | the prime movers |
| 5 | | When the conditions of flight | (b) | For each flight condition |
| 6 | | by ground tests on the prototype rotorcraft | | by ground tests on the rotorcraft |
| 7 | | be conducted | | be made |

9. 2. 8. 2. 2　EASA 相关修正案及背景说明

CS29. 1363 相关的修正案情况如表 9-26 所示。经对修正案涉及的 ED Decision 2003/16/RM 进行分析，情况如下。

表 9-26　CS29. 1363 相关的修正案情况

| 条款号 | 标题名称 | 修正案 | 生效时间 | 与 CCAR29 等效版本 |
|---|---|---|---|---|
| 29. 1359 | Electrical system tests | Initial issue | 2003. 11. 14 | R2 |

CS29 初版：按照欧盟规章第 15922002 号（基本法规）(2002 年 9 月 27 日生效）的要求，2003 年 11 月，EASA（于 2002 年 6 月成立，接替 JAA 开展相关工作）基于欧洲联合航空规章 JAR-29 第 3 次修正案（2002 年 4 月 1 日）在 ED Decision 2003/16/RM 中正式颁布了 CS29/Initial issue（2003 年 11 月 14 日），根据需要，已对这些条款做了修改，以确保与欧洲共同体法律和欧洲联盟政策保持一致。CS29/Initial issue 中的 CS29. 1363 原文见 9. 2. 8. 1. 3。

9. 2. 8. 2. 3　规章差异分析

(a) FAR29 初版与 CS29 初版规章差异。

现行有效的 FAR29. 1363 是 FAR29 初版颁布的条款要求，而现行有效的 CS29. 1363 也是 CS29 初版颁布的条款要求，两者的条款内容一致，自颁布后均一直沿用至今，无差异。

(b) CCAR-29-R2 与 FAR29 初版规章差异

(Ⅰ) CCAR29. 1363(a)(Ⅰ) 和 FAR29. 1363(a)(Ⅱ) 要求不一致。

现行有效的 CCAR29. 1363(a)(Ⅱ) 要求“设备必须模拟配电线路和所接负载的电气特性，其模拟程度要能取得可靠的试验结果”，而现行有效的 FAR29. 1363(a)(Ⅱ) 要求“设备必须模拟配电线路和所接负载的电气特性，其模拟程度要能取得有效的试验结果”，其中 CCAR29. 1363(a)(Ⅱ) 中的“可靠的试验结果”与 FAR29. 1357(a)(Ⅱ) 中的“有效的试验结果”不一致。

(Ⅱ) CCAR29. 1363(a)(Ⅱ) 和 FAR29. 1363(a)(Ⅲ) 要求不一致。

现行有效的 CCAR29. 1363(a)(Ⅲ) 要求：试验室发电机传动位置，必须模拟旋翼航空器上实际的原动机对发电机加载（包括由故障引起的加载）的反应。而现行有效的 FAR29. 1363(a)(Ⅲ) 要求：试验室发电机驱动装置，必须模拟旋翼航空器上实际的原动机对发电机加载（包括由故障引起的加载）的反应。CCAR29. 1363(a)(Ⅲ) 是对"试验室发电机传动位置"提出的要求，而 FAR29. 1363(a)(Ⅲ) 是对"试验室发电机驱动装置"提出的要求，在 CCAR29. 1363(a)(Ⅲ) 中表述的"传动位置"是错误的。

除上述差异之外，CCAR29. 1363 与 FAR29. 1363 内容一致。

#### 9.2.8.3 条款的发展方向

可考虑参照 FAR29. 1363(a)(Ⅱ)(Ⅲ) 款的原文，将 CCAR29. 1363(a)(Ⅱ)(Ⅲ) 进行以下修订：

将 CCAR29. 1363(a)(Ⅱ)"设备必须模拟配电线路和所接负载的电气特性，其模拟程度要能取得可靠的试验结果"中的"可靠的"改为"有效的"，以正确阐明本条款的意图；

将 CCAR29. 1363(a)(Ⅲ)"试验室发电机传动位置，必须模拟旋翼航空器上实际的原动机对发电机加载（包括由故障引起的加载）的反应"中的"发电机传动位置"改为"发电机驱动装置"，以正确阐明本条款的意图。

## 9.3 符合性验证思路

### 9.3.1 EH. 1316 电气和电子系统的闪电防护

旋翼航空器电子和电气系统对 29. 1316 条的符合性验证应遵循如下的一般步骤：

(a) 识别待评估的系统；

(b) 确定航空器闪电分区；

(c) 为每个分区建立闪电环境；

(d) 确定与系统相关的闪电瞬态环境；

(e) 建立设备瞬态设计电平（ETDL）和航空器实际瞬态电平（ATL）；

(f) 验证对要求的符合性；

(g) 在必要时采取纠正措施。

### 9.3.2 EH. 1317 高强度辐射场（HIRF）保护

根据 AC20-158A，旋翼航空器电子/电气系统对 29. 1317 条的符合性验证应遵循如下的一般步骤：

(a) 识别待评估的系统；

(b) 建立适用的航空器外部 HIRF 环境；

(c) 为所安装系统建立试验环境；

(d) 选择合适的 HIRF 符合性验证方法；

(e) 验证 HIRF 防护效果；

(f) 必要时采取纠正措施。

### 9.3.3 EH. 1351 总则

本条款可通过以下方法进行符合性验证：设计评审（MC1）、分析/计算（MC2）、安全评估（MC3）、试验室试验（MC4）、地面试验（MC5）、飞行试验（MC6）和设备鉴定（MC9）。

### 9.3.4 EH.1353 电气设备及安装

本条款设计评审（MC1）包括系统/设备设计方案、电气布线技术要求、设计图样等。

(a) 机上用电系统/设备设计方案。电气系统级及设备级设计方案应阐述清楚机上用电设备的供电要求，在电磁特性方面所参考的标准，自身的辐射和传导能力，以及在抗电磁干扰方面的考虑，从设计上保证电气系统及设备自身产生的电磁辐射不会产生危害，且具有一定的抗电磁干扰能力。

(b) 蓄电池设计方案。蓄电池的设计方案（原理）应阐述清楚以下方面。

(Ⅰ) 蓄电池的温度和压力的控制措施。

(Ⅱ) 用于启动发动机或辅助动力装置的镉镍蓄电池充电速率的自动控制功能，或温度感知和超温警告功能，或失效感知和警告功能。

(Ⅲ) 蓄电池的安装方式和安装位置应能够保证可能逸出的易爆或有害气体在机上积聚不会达到危险量；可能散发的热量和逸出的腐蚀性液体或气体不会对旋翼航空器的结构或其他系统产生影响。

(c) 电气布线技术要求。应描述清楚旋翼航空器电缆安装技术条件，指明机上电缆的组合、敷设、隔离、系扎、屏蔽保护、防护等规定，以保证重要电路的安全性。

(d) 设计安装图纸。

(Ⅰ) 设计安装图应对机上电缆的组合、敷设和相互间隔做出规定，以表明载有大电流的电缆与重要电路电缆在机上的布置满足要求。

(Ⅱ) 设计安装图给出的蓄电池的安装方式和安装位置，应能够满足本条款的以下要求：(ⅰ) 在任何可能的情况下，从蓄电池逸出的易爆或有害气体，在旋翼航空器内的积聚量不得达到危险程度；(ⅱ) 可能散发的热量和逸出的腐蚀性液体或气体不会对旋翼航空器的结构或其他系统产生影响。

本条款设计评审步骤如下。

(a) 根据整机电磁兼容技术要求及技术规范的测试项要求和 RTCA DO-160G 的具体要求，编制系统级或设备级电磁兼容试验大纲，对电气系统及设备进行试验室电磁兼容试验，并提供试验报告，以表明其抗干扰能力满足大纲的要求。

(b) 按照电缆在机上实际的组合、敷设及与其他电缆间隔的布置要求，编制电缆试验大纲，对机上载有大电流的电缆的载流能力进行测试，并提供试验报告，表明电缆载有大电流故障情况下产生的危害应在评估范围内，不会对飞行安全产生影响。

(c) 对蓄电池进行以下几项试验：

(ⅰ) 测试蓄电池充、放电状态下的温度、压力变化情况，以确定其温度和压力控制措施的有效性；

(ⅱ) 完全放电之后，以调定的最大电压或功率充电以及在最不利的冷却条件下充电时，测试蓄电池的温度和压力变化，要求不能有不可控制的升高。

(ⅲ) 对镍镉蓄电池配备的充电速率自动控制系统或温度敏感和超温警告系统或失效敏感和警告系统进行测试，以确定其系统功能的有效性。

(ⅳ) 对充电系统或蓄电池装置进行可能的故障试验（包括镍镉电池的短路试验），对蓄电池释放的热量、逸出的气体/液体的成分进行检测，并评估影响，以表明其满足要求。

(d) 依据整机电磁兼容技术要求，编制机上地面电磁兼容试验大纲，测试机上用电设备交连之后互相之间的兼容性，并提供试验报告，表明电气设备、控制装置和线路的工作不会对安全运行必不可少的任何其他电气部件或系统的同时工作产生不利影响。

（Ⅰ）依据整机电磁兼容技术要求，编制电磁兼容性检查试验大纲，检测飞行过程中各用电设备的兼容性情况，以表明其符合性。

（Ⅱ）在飞行过程中，对机上蓄电池进行以下几项试验：

（ⅰ）在蓄电池供电情况下，检测单体蓄电池的温度和压力，其变化应在可控范围内；

（ⅱ）在“最长持续飞行期间”对蓄电池充电，检测单体蓄电池的温度，要求不能有不可控制的升高；

（ⅲ）蓄电池相关告警信号的可识别性。

(e) 编制航空器电缆检查大纲，组织设计、工艺、DMIR 三方进行机上布线检查，重点针对大电流电缆（动力电缆等）、重要电路电缆的组合、防护及与其他电缆的隔离、间隔情况，确保重要电路在面对大电流电缆故障时，损害较小。

(f) 通过设备合格性证明文件，表明机上电气设备、蓄电池已经过局方批准。以下以蓄电池为例进行说明。

由供应商按下列条件之一提供蓄电池的合格性证明文件。

（Ⅰ）对于取得 CTSOA 的设备，由供应商提供 CTSOA 证书复印件。

（Ⅱ）对于 TSO 设备，由供应商提供 VDA 证书复印件；对于 ETSOA 设备，由供应商提供 ETSOA 复印件。

（Ⅲ）对于随航空器合格审定一起批准的蓄电池，由供应商提供相关的技术规范、试验大纲和报告等技术文件，以证明蓄电池的温度和压力控制，可能散发的热量，逸出的易爆/有害气体、腐蚀性液体/气体，充电速率的控制，超温/失效告警等均满足本条款的要求。其中在蓄电池技术规范中，要求其满足 CTSO-C173a《镍镉、镍氢、铅酸蓄电池组》或 TSO-C173《镍镉和铅酸电池》的要求。

### 9.3.5 EH. 1355 配电系统

(a) 通过电源系统说明性文件对配电系统的设计方案进行说明，阐明旋翼航空器配电系统的组成，一般包括汇流条、电路保护装置（断路器、熔断器）、控制装置（配电控制盒等）、馈电线等，不同构型会有所差异。对配电系统原理进行说明，阐明要求双独立电源供电的重要设备所连接的汇流条及供电转换逻辑，以表明一旦双独立电源中的一个失效，通过自动或手动转换装置的供电转换，由另一个可用电源向该汇流条连接的设备或系统供电，以维持其正常工作。

(b) 通过电气系统设计图来表明航空器电源的独立性，以及要求双独立电源供电的设备所连接的汇流条及供电转换逻辑。

进行电气系统安全评估，包括对配电系统的分析，表明各种故障模式下的电源独立性和配电系统独立性。

对于配电系统电源转换功能的符合性，可选择试验室台架试验验证，也可以选择通过机上地面试验或飞行试验验证。当采用试验室台架试验验证时，受试电源及其配电系统在台架上的布置应能代表其在旋翼航空器上的实际安装，其各部件（型号、规格）及其布线（型号、规格和长度）都与机上实际安装一致。在每一种试验中，通过模拟任意电源故障，验证双独立电源中的一个因故断电后，电源系统可以自动或手动进行电源切换，由剩余可用电源向与重要设备连接的汇流条供电。

## 9.3.6 EH. 1357 电路保护装置

(a) 用电气系统设计方案（说明）、设计图纸等详细描述：

(Ⅰ) 旋翼航空器各电路采用的自动保护装置如断路器或熔断器，特别是重要负载都有独立的保护措施（包括设备内部的自动复位断路器，其不能替代对设备电缆的保护），不存在共用保护装置的现象；各电路选装的断路器或熔断器的容量的选择满足其电路负载情况和功率大小。

(Ⅱ) 发电机系统采用的保护和控制保护装置及其原理，当某个主电源系统发生过压、欠压、短路等故障时，其发电机控制器能够自动控制断开该主电源接触器，将故障系统自动且迅速隔离。

(Ⅲ) 在电气系统保护装置面板（例如断路器板或断路器盒）上标明其用途和“通”“断”状态。

(Ⅳ) 旋翼航空器各电路保护装置的安装位置，表明其可达性。

(b) 通过电气系统试验室或机上、地面模拟各种故障，包括发电机相关的故障，表明：

(Ⅰ) 发电系统的保护装置可以在发电机发生故障时能迅速地将故障发电机及其输电设备与其相关的汇流条断开，将故障自动隔离；

(Ⅱ) 每个可复位型电路保护装置，当电路发生过载或电路故障时，无论其操作位置如何，均能断开电路。

(c) 通过试飞机组的评估，对于要求必须复位的断路器和可更换的熔断器，考核其是否容易在飞行中被复位或者更换，主要判断以下内容：

(Ⅰ) 保护装置的标示是否清楚、无歧义；

(Ⅱ) 保护装置的布置是否可达，便于复位操作或更换；

(Ⅲ) 如果采用了熔断器，是否有足够的备用件。

供应商提供的设备或器件的符合性资料。

## 9.3.7 EH. 1359 电气系统防火和防烟

以符合性说明和电气部件布置图、电缆敷设图等文件表明：

(a) 电气系统所有部件、电线和电缆布置区域及安装方式满足第 29. 831 条和第 23. 863 条有关防火和防烟要求；

(b) 指定火区内供应急程序使用的所有设备、电缆、接线端的布置和安装满足本条款耐火要求；

(c) 对可能逸出可燃液体的区域进行安全性分析，分析电气故障、设备过热和防护装置失效对可燃液体造成的影响，以表明电气系统部件满足 29. 863 条有关可燃液体的防火要求。

供应商提供：

(a) 电气系统所有部件满足本条款防火和防烟要求的合格证明文件；

(b) 指定火区供应急程序使用的所有设备、电缆和接线端满足本条款耐火性要求的合格证明材料；

(c) 航空器所有导线和电缆绝缘层满足本条款自熄性要求的合格证明材料。

### 9.3.8 EH. 1363 电气系统试验

(a) 为符合 29. 1363(a) 要求，对在试验室进行的电气系统试验具体要求如下：

(Ⅰ) 试验发电机应与旋翼航空器实际安装的发电机相同；

(Ⅱ) 受试设备应尽可能地使用和旋翼航空器相同的布置，如果用负载箱替代，负载箱的电气特性应尽可能地与被替代设备特性相同；

(Ⅲ) 试验的配电线路，包括导线的规格、型号及长度应和旋翼航空器上一致，电缆捆扎和接地方式也应尽可能地一致；

(Ⅳ) 试验室驱动装置对发电机的驱动方式应与旋翼航空器一致。

(b) 通过试验室试验，对试验室发电机驱动装置相关特性进行测试，获得相应的数据。

通过机上地面试验，对机上发电机实际的驱动装置相关特性进行测试，获得的试验数据与试验室发电机驱动装置特性试验数据进行比较，其差值应在适航当局可接受的相关试验标准的允许范围内，以验证试验室发电机传动装置已充分模拟了旋翼航空器上发电机实际的驱动装置对发电机加载的反应。

对于必须在飞行状态下验证的电气系统试验项目，如电源系统供电功能试飞试验、发电机冷却试飞试验等，应按照经适航部门批准的飞行试验大纲进行飞行试验来验证，并完成飞行试验报告，以表明在飞行状态下电气系统相关功能正常。

## 9.4 条款解析

### 9.4.1 EH. 1316 电气和电子系统的闪电防护

#### 9.4.1.1 条款安全意图和实质要求分析

##### 9.4.1.1.1 条款安全意图

29. 1316 条的安全意图是保护旋翼飞机电子和电气系统免受闪电的不利影响。

##### 9.4.1.1.2 条款实质要求

29. 1316 条的实质要求可以描述如下。

(a)(Ⅰ) 和 (a)(Ⅱ) 款是对经系统安全评估确定为 A 级电子和电气系统的要求，要求申请人表明：A 级电子和电气系统在旋翼航空器暴露于闪电环境期间和暴露以后，其功能不会受到不利影响；并且暴露于闪电之后，受影响的系统及时地自动恢复其功能的正常运行。

(b) 款是对经安全评估确定为 B、C 级电子和电气系统的要求，要求申请人表明：B、C 级电子和电气系统在旋翼航空器暴露于闪电环境之后，其受影响的功能及时地恢复正常运行。

##### 9.4.1.1.3 条款关键点分析

本条款根据其提供的电子和电气系统两个等级的功能失效的后果建立了两个相应等级的闪电防护性能标准。

29. 1316(a) 针对的电子和电气系统是其功能失效会产生“妨碍旋翼航空器继续安全飞行和着陆的灾难性后果”的 A 级系统，其相应的闪电防护标准如下。

旋翼航空器在暴露于闪电环境期间和暴露以后，其功能不能受到闪电的有害影响；并且暴露于闪电之后，系统及时地自动恢复其功能的正常运行。

本标准要求申请人证明：旋翼航空器在暴露于闪电环境期间和暴露以后，A 级系统执行的功能不会受到闪电的有害影响；A级系统本身可能会受到有害影响，最好的结果是系统没有受到影响；但是万一A级系统受到闪电的有害影响，那就要求暴露于闪电之后，受影响的A级系统能及时地自动恢复其功能的正常运行，必须要“自动”恢复，“手动”恢复则不满足要求。

为了保证暴露于闪电环境期间和暴露以后，功能不会受到有害影响，应采用有效的设计方法，如冗余设计，即增加备份系统执行此功能，这样当主系统执行的功能受到影响不能正常运行时，同样的功能由备用系统来完成。本标准中的“功能”仅限于系统那些失效会妨碍旋翼航空器继续安全飞行和着陆的功能。

29. 1316(b) 针对的电子和电气系统是其功能失效会产生“降低旋翼航空器或飞行机组应对不利运行条件能力的危险或重大后果”的B级或C级系统，其相应的闪电防护标准为：旋翼航空器在暴露于闪电环境之后，功能及时地恢复正常运行。

很明显，29. 1316(b) 的要求没有 29. 1316(a) 的要求严，在暴露于闪电环境之后，B或C级系统执行的功能可能受到闪电的有害影响，最好的结果是功能没有受到影响，但是万一B或C级系统执行的功能受到闪电的有害影响，那就要求暴露于闪电之后，受影响的功能及时地恢复正常运行，但不要求一定要“自动”恢复，无论是“自动”还是“手动”，只要及时地恢复就满足要求。本标准中的“功能”仅限于系统那些失效会降低旋翼航空器或飞行机组应对不利运行条件能力的功能。

#### 9.4.1.2 专用术语

(a) 闪电。指总闪电活动。它可能发生在云中、云之间，或云与地面之间。它可以包括一个或多个回程，加上中间或持续的电流。

(b) 持续安全飞行和着陆。对于旋翼航空器，必须持续应对不利运行条件，飞行员必须能够在合适的地点安全着陆。

(c) 系统。一个系统可以包括设备、组件、部件、线束、软件和固件。电气和电子系统是指为执行一项或多项功能而安装在飞机上的电气和电子设备、相关软件和互连导线。

(d) 功能。系统、设备和机组人员在飞机上的表现的具体行为，其本身就提供了完全可识别的运行能力。例如，“为驾驶员显示飞机航向”就是一个功能。一个或多个系统可以执行一个特定的功能，或者一个系统可以执行多个功能。

(e) 不利影响。导致系统失效、故障或误导信息达到系统闪电防护规章中要求的特定飞机功能或系统不可接受程度的闪电影响称为“不利影响”。

(f) 及时地。“及时地”的含义取决于被评估系统所执行的功能、特定的系统设计、该系统与其他系统之间的交互以及系统与机组人员之间的交互。必须为每个特定的系统和系统执行的特定功能定义“及时地”。适用的定义应包括在合格审定计划中，供合格审定机构审查和批准。

### 9.4.2 EH. 1317 高强度辐射场（HIRF）保护

#### 9.4.2.1 条款安全意图和实质要求分析

##### 9. 4. 2. 1. 1 条款安全意图

29. 1317 条的安全意图是保护旋翼航空器电气和电子系统免受高强度辐射场（HIRF）的不利影响。

##### 9. 4. 2. 1. 2 条款实质要求

29. 1317 条是专门针对旋翼航空器电子和电气系统的 HIRF 防护要求。

其中 29. 1317(a) 对三种 HIRF 环境（即 HIRFⅠ、HIRFⅡ、HIRFⅢ）下的 A 级系统提出了不同要求。29. 1317 (a)(Ⅰ)、(a)(Ⅱ) 款要求旋翼航空器在 HIRF 环境Ⅰ下和暴露之后，其功能不会受到不利影响；并且暴露之后，受影响的系统及时地自动恢复其功能的正常运行，但当系统这种功能恢复与系统的其他运行或功能要求相冲突时，则不要求其恢复。

29. 1317(a)(Ⅲ) 要求旋翼航空器在 HIRF 环境Ⅱ下和暴露之后，其系统不会受到不利影响。

29. 1317(a)(Ⅳ) 要求旋翼航空器在 HIRF 环境Ⅱ下和暴露之后，其在 VFR 下的功能不会受到不利影响。

29. 1317(b) 是对 B 级系统的 HIRF 防护要求。要求当 B 级系统暴露于附件 E 所描述的设备 HIRF 试验电平 1 或 2 时，系统不会受到不利影响。

29. 1317(c) 是对 C 级系统的 HIRF 防护要求。要求当 C 级系统暴露于附件 E 所描述的设备 HIRF 试验电平 3 时，系统不会受到不利影响。

9.4.2.1.3 条款关键点分析

本条款根据其提供的电子和电气系统三个等级功能失效的后果建立了三个相应等级的 HIRF 防护性能标准。

29. 1317(a) 针对的电子和电气系统是其功能失效会产生“妨碍旋翼航空器继续安全飞行和着陆的灾难性后果”的 A 级系统，其相应的 HIRF 防护标准如下。

（Ⅰ）对于申请在目视飞行规则（VFR）下飞行的旋翼航空器，必须要经受 HIRF 环境Ⅲ的考验，在暴露于此级别 HIRF 环境期间和暴露之后，其飞行所需的功能不能受到其有害影响。

因为在目视飞行规则（VFR）下运行的旋翼航空器不必遵守 91. 119 条中规定的航空器相同最低安全高度限制。因此可以更靠近 RF 发射机工作，相应地受到的辐射会更严重。

而在仪表飞行规则（IFR）下运行的旋翼航空器通常必须遵守更严格的高度限制，因此，当旋翼航空器暴露于 HIRF 环境Ⅰ和Ⅱ时，不得对具有 IFR 运行所需功能的电气和电子系统造成不利影响。

（Ⅱ）对于申请在 IFR 下全域飞行的旋翼航空器，必须要经受 HIRF 环境Ⅰ级的考验，在暴露于此级别 HIRF 环境期间和暴露之后，其功能不能受到有害影响；并且暴露之后，受此级别 HIRF 环境影响的 A 级系统能自动及时地恢复其功能的正常运行，但当系统这种功能自动恢复与系统的其他运行或功能要求相冲突时，则不要求其功能自动恢复。

本标准可以解释为：在暴露于 HIRF 环境Ⅰ级期间和暴露之后，A 级系统执行的功能不能受到有害影响；A 级系统本身可能会受到有害影响，最好的结果是系统没有受到影响；但是万一 A 级系统受到闪电的有害影响，那就要求暴露之后，受此级别 HIRF 环境影响的 A 级系统能自动及时地恢复其功能的正常运行；必须要“自动”恢复，“手动”恢复则不满足要求；但当系统这种功能自动恢复与系统的其他运行或功能要求相冲突时，则不要求其自动恢复。

为了满足（Ⅰ）和（Ⅱ）中的“在暴露期间和之后，功能不会受到有害影响”，可采取有效的设计方法，如冗余设计，增加执行此功能的备用系统，只有当主系统执行的功能受到 HIRF 环境影响不能正常运行时，同样的功能由备用系统来完成，才能避免发生宕机事件。

（Ⅲ）对于申请在 IFR 下仅在机场附近空域内飞行的旋翼航空器，必须要经受 HIRF 环境Ⅱ的考验，在暴露于此级别 HIRF 环境期间和暴露之后，系统不能受到其有害影响。

29. 1317(b) 针对的电子和电气系统是其功能失效会产生“严重降低旋翼航空器或飞行

机组应对不利运行条件能力的危险后果”的B级系统，其相应的HIRF防护标准为：提供这些功能的设备必须要经受设备HIRF试验电平1或2级环境的考验，在暴露于此级别HIRF环境时，系统不会受到其有害影响。

29.1317(c) 针对的电子和电气系统是其功能失效会产生“降低旋翼航空器或飞行机组应对不利运行条件能力的重大后果”的C级系统，其相应的HIRF防护标准为：提供这些功能的设备必须要经受设备HIRF试验电平3级环境的考验，在暴露于此级别HIRF环境时，系统不会受到其有害影响。

29.1317(b)(c) 中的“设备HIRF试验电平”是HIRF环境Ⅱ经航空器衰减降低后的RF环境。

#### 9.4.2.2 专用术语

(a) 高强辐射场（HIRF）环境。由高功率射频能量向自由空间发射而产生的电磁环境。

(b) 不利影响。HIRF效应，导致系统失效、故障或误导性信息达到HIRF规章中规定的特定航空器功能或系统无法接受的程度。在确定系统或功能是否受到不利影响时，应考虑HIRF效应对整个航空器及其运行的影响。

(c) 自动恢复。无须飞行员的动作即可恢复正常运行。

(d) 继续安全飞行和着陆。在适当的位置继续控制飞行和着陆的能力，可能使用紧急程序，但不需要特殊的飞行员技能或力量。一些航空器损坏可能与飞行或着陆时的故障状况有关。

(e) 正常运行。系统执行其预定功能的状态。

### 9.4.3 EH.1351总则

#### 9.4.3.1 条款安全意图和实质要求分析

##### 9.4.3.1.1 条款安全意图

29.1351条对旋翼航空器电气系统和设备提出了总体要求，保证其在正常和失效条件下安全地运行。

##### 9.4.3.1.2 条款实质要求

本条是电气系统和设备的总则性条款，它对电气系统容量、发电系统、外部电源和无正常电源时运行的适航要求做出了具体规定。

(a) 电源容量、数量和种类应根据电气负载分析的结果确定，同时必须满足29.1309条的要求。

(b) 发电系统。

(Ⅰ) 一台发电机单独工作或至少两台发电机并联运行时均能向机上负载正常供电，当其中任何发电机发生故障时，剩余运行的发电机能够继续向重要负载供电。

(Ⅱ) 任何可能的运行条件下，都应将重要负载设备端的系统电压和频率限制在该设备的设计范围内。

(Ⅲ) 因切换、清除故障或其他原因而引起的系统瞬变不会导致重要负载不工作，也不会引起冒烟或着火的危险。

(Ⅳ) 应备有在飞行中机组成员在其正常的乘坐位置可以触及的设施，以将各电源与主汇流条单独断开或一起断开。

(Ⅴ) 应备有向机组成员指示发电系统安全运行所必需的系统参量的措施。

(c) 外部电源。要求备有的外部电源连接设施应提供防止反极性或逆相序的外部电源接入旋翼航空器的电气系统为其供电的保证措施。

(d) 无正常电源的运行。

(Ⅰ) 要求所有旋翼航空器在正常电源系统不工作时仍能按 VFR 连续安全运行至少 5 分钟。为此应提供从机械和电气上与断开的正常电源隔离的应急电源，这样，任何单一的故障，包括切断电缆束或接线盒起火，都不会影响正常和应急电源。

(Ⅱ) 要求应为 A 类旋翼航空器的持续安全飞行和着陆所需的系统提供独立于正常发电系统的应急电源系统，并应证明包括接线盒、控制板或电缆束着火这类失效不会影响正常与应急系统。在丧失正常发电系统的情况下，与安全性直接相关的系统必须无须飞行机组的动作即能持续工作。

9.4.3.1.3 条款关键点分析

本条是电气系统和设备的总则性条款，它对电气系统容量、发电系统、外部电源和无正常电源时运行的适航要求做出了具体详细的规定。

29.1351(a) 是对电气设计的要求，应根据旋翼航空器预期使用的电气负载的种类、负载大小、工作特性和工作时间、负载失效对电路的影响等分析结果，选择电源容量、数量和种类。

对于 29.1351(a)(Ⅰ)，常用美国军用规范 MIL-E-7016F 进行电气负载分析，应优先使用这个标准，因为它已得到广泛的承认，也可使用其他可接受的电气负载分析规范。

对于 29.1351(a)(Ⅱ) 要求的电气系统容量必须满足 29.1309 条的要求，具体为：发电系统必须按照 29.1309(d) 的规定执行，A 类旋翼航空器必须按照 29.1309(d) 和 (e) 的规定执行。考虑发动机/发电机失效后对重要负载的供电，是对已有规章的重申，也是为了保持规章对发电系统要求的完整性。

29.1351(b) 对发电系统设计提出要求，阐述了发电系统的组成，以及发电系统正常工作和故障状态下的设计要求，包括单独工作和并网工作、故障隔离、可达性和参数指示等。

29.1351(b)(Ⅰ) 和 (b)(Ⅱ) 款：并联运行方式是指主电源在正常运行时，主发电机(至少两台) 并联后共同向机上负载供电，当某个发电机发生故障时，机上用电设备仍然可以由剩余运行的发电机供电。本条款要求不管电源在单独工作还是并联运行时功能均正常，在其中任何发电机发生故障时，剩余运行的发电机能够继续向重要负载供电。

29.1351(b)(Ⅲ) 要求电气系统设置控制保护装置，以保证在任何可能的运行条件下，重要负载设备端的系统电压和频率（如果适用）均能保持在该设备的设计限制范围之内，避免造成电气系统和设备的损坏。

29.1351(b)(Ⅳ) 要求因切换、清除故障或其他原因而引起的系统瞬变不会使重要负载不工作，且不会造成冒烟或着火的危险。

29.1351(b)(Ⅴ) 要求电气系统设置控制开关，且开关使得机组成员容易接近（即在其正常的乘坐位置可以触及到），机组成员可通过这些开关，在旋翼航空器非正常着陆时，将电源与主汇流条单独或一起断开，避免发生着火或爆炸。

29.1351(b)(Ⅵ) 要求向机组显示发电机的电压和电流，这是因为每台发电机的输出电压和电流被认为是系统工作规定的必备参数，而且大多数系统都配有电压表和电流表，以向机组显示这些参数。某些新近的设计已采用信号灯指示每个发电机的安全运行，故而取消了电压表和电流表，或采用微处理器技术在多功能显示器上显示电压、电流参数。对于这些系统，除了配电系统采取保护性设计之外，还需对过压、欠压、传感电流反向、馈线接地故障、频率过高和过低（只针对交流电机）诸参数进行监控，并作为发电机信号器的输入信号。对于没有电压表和电流表，但有自保开关和信号灯的系统，应至少向驾驶员提供足够信息以确定故障类型，并能识别发生故障的系统部位。如果必须考虑故障状态下的附加限制，如系统各部位的最大载荷，则应编写对相应人员（机组、所有人、更改人等）适用的资料，以保证不会超过这些限制。

29.1351(c) 对外部电源控制保护提出要求，防止反极性（直流）或逆相序（交流）的外部电源连接机上其他用电设备，以免造成电气系统和设备的损坏。旋翼航空器要求外部电源要有防差错设计措施，保证反极性或逆相序的外部电源无法与机上用电设备相连。

29.1351(d)(Ⅰ) 中的“正常发电系统”是指包括旋翼航空器在任何经批准的正常工作（VFR、IFR、结冰等）条件下运行时所使用的所有电源，但不包括蓄电池和应急电源。29.1351(d)(Ⅰ) 要求所有旋翼航空器在正常发电系统不工作时仍能按 VFR 连续安全运行至少 5 分钟。当正常电源失效，蓄电池电能也耗尽，可能妨碍安全飞行和着陆时，应提供适当警告，以符合 29.1309(c)，并提供与蓄电池可用续航时间一致的飞行手册程序。条款虽然要求蓄电池的最短续航时间为 5 分钟，但为确保在各种条件下的安全运行，蓄电池的续航时间应不小于从最大运行高度自转降落到海平面所要求的时间，还应加上驾驶员判断正常电源系统全部丧失的所需要的反应时间。

29.1351(d)(Ⅱ) 适用于 A 类旋翼航空器，并要求采取措施以保证万一所有正常发电的电源都有故障时，仍有充足的电力供给那些为继续安全飞行和着陆所必需的系统。备用电源的所有部件和布线，在物理上和电气上均应与正常系统隔离，并应保证包括着火影响、电缆束割断、接线盒或控制板失效这类单个故障不会影响正常电源与备用电源两者的供电。另外，还应该对电源系统的失效概率进行评估，确保丧失所有的正常电源、应急电源的概率小于等于 $10^{-9}$。

#### 9.4.3.2 专用术语

(a) 正常发电系统。包括旋翼航空器在任何经批准的正常工作条件（VFR、IFR、结冰等）下运行时所使用的所有电源，但不包括蓄电池和应急电源。

(b) 机组成员容易接近的措施。指相关的飞行机组成员应在其正常的乘坐位置可以触及的设施。

### 9.4.4 EH.1353 电气设备及安装

#### 9.4.4.1 条款安全意图和实质要求分析

##### 9.4.4.1.1 条款安全意图

29.1353 条提出了针对旋翼航空器电气设备和安装具体要求，以保证其安全运行。

##### 9.4.4.1.2 条款实质要求

(a) 电气设备、控制装置的安装应保证设备和系统工作时不会对安全运行必备的任何其他电气组件或系统的工作产生不利的影响；另外，电缆构型需要控制，保持和审查电缆的电磁特性一致。

(b) 对于电缆，要求其必须分类、分路、分层敷设，以保证载有大电流的电缆发生故障时，对重要电路的损害能减至最低限度。

(c) 在任何可能的充电和放电状态下，单体蓄电池的温度和压力能保持在安全范围之内；用于启动发动机或辅助动力装置的镍镉蓄电池应该具有自控充电速率、超温和失效自动切断充电功能。蓄电池的安装位置和安装方式，应保证正常工作时或故障状态下其产生的易爆或有害气体的积聚量不得达到危险程度；电池溢出的腐蚀性液体、气体及短路产生的最大热量不应危及机体或重要设备。

9.4.4.1.3 条款关键点分析

本条（a）款主要要求电气设备、控制器件和布线考虑整机电磁兼容性，即设备和系统工作时不得对安全运行必备的任何其他电气组件或系统的工作产生不利的电磁干扰影响，不会导致设备功能失效或性能降低。干扰源应至少考虑以下几方面：

（Ⅰ）由连接到汇流条上的设备产生的电气噪声所引发的传导和辐射干扰；

（Ⅱ）电缆之间的耦合或航空器天线与电缆之间的耦合；

（Ⅲ）电气设备异常；

（Ⅳ）电气配电系统和地面系统之中的寄生电流及电压，包括闪电直接效应和静电放电；

（Ⅴ）发电系统与其他系统之间不同的频率。

本条（b）款对电缆在机上的安装做出规定，要求必须分类、分路、分层敷设电缆，以保证其中载有大电流的电缆发生故障时，对重要电路的损害能减至最低限度，因为分类、分路、分层敷设可以减小电缆相互间的干扰和损害。

本条（c）款分别对蓄电池的设计和安装提出了明确的要求。

（Ⅰ）蓄电池设计上做出以下规定：

（ⅰ）在任何环境下，充放电过程中蓄电池自身不应产生不可控的温度升高和压力增大；

（ⅱ）当以调定的最大电压或功率，或最长持续飞行期间，或运行过程中很可能出现的最不利的冷却条件下重新充电时，蓄电池的温度必须在控制范围之内；

（ⅲ）通过试验表明上述（ⅰ）和（ⅱ）的符合性，验证温度控制、压力控制措施的有效性；

（ⅳ）用于启动发动机或辅助动力装置的镍镉蓄电池应该具有自动控制充电速率功能，或温度敏感、超温告警和自动切断充电电源功能，或失效敏感和告警及自动切断充电电源功能。

（Ⅱ）蓄电池的安装位置和安装方式，应保证：

（ⅰ）正常工作时，或充电系统或蓄电池的任何故障状态下，蓄电池产生的易爆或有害气体在旋翼航空器内的积聚量不得达到危险程度；

（ⅱ）蓄电池溢出的腐蚀性液体或气体，不会损害旋翼航空器结构或邻近的重要设备；

（ⅲ）镉镍蓄电池或某个单体蓄电池短路产生的最大热量不应危及旋翼航空器结构或重要设备。

### 9.4.4.2 专用术语

不利影响：本条款所称的“不利影响”是指当单个部件或系统投入正常工作时，受其影响的部件或系统不能同时正常工作，或技术性能明显下降。

## 9.4.5 EH. 1355 配电系统

### 9.4.5.1 条款安全意图和实质要求分析

9.4.5.1.1 条款安全意图

29.1355 条规定了旋翼航空器配电系统的组成，并提出了对要求配备 2 个独立电源的设备和系统的配电要求，以保证用电系统和设备的正常运行。

9.4.5.1.2 条款实质要求

（a）配电系统的配置应符合本条款要求，以保证设备的用电安全。

（b）对于要求两个独立电源供电的设备或系统，为维持其正常工作，则必须满足相应的配电要求，即一个电源一旦失效，另一个电源（包括其单独的馈电线）必须能自动或手动接通。

9.4.5.1.3 条款关键点分析

本条款阐明了配电系统组成要求，并对特定设备或系统的两个独立电源中的一个发生故障后剩余电源的可用性提出了要求。

本条（a）款是对配电系统的组成要求，其应包括配电汇流条、与其相关联的馈电线及每个控制和保护装置，其主要功能是将发电机或其他电源的功率分配到各个用电设备。

本条（b）款中的民用航空规章是指与运输类旋翼航空器相关的审定规章和运行规则，包括 CCAR 的第 29、第 91、第 135 部分。独立的电源不仅包括供电装置如发电机，还包括诸如电压调节器或将电源输送到配电汇流条所必需的逆流断路器等其他设备，当规章要求有两个独立的电源时，这些必要设备都不应该被共用。特定的设备或系统是指对旋翼航空器飞行安全有影响的重要机载设备或系统，为了保证其供电的可靠性，民航规章要求由两路独立电源为其供电。条款要求这两个独立的电源应通过自动或手动转换装置与向重要设备或系统供电的配电汇流条连接，正常供电时该汇流条连接的重要设备或系统由一个独立电源供电，一旦这个电源失效，通过自动或手动转换装置的转换，能够转接另一个独立电源对该汇流条连接的重要设备和系统供电，从而保证向重要设备或系统供电的连续性，以维持其正常工作。这种情况下最重要的一点是，其转接动作不得引起接替的电源失效。

### 9.4.5.2 专用术语

独立的电源：不仅包括电源（如发电机），而且包括电源向配电汇流条输电所必需的诸如电压调节器或逆流断路器等其他设备。

## 9.4.6 EH.1357 电路保护装置

### 9.4.6.1 条款安全意图和实质要求分析

9.4.6.1.1 条款安全意图

29.1357 条对旋翼航空器电气系统电路保护装置的安装和设计进行了相应规定，以保护旋翼航空器电气系统免受故障的影响，保证旋翼航空器安全飞行。

9.4.6.1.2 条款实质要求

（a）必须采用自动保护装置对每个设备或系统的输电线路提供保护，当线路发生了故障或是所连接的设备发生严重失灵时，该电路保护装置动作，把故障源与电气系统隔离，使故障的危害限制在最低限度，不影响其他电气系统或其他设备的正常工作。

（b）当发电系统发生故障时，其保护装置能够在其危害到重要用电设备之前足够迅速地断电，将故障电源和输电设备与其相关联的汇流条断开，防止出现危险的过压或其他故障。

（c）当发生过载或电路故障时，可复位型电路保护装置（断路器）必须动作，断开电路。

（d）为飞行安全而需安装的可复位的断路器或熔断器，应当有明显断开和接通的位置标志或易于识别其通、断状态的指示，使得机组成员在其座位上就能正确识别断路器或熔断器的通断并进行复位或更换。

（e）一个电路保护装置只能接一个重要用电设备，但不要求重要负载系统中的每一个电路都有一个电路保护装置。

（f）对于采用熔断器作为电路保护装置，必须准备整个电路所需的每种规格熔断器数量的 50% 作为备用，以供飞行中使用。

(g) 自动复位断路器在设备的供电电缆已有电路保护的情况下，可以作为该电气设备自身装有的保护器。

9.4.6.1.3 条款关键点分析

电气系统线路故障或其上搭载的设备发生严重失灵都有可能导致系统的崩溃，因此应采用电路保护装置对每个设备或系统的输电线路提供保护，电路保护装置的参数选择应能达到这样的目的：当线路发生了故障或是所连接的设备发生严重失灵时，该电路保护装置动作，把故障源与电气系统隔离，使故障的危害限制在最低限度，不影响其他电气系统或其他设备的正常工作。

发电系统的电路保护装置（发电机控制保护器）应对发电系统的基本失效进行保护。交流主电源系统的基本失效是指过压、低电压、过频、欠频、短路故障。对这些不同的失效，发电机控制保护器应具有不同的延时断电功能，其最终目的是切断主接触器（或主电路断路器），将故障电源与用电设备及相关联的汇流条断开，防止过压、过频或其他故障危害设备或系统，并将故障隔离。此外，发电机馈电线短路时，差动保护功能应切断发电机的励磁。结合以上的分析，可以将 29.1357(b) 的要求理解为：当发电系统发生故障时，能够在其危害到电气系统搭载的重要用电设备之前断电，将故障电源和输电设备与其相关联的汇流条断开，防止出现危险的过压或其他故障。

航空器上常用的可复位型的电路保护装置为断路器，(c) 款对于可复位型电路保护装置提出专门的要求，要求该电路保护装置的设计必须满足：当发生过载或电路故障时，都必须能够断开电路，而与其操作机构的位置无关。需要注意的是，自动复位断路器不得用来作为电路保护装置。如果某一电路的异常情况不能在飞行中予以纠正，则是否决定恢复对该电路的供电就要看对飞行情况的仔细分析，即应在电路对继续安全飞行的必要性和重新接通一个可能有故障的电路的危险性之间进行权衡。因此，这样一项评定完全是机组的职责，而不能由自动复位的断路器来完成。在选择使用断路器时，必须注意其保护特性（即安秒特性）和分断能力，即当被保护的设备或线路发生故障时，其故障电流应大于断路器的动作（断开）电流。另外，该断路器能够分断可能产生的最大故障电流。这样，可复位型的电路保护装置才能可靠地对故障的设备或电路起到保护作用。

(d) 款是对飞行安全要求必须复位的断路器或可更换的熔断器的专门要求。为飞行安全而必须复位的断路器或更换的熔断器，首先其选择的安装位置必须容易接近，即机组成员在不需离开其座位的情况下就能对其复位或更换；其次应当有明显的位置标志或指示，即这类断路器应能立即识别是处于断开位置还是接通位置，而熔断器应采用带有断开指示灯或其他易于识别其通、断状态的熔断器，使得机组成员在其座位上就能正确识别断路器或熔断器的通断并进行复位或更换。关于“易被复位”的要求，以下两种被认为是可以接受的。

对于双驾驶机组，如果有一名机组成员移动其座椅和松开其肩带就能正确识别电路保护装置并进行复位或更换，就满足要求；如果需要一名机组成员离开其座位才能进行电路保护装置复位，就不满足要求；

对于单驾驶情况，在座椅安全带和肩带能正常调节的情况下，其电路保护装置的位置，应允许正在驾驶旋翼航空器的驾驶员能识别断开的电路保护装置并使之复位。

搭载了重要负载的电路必须具有单独的电路保护，一个电路保护装置只能接一个重要用电设备，但是对于某些重要负载系统往往不止有一条电路，这种情况下根据 29.1357(e) 的规定，除了搭载了重要负载的电路外，不要求对其他没接重要负载的电路都设计单独的电路保护。

如果电路中采用了熔断器，无论是什么规格的，根据 29. 1357(f) 的要求都必须在飞行过程中配备相应规格的备用熔断器。每种规格备用的熔断器数量至少要达到在整个电路中所用到的该种规格熔断器数量的 50%。这一点仅适用于保护那些必须表明符合本条款的系统所用的熔断器；对于不要求的便捷式的安装，尽管鼓励，也可不必提供备件。

自动复位断路器在设备的供电电缆已有电路保护的情况下，可以作为该电气设备自身装有的保护器，其一般设置在设备内部，作为设备的一部分，但不能替代电路保护。对某一特定的设备而言，即使该设备的供电电缆已经设计了专用的电路保护，该设备电路还是需要设有电路保护装置，即断路器或熔断器。

#### 9.4.6.2 专用术语

(a) 断路器：是一种在预定电流过载时自动断开以保护电路的装置。

(b) 自动复位断路器：是一种能自行定时自动复位的断路器。

## 9.4.7 EH. 1359 电气系统防火和防烟

### 9.4.7.1 条款安全意图和实质要求分析

#### 9.4.7.1.1 条款安全意图

29. 1359 条规定了电气系统防火和防烟的具体要求，以保护旋翼航空器免受火灾的危害。

#### 9.4.7.1.2 条款实质要求

(a) 在可能故障后，电气系统部件不会造成有害或危险气体（烟雾、烟尘）的浓度超过 29. 831(b)(c) 的要求，并且满足 29. 863 条对可燃液体的防火要求。

(b) 装在指定火区之内供应急程序使用的电缆、接线端以及设备必须至少是耐火的，以确保发生火警事件时应急程序的可用性。

(c) 要求机上安装的导线和电缆的绝缘材料，在按适用规章要求进行燃烧试验时，必须是自熄的。

#### 9.4.7.1.3 条款关键点分析

本条款从选用和安装的角度对旋翼航空器电气系统有关防火和防烟方面的安全性要求进行了相关的规定。

本条 (a) 款要求电气系统所有的部件必须满足 29. 831 条和 29. 863 条中有关的防火和防烟要求。电气系统部件的结构材料和安装应当确保在可能的失效或故障后，不会造成有害或危险气体（烟雾、烟尘）在驾驶舱和客舱的聚集超过 29. 831 条的要求；同时对于布置于可能逸出可燃液体或蒸气区域的电气部件，必须设计和安装成无论在正常还是故障条件下，均应将点燃可燃液体或蒸气的风险以及点燃后的危险后果降至最低，能够通过关断设备来预防或处置液体着火，并且对于关系到飞行安全的关键电气部件应具备耐火和耐热的能力。

本条 (b) 款是对指定火区之内供应急程序使用的电缆、接线端以及设备的耐火性提出的最低要求，以确保发生火警事件时应急程序的可用性。指定火区是指按照 29. 1181 条要求确定的指定火区。耐火是指电气系统部件在与温度为 1093℃±65℃（2000F°±150F°）的火焰接触时不会燃烧，至少能够维持其预定功能达 5 分钟。这就要求，在选用指定火区之内供应急程序使用的电缆、接线端以及设备时，必须选用能满足本款耐火要求的耐高温，具有阻燃特性的电缆、接线端以及设备。

本条 (c) 款是对航空器电线和电缆的绝缘层的要求，要求机上任意区域的导线和电缆的绝缘层在按照CCAR25附录F第一部分的适用条款进行试验时必须是自熄的。这就要求在选用航空器电线和电缆时，必须选用能满足本款自熄要求的导线和电缆。

#### 9.4.7.2 专用术语

（a）耐火。耐火是指电气系统部件在与温度为1093℃±65℃（2000F°±150F°）的火焰接触时不会燃烧，至少能够维持其预定功能达5min。

（b）自熄。移除火源后，火或光停止燃烧或闪烁。

### 9.4.8 EH.1363 电气系统试验

#### 9.4.8.1 条款安全意图

29.1363条规定了电气系统试验的具体要求，以保证取得与机上实际相符的试验结果。

#### 9.4.8.2 条款实质要求

（a）款要求电气系统相关试验室试验的受试系统构型应与航空器上实际状态相符，其中必须使用与机上相同的发电设备，受试设备必须模拟出实际机上配电线路和所接负载的电气特性，试验室发电机驱动装置也应正确模拟出机上实际的发电机驱动装置对发电机的反应。

（b）款要求对于选择试验的方法进行电气系统相关功能和特性验证的，首选是试验室试验或机上地面试验，只有那些通过试验室试验或机上地面试验不能适当模拟的飞行状态，才必须进行飞行试验。

#### 9.4.8.3 条款关键点分析

本条（a）款要求旋翼航空器进行试验室试验时，需要注意以下几方面。

（Ⅰ）试验受试设备都应尽可能地代表旋翼航空器实际安装的设备状态。特别是，模拟应该包括正确地代表旋翼航空器电缆的尺寸、长度和阻抗，正确的接地（机体）阻抗和相关的接地板位置，以及可能会影响性能的其与其他电缆或系统的位置。系统负载和发电机驱动装置也应该被正确地模拟。

（Ⅱ）使用模拟器时，还必须注意它应该要正确地模拟出实际机上所接负载设备的电气特性，这样测得的结果才能够无限地接近于机上的实际值。对试验室中发电机驱动装置的考虑，必须要参照机上实际的原动机对发电机的加载情况，应该在各项设备连接完成后能够模拟出实际原动机对发电机加载（包括故障引起的加载）时的反应。

本条（b）款要求旋翼航空器进行飞行试验时要注意以下几点：

（Ⅰ）对于通过试验室试验或地面试验无法充分地模拟的情况，则有必要进行飞行试验；

（Ⅱ）设备进行温度试验时，其冷却介质必须要充足；

（c）应对试验的环境条件进行监测以确保所有设备，尤其是旋翼航空器的蓄电池，工作在其指定的环境条件下。

## 9.5 符合性验证方法和审查要点

### 9.5.1 EH.1316 电气和电子系统的闪电防护

#### 9.5.1.1 国内外符合性验证方法分析

##### 9.5.1.1.1 FAAAC相关分析

FAA颁布过3项与FAR29.1316符合性验证方法相关的咨询通告，如表9-27所示。

表 9-27 FAR29.1316 相关咨询通告

| 咨询通告编号 | 标题名称 | 生效时间 | 有效性 |
|---|---|---|---|
| AC20-136 | Protection of Aircraft Electrical/Electronic Systems against the Indirect Effects of Lightning | 1990. 3. 5 | 无效 |
| AC20-136A | Protection of Aircraft Electrical/Electronic Systems against the Indirect Effects of Lightning | 2006. 12. 21 | 无效 |
| AC20-136B | Aircraft Electrical and Electronic System Lightning Protection | 2011. 9. 7 | 有效，适用于当前有效的 CCAR29 要求 |

已取消的标题为“保护飞机电子和电气系统免受闪电间接影响”的 AC20-136 咨询通告发布于 1990 年，当时 FAA 还没有对第 23、第 25、第 27 及第 29 部分发布专门的电子和电气系统闪电防护规章，AC20-136 仅对第 23、第 25、第 27 及第 29 部分规章涉及飞机电子和电气系统闪电间接影响的防护要求的适用条款给出了指南。时隔 12 年，FAA 于 2006 年 12 月撤销了 AC20-136，正式发布了 AC20-136A，标题同样为“保护飞机电子和电气系统免受闪电间接影响”。此时 FAA 已于 1994 年 4 月颁发了标题为“系统闪电防护”的 FAR25.1316（新增），其明确规定了第 25 部分运输类飞机电子电气系统的闪电防护要求，所以 AC20-136A 适用于当时有效的 FAR25.1316，其提供的闪电防护符合性验证程序与 FAR25.1316 规章一致，即开始按规章要求对经安全评估出的 A 级和 B、C 级采用不同程序、方法进行符合性验证。

已取消的标题为“保护飞机电子和电气系统免受闪电间接影响”的 AC20-136A 发布于 2006 年末，比 FAR29.1316 早了 5 年，AC20-136A 明确表示针对的是由闪电对飞机电子和电气系统及其布线的间接影响引起的危害，这与 FAR29.1316 要求“保护飞机电子和电气系统免受闪电影响”安全意图不一致。FAR29.1316 规章名称为“电子电气系统闪电防护”，其内容中并未使用“闪电的间接影响”术语，该规章明确了保护的是受“闪电影响”的电子和电气系统，而不是专门保护受“闪电间接影响”的电子和电气系统。虽然 AC20-136A 文中表示其针对的是闪电的间接影响，实际上，AC20-136A 解决了闪电的间接和直接影响，其并未描述在电气或电子系统遭受直接雷击（直接影响）的情况下证明符合性的方法，而是引用其他文件，如 SAEARP5416《飞机闪电试验方法》，以表明对直接影响的符合性。

现行有效的 AC20-136B 是针对 FAR29 第 53 次修正案新增的 FAR29.1316 条款要求所颁布的咨询通告，其适用于我国当前有效的 CCAR29.1316 闪电防护要求。本 AC 删除了 AC20-136A 中“针对的是由闪电对系统间接影响引起的危害”的描述，提供了对 29.1316 条闪电防护要求的符合性指导，既包括闪电的“间接”影响，也包括闪电的“直接”影响。只是这个“影响”仅为“功能上的影响”，不包括飞机设备、部件或线缆的燃烧、腐蚀和爆破这类的闪电的影响，因为 FAR29.1316 是基于系统执行的功能受闪电影响而失效的后果制定的。

AC20-136B 阐述了 FAR29.1316 规章闪电防护要求的符合性验证的一般步骤，而且着重说明了系统的识别、系统等级的安全评估以及 A 级和 B、C 级系统闪电符合性验证程序，详细说明了 A 级系统的飞机级验证过程和系统级验证过程。在 A 级系统系统级验证中建立系统 ETDLs 并完成 ETDLs 的验证，可选择方法为系统鉴定试验和系统相似性；在飞机级验证中确定 ATL，可选择方法为整机试验、分析、相似性及 A 级显示瞬态电平等。对已验证的系统 ETDLs 与旋翼航空器 ATLs 进行比较，确定 ETDLs 和 ATLs 之间是否存在一个可以接受的裕度，ETDL 超过 ATL 的 2 倍是可接受的裕度，ETDLs 和 ATLs 满足以上要求就表明通过了对闪电防护要求的符合性验证，没有满足要求，则采取纠正措施，然后按照验证程序重新进行验证，直到满足以上要求为止。与 A 级系统验证不同的是，B、C 级系统的验证程序不包括飞机级验证，而且对建立的系统 ETDLs 进行验证可选择的试验方法不要求系统级的鉴定试验，仅要求进行设备级的鉴定试验，而且对鉴定试验实施监测，当其满足 B 级和 C 级系统定义的验收标准就表明通过了对闪电防护要求的符合性验证，不满足其验收标准则采取与 A 级系统同样的措施和过程。

9.5.1.1.2　FAA 和 EASA 差异分析

针对 29.1316 条要求的符合性验证方法，EASA 现行有效的 AMC20-136 与 FAA 已取消的 AC20-136 一样都是根据 ARAC EEHWG 于 1999 年 11 月提交的 AC/AMJ20-136A 草案制定的，其适用于现行有效的 CS29.1316，对 CS29.1316 闪电防护要求的符合性验证方法进行了与现行有效的 AC20-136B 同样的阐述，其自 2015 年 7 月颁布以来一直未做修订，始终与 FAAAC20-136B 要求保持一致，所以针对 29.1316 条款要求的符合性验证方法，FAA 和 EASA 无差异。

9.5.1.1.3　经验教训和风险分析

欧美国家自颁布 FAR29.1316 或 CS29.1316 条款以来，已基于 AC20-136(B) 或 AMC-136 所建议的 FAR29.1316 符合性验证方法完成了很多机型直升机的机载电子电气系统闪电防护要求的符合性验证，积累了一定的经验教训，而我国也自 2017 年颁布 CCAR29.1316 以来，紧跟欧美的脚步，开始展开对 FAA 的 AC20-136(B) 及 EASA 的 AMC-136 研究，并与国内外相关专家就其建议的符合性验证方法进行广泛的交流，基于欧美在闪电防护方面的审定实践获得的经验，在随后的几个型号合格审定中，审查组开始参考 AC20-136B 的建议，制定符合中国国情的符合性验证方法完成了机载电子和电气系统闪电防护符合性验证。

9.5.1.1.4　CAAC 的相关 AC

CAAC 已起草的与 29.1316 条相关 AC 包括《运输类旋翼航空器电子和电气系统闪电防护适航符合性验证指南》。该咨询通告的主要内容包括三部分：定义和缩略语、规章安全意图、可接受的符合性验证方法。在定义和缩略语部分，明确了 CCAR29.1316 条款涉及的关键术语及定义；规章安全意图部分，对 CCAR29.1316 条款的安全意图进行了解读；可接受的符合性验证方法部分，明确了符合性验证方法，并按照验证工作开展的逻辑顺序提出了建议的验证思路，具体说明了 A 级系统符合性验证流程和 B、C 级系统符合性验证流程。

本 AC 是基于 FAA 的 AC20-136B 和 EASA 的 AMC20-136 的内容编制的，与 AC20-136B 和 AMC20-136 的要求基本一致。

### 9.5.1.2 符合性验证工作流程及具体要求

9.5.1.2.1　符合性验证流程

旋翼航空器电子和电气系统对 29.1316 条的符合性验证应遵循如下的一般步骤：

(a) 识别待评估的系统；

(b) 确定航空器闪电分区；

(c) 为每个分区建立闪电环境；

(d) 确定与系统相关的闪电瞬态环境；

(e) 建立设备瞬态设计电平（ETDL）和航空器实际瞬态电平（ATL）；

(f) 验证对要求的符合性；

(g) 在必要时采取纠正措施。

9.5.1.2.2 识别待评估的系统(MC3)

识别出旋翼航空器上需要进行闪电评估的电子和电气系统，对其进行与闪电影响相关的安全性评估，来建立系统功能失效状态，并根据这些失效对航空器和乘员安全造成影响的程度即危险性等级对失效状态进行分类，进而为系统分配适当的闪电审定等级。

9.5.1.2.3 确定航空器闪电分区

应根据航空器构型确定闪电附着分区，因为闪电分区依赖航空器的几何形状、材料和运行参数，闪电附着分区通常因航空器机型不同而不同，可根据 SAE ARP5414 的指导来确定闪电附着区域。

9.5.1.2.4 为每个分区建立闪电环境

1 区和 2 区代表闪电可能附着的区域，进而可确定流过航空器闪电电流的流入点和流出点，应该确定适用于这些区域的闪电电压波形和电流分量。根据定义，3 区在初始附着点(或扫掠回击附着点)之间传导闪电电流，传导的电流可能包括所有电流分量的贡献因素。适航当局接受通过分析来估算源自外部环境的 3 区电流等级。外部闪电环境是：

(a) 由闪电与航空器外部结构交互作用产生;

(b) 由航空器表面闪电电流分量的组合波形来表示。

SAEARP5412 中提供了闪电波形选择的指导。

9.5.1.2.5 确定与系统相关的闪电瞬态环境

从电子和电气系统端看，闪电环境是由流经机身的闪电电流所产生的电压和电流组成。出现在系统线束接口处的电压和电流，是由孔径耦合、结构电压或由直接附着到设备和传感器的闪电产生的传导电流产生。

确定经 9.5.1.2.2 节评定的每个系统的电子和电气的设备接口电路处可能出现的闪电电压和电流的瞬态波形及幅度。申请人可根据线束电流，或出现在系统线路和接口电路处的开路电压和短路电流来确定闪电瞬态。电压和电流的瞬态波形及幅度取决于系统及其互联线路的回路阻抗。

9.5.1.2.6 建立设备瞬态设计电平(ETDLs)和航空器实际瞬态电平(ATLs)

应为经 9.5.1.2.2 节评估出的每个系统的电子和电气设备确定和明确 ETDLs。该 ETDLs 为系统和设备设定了鉴定试验的等级。它们定义了在不产生任何不良影响情况下，系统和设备必须承受的电压和电流的幅度及波形。特定系统的 ETDLs 取决于航空器上预期的系统安装位置和线缆的分布、导线束及结构预期的屏蔽性能和系统危险程度。

ATLs 是当航空器暴露于闪电时，在航空器线缆上实际产生的电压和电流的幅值及波形，通过整机试验、分析或相似性来确定。ETDL 和 ATL 之间的差值即为裕度。申请人应评估航空器、互联的线缆、设备防护，以确定提供可接受的裕度的最有效的 ATLs 和 ETDLs 的组合。

一般情况下，申请人应在确定 ATLs 之前明确指定 ETDLs。因此预期的航空器瞬态，必须基于现有航空器整机的闪电试验结果、工程分析或经验估计。这些预期的航空器闪电瞬态电平被称为瞬态控制电平(TCL)。TCLs 应等于或大于航空器的最大预期 ATLs。对于特定导线束的 TCLs 取决于航空器构型、线束及其安装。航空器的闪电防护设计应满足特定的 TCLs。

9.5.1.2.7 验证对要求的符合性

(a) 应表明系统符合 CCAR29.1316 条款的适用要求。

(b) 应表明 ETDLs 超出 ATLs，且它们之间差值满足审定计划中建立的裕度。

(c) 验证可通过试验、分析或表明与之前已通过审定的航空器和系统的相似性的方法来实现。具体如下。

对经 9. 5. 1. 2. 2 节 MC3 安全评估出的旋翼航空器上的 A 级系统、B 级系统及 C 级系统，可根据以下步骤选择合适的符合性验证方法对其进行验证。

(Ⅰ) A 级系统的闪电防护符合性验证方法的选择。

A 级系统的闪电防护符合性验证包括整机级验证和系统级验证，其中可选择的方法如下。

(ⅰ) 整机级验证可选择的方法有：整机试验（MC5）；整机相似性（MC2）；整机分析（MC2）；选择 A 级显示瞬态电平（仅针对 A 级显示系统）。

(ⅱ) 系统级验证可选择的方法有：系统级试验（MC4）；系统级相似性（MC2）。

(Ⅱ) B 级系统及 C 级系统的闪电防护符合性验证可选择的方法如下：

(ⅰ) 设备级试验（MC9）；

(ⅱ) 设备相似性（MC2）。

9.5.1.2.8 *必要时采取纠正措施*

如果试验和分析表明，该系统不符合通过标准，则应检查航空器、安装或系统设计，改进闪电防护措施。

### 9.5.1.3 符合性验证资料

对于 CCAR29. 1316 各款的验证，可根据采用的符合性验证方法（MOC）从表 9-28 选择适合的符合性验证资料。

**表 9-28 CCAR29. 1316“电气和电子系统的闪电防护”的符合性验证资料**

| 规章要求 | MOC | 符合性资料 |
| --- | --- | --- |
| (a)对于其功能失效会妨碍旋翼航空器继续安全飞行和着陆的每一个电子和电气系统的设计和安装必须符合下列规定：<br>(Ⅰ)当旋翼航空器暴露于闪电环境期间和暴露以后，其功能不会受到不利影响；<br>(Ⅱ)在旋翼航空器暴露于闪电之后，系统及时地自动恢复其功能的正常运行 | 1<br>2<br>3<br>4<br>5<br>9<br>9 | 系统闪电防护符合性报告<br>系统闪电防护分析验证报告<br>系统闪电防护安全评估报告<br>综合系统闪电试验室试验大纲和报告<br>整机闪电防护试验大纲和报告<br>设备闪电防护设计报告<br>设备闪电试验大纲和报告 |
| (b)对于其功能失效会降低旋翼航空器或飞行机组应对不利运行条件能力的每一个电子和电气系统的设计和安装，必须确保在旋翼航空器暴露于闪电环境之后，能及时地恢复其功能的正常运行 | 1<br>2<br>3<br>9<br>9 | 系统闪电防护符合性报告<br>系统闪电防护分析验证报告<br>系统闪电防护安全评估报告<br>设备闪电防护设计报告<br>设备闪电试验大纲和报告 |

### 9.5.1.4 审定要点

针对 29. 1316(a)，经系统安全性评估确定为 A 级的电子/电气系统的符合性验证试验须符合如下要求：

(Ⅰ) 按照 DO-160-22 的试验方法、程序进行设备级（MC9）的闪电防护验证；

(Ⅱ) 按照 DO-160-22 的试验方法、程序进行系统级（MC4）的闪电防护验证；

(Ⅲ) A 级系统装机后进行全机闪电防护试验（MC5），试验以 SAEARP5416 所述的试验方法和试验程序为参考，测量机载关键/重要设备感应的实际瞬态电平（ATL）；

(Ⅳ) 将整机试验测得的 ATL 与通过了设备/系统级试验的试验电平即瞬态设计电平

（ETDL）相比较，用于验证对条款要求的符合性。

针对 29. 1316(b)，经系统安全性评估确定为 B 级、C 级的电子/电气系统的符合性验证试验须按照 DO-160-22 的试验方法、程序进行设备级（MC9）的闪电防护试验验证。

#### 9.5.1.5 特殊审定政策

FAA 于 2012 年 8 月颁布过 1 项与 FAR29. 1316 相关的审定政策，即 AIR-100-12-110-001 的 21. 101 条《*Application of Electrical and Electronic System Lightning Protection Final Rules under Title* 14，*Code of Federal Regulations*（14CFR）§21. 101》。

该审定政策主要对电气和电子系统闪电防护标准在航空器型号设计更改中的应用进行指导，针对运输类旋翼航空器型号设计更改指导如下。

对于被确定为重大的设计更改，且不符合 21. 101(b) 规定的 3 种例外情况之一，则必须表明更改的旋翼航空器对电气和电子系统闪电防护的最新法规标准 FAR29. 1316 的符合性。

对于被确定为非重大的设计更改，21. 101 条允许更改的旋翼航空器继续遵守现有的审定基础。但是，如果现有的审定基础没有提供适用的电气和电子系统闪电防护标准，设计更改必须符合随后的适用规章或专用条件。

对于符合 FAR29 部具有“灾难性失效状态”的电气和电子系统的拟议安装，当审定基础不包括 FAR29. 1316 时，被认为是不充分的。

本政策对电气和电子系统防雷标准如何应用于型号设计的更改进行了如下总结。

对于审定基础包括 FAR29. 1316 条款的设计更改，无论更改是否为重大更改，都必须表明对 FAR29. 1316 的符合性。

对审定基础不包括 FAR29. 1316 的设计更改要求如下。

（Ⅰ）对于重大的设计更改，除非在 21. 101 条中对 FAR29. 1316(b) 给予了例外，否则必须表明更改的旋翼航空器对 FAR29. 1316(a)(b) 的符合性。

（Ⅱ）对于非重大的设计变更，审定基础被认为不足以解决安装的具有灾难性失效状态的电气和电子系统的闪电防护问题，则必须表明更改的旋翼对 FAR29. 1316(a) 的符合性。对于安装的具有危险及/或主要的失效状态的电气及电子系统，建议遵守 FAR29. 1316(b)，但并不要求必须遵守。

## 9.5.2 EH. 1317 高强度辐射场（HIRF）保护

### 9.5.2.1 国内外符合性验证方法分析

#### 9. 5. 2. 1. 1 FAAAC 相关分析

FAA 颁布过 2 项与 FAR29. 1317 相关的咨询通告，如表 9-29 所示。

表 9-29 FAR29. 1317 相关咨询通告

| 咨询通告编号 | 标题名称 | 生效时间 | 有效性 |
|---|---|---|---|
| AC20-158 | The Certification of aircraft Electrical and Electronic Systems for Operation in the High-Intensity Radiated Fields (HIRF) Environment | 2007. 7. 30 | 无效 |
| AC20-158A | The Certification of aircraft Electrical and Electronic Systems for Operation in the High-Intensity Radiated Fields (HIRF) Environment | 2014. 5. 30 | 有效，适用于当前有效的 CCAR29 要求 |

其中，已取消的 AC20-158 是针对 FAR29 第 49 次修正案新增的 1317 条要求所颁布的咨

询通告。

已取消的 AC20-158 和有效的 AC20-158A 均对 FAR29. 1317HIRF 防护要求的符合性验证方法进行了较为详细的描述，但不同的是 AC20-158 包含了对 29. 1317(a)～(d)各款要求的符合性验证方法，根据 29. 1317(d) 的要求，自 2012 年 12 月 1 日起其已不再适用。

现行有效的 AC20-158A 是 FAA 在 2014 年 5 月 30 日颁发的，其取消了对已适用的 29. 1317(d) 符合性验证的描述。即取消按照先前发布的 HIRF 专用条件的 HIRF 符合性的方法。AC20-158A 提供了表明 FAR29. 1317 适用部分［除去（d）款］的符合性指南，其适用于我国当前有效的 CCAR29. 1317 要求。

AC20-158A 阐述了 29. 1317 规章 HIRF 防护要求的符合性验证的一般步骤，而且着重说明了系统的识别、系统等级的安全评估以及 A 级和 B、C 级系统 HIRF 符合性验证程序，详细说明了 A 级系统的航空器级验证过程和系统级验证过程，重点说明了 2 种验证过程中选择的验证方法，可根据不同的情况选择试验、相似性及其他方法。在这些方法中，又重点描述了试验的方法，如航空器级试验的多种方法和系统或设备的综合试验的方法。

9. 5. 2. 1. 2　*FAA 和 EASA 差异分析*

针对 29. 1317 条要求的符合性验证方法，EASA 的现行有效的 AMC20-158 与 FAA 已取消的 AC20-158 一样都是根据 ARAC EEHWG 于 2000 年 9 月提交的 AC/AMJ 草案制定的，其适用于 CS29. 1317，对 CS29. 1317HIRF 防护要求的符合性验证方法进行了与 FAA 现行有效的 AC20-158A 同样的阐述，其自 2015 年 7 月颁布以来一直未做修订，其建议的符合性验证程序、方法等始终与 FAA 的 AC20-158A 要求保持一致。但在具体细节要求上仍然存在一些差异。

由于 FAA 和 EASA 各自的 29. 1317 条规章颁布的时间不同，FAA 的 AC-158A 和 EASA 的 AMC-158 在 B/C 级系统设备 HIRF 试验中建议采用的 RTCA/DO-160 的版本不同。已失效 AC-158 的生效日为 2007 年，当时 DO-160 的最新版本为 E 版（生效日为 2005 年），所以 AC-158 建议在 B/C 级系统设备 HIRF 试验中采用 RTCA/DO-160E 或最新版本；但在 2014 年升版的 AC-158A 中，并未根据当时 DO-160 的最新版本 G 版（生效日为 2010 年），将其改为“RTCA/DO-160G 或最新版本”。实际上，FAA 于 2011 年 6 月 22 日发布了关于 RTCA/DO-160 版本使用说明的咨询通告 AC21-16G。根据其要求，采用 AC-158A 中建议的试验电平进行 B/C 级设备 HIRF 试验时，除了可以采用 RTCA/DO-160F 或 G 之外，也可以采用 RTCA/DO-160E，它们都可满足其 HIRF 要求，但 FAA 强烈鼓励使用 G 版。

EASA 的 AMC-158 生效日为 2015 年，当时 DO-160 的最新版本为 G 版（生效日为 2010 年），所以 EASA 的建议是采用 RTCA/DO-160G；这直接导致欧美分别采用 AC-158A 和 AMC-158 方法进行 B/C 级系统设备 HIRF 试验，应用不同的 HIRF 环境，申请人应该意识到这个差异，并确保所进行的试验满足更严格的要求。

9. 5. 2. 1. 3　*经验教训和风险分析*

欧美国家自颁布 FAR29. 1317 或 CS29. 1317 条款以来，已基于 AC20-158（A）或 AMC-158 所建议的 FAR29. 1317 符合性方法完成了很多机型直升机的机载电子电气系统 HIRF 防护要求的符合性验证，积累了一定的经验教训，而我国也自 2017 年颁布 CCAR29. 1317 以来，紧跟欧美的脚步，开始对 FAA 的 AC20-158（A）及 EASA 的 AMC-158 开展研究，并与国内外相关专家就其建议的符合性验证方法进行广泛的交流。基于欧美在 HIRF 防护方面的审定实践获得的经验，在随后的几个直升机型号合格审定中，审查组参考 AC20-158A 制定了符合中国国情的 HIRF 防护符合性验证方法，并以此完成了机载电子和电气系统的 HIRF 防护符合性验证。为了帮助申请人更好地理解基于 AC20-158A 的符合性方法，局方根据对以往几个直升机型号的审查经验，对A级系统符合性验证技术进行以下进一步说明。

(a) 对于VFR下运行的旋翼航空器，其A级控制系统，应采用HIRF环境Ⅲ，并且必须选择整机试验的方法进行整机评估决策。

(b) 如果整机验证选择整机高电平试验，则不需要进行系统级验证；如果选择整机低电平耦合试验，则还需进行系统级验证。

9.5.2.1.4 CAAC的相关AC

CAAC已起草的与29.1317条款相关AC包括《运输类旋翼航空器高强辐射场（HIRF）防护适航符合性验证指南》。该咨询通告的主要内容包括三部分：定义和缩略语、规章安全意图、可接受的符合性验证方法。在定义和缩略语部分，明确了CCAR29.1317条款涉及的关键术语及定义；规章安全意图部分，对CCAR29.1317条款的安全意图进行了解读；可接受的符合性验证方法部分，明确了符合性验证方法，并按照验证工作开展的逻辑顺序提出了建议的验证思路，分别具体说明了A级系统符合性验证流程和B、C级系统符合性验证流程。

本AC是基于FAA的AC20-158A和EASA的AMC20-158的内容编制的，与AC20-158A和AMC20-158的要求基本一致。

### 9.5.2.2 符合性验证工作流程及具体要求

9.5.2.2.1 符合性验证流程

根据AC20-158A，旋翼航空器电子/电气系统对29.1317条的符合性验证应遵循如下的一般步骤：

(a) 识别待评估的系统；

(b) 建立适用的航空器外部HIRF环境；

(c) 为所安装系统建立试验环境；

(d) 选择合适的HIRF符合性验证方法；

(e) 验证HIRF防护效果；

(f) 必要时采取纠正措施。

9.5.2.2.2 识别待评估的系统（MC3）

识别出旋翼航空器上需要进行HIRF评估的电子和电气系统，对其进行与HIRF影响相关的安全性评估，建立其功能失效状态，并根据这些失效对航空器和乘员安全造成影响的程度即危险性等级对其功能失效状态进行分类，进而为系统分配适当的HIRF审定等级。

9.5.2.2.3 建立适用的航空器外部HIRF环境

用于CCAR29.1317条款的外部HIRF环境包含合格审定环境HIRF环境Ⅰ、标准HIRF环境Ⅱ和严酷HIRF环境Ⅲ，可参见CCAR-29 R2附录E。

9.5.2.2.4 为所安装系统建立试验环境

A级系统的内部HIRF环境是由航空器对外部HIRF环境Ⅰ、Ⅱ、Ⅲ环境的衰减决定的，衰减是航空器和区域特有的，应通过整机试验、分析或相似性来建立。

B级系统的内部HIRF环境为设备HIRF试验电平1或2。

C级系统的内部HIRF环境为设备HIRF试验电平3。

设备HIRF试验电平1、2、3可参见CCAR29规章附录E。

9.5.2.2.5 选择合适的HIRF符合性验证方法

对经9.5.2.2.2节MC3安全评估出的旋翼航空器上的A级系统、B级系统及C级系统，可根据以下步骤选择合适的符合性验证方法对其进行验证。

(a) A级系统的HIRF符合性验证包括整机级验证和系统级验证，其中可选择的方法如下。

（Ⅰ）整机级验证可选择的方法有以下三种。

（ⅰ）整机试验（MC5）。包括整机高电平试验和整机低电平耦合试验：低电平直接激励试验；低电平扫描电流试验；低电平扫描场试验。

（ⅱ）整机相似性评估（MC2）。

（ⅲ）通用传递函数和衰减（仅适用于 A 级显示系统）。

（Ⅱ）系统级验证可选择的方法有以下两种。

（ⅰ）设备级试验（可选）(MC9）和系统级试验（MC4）

（ⅱ）系统级相似性评估（MC2）

B 级系统及 C 级系统的 HIRF 符合性验证可选择的方法如下。

（Ⅰ）设备级试验（MC9）。

（Ⅱ）相似性评估（MC2）。

除此之外，申请人也可选择其他 HIRF 符合性验证技术来验证系统在 HIRF 环境中的性能，但是需要获得适航当局的批准。

对于选择以上试验的方法进行旋翼航空器电子和电气系统符合性验证的，应在试验前，根据适用于不同级别系统的 HIRF 条款性能要求，分别为 A 级系统、B 级系统及 C 级系统定义适当的通过/失败标准。在试验过程中，应对任何受试系统的敏感性，包括系统故障，如显示危险的误导性信息、干扰或损坏进行监控和记录，试验后根据其通过/失败标准对其试验过程中的敏感性进行评估。

9.5.2.2.6　验证 HIRF 防护效果

申请人应表明由 HIRF 环境产生的，系统和设备线束上的实际射频电流及系统的实际射频场低于设备或系统 HIRF 鉴定试验电平。

9.5.2.2.7　必要时采取纠正措施

如果经 9.5.2.2.6 节的验证表明，系统或设备 HIRF 防护效果不满足通过标准，则应检查航空器，安装或系统设计，改进相应 HIRF 防护措施，然后重新进行验证，直到系统或设备 HIRF 防护效果满足通过标准。

### 9.5.2.3　符合性验证资料

对于 CCAR29.1317 各款的验证，可根据采用的符合性验证方法（MOC）从表 9-30 选择适合的符合性验证资料。

表 9-30　CCAR29.1317“高强辐射场（HIRF）防护”的符合性验证资料

| 规章要求 | MOC | 符合性资料 |
|---|---|---|
| (a)对于其功能失效会妨碍旋翼航空器继续安全飞行和着陆的每一个电气和电子系统的设计和安装，必须确保：<br>（Ⅰ)在旋翼航空器暴露于附件 E 中所描述的 HIRF 环境Ⅰ期间和暴露以后，其功能不会受到不利影响；<br>（Ⅱ)在旋翼航空器暴露于附件 E 中所描述的 HIRF 环境Ⅰ之后，系统及时地自动恢复其功能的正常运行，除非系统的这种功能恢复与系统的其他运行或功能要求相冲突；<br>（Ⅲ)在旋翼航空器暴露于附件 E 中所描述的 HIRF 环境Ⅱ期间和暴露以后，其系统不会受到不利影响；<br>（Ⅳ)在旋翼航空器暴露于附件 E 中所描述的 HIRF 环境Ⅲ期间和暴露以后，目视飞行规则下飞行所需的各个功能不会受到不利影响 | 1<br>3<br>4<br>5<br>9<br>9 | 系统 HIRF 防护符合性报告<br>系统 HIRF 防护安全评估报告<br>综合系统 HIRF 试验室试验大纲和报告<br>整机 HIRF 防护试验大纲和<br>报告设备 HIRF 防护设计报告<br>设备 HIRF 试验大纲和报告 |

续表

| 规章要求 | MOC | 符合性资料 |
| --- | --- | --- |
| (b)对于其功能失效后会严重降低旋翼航空器或飞行机组应对不利的运行条件能力的电子和电气系统必须设计和安装，当提供这些功能的设备暴露于附件 D 所描述的设备 HIRF 测试水平 1 或 2 时，系统不受不利影响 | 1<br>3<br>9<br>9 | 系统 HIRF 防护符合性报告<br>系统 HIRF 防护安全评估报告<br>设备 HIRF 防护设计报告<br>设备 HIRF 试验大纲和报告 |
| (c)对于其功能失效后不会降低旋翼航空器或飞行机组应对不利运行条件能力的电子和电气系统必须确保其功能正常 | 1<br>3 | 系统 HIRF 防护符合性报告<br>系统 HIRF 防护安全评估报告 |

### 9.5.2.4 审定要点

针对本条款，审查中需要特别关注的审定要素如下。

(a) HIRF 安全评估要考虑 IFR 和 VFR 失效状态。

(b) 在进行 HIRF 系统级试验时，要注意以下几点：

(Ⅰ) 需要验证执行系统所有功能的软件，并进行构型控制；

(Ⅱ) 综合系统试验的系统连接电缆必须与机上的状态相似，包括其尺寸，敷设路径、导线布置，屏蔽、连接器、屏蔽端子、分支和接地。

(c) 如果采用相似性的方法，必须做到以下几点：

(Ⅰ) 应基于已用试验方法验证过的航空器或系统，不能基于一个已用相似性方法验证过的构型；

(Ⅱ) 单独的服务经验不能用于相似性，原因是缺乏 HIRF 事件报告和对原型机/系统防护余度的认知。

(d) 对于航空器、系统和设备的相似性报告，应包括：

(Ⅰ) 描述变化的内容；

(Ⅱ) 描述 HIRF 防护变化的关键度；

(Ⅲ) 提供相似性或变化关键度的技术原理。

### 9.5.2.5 特殊审定政策

(a) AIR-100-2011-2-23。

FAA 于 2011 年 2 月 23 日颁布了 1 项与 FAR29. 1317 相关的审定政策，即 AIR-100-2011-2-23《*Use of paragraph* (*d*) *of the High-intensity Radiated Fields* (*HIRF*) *Protection Regulations for Aircraft Electrical and Electronic Systems starting December 1，2012*》。

FAA 为了让申请人更好地理解最终法则 (Final rule) 2006-23657 中正式颁布的 HIRF 防护规章 (d) 款，发布了此审定政策。

该审定政策主要对 HIRF 防护规章 (d) 款的使用进行了如下说明。

HIRF 防护规章 (d) 款允许申请人在 2012 年 12 月 1 日之前，遵守先前发布的 HIRF 专用条件，而不用遵守 HIRF 规章 (a) 款的全面试验的要求。为了充分利用 (d) 款的规定，型号合格证书 (如 STC) 必须在不迟于 2012 年 11 月 30 日签字并发布。对于在 2012 年 11 月 30 日或之前已发布的型号合格证 (如 STC)，并将 HIRF 防护规章 (d) 款作为其审定基础的一部分，在此日期之后仍然有效。

除此之外，该审定政策通过对 HIRF 防护规章 (d) 款使用的一些常见问题进行的解答，明确指出 HIRF 防护规章 (d) 款的目的是对 HIRF 专用条件的使用规定了一个有限的使用期。在 2012 年 12 月 1 日之后，HIRF 防护规章 (d) 款必须不再使用。以前使用 HIRF 防护规章（d）款作为审定基础一部分的证书仍是有效的。

（b）AIR-100-HIRF Final Rule under 21. 101。

FAA 于 2008 年 2 月 26 日颁布了 1 项与 FAR29. 1317 相关的审定政策，即 AIR-100-HIRF Final Rule 的 21. 101 条《*Application of High-intensity Radiated Fields*（*HIRF*）*Protection Final Rule under* § 21. 101》。

该审定政策主要对按照 21. 101 条要求在航空器型号设计更改中应用新的 HIRF 防护标准进行指导，针对运输类旋翼航空器型号设计更改指导如下。

对于按 21. 101 条被确定为重大的设计更改，除非该更改满足 21. 101 条下的几种例外之一，否则必须表明符合新的 HIRF 防护规章标准。

对于按 21. 101 条被确定为非重大的更改，允许继续遵守现有的审定基础，除非现有的审定基础不能为设计更改提供足够的标准；在这种情况下的更改必须符合随后的适用规章。对于具有灾难性失效状态的电气和电子系统的拟议安装，如果原始的审定基础不包括 HIRF 防护要求（如专用条件），则认为审定基础不充分，对于旋翼航空器上的这些系统，必须表明符合 29. 1317(a)；如果申请人可以表明拟议安装满足新 HIRF 规章（d）款规定的所有条件，新 HIRF 规章（d）款可用于代替（a）款。

本审定政策对新的 HIRF 标准在设计更改中的应用总结如表 9-31 所示。

**表 9-31 新的 HIRF 标准在设计更改中的应用总结**

| 航空器的审定基础 | 设计更改 | |
|---|---|---|
| | 被认为是 21. 101 条规定的重大更改 | 被认为是 21. 101 条规定的非重大更改 |
| 不包括新的 HIRF 法规 | 应视情表明符合新的 HIRF 法规的(a)～(c)，除按 21. 101 条授予了 HIRF 法规(b)和(c)以外 | 认证基础被认为不足以解决具有灾难性故障条件的电气和电子系统安装的 HIRF。必须表明符合新 HIRF 法规(a)款<br>对于有危险及/或较大失效状态的电气及电子系统的安装，建议遵守新 HIRF 法规(b)及/或(c)款的规定，但并不要求遵守① |
| 包括新的 HIRF 法规 | 必须视情表明符合新 HIRF 法规 | |

① 如果航空器的原始审定基础包括 HIRF 专用条件，申请人可以选择遵守新的 HIRF 法规（a）款，或遵守以前发布的专用条件。

## 9.5.3 EH. 1351 总则

### 9.5.3.1 国内外符合性验证方法分析

#### 9. 5. 3. 1. 1 FAAAC 相关分析

FAA 颁布过 3 项与 FAR29. 1351 相关的咨询通告，如表 9-32 所示。

**表 9-32 FAR29. 1351 相关咨询通告**

| 咨询通告编号 | 标题名称 | 生效时间 | 有效性 |
|---|---|---|---|
| AC29-2A | Certification of Transport Category Rotorcraft | 1987. 9. 16 | 无效 |
| AC29-2B | Certification of Transport Category Rotorcraft | 1997. 7. 30 | 无效 |
| AC29-2C | Certification of Transport Category Rotorcraft | 2018. 7. 2 | 有效，适用于当前有效的 CCAR29 要求 |

目前有效的 AC29-2C-Chang8 中的 AC29. 1351 电气系统和设备——总则（修正案 29-40），

是针对 FAR29.1351 第 40 次修正案之后条款要求所颁布的咨询通告，自 2014 年 AC29-2C 进行第 4 次（Change4）修订以后一直沿用至今。其中（b)(Ⅷ）部分适用于第 40 次修正案的 29.1351(d)(Ⅰ)(ⅲ)，在第 42 次修正案中 29.1351 条删除了（d)(Ⅰ)(ⅲ）款，因此 AC29-2C-Chang8 的 AC29.1351（修正案 29-40）[不包括（b)(Ⅷ）款] 是适用于我国当前有效的 CCAR29.1351 要求的。

AC29-2C-Chang8 中的 AC29.1351（修正案 29-40）[不包括（b)(Ⅷ）款]，对 FAR29.1351 各款要求进行了详细的解释和说明，其中包括一些条款的符合性验证方法。重点阐述了发电机冷却试验程序，及“在正常发电系统不工作时的运行”条款的具体要求。

9.5.3.1.2　FAA 和 EASA 差异分析

根据 CS-29BOOK2 的规定，现行有效的 CS29.1351 的可接受的符合性验证方法（AMC）与 FAAAC29-2C-Change7（2016 年 2 月 4 日）的 AC29.1351 保持一致，而 FAAAC29-2C-Change7 与现行有效的 FAAAC29-2C-Change8 的 AC29.1351 无差异，所以针对 29.1351 条款要求的符合性验证方法，FAA 和 EASA 无差异。

9.5.3.1.3　经验教训和风险分析

目前欧美国家已有很多型号旋翼航空器获得了型号合格证，已证明其电气系统和设备符合 29.1351 的要求。国内的航空器制造厂家同样具备型号研制经验，已有多种型号直升机完成了适航取证，完成了本条款的符合性验证过程。

该条款为相对成熟的条款，对于其符合性验证，其每一款都有多种方法供选用，根据对多个机型的审定经验，建议按照以下原则来选择合适的符合性验证方法。

(a) 为了能充分证明对条款的符合性，采用的方法可以是任何一种或几种的组合；且尽量采用低成本的方法，以降低审定成本。

(b) 在保证有足够的理由和证据表明对规章的符合性的情况下，尽量采用非试验的方法；如果非试验方法不足以表明对条款的符合性，再考虑单独或补充采用试验的方法。

(c) 当决定采用试验的方法后，还应对采用 MC4/MC5/MC6 中的哪一种做出决策，能用 MC4 或 MC5 验证的就不用 MC6，以在保护飞机安全的前提下，加快飞机审定进度和降低审定成本；对于用 MC4 或 MC5 不能完成验证或不能充分验证的条款要求，则可用 MC6 去完成验证或补充验证，以充分证明条款的适用性，毕竟条款涉及的系统或设备是在飞行的飞机上运行的。

(d) 对于符合性验证方法已选用 MC5 或 MC6 的，原则上不必同时用 MC4，以避免重复。

### 9.5.3.2　符合性验证工作流程及具体要求

本条款可通过以下方法进行符合性验证：设计评审（MC1）、分析/计算（MC2）、安全评估（MC3）、试验室试验（MC4）、地面试验（MC5）、飞行试验（MC6）和设备鉴定（MC9）。

(a) MC1 设计评审。验证条款：29.1351(b)(Ⅰ)、(b)(Ⅱ)、(b)(Ⅴ)、(b)(Ⅵ)、(c)、(d)(Ⅰ)、(d)(Ⅰ)。

本条款设计评审包括电源系统设计方案和设计图纸。

(Ⅰ) 电源系统设计方案。电源系统设计方案应阐述清楚系统的组成、功能、工作原理，以表明：

(ⅰ) 单发和双（多）发均能正常供电；

(ⅱ) 任意发电机失效，剩余发电机能够继续向重要负载供电，在全部发电机失效后，可由应急电源继续向重要负载供电。

（Ⅱ）设计图。也可通过设计图纸表明以下内容。

（ⅰ）应急电源的所有部件和布线在电气上及机械上均独立于正常的发电系统，任何单一故障都不会导致丧失发电系统和应急电源。

（ⅱ）对于A类旋翼航空器，备有的措施（包括导线均具有自熄性，发电系统和应急电源备有相关的保护装置）保证不会发生包括导线束或接线盒失火在内的单一失效；在丧失发电系统的情况下，能够自动切换由应急电源向重要负载供电，而无须飞行机组的人员进行相应的操作。

（ⅲ）电源控制开关安装于驾驶员伸手可达的位置，机组成员在座位上就能切断各电源控制开关。

（ⅳ）必要的监控措施能够确保对电压、电流等发电系统参量的监控需要。

（ⅴ）机上外部电源连接器及其控制电路的专门设计能够确保反极性或逆相序的外部电源不能向机上供电。

(b) MC2分析/计算。验证条款：29.1351 (a)(Ⅰ)、(a)(Ⅱ)、(b)(Ⅰ)、(b)(Ⅱ)、(d)(Ⅰ)、(d)(Ⅱ)(ⅰ)。

通过电气负载分析的方法对所选择的电源系统的容量是否满足整机负载的用电需求进行验证。在负载分析时，应计算出航空器全机用电设备在各个不同飞行状态及可能的工作时间下的用电量，并与计算出的电源系统容量进行比较，以表明：

（Ⅰ）发电系统的容量应能分别在双（多）发供电、单发供电时满足各飞行状态的全机负载的用电需求；

（Ⅱ）应急电源的容量应能满足在VFR下的旋翼航空器至少5分钟的用电需求，对于A类旋翼航空器，应能满足全机重要负载至少30分钟的用电需求。

（Ⅲ）任意电源的失效或故障不会造成危险或损害其余的电源向重要负载供电的能力，同时也符合29.1309(e)的要求。

(c) MC3安全评估。验证条款：29.1351 (a)(Ⅱ)、(d)(Ⅱ)(ⅱ)。

对于所选择的发电容量、电源数量、种类，可以通过电源系统安全性分析来验证其对29.1309条的符合性。

系统安全分析包括系统功能危险性分析、各组成部件的故障模式和影响分析、故障树分析、区域安全性分析。其中在功能危险性分析中，应分析在各个飞行阶段，根据电源系统可能的功能失效模式对航空器和乘员的影响，评估出系统失效危险性等级；在故障树分析中，根据所建的故障树，进行定性和定量的分析，分别计算出电源各失效模式发生的概率，对于A类旋翼航空器，分析的结果应表明，电源全部丧失即电源灾难性故障模式发生的概率应小于$1\times10^{-9}$，即极不可能发生；电源危险性故障模式发生的概率应小于$1\times10^{-7}$，即不可能发生，以符合第29.1309(b)(d)的要求。

(d) MC4试验室试验、MC5相关产品地面试验。验证条款：29.1351(b)(Ⅰ)、(b)(Ⅱ)、(b)(Ⅲ)、(b)(Ⅳ)、(c)、(d)(Ⅰ)、(d)(Ⅱ)(ⅰ)、(d)(Ⅱ)(ⅲ)。

对于电源系统供电特性、故障保护功能，可选择在试验室的电源系统台架试验进行，也可以选择在电源系统机上地面试验进行。当采用试验室试验时，电源系统在台架上的布置应能代表其在旋翼航空器上的实际安装，各部件（型号、规格）及其布线（型号、规格和长度）都与机上实际安装一致，所配备的可调模拟负载应能代表全机用电设备的变化。

（Ⅰ）电源系统稳态特性试验。通过发电机单发和并网稳态特性试验，测量发电机单发和并网工作时发电机端和负载设备端电压，其应符合设计要求。

（Ⅱ）电源系统瞬变特性试验。模拟电源系统的各种瞬变，测量瞬变前后负载设备端的电压变化，其不应超出设计要求的范围。

（Ⅲ）电源系统故障保护功能试验。模拟单发和全发故障，验证此两种故障均不会导致机上重要负载供电的丧失；对于 A 类航空器的全发故障，电源的切换应自动完成，而无须飞行机组成员进行相应操作。

（Ⅳ）外部电源地面供电试验。断开机上所有电源，将外部电源接到机上后，接通外部电源，验证机上负载应得到供电；断开外部电源，调换其极性或相序后，再接通外部电源，验证机上负载应未得到供电。

（Ⅴ）应急电源地面供电试验。测出机上开始应急供电至应急电源电压降至负载可接受的最低电压时的间隔时间，其即为应急电源的工作时间。要求在 VFR 下的旋翼航空器应急电源的工作时间至少 5 分钟，而对于 A 类旋翼航空器，由于其持续安全飞行和降落至少需要 30 分钟的飞行时间，其应急电池的工作时间应大于 30 分钟。

如果应急电源是蓄电池，则应在试验前对其进行充、放电，使其容量为额定容量的 72% 后再安装于机上开始试验。

（e）MC6 飞行试验。验证条款：29. 1351（a)(Ⅰ)、(a)(Ⅱ)、(b)(Ⅰ)、(b)(Ⅱ)、(b)(Ⅴ)、(b)(Ⅵ)、(d)(Ⅰ)(ⅰ)。

（Ⅰ）电源系统供电特性试飞。实测单发、双（多）发及应急供电状态下的各发电机及应急电源输出电压，其值应符合设计要求。

（Ⅱ）电气负载飞行实测。以此作为电气负载分析方法的补充，即在航空器各飞行状态下，测量双发（多发）并联供电和单发供电各发电机的负载电流，并将各飞行状态下总的负载电流与发电机容量进行比较，以表明发电机的容量满足机上用电需求。

（Ⅲ）发电机冷却试验。在航空器各种飞行状态下，实测发电机温度以及输出端电流，并对实测的发电机的温度值进行修正，以表明在各种飞行状态下，发电机的温度不会超出规定的限制，发电机供电功能正常，可满足全机用电设备的需求。

（Ⅳ）试飞机组评定。对电压、电流在内的发电系统必要参量的监控措施的布置，应急情况下电源切断措施的可达性进行评估，以验证其对本条（b）款的符合性。

（f）设备鉴定。验证条款：29. 1351(b)。

利用供应商提供的发电机资料，包括图样、工艺目录以及试验室试验大纲和报告等，表明发电机满足技术规范的要求。发动机驱动的直流发电机/启动发电机有 CTSO-C56b 的要求，在选择启动发电机时可优先选择具有 CTSOA 证书的。

### 9.5.3.3 符合性验证资料

对于 CCAR29. 1351 各款的验证，可根据采用的符合性验证方法（MOC）从表 9-33 中选择适合的符合性验证资料。

表 9-33 CCAR29. 1351“总则”的符合性验证资料

| 规章要求 | MOC | 符合性资料 |
| --- | --- | --- |
| (a)电气系统容量。对于所需的发电容量、电源数目和种类规定如下：<br>(Ⅰ)必须由电气负载分析确定；<br>(Ⅱ)必须满足 29. 1309 条的要求 | 2<br>6<br>3 | 电气负载分析报告<br>电源系统飞行试验大纲和报告<br>电源系统安全分析报告 |

续表

| 规章要求 | MOC | 符合性资料 |
| --- | --- | --- |
| (b)发电系统。发电系统包括电源、主电源汇流条、传输电缆以及有关的控制、调节和保护装置。发电系统的设计必须符合下列规定 | 1 | 电源系统设计方案 |
| (Ⅰ)电源在单独工作或并联运行时功能正常 | 1<br>2<br>4<br>5<br>6<br>9 | 电源系统设计方案<br>电气负载分析报告<br>电源系统试验室试验大纲和报告<br>电源系统地面试验大纲和报告<br>电源系统飞行试验大纲和报告<br>设备合格性文件 |
| (Ⅱ)任意电源的失效或故障均不得造成危险或损害其余的电源向重要负载供电的能力 | 1<br>2<br>4<br>5<br>6 | 电源系统设计方案<br>电气负载分析报告<br>电源系统试验室试验大纲和报告<br>电源系统地面试验大纲和报告<br>电源系统飞行试验大纲和报告 |
| (Ⅲ)在任何可能的运行条件下,重要负载设备 | 4 | 电源系统试验室试验大纲和报告 |
| 端的系统电压和频率(如果适用)均能保持在该设备的设计限制范围之内 | 5 | 电源系统地面试验大纲和报告 |
| (Ⅳ)因切换、清除故障或其他原因而引起的系统瞬变不会使重要负载不工作,且不会造成冒烟或着火的危险 | 4<br>5 | 电源系统试验室试验大纲和报告<br>电源系统地面试验大纲和报告 |
| (Ⅴ)备有在飞行中相应机组成员容易接近的措施,以将各电源与该主汇流条单独断开或一起断开 | 1<br>6 | 电源系统设计图纸<br>电源系统飞行试验大纲和报告 |
| (Ⅵ)备有措施向相应机组成员指示发电系统安全运行所必需的系统参量,如每台发动机的输出电压和电流 | 1<br>6 | 电源系统设计图纸<br>电源系统飞行试验大纲和报告 |
| (c)外部电源。如果备有设施将外部电源接到旋翼航空器上,且该外部电源能与除用于发动机启动之外的其他设备相连接,则必须有措施确保反极性或逆相序的外部电源不能向该旋翼航空器的电气系统供电 | 1<br>5 | 电源系统设计图纸<br>电源系统地面试验大纲和报告 |
| (d)无正常电源时运行<br>(Ⅰ)必须通过分析、试验或者储用来表明,当正常电源(除蓄电池之外的电源)不工作、燃油(从熄火和重新启动能力考虑)为临界状态,且旋翼航空器最初处于最大审定高度的情况下,旋翼航空器能按目视飞行规则安全飞行至少5分钟<br>电气系统中满足下列条件的部分才可以保持接通 | 2<br>5 | 电气负载分析报告<br>应急电源地面供电试验大纲和报告 |
| (ⅰ)包括导线束或接线盒起火在内的单个故障不会导致丧失断开部分和接通部分 | 1<br>4 | 电源系统设计图纸<br>电源系统试验室试验大纲和报告 |
| (ⅱ)接通部分在电气上和机械上与断开部分隔 | 1 | 电源系统设计图纸 |
| (Ⅱ)对于A类旋翼航空器:<br>(ⅰ)除非能够表明丧失正常发电系统为极不可能,否则必须提供一个独立于正常发电系统的应急电源系统,并且其能为持续安全飞行和着陆所需的所有系统提供足够的电能 | 1<br>2<br>4<br>5<br>6 | 电源系统设计方案<br>电气负载分析报告<br>电源系统试验室试验大纲和报告<br>电源系统地面试验大纲和报告<br>电源系统飞行试验大纲和报告 |
| (ⅱ)对于将会导致丧失正常和应急发电系统的失效(包括接线盒、控制板或导线束失火等),必须表明其发生为极不可能 | 1<br>3 | 电源系统设计图纸<br>电源系统安全分析报告 |
| (ⅲ)与安全性直接相关的系统必须在丧失正常发电系统的情况下无须飞行机组的动作即能持续工作 | 1<br>4<br>5 | 电源系统设计图<br>电源系统试验室试验大纲和报告<br>电源系统地面试验大纲和报告 |

#### 9.5.3.4 审定要点

审查中需要关注的一般要素和审查重点如下：

(a) 发电容量、电源数目和种类是否与电气负载分析得出的结果相一致；

(b) 电源系统在单独工作和并联工作时的功能是否正常；

(c) 电源系统的失效和故障是否满足安全性要求；

(d) 将各电源与该主汇流条断开的措施是否易接近；

(e) 是否有指示发电系统安全运行所必需的系统参量的措施；

(f) 外部电源是否有防差错设计措施；

(g) 无正常电源时在条款规定的条件下的安全飞行时间是否至少达到 5 分钟，且之后的应急供电时间是否符合要求。

### 9.5.4 EH. 1353 电气设备及安装

#### 9.5.4.1 国内外符合性验证方法分析

9.5.4.1.1 FAAAC 相关分析

FAA 颁布过 3 项与 FAR29. 1353 相关的咨询通告，如表 9-34 所示。

表 9-34 FAR29. 1353 相关咨询通告

| 咨询通告编号 | 标题名称 | 生效时间 | 有效性 |
|---|---|---|---|
| AC29-2A | Certification of Transport Category Rotorcraft | 1987. 9. 16 | 无效 |
| AC29-2B | Certification of Transport Category Rotorcraft | 1997. 7. 30 | 无效 |
| AC29-2C | Certification of Transport Category Rotorcraft | 2018. 7. 2 | 有效，适用于当前有效的 CCAR29 要求 |

(a) 于 1997 年 7 月 30 日生效，现已取消的 AC29-2B 中第 36 部分“电气系统和设备”653-29. 1353 是针对 FAR29. 1353 第 14 次修正案修订之后的条款要求所颁布的咨询通告。在 653-29. 1353(b)(Ⅱ)“蓄电池安装”中分（ⅰ）（ⅱ）（ⅲ）款，仅对除去蓄电池腐蚀性气体或液体的通风和排液方法、符合 29. 1353(c)(Ⅵ)(ⅱ) 的温度传感器安装位置、关于蓄电池安装的其他方面的资料进行描述。

(b) 现行有效的 AC29-2C-Change8 的 AC29. 1353 与 AC29-2B 的 653-29. 1353(a)(b)(Ⅰ) 内容相同，均对 29. 1353(a)(b) 进行了相关说明，阐明了对电气设备、系统的安装满足 29. 1353(a) 的试验验证标准及验证方法，布线的安装设计要求，给出电气系统安装指南及其符合性检查方面的特别关注点。

而现行有效的 AC29-2C-Change8 在 AC29. 1353 的 (b)(Ⅱ) 蓄电池安装和 AC29AC29-2B 的 653-29. 1353 (b)(Ⅱ) 内容的基础上，为满足 29. 1353 (c) 的要求，增加了更多的有关蓄电池安装方面的补充说明，分（ⅰ）（ⅱ）款对蓄电池满足装机要求的安装、蓄电池的替换进行详细描述，而 AC29-2B 的 653-29. 1353 中的(b)(Ⅱ)(ⅰ)～(ⅲ)款内容只是现行有效的 AC29-2C 的 AC29. 1353 中的 (b)(Ⅱ)(ⅰ) 款内容。

现行有效的 AC29-2C 的 AC29. 1353 中的 (b)(Ⅱ)(ⅰ)(A) 款详细描述了满足旋翼航空器要求的如下蓄电池性能指标：蓄电池的容量、蓄电池选择原则、蓄电池内阻抗、蓄电池安装的环境指标；(b)(Ⅱ)(ⅰ) 款除了 AC29-2B 的 653-29. 1353 中 (b)(Ⅱ) 款内容外，还描述了为蓄电池提供功能的必要连接组件的安装要求。

现行有效的 AC29-2C 的 AC29. 1353 中的（b)(Ⅱ)(ⅱ）对蓄电池的替换须考虑的设计和安装问题进行了描述。

(c) 现行有效的 FAR29. 1353 为第 15 次修正案修正后的条款要求，我国当前有效的 CCAR29. 1353 与 FAR29. 1353 的第 15 次修正案保持一致。而目前有效的 AC29-2C-Change8 中的 AC29. 1353，自 2003 年 AC29-2C 进行第 1 次（Change1）修订以后一直沿用至今，虽然它是针对 FAR29. 1353 第 14 次修正案之后条款要求所颁布的咨询通告，但其已包括了对 FAR29 第 15 次修正案新增的 29. 1353(c)(Ⅵ）要求的相关说明，所以目前有效的 AC29-2C-Change8 中的 AC29. 1353 是适用于我国当前有效的 CCAR29. 1353 要求的。

9.5.4.1.2 FAA 和 EASA 差异分析

根据 CS-29BOOK2 的规定，现行有效的 CS29. 1353 的可接受的符合性验证方法（AMC）与 FAAAC29-2C-Change7（日期为 2016 年 2 月 4 日）的 AC29. 1353 保持一致，而 FAAAC29-2C-Change7 与现行有效的 FAAAC29-2C-Change8 的 AC29. 1353 无差异，所以针对 29. 1353 条要求的符合性验证方法，FAA 和 EASA 无差异。

9.5.4.1.3 经验教训和风险分析

目前欧美国家已有很多型号旋翼航空器获得了型号合格证，已证明其电气设备和安装符合 29. 1353 的要求。国内的航空器制造厂家同样具备型号研制经验，已有多种型号直升机完成了适航取证，完成了本条款的符合性验证过程。

该条款为相对成熟的条款，对于其符合性验证，其每一款都有多种方法供选用，根据对多个机型的审定经验，建议按照以下原则来选择合适的符合性验证方法。

(a) 为了能充分证明对条款的符合性，采用的方法可以是任何一种或几种的组合；且尽量采用低成本的方法，以降低审定成本。

(b) 在保证有足够的理由和证据表明对规章的符合性的情况下，尽量采用非试验的方法；如果非试验方法不足以表明对条款的符合性，再考虑单独或补充采用试验的方法。

(c) 当决定采用试验的方法后，还应对采用 MC4/MC5/MC6 中的哪一种做出决策，能用 MC4 或 MC5 验证的就不用 MC6，以在保护飞机安全的前提下，加快飞机审定进度和降低审定成本；对于用 MC4 或 MC5 不能完成验证或不能充分验证的条款要求，则可用 MC6 去完成验证或补充验证，以充分证明条款的适用性，毕竟条款涉及的系统或设备是在飞行的飞机上运行的。

(d) 对于符合性验证方法已选用 MC5 或 MC6 的，原则上不必同时用 MC4，以避免重复。

### 9.5.4.2 符合性验证工作流程及具体要求

(a) MC1 设计评审。本条款设计评审包括系统/设备设计方案、电气布线技术要求、设计图样等。

(Ⅰ) 机上用电系统/设备设计方案。电气系统及设备设计方案应阐述清楚机上用电设备的供电要求，在电磁特性方面所参考的标准，自身的辐射和传导能力，以及在抗电磁干扰方面的考虑，从设计上保证电气系统及设备自身产生的电磁辐射不会产生危害，且具有一定的抗电磁干扰能力。

(Ⅱ) 蓄电池设计方案。蓄电池的设计方案（原理）应阐述清楚以下方面。

(ⅰ) 蓄电池的温度和压力的控制措施。

(ⅱ) 用于启动发动机或辅助动力装置的镉镍蓄电池充电速率的自动控制功能或温度感知和超温警告功能或失效感知和警告功能。

（ⅲ）蓄电池的安装方式和安装位置应能够保证可能逸出的易爆或有害气体在机上积聚不会达到危险量；可能散发的热量和逸出的腐蚀性液体或气体不会对旋翼航空器的结构或其他系统产生影响。

（Ⅲ）电气布线技术要求。应描述清楚旋翼航空器电缆安装技术条件，指明机上电缆的组合、敷设、隔离、系扎、屏蔽保护、防护等规定，以保证重要电路的安全性。

（Ⅳ）设计安装图纸。

（ⅰ）设计安装图应对机上电缆的组合、敷设和相互间隔做出规定，以表明载有大电流的电缆与重要电路电缆在机上的布置满足本条（b）款的要求；

（ⅱ）设计安装图给出的蓄电池的安装方式和安装位置，应能够满足本条款的以下要求：在任何可能的情况下，从蓄电池逸出的易爆或有害气体，在旋翼航空器内的积聚量不得达到危险程度；可能散发的热量和逸出的腐蚀性液体或气体不会对旋翼航空器的结构或其他系统产生影响。

（b）MC4 试验室试验。

（Ⅰ）根据整机电磁兼容技术要求及技术规范的测试项要求和 RTCA DO-160G 的具体要求，编制系统级或设备级电磁兼容试验大纲，对电气系统及设备进行试验室电磁兼容试验，并提供试验报告，以表明其抗干扰能力满足大纲的要求。

（Ⅱ）按照电缆在机上实际的组合、敷设及与其他电缆间隔的布置要求，编制电缆试验大纲，对机上载有大电流的电缆的载流能力进行测试，并提供试验报告，表明电缆在载有大电流故障情况下产生的危害应在评估范围内，不会对飞行安全产生影响。

（Ⅲ）对蓄电池进行以下几项试验：

（ⅰ）测试蓄电池充、放电状态下的温度、压力变化情况，以确定其温度和压力控制措施的有效性；

（ⅱ）完全放电之后，以调定的最大电压或功率充电以及在最不利的冷却条件下充电时，测试蓄电池的温度和压力变化，要求不能有不可控制的升高。

（ⅲ）对镍镉蓄电池配备的充电速率自动控制系统或温度敏感和超温警告系统，或失效敏感和警告系统进行测试，以确定其系统功能的有效性。

（ⅳ）对充电系统或蓄电池装置进行可能的故障试验（包括镍镉电池的短路试验），对蓄电池释放的热量、逸出的气体/液体的成分进行检测，并评估影响，以表明其满足本条（c）款的要求。

（c）MC5 相关产品地面试验。依据整机电磁兼容技术要求，编制机上地面电磁兼容试验大纲，测试机上用电设备交连之后互相之间的兼容性，并提供试验报告，表明电气设备、控制装置和线路的工作不会对安全运行必不可少的任何其他电气部件或系统的同时工作产生不利影响。

（d）MC6 飞行试验。

（Ⅰ）依据整机电磁兼容技术要求，编制电磁兼容性检查试验大纲，检测飞行过程中各用电设备的兼容性情况，以表明对本条（a）款的符合性。

（Ⅱ）在飞行过程中，对机上蓄电池进行以下几项试验：

（ⅰ）在蓄电池供电情况下，检测单体蓄电池的温度和压力，其变化应在可控范围内；

（ⅱ）在“最长持续飞行期间”对蓄电池充电，检测单体蓄电池的温度，要求不能有不可控制的升高；

（ⅲ）蓄电池相关告警信号的可识别性。

(e) MC7 工程符合性检查。编制航空器电缆检查大纲，组织设计、工艺、DMIR 三方进行机上布线检查，重点检查大电流电缆（动力电缆等）、重要电路电缆的组合、防护及与其他电缆的隔离、间隔情况，确保重要电路在面对大电流电缆故障时，损害较小。

(f) MC9 设备鉴定。通过设备合格性证明文件，表明机上电气设备、蓄电池已经过局方批准。以下以蓄电池为例进行说明。

由供应商按下列条件之一提供蓄电池的合格性证明文件。

(Ⅰ) 对于取得 CTSOA 的设备，由供应商提供 CTSOA 证书复印件。

(Ⅱ) 对于 TSO 设备，由供应商提供 VDA 证书复印件；对于 ETSOA 设备，由供应商提供 ETSOA 复印件。

(Ⅲ) 对于随航空器合格审定一起批准的蓄电池，由供应商提供相关的技术规范、试验大纲和报告等技术文件，以证明蓄电池的温度和压力控制，可能散发的热量，逸出的易爆/有害气体、腐蚀性液体/气体，充电速率的控制，超温/失效告警等均满足本条款的要求。其中在蓄电池技术规范中，要求其满足 CTSO-C173a《镍镉、镍氢、铅酸蓄电池组》或 TSO-C173《镍镉和铅酸电池》的要求。

#### 9.5.4.3 符合性验证资料

对于 CCAR29. 1353 各款的验证，可根据采用的符合性验证方法（MOC）从表 9-35 中选择适合的符合性验证资料。

表 9-35 29. 1353“电气设备及安装”的符合性验证资料

| 规章要求 | MOC | 符合性资料 |
| --- | --- | --- |
| (a)电气设备、控制装置和线路的安装，必须使任意部件或系统的工作不会对安全运行必不可少的任何其他电气部件或系统的同时工作产生不利影响 | 1<br>4<br>5<br>6<br>9 | 电气系统/设备设计方案<br>电气系统和设备电磁兼容性试验室试验大纲和报告<br>电气系统电磁兼容性地面试验大纲和报告<br>电磁兼容性飞行试验大纲和报告<br>设备合格性证明文件 |
| (b)电缆的组合、敷设和相互间隔必须使得如果载有大电流的电缆发生故障，对重要电路的损害能减至最低限度 | 1<br>1<br>4<br>7 | 电气布线技术条件<br>电缆安装图<br>电缆试验室试验大纲和报告<br>航空器电缆检查报告 |
| (c)蓄电池必须按下列要求设计和安装<br>(Ⅰ)在任何可能的充电和放电状态下，单体蓄电池的温度和压力必须保持在安全范围之内。当蓄电池(在预先安全放电之后)在下列情况重新充电时，单体蓄电池的温度不得有不可控制的升高：<br>(ⅰ)以调定的最大电压或功率；<br>(ⅱ)最长持续飞行期间；<br>(ⅲ)服役中很可能出现的最不利的冷却条件 | 1<br>4<br>6<br>9 | 蓄电池设计方案<br>蓄电池试验室试验大纲和报告<br>蓄电池飞行试验大纲和报告<br>蓄电池合格性证明文件 |
| (Ⅱ)必须通过试验表明符合本条(c)(Ⅰ)的要求，但是，如果类似的蓄电池和安装方法的使用经验业已表明，使单体蓄电池保持安全的温度和压力不存在问题则除外 | | |
| (Ⅲ)正常工作时，充电系统或蓄电池装置发生任何可能的故障时，从任何蓄电池逸出易爆或有害气体，在旋翼航空器内的积聚量不得达到危险程度 | 1<br>1<br>4<br>9 | 蓄电池设计方案<br>蓄电池安装图<br>蓄电池试验室试验大纲和报告<br>蓄电池合格性证明文件 |

续表

| 规章要求 | MOC | 符合性资料 |
| --- | --- | --- |
| (Ⅳ)蓄电池可能逸出的腐蚀性液体或气体,均不得损坏周围的旋翼航空器结构或邻近的重要设备 | 1<br>1<br>4<br>9 | 蓄电池设计方案<br>蓄电池安装图<br>蓄电池试验室试验大纲和报告<br>蓄电池合格性证明文件 |
| (Ⅴ)能够用于启动发动机或辅助动力装置的每个镉镍蓄电池装置,必须有措施防止蓄电池或某个单体蓄电池短路时所发出的最大热量危及结构或重要系统 | 1<br>1<br>4<br>9 | 蓄电池设计方案<br>蓄电池安装图<br>蓄电池试验室试验大纲和报告<br>蓄电池合格性证明文件 |
| (Ⅵ)能够用于启动发动机或辅助动力装置的镉镍蓄电池必须具有下列系统之一:<br>(ⅰ)自动控制蓄电池充电速率的系统,以防止蓄电池过热;<br>(ⅱ)蓄电池温度敏感和超温警告系统,该系统具有一旦出现超温情况即可将蓄电池与其充电电源断开的措施;<br>(ⅲ)蓄电池失效敏感和警告系统,该系统具有一旦发生蓄电池失效即可将蓄电池与其充电电源断开的措施 | 1<br>4<br>6<br>9 | 蓄电池设计方案<br>蓄电池试验室试验大纲和报告<br>蓄电池飞行试验大纲和报告<br>蓄电池合格性证明文件 |

### 9.5.4.4 审定要点

审查中需要关注的一般要素和审查重点如下：

(a) 机上用电设备的电磁兼容性考虑是否符合 DO160 标准要求；

(b) 电气设备、控制装置和线路的安装是否会对旋翼航空器电磁兼容性产生不利影响；

(c) 电缆的组合、敷设和相互间隔是否符合技术条件要求；

(d) 蓄电池的温度和压力控制措施是否有效；

(e) 蓄电池故障状态下逸出的易爆或有害气体/液体能否得到控制；

(f) 能够用于启动发动机或辅助动力装置的镉镍蓄电池是否设计有本条 (c)(Ⅵ) 款所要求的系统；

(g) 用于启动发动机或辅助动力装置的镉镍蓄电池是否有温度控制措施，能够保证短路时产生的最大热量不会危及重要系统。

(h) 如果采用的是锂电池，按 FAA 咨询通告 AC20-184 的指导方法进行验证。

### 9.5.4.5 特殊审定政策

(a) PS-AIR-20-130-02-01。

FAA 于 2015 年 5 月 20 日颁布了 1 项与 FAR29. 1353 相关的审定政策，即 PS-AIR-20-130-02-01《*Special Condition on Installed Rechargeable Lithium Batteries and Battery Systems on Aircraft*》。

本审定政策针对有关“安装于 23～29 部飞机上的锂电池”专用条件要求及其实施进行指导，其提供了一个此类专用条件的标准清单，仅适用于 23～29 部飞机需要新安装锂电池的项目，具体见表 9-36。表 9-36 所述专用条件要求是对不涉及锂电池安装的当时现有的 23/25/27/29. 1353 要求的补充，对于申请在飞机上新安装锂电池的申请人，除所有其他适用的适航规定外，应满足表 9-36 中适用的专用条件要求。本政策对实施所述专用条件的指导如下。

每个锂电池项目都要求一份符合性验证方法问题纪要。局方发布咨询通告对这些专用条件提供符合性指导。此咨询通告可替代所要求的问题纪要用于表明满足这些专用条件的符合性。符合性验证方法可能会根据局方对特定产品的风险和危害程度的评估而有所不同。

**表 9-36 有关"飞机上安装锂电池"专用条件标准清单**

| SC 编号 | SC 要求 | SC 要求的目的 |
|---|---|---|
| #1 | 在所有可预见的充电或放电条件下，在充电或电池监测系统出现故障时，必须保持安全的电池温度和压力。可充电锂电池的安装必须减少与这些失效相关的所有风险 | 可充电锂电池系统内的电池应设计为最大限度地减少电池温度或压力的自我持续、不受控制的升高的影响，这些升高可能由所有可预见的充、放电条件引起 |
| #2 | 可充电锂电池的设计必须防止温度或压力自我持续、不受控制事件的发生 | 可充电锂电池系统的设计应尽量减少由于电池内部的所有故障而导致的自我持续的、不受控制的温度或压力升高的影响 |
| #3 | 任何可充电的锂电池在正常运行时，或由于电池充电系统、监控系统或电池装置的失效而产生的爆炸性或有毒气体，都不能在飞机内积累到危险的数量 | 电池系统在正常运行过程中不应散发任何易燃、有毒或腐蚀性气体、烟雾或液体。电池系统应能够容纳或安全释放在最坏失效状态下可能出现的最大压力积聚。如果蓄电池系统不能承受最大压力，则应包括适当的规定释放电池的压力。排放物只能通过设计的泄压装置逸出<br>在某些浓度下，有害排放物可能是易燃、易爆、腐蚀性或有毒的。安装人员应与制造商合作，以量化和减轻危险排放物的影响。确保飞机安装与电池或电池系统在任何失效状态下可能产生的排放物和温度相容<br>作为缓解措施，在电池或电池系统装置上安装所有通风装置<br>作为缓解措施，为电解液泄漏、有毒或爆炸性气体和碎片(在安装时)提供密封或安全排放 |
| #4 | 对于第 23、第 25、第 27 和第 29 部分飞机，可充电锂电池的安装必须满足 FAR23/25/27/29 飞机 863(a)～(d)的要求 | 可充电锂电池和电池系统的内部和外部材料应满足安装的适用的可燃性认证要求。它们必须满足 FAR23/25/27/29. 863(a)～(d)的要求 |
| #5 | 对于第 29 部分：按照 FAR29. 1309(b)和所有其他相关标准的指导，从任何可充电锂电池溢出的腐蚀性液体或气体不得以这样的方式损坏飞机上周围的结构或相邻系统、设备或电线，以造成较大或更严重的失效状态 | 电池排放的液体或气体不得对周围的结构或任何邻近的系统、设备或电线造成损害。DAL 必须满足 FAR29. 1309(b)和任何其他适用的适航规章的要求 |
| #6 | 每个可充电锂电池装置必须有规定，以防止在电池或其单个电池短路期间，电池可能产生的最大热量对结构或重要系统造成任何危险影响 | 可充电锂电池系统的设计应尽量减少由于电池故障(例如，电池内部短路)或电池短路而导致的自我持续的、不受控制的温度或压力升高的影响。在此失效期间，应防止对邻近或附近的结构或重要系统产生任何危险影响 |
| #7 | 锂电池系统必须具有自动控制电池充电速率的能力，以防止电池过热或过充<br>(ⅰ)一种电池温度传感和超温警告系统，该系统具有在发生超温情况时自动断开电池与其充电源的装置(ⅱ)电池故障传感和警告系统，具有在电池故障时自动断开电池与其充电源的装置 | 锂电池系统应具有保护功能，以防止运行过程中的不安全状况<br>监控和保护系统应自动控制电池的充电速率，以防止任何过充或过热。当这种特殊故障发生时，充电功能应自动断开 |
| #8 | 其功能是飞机安全运行所必需的所有可充电的锂电池装置，必须包含一个监测和警告功能，当电池的电量状态低于被认为可接受的水平时，将向适当的飞行机组人员提供指示 | 当可充电锂电池或电池系统的电量状态低于可接受水平时，任何使用该电池(其功能是飞机安全运行所必不可少的)的飞机，都需要配备能向飞行机组人员精准提供指示的监测和警告功能 |

续表

| SC 编号 | SC 要求 | SC 要求的目的 |
| --- | --- | --- |
| #9 | FAR23/25/27/29.1529 所要求的持续适航文件(ICA)必须包含维护要求，以确保在由电池制造商和生产可充电锂电池或可充电锂电池系统的设备制造商规定的适当间隔内电池充分充电。对于预期的程序，这是必需的，以确保可充电锂电池和锂电池系统不会降低到所规定的足以为飞机系统提供动力的安培小时水平以下。ICA 还必须包含备件存储中电池的维护程序，以防止因在低电量状态下长时间存储而导致充电能力下降或其他损坏而更换电池<br>替换电池必须是 FAA 批准的相同的制造商所供的相同型号的产品。ICA 维护文件中应包括预防措施，以防止对可充电锂电池和可充电锂电池系统的不当操作，此操作可能导致短路或其他由坠落或其他破坏性手段引起的意外冲击损坏，从而导致人身伤害或财产损坏 | ICA 应包含维护要求，以确保可充电锂电池和电池系统的正常维护和运行。如果适用的话，包括 ICA 适航限制条款中列出的任何强制性要求在内的所有上述要求必须得到满足。第 8110.54 号命令为符合性提供了指导 |

## 9.5.5 EH.1355 配电系统

### 9.5.5.1 国内外符合性验证方法分析

#### 9.5.5.1.1 FAAAC 相关分析

FAA 颁布过 3 项与 FAR29.1355 相关的咨询通告，如表 9-37 所示。

表 9-37 FAR29.1355 相关咨询通告

| 咨询通告编号 | 标题名称 | 生效时间 | 有效性 |
| --- | --- | --- | --- |
| AC29-2A | Certification of Transport Category Rotorcraft | 1987.9.16 | 无效 |
| AC29-2B | Certification of Transport Category Rotorcraft | 1997.7.30 | 无效 |
| AC29-2C | Certification of Transport Category Rotorcraf | 2018.7.2 | 有效，适用于当前有效的 CCAR29 要求 |

现行有效的 AC29-2C-Change8 中的 AC29.1355 及 AC29.1355A，是分别针对 FAR29.1355 第 14 次和第 24 次修正案修正之后条款要求所颁布的咨询通告，自 1997 年 AC29-2B 生效以后一直沿用至今，按照 AC29.1355A 的规定，AC29.1355 现仍适用于第 24 次修正案修订后的 29.1355 条，因此现行有效的 AC29-2C 的 AC29.1355 及 AC29.1355A 是适用于我国当前有效的 CCAR29.1355 要求的。

AC29-2C-Change8 中的 AC29.1355 及 29.1355A，对 FAR29.1355 各款进行了详细的解释和说明，其中表明了条款的符合性验证的着眼点。

#### 9.5.5.1.2 FAA 和 EASA 差异分析

根据 CS-29BOOK2 的规定，现行有效的 CS29.1355 的可接受的符合性验证方法（AMC）与 FAAAC29-2C-Change7（日期为 2016 年 2 月 4 日）的 AC29.1355 及 AC29.1355A 保持一致，而 FAAAC29-2C-Change7 与现行有效的 AC29-2C-Change8 的 AC29.1355 及 AC29.1355A 无差异，所以针对 29.1355 条要求的符合性验证方法，FAA 和 EASA 无差异。

#### 9.5.5.1.3 经验教训和风险分析

目前欧美国家已有很多型号旋翼航空器获得了型号合格证，已证明其配电系统符合

29.1355条的要求。国内的航空器制造厂家同样具备型号研制经验，已有多种型号直升机完成了适航取证，完成了本条款的符合性验证过程。

作为专门针对旋翼航空器配电系统的适航条款，其为相对较为成熟的适航要求，国内该条款目前无较大风险。

### 9.5.5.2 符合性验证工作流程及具体要求

(a) MC1 设计评审。

(Ⅰ) 通过电源系统说明性文件对配电系统的设计方案进行说明，阐明旋翼航空器配电系统的组成，一般包括汇流条、电路保护装置（断路器、熔断器）、控制装置（配电控制盒等）、馈电线等，不同构型会有所差异。对配电系统原理进行说明，阐明要求双独立电源供电的重要设备所连接的汇流条及供电转换逻辑，以表明一旦双独立电源中的一个失效，通过自动或手动转换装置的供电转换，由另一个可用电源向该汇流条连接的设备或系统供电，以维持其正常工作。

(Ⅱ) 通过电气系统设计图来表明航空器电源的独立性，以及要求双独立电源供电的设备所连接的汇流条及供电转换逻辑。

(b) MC3 安全评估。

进行电气系统安全评估，包括对配电系统的分析，表明各种故障模式下的电源独立性和配电系统独立性。

(c) MC4 试验室试验、MC5 相关产品上的地面试验、MC6 飞行试验。

对于配电系统电源转换功能的符合性，可选择试验室台架试验验证，也可以选择通过机上地面试验或飞行试验验证。当采用试验室台架试验验证时，受试电源及其配电系统在台架上的布置应能代表其在旋翼航空器上的实际安装，其各部件（型号、规格）及其布线（型号、规格和长度）都与机上实际安装一致。在每一种试验中，通过模拟任意电源故障，验证双独立电源中的一个因故断电后，电源系统可以自动或手动进行电源切换，由剩余可用电源向与重要设备连接的汇流条供电。

### 9.5.5.3 符合性验证资料

对于CCAR29.1355各款的验证，可根据采用的符合性验证方法（MOC）从表9-38选择适合的符合性验证资料。

表9-38 CCAR29.1355“配电系统”的符合性验证资料

| 规章要求 | MOC | 符合性资料 |
|---|---|---|
| (a)配电系统包括配电汇流条、与其相关联的馈电线及每一控制和保护装置 | 1 | 电源系统说明文件 |
| (b)如果民用航空规章要求由两个独立的电源向某些特定的设备或系统供电，则这些设备或系统的一个电源一旦失效，另一电源（包括其单独的馈电线）必须能自动或手动接通，以维持设备或系统的工作 | 1<br>3<br>4<br>5<br>6 | 电气系统设计图纸<br>安全评估<br>电气系统试验室试验大纲和报告<br>电源系统地面试验大纲和报告<br>电气系统飞行试验大纲和报告 |

### 9.5.5.4 审定要点

审查中需要关注的一般要素和审查重点如下：

(a) 对于向重要设备或系统供电的两个独立电源，其供电是否具有独立性；

(b) 在两个独立电源中的一个发生可能的故障条件下，另一个电源的可用性是否满足条款要求。

## 9.5.6 EH. 1357 电路保护装置

### 9.5.6.1 国内外符合性验证方法分析

9.5.6.1.1 FAAAC 相关分析

FAA 颁布过 3 项与 FAR29. 1357 相关的咨询通告，如表 9-39 所示。

表 9-39 FAR29. 1357 相关咨询通告

| 咨询通告编号 | 标题名称 | 生效时间 | 有效性 |
|---|---|---|---|
| AC29-2A | Certification of Transport Category Rotorcraft | 1987. 9. 16 | 无效 |
| AC29-2B | Certification of Transport Category Rotorcraft | 1997. 7. 30 | 无效 |
| AC29-2C | Certification of Transport Category Rotorcraft | 2018. 7. 2 | 有效，适用于当前有效的 CCAR29 要求 |

于 1997 年 7 月 30 日生效，现已取消的 AC29-2B 中第 36 部分“电气系统和设备”655-29. 1357 和 655A-29. 1357 是针对 FAR29. 1357 第 24 次修正案修订之后的条款要求所颁布的咨询通告。

现行有效的 AC29-2C-Change8 中的 AC29. 1357 和 AC29. 1357A 与已取消的 AC29-2B 中的 655-29. 1357 和 655A-29. 1357 相比，除了对 AC29-2B 中的 655-29. 1357 的（b）（Ⅱ）～（Ⅴ）中的部分用词进行修订，并将原 655-29. 1357 中的（b）（Ⅵ）（Ⅶ）更改为（b）（Ⅶ）（Ⅷ）外，还在 AC29. 1357 中新增了如下部分内容。

（a）在（b）（Ⅳ）中新增“如果必须要对电气故障造成的烟雾进行管理，这些设备对于机组人员应是容易接近的。它们的可达性还应允许机组人员在飞行前轻松地确定它们是否在“跳闸”位置”部分。

（b）增加新的（b）(Ⅵ）“开关是一种经常用来打开或关闭电路的装置。断路器是一种在预定电流过载时自动断开以保护电路的装置。系统这样设计的主要作用是在正常工作中通过开关切断或重置电源。对于这样正常工作情况使用断路器是不可接受的，因为它不能用于其预期的功能。注：如果可以证明开关循环次数可以满足系统使用寿命期间预期的任务，那么对于此功能可以使用一个额定开关断路器”内容。

现行有效的 AC29. 1357(b)(Ⅳ）的新增部分对电路保护装置的可达性进行进一步的补充和扩展说明，新增的 AC29. 1357(b)(Ⅵ）阐明了断路器只能作为过载保护装置使用，而不能将其作为正常工作时接通和断开电源的开关使用。

现行有效的 AC29-2C-Change8 中的 AC29. 1357 及 AC29. 1357A，是针对 FAR29. 1357 第 24 次修正案之后条款要求所颁布的咨询通告，自 2014 年 AC29-2C-Change4 生效以后一直沿用至今。按照 AC29. 1357A 的要求，AC29. 1357 中除了（b)(Ⅰ）之外，其他内容现仍适用于第 24 次修正案修订后的 29. 1357 条，因此现行有效的 AC29-2C 的 AC29. 1357［除了(b)(Ⅰ）款之外］及 AC29. 1357A 是适用于我国当前有效的 CCAR29. 1357 要求的。

AC29-2C-Change8 中的 AC29. 1357 及 29. 1357A，对 FAR29. 1357 各款进行了详细的解释和说明，其中表明了条款的符合性验证的着眼点。

9.5.6.1.2 FAA 和 EASA 差异分析

根据 CS-29BOOK2 的规定，现行有效的 CS29. 1357 的可接受的符合性验证方法（AMC）与 FAAAC29-2C-Change7（日期为 2016 年 2 月 4 日）的 AC29. 1357 及 AC29. 1357A 保持一

致，而FAAAC29-2C-Change7与现行有效的FAAAC29-2C-Change8的AC29.1357及AC29.1357A无差异，所以针对29.1357条要求的符合性验证方法，FAA和EASA无差异。

9.5.6.1.3 经验教训和风险分析

目前欧美国家已有很多型号旋翼航空器获得了型号合格证，已证明其电路保护装置符合29.1357的要求。国内的航空器制造厂家同样具备型号研制经验，已有多种型号直升机完成了适航取证，完成了本条款的符合性验证过程。

作为专门针对旋翼航空器电路保护装置的适航条款，其为相对较为成熟的适航要求，国内该条款目前无较大风险。

### 9.5.6.2 符合性验证工作流程及具体要求

(a) MC1设计评审。用电气系统设计方案（说明）、设计图纸等详细描述。

(Ⅰ) 旋翼航空器各电路采用的自动保护装置如断路器或熔断器，特别是重要负载都有独立的保护措施（包括设备内部的自动复位断路器，其不能替代对设备电缆的保护），不存在共用保护装置的现象；各电路选装的断路器或熔断器的容量的选择满足其电路负载情况和功率大小。

(Ⅱ) 发电机系统采用的保护和控制保护装置及其原理，当某个主电源系统发生过压、欠压、短路等故障时，其发电机控制器能够自动控制断开该主电源接触器，将故障系统自动且迅速隔离。

(Ⅲ) 在电气系统保护装置面板（例如断路器板或断路器盒）上标明其用途和“通”“断”状态。

(Ⅳ) 旋翼航空器各电路保护装置的安装位置，表明其可达性。

(b) MC4试验室试验、MC5相关产品上的地面试验。通过电气系统试验室或机上、地面模拟各种故障，包括发电机相关的故障，表明：

(Ⅰ) 发电系统的保护装置可以在发电机故障时能迅速地将故障发电机及其输电设备与其相关的汇流条断开，将故障自动隔离；

(Ⅱ) 每个可复位型电路保护装置，当电路发生过载或电路故障时，无论其操作位置如何，均能断开电路。

(c) MC6飞行试验。通过试飞机组的评估，对于要求必须复位的断路器和可更换的熔断器，考核其是否容易在飞行中被复位或者更换，主要判断以下内容：

(Ⅰ) 保护装置的标示是否清楚、无歧义；

(Ⅱ) 保护装置的布置是否可达，便于复位操作或更换；

(Ⅲ) 如果采用了熔断器，是否有足够的备用件。

(d) MC9设备鉴定。供应商提供的设备或器件的符合性资料。

### 9.5.6.3 符合性验证资料

对于CCAR29.1357各款的验证，可根据采用的符合性验证方法（MOC）从表9-40选择适合的符合性验证资料。

表9-40 CCAR29.1357“电路保护装置”的符合性验证资料

| 规章要求 | MOC | 符合性资料 |
|---|---|---|
| (a)必须采用自动保护装置，在线路发生故障或在系统或所连接的设备发生严重失灵时，最大限度地减小对电气系统的损坏和对旋翼航空器的危险 | 1 | 电气系统设计方案（说明书） |
| | 1 | 电气系统设计图 |
| | 9 | 设备符合性资料 |

续表

| 规章要求 | MOC | 符合性资料 |
|---|---|---|
| (b)发电系统中保护和控制装置的设计，必须能足够迅速地断电，并将故障电源和输电设备与其相关联的汇流条断开，防止出现危险的过压或其他故障 | 1<br>1<br>4<br>5<br>9 | 电气系统设计方案(说明书)<br>电气系统设计图<br>电气系统试验室试验大纲和报告<br>电气系统地面试验大纲和报告设备符合性资料 |
| (c)每个可复位型电路保护装置的设计，必须在发生过载或电路故障时，无论其操作位置如何，均能断开电路 | 4<br>5<br>9 | 电气系统试验室试验大纲和报告<br>电气系统地面试验大纲和报告<br>设备符合性资料 |
| (d)如果飞行安全要求必须有使其某一断路器复位或更换某一熔断器的能力，则这种断路器或熔断器的位置和标识必须使其在飞行中易被复位或更换 | 1<br>1<br>6 | 电气系统设计方案(说明书)<br>断路器板和熔断器板安装图<br>电气系统飞行试验大纲和报告 |
| (e)每个重要负载电路必须具有单独的电路保护，但不要求重要负载系统中的每个电路(如系统中的每个航行灯电路)都有单独的保护 | 1<br>1 | 电气系统设计方案(说明书)<br>电气系统设计图 |
| (f)如果采用熔断器，则必须有备用熔断器供飞行中使用。其数量至少应为保护整个电路所需的每种规格熔断器数量的50% | 6<br>9 | 电气系统飞行试验大纲和报告<br>设备符合性资料 |
| (g)如果对于设备的供电电缆已有电路保护，则可采用自动复位断路器作为该电气设备自身装有的保护器 | 1<br>9 | 电气系统设计方案(说明书)<br>设备符合性资料 |

#### 9.5.6.4 审定要点

审查中需要关注的一般要素和审查重点如下：

(a) 电气系统各电路是否安装了自动保护装置；

(b) 发电系统中保护和控制装置的设计能否保证在电源系统故障时迅速断电；

(c) 出于飞行安全考虑的断路器或熔断器的位置和标识在飞行中是否易被复位或更换；

(d) 每个重要负载电路是否都具有单独的电路保护；

(e) 若采用了熔断器，备用熔断器的数量是否满足条款要求。

### 9.5.7 EH. 1359 电气系统防火和防烟

#### 9.5.7.1 国内外符合性验证方法分析

##### 9.5.7.1.1 FAAAC 相关分析

FAA 颁布过 3 项与 FAR29. 1359 相关的咨询通告，如表 9-41 所示。

表 9-41 FAR29. 1359 相关咨询通告

| 咨询通告编号 | 标题名称 | 生效时间 | 有效性 |
|---|---|---|---|
| AC29-2A | Certification of Transport Category Rotorcraft | 1987. 9. 16 | 无效 |
| AC29-2B | Certification of Transport Category Rotorcraft | 1997. 7. 30 | 无效 |
| AC29-2C | Certification of Transport Category Rotorcraf | 2018. 7. 2 | 有效，适用于当前有效的 CCAR29 要求 |

于 1997 年 7 月 30 日生效，现已取消的 AC29-2B 中第 36 部分“电气系统和设备”656-29. 1359 是针对 FAR29. 1359 初版修订之后的条款要求所颁布的咨询通告。

在 1998 年 9 月 8 日生效的第 29-42 号修正案中，FAR29. 1359 增加了 29. 1359(c) 要求导线和电缆的绝缘材料自熄性能应满足规定的燃烧试验标准。而现行有效的 AC29-2C-Change8 中的 AC29. 1359，虽经由 AC29-2B 到 AC29-2C 的升版和历次更改，但其内容始终与自 1997 年 7 月 30 日生效的 AC29-2B 保持一致，并未补充对第 29-42 修正案新增的 FAR29. 1359(c) 的相应说明，所以现行有效的 AC29-2C-Change8 中的 AC29. 1359 仅适用于我国当前有效的 CCAR29. 1359(a)(b) 要求。

AC29-2C-Change8 中的 AC29. 1359，对 FAR29. 1359(a)(b) 要求进行了详细的解释和说明，给出了对导线和电连接器的 FAR29. 1359(a)(b) 符合性验证的相关指导，包括导线适用的耐火标准和耐火符合性验证方法。

9.5.7.1.2 FAA 和 EASA 差异分析

根据 CS-29BOOK2 的规定，现行有效的 CS29. 1359 的可接受的符合性验证方法（AMC）与 FAAAC29-2C-Change7（日期为 2016 年 2 月 4 日）的 AC29. 1359 保持一致，而 FAAAC29-2C-Change7 与现行有效的 FAAAC29-2C-Change8 的 AC29. 1359 无差异，所以针对 29. 1357 条要求的符合性验证方法，FAA 和 EASA 无差异。

9.5.7.1.3 经验教训和风险分析

对于本条的符合性，推荐采用 MC1 和 MC9 两种方法叠加验证。

首先用适当的说明性文件表明电气系统所有部件布置区域、电缆敷设区域满足第 29. 863 条可燃液体的防火要求和第 29. 831 条通风要求，其中对于指定火区内供应急程序使用的所有设备、电缆、接线端的布置和安装还满足本条款的耐火要求。

对本条（a）款涉及的电气系统部件，（b）款涉及的指定火区内供应急程序使用的所有设备、电缆、接线端，（c）款涉及的旋翼航空器上安装的导线和电缆的绝缘材料，要求其供应商提供满足本条相应要求的合格证明材料。

### 9.5.7.2 符合性验证工作流程及具体要求

(a) MC1 设计评审。以符合性说明和电气部件布置图、电缆敷设图等文件表明：

(Ⅰ) 电气系统所有部件、电线和电缆布置区域和安装方式满足 29. 831 条和 23. 863 条有关防火和防烟要求；

(Ⅱ) 指定防火区内供应急程序使用的所有设备、电缆、接线端的布置和安装满足本条款的耐火要求。

(b) MC3 安全评估。对可能逸出可燃液体的区域进行安全性分析，分析电气故障、设备过热和防护装置失效对可燃液体造成的影响，以表明电气系统部件满足第 29. 863 条有关可燃液体的防火要求。

(c) MC9 设备鉴定。供应商提供：

(Ⅰ) 电气系统所有部件满足本条款防火和防烟要求的合格证明文件；

(Ⅱ) 指定火区供应急程序使用的所有设备、电缆和接线端满足本条款耐火性要求的合格证明材料；

(Ⅲ) 航空器所有导线和电缆绝缘层满足本条款自熄性要求的合格证明材料。

### 9.5.7.3 符合性验证资料

对于 CCAR29. 1359 各款的验证，可根据采用的符合性验证方法（MOC）从表 9-42 选择适合的符合性验证资料。

表 9-42 CCAR29.1359“电气系统防火和防烟”的符合性验证资料

| 规章要求 | MOC | 符合性资料 |
|---|---|---|
| (a)电气系统的部件必须满足 29.831 条和 29.863 条中有关的防火和防烟要求 | 1<br>1<br>3<br>9 | 符合性说明文件<br>电缆敷设图、电气系统部件布置图<br>可燃液体区域安全分析<br>电气部件防火和防烟合格证明文件 |
| (b)装在指定火区之内供应急程序使用的电缆、接线端以及设备必须至少是耐火的 | 1<br>1<br>9 | 符合性说明文件<br>电缆敷设图、电气系统部件布置图<br>设备、电缆、接线端耐火性合格证明文件 |
| (c)旋翼航空器上安装的导线和电缆的绝缘材料,在按中国民用航空规章第 25 部分附件 F 第 Ⅰ 部分(a)(Ⅲ)试验时必须是自熄的 | 9 | 导线和电缆绝缘材料自熄性合格证明文件 |

### 9.5.7.4 审定要点

审查中需要关注的一般要素和审查重点如下。

(a) 29.831 条和 29.863 条中的相关审定要素；提供的安全性分析文件是否足够证明电气系统防火防烟的安全性符合要求。

(b) 指定火区内供应急程序使用的电缆、接线端以及设备是否具有耐火性。

(c) 导线和电缆的绝缘材料在规定的试验中是否自熄。

### 9.5.7.5 特殊审定政策

FAA 于 2017 年 7 月 21 日颁布了 1 项与 FAR29.1359 相关的审定政策，即 PS-AIR-2X-1701《*Acceptable Methods for Demonstrating Compliance With Flammability Requirements includingTraceability to Previously Approved Data*》。

本审定政策对包括 FAR29.1359（c）在内的可燃性要求提供了另一种可接受的符合性验证方法，即在 STC 或 ASTC 合格审定期间，以对以前 TC 或 ATC 批准的符合性数据的比较分析或可追溯性为基础来证明可燃性要求的符合性，以此替代以实物或电子方式提交证实数据为基础的符合性验证方法。

本政策所述符合性验证方法适用于本政策生效当日或之后的 STC 和 ASTC 合格审定项目。如果申请日期早于本政策生效日期，且符合性验证方法已被 FAA 批准，申请人可以选择遵循以前可接受的符合性方法或遵循本政策中包含的指导。

## 9.5.8 EH.1363 电气系统试验

### 9.5.8.1 国内外符合性验证方法分析

#### 9.5.8.1.1 FAAAC 相关分析

FAA 颁布过 3 项与 FAR29.1363 相关的咨询通告，如表 9-43 所示。

表 9-43 FAR29.1363 相关咨询通告

| 咨询通告编号 | 标题名称 | 生效时间 | 有效性 |
|---|---|---|---|
| AC29-2A | Certification of Transport Category Rotorcraft | 1987.9.16 | 无效 |
| AC29-2B | Certification of Transport Category Rotorcraft | 1997.7.30 | 无效 |
| AC29-2C | Certification of Transport Category Rotorcraft | 2018.7.2 | 有效，适用于当前有效的 CCAR29 要求 |

现行有效的 AC29-2C-Chang8 中的 AC29.1363 与已取消的 AC29-2B 中的 657 § 29.1363

相比，其内容除了将引用的旋翼航空器直流电气系统标准试验程序咨询通告编号由原来AC29-2B的“777”更改为AC29-2C的“AC29MG2”外，其他内容完全一致。

现行有效的AC29-2C-Chang8中的AC29. 1363是针对FAR29. 1363初版条款要求所颁布的咨询通告，除（b)(Ⅳ）款外，AC29. 1363其他的内容不涉及CCAR29. 1363与FAR29. 1363的差异，因此AC29. 1363［（b)(Ⅳ）款除外］是适用于我国当前有效的CCAR29. 1363的。AC29. 1363(b)(Ⅳ)提出“还应进行有限的机上试验，以证明试验室驱动装置的响应能否充分模拟旋翼航空器发动机在正常和故障状态的响应”的建议，针对的是FAR29. 1363(a)(Ⅲ）符合性验证，其中的“传动装置”在CCAR29. 1363(a)(Ⅲ）中表述为“传动位置”，因此AC29. 1363(b)(Ⅳ）不适用于现行有效的CCAR29. 1363。

AC29-2C-Chang8中的AC29. 1363，对FAR29. 1363条款要求进行了补充的说明和解释，推荐了适用的试验程序AC29MG2，对模拟配电系统布线的电气特性及采用模拟负载箱试验室试验给出了相关指导，建议由机上试验的方法验证FAR29. 1363(a)(Ⅲ）的符合性。

9.5.8.1.2　FAA和EASA差异分析

根据CS-29BOOK2的规定，现行有效的CS29. 1363的可接受的符合性验证方法（AMC）与FAAAC29-2C-Change7（日期为2016年2月4日）的AC29. 1363保持一致，而FAAAC29-2C-Change7与现行有效的AC29-2C-Change8的AC29. 1363无差异，所以针对29. 1363条要求的符合性验证方法，FAA和EASA无差异。

9.5.8.1.3　经验教训和风险分析

对于在审机型的电气系统试验室试验，为取得有效的试验数据，在试验前，适航部门应对受试的电气设备布置和发电机模拟驱动装置的响应进行审查，要求其必须在符合本条（a）款的要求后，才能开展试验。

(a) 受试设备应按如下进行布置：受试系统各组成部件包括发电机，负载设备以及连接的线缆尽可能地与机上实际安装保持一致，其中要求发电机必须是真件；必要时，试验负载设备可选择满足飞机电气系统试验公认标准要求的模拟负载箱、电子负载柜来替代实际机上电气负载，以保证其能够可靠地模拟机上实际电气负载的变化；试验线缆的牌号、规格必须与机上一致，而其长度、捆扎方式和接地方式也应尽可能地与机上一致。

(b) 发电机模拟驱动装置对发电机加载的反应，推荐采用MC4、MC5两种方法组合进行验证，在试验室发电机可以用电力拖动台模拟驱动，先是按照相关的飞机电气系统试验公认标准要求在试验室对发电机拖动台（与所选的负载设备连接）进行测试，再将其试验数据与机上实际发电机驱动装置测试数据进行比较，其结果应满足飞机电气系统试验公认标准对试验室驱动装置的要求。

为符合本条（b）款，适航部门应对电气系统飞行试验大纲进行审查，要求申请人必须将通过试验室或地面试验不能充分验证的电气系统环境条件试验项目或飞行状态试验项目，如发电机冷却试验和电源系统飞行试验纳入飞行试验计划中。

### 9.5.8.2　符合性验证工作流程及具体要求

(a) MC4试验室试验。

(Ⅰ) 为符合29. 1363(a）要求，对在试验室进行的电气系统试验具体要求如下：

(ⅰ) 试验发电机应与旋翼航空器实际安装的发电机相同；

(ⅱ) 受试设备应尽可能地使用和旋翼航空器相同的布置，如果用负载箱替代的话，负载箱的电气特性应尽可能地与被替代设备特性相同；

(ⅲ) 试验的配电线路，包括导线的规格、型号及长度应和旋翼航空器上一致，电缆捆扎和接地方式也应尽可能地一致；

(ⅳ) 试验室驱动装置对发电机的驱动方式应与旋翼航空器一致。

(Ⅱ) 通过试验室试验，对试验室发电机驱动装置相关特性进行测试，获得相应的数据。

(b) MC5相关产品地面试验。

通过机上地面试验，对机上发电机实际的驱动装置相关特性进行测试，获得的试验数据与试验室发电机驱动装置特性试验数据进行比较，其差值应在适航当局可接受的相关试验标准的允许范围内，以验证试验室发电机传动装置已充分模拟了旋翼航空器上发电机实际的驱动装置对发电机加载的反应。

(c) MC6飞行试验。

对于必须在飞行状态下验证的电气系统试验项目如电源系统供电功能试飞试验和发电机冷却试飞试验等，应按照经适航部门批准的飞行试验大纲进行飞行试验来验证，并完成飞行试验报告，以表明在飞行状态下，电气系统相关功能正常。

### 9.5.8.3 符合性验证资料

对于CCAR29.1363各款的验证，可根据采用的符合性验证方法（MOC）从表9-44中选择适合的符合性验证资料。

表9-44 CCAR29.1363“电气系统试验”的符合性验证资料

| 规章要求 | MOC | 符合性资料 |
|---|---|---|
| (a)进行电气系统的试验室试验时 | | |
| (Ⅰ)该试验必须使用与旋翼航空器上所用相同的发电设备在实体模型上进行 | 4 | 电气系统试验室试验大纲和报告 |
| (Ⅱ)设备必须模拟配电线路和所接负载的电气特性，其模拟程度要能取得可靠的试验结果 | 4 | 电气系统试验室试验大纲和报告 |
| (Ⅲ)试验室发电机传动位置，必须模拟旋翼航空器上实际的原动机对发电机加载(包括由故障引起的加载)的反应 | 4<br>5 | 发电机试验室试验大纲和报告<br>发电机地面试验大纲和报告 |
| (b)对于在试验室内或通过旋翼航空器地面试验不能适当模拟的每种飞行状态，必须进行飞行试验 | 6 | 电气系统飞行试验大纲和报告 |

### 9.5.8.4 审定要点

审查电气系统试验室试验大纲，其应规定试验室试验所用到的实体模型，试验布置应符合29.1363(a)的要求。

电气系统试验室试验前，按照电气系统试验大纲和相关电气系统布线、安装图审查试验室实体模型、发电机及其传动装置、受试设备及其配电线路、模拟负载，其应符合29.1363(a)的要求。

对比试验室发电机传动装置的响应和机上实际原动机在正常及故障状态的响应，其应满足29.1363(a)(Ⅲ)的要求。

对于试验室试验或地面试验不能充分模拟的飞行状态，如发动机冷却试验，审查其是否已列入飞行试验大纲。

# 第10章

# 其他设备

## 10.1 其他系统概述

### 10.1.1 备用飞行显示器

#### 10.1.1.1 系统组成

仪表板上安装有一个备用飞行显示器，作为主飞行参数信息的备份显示。

#### 10.1.1.2 系统功能

备用飞行显示器可显示姿态、空速、高度、侧滑等主要飞行参数信息，能够在主飞行显示失效的情况下为驾驶员提供备用的飞行参数信息。备用飞行显示器内置有蓄电池，能够不依赖机上电源系统独立工作至少 30min。

#### 10.1.1.3 主要技术参数

设备符合 TSO-C2d、C3e、C4c、C10b、C106、C113a、C179a 的要求。

(a) 姿态。

俯仰角度限制：360°。

俯仰速度：300°/s。

横滚角度：360°。

横滚速率：300°/s。

(b) 高度。

范围：－1500～55000ft

气压修正：28～31inHg。

(c) 空速。

范围：20～500kt。

### 10.1.2 备用磁罗盘

#### 10.1.2.1 系统组成

座舱内安装一个备用磁罗盘，作为主航向信息的备份显示。另外在座舱内有罗差修正表，用于指示航向系统的航向偏差。

#### 10.1.2.2 系统功能

备用磁罗盘感受地磁场，指示当前直升机的磁航向，作为机上主航向信息系统的备份显示。

#### 10.1.2.3 主要技术参数

设备符合 CTSO-C7d 的要求。

(a) 基本误差。磁罗盘基本误差不超过±1°。

(b) 刻度误差。磁罗盘从“N”起每 30°间隔的磁航向上，指示值与实际偏差在 2°以内。

(c) 摩擦误差。刻度盘的摩擦误差不超过±1°。

(d) 阻尼。刻度盘的回程时间大于 1s 且小于 5s；超越平衡位置的最大超调量不小于 15°。

(e) 倾斜误差。磁罗盘纵向倾斜 10°时，在 W 和 E 方位上读数变化不超过±4°。

(f) 倾斜影响。磁罗盘向任意方向倾斜 20°时，刻度盘应在 360°范围内灵活转动。磁罗盘倒置时，刻度盘不会脱落。

(g) 盘旋。常温下，磁罗盘以 30°/s 的角速度转动 360°，分别停在 N、E、W、S 方位上，刻度盘在每一方位上的超调量最大不超过±6°。

(h) 罗差修正。将磁罗盘指示“N”，罗差修正器调整到最低效应时，带罗差修正器与不带罗差修正器时的指示刻度值之差不超过±2°。罗差在每个对应指示的方位上的最大效应值为±（15°～40°）。

(i) 漏液。磁罗盘放置在 12192m 标准高度的压力下 1h 后，没有漏液现象。

(j) 补偿室的作用。磁罗盘在常温下倾斜 20°，观察窗口不会出现气泡。

#### 10.1.2.4 发展趋势

传统分立仪表、气压仪表以及机械仪表等被电子显示仪表代替，除应急磁罗盘外，其功能已驻留在座舱显示系统或其他系统中，如备份飞行显示器等。

### 10.1.3 航空时钟

#### 10.1.3.1 系统组成

航空时钟为一块独立仪表。

#### 10.1.3.2 系统功能

航空时钟能够向飞行员提供现时、航时和测时。直升机断电后，时钟内置电池保持计时功能，在下次供电时，即可显示时钟内部计时存储的时间。

#### 10.1.3.3 主要技术参数

精度：（常温 20～25℃）±0. 5s/d。

工作电压：28VDC。

回零时间：≤1s。

### 10.1.4 飞行参数记录系统

#### 10.1.4.1 系统组成

由飞行参数采集器、独立的飞行参数记录器、快取记录器、惯性开关和三轴加速度计等组成。

#### 10.1.4.2 系统功能

系统能够在直升机飞行的过程中实时记录直升机的有关飞行参数以及各个重要系统的工作状态等信息，并将这些信息保存在飞行数据记录器（FDR）和快取记录器（QAR，选装）中。

#### 10.1.4.3 主要技术参数

系统启动条件：直升机上电启动记录。

记录时间：抗坠毁记录器记录时间不小于 25h，快取记录器记录时间不小于 100h。

坠毁幸存性：CTSO-C124b，不小于 3400g。

记录器：带有水下定位信标，满足 TSO-C121 要求。

### 10.1.5 飞行参数记录系统

#### 10.1.5.1 系统组成

由舱音记录仪、惯性开关、匹配器和麦克风等组成。

#### 10.1.5.2 系统功能

用于记录载机的通话语音、告警语音、告警音响以及驾驶舱舱音，记录时长不小于 2h，循环记录，具体记录下列信息：

(a) 通过无线电在旋翼航空器上发出或收到的通话；

(b) 驾驶舱内飞行机组成员的对话；

(c) 驾驶舱内飞行机组成员使用旋翼航空器内话系统时的通话；

(d) 进入耳机中的导航设备的通话或音频识别信号。

#### 10.1.5.3 主要技术参数

系统启动条件：直升机上电启动记录。

坠毁幸存性：CTSO-C124b，不小于 3400g。

记录器：带有水下定位信标，满足 TSO-C121 要求。

记录时间不小于 2h。

具有惯性开关在感受冲击（≥3g，误差 10%，方向向下）时，能够自动断电。

#### 10.1.5.4 发展趋势

目前飞行参数记录器、舱音记录仪分别为两个独立的单元体，也有数据/舱音二合一的组合体，但是按照中国民航局的要求，建议分别各安装一套，且两个记录器的安装位置有明确的规定。在抗坠毁性能方面由目前的 3400g 向 5100g 或更高的空间发展，未来数据/舱音二合一组合体可能成为主流，飞行参数记录系统和舱音记录系统合二为一，航空云存储是未来的发展趋势。

### 10.1.6 全静压系统

#### 10.1.6.1 系统组成

全静压系统分为左右独立的两套，分别为正副驾驶使用。每套系统包含一个空速管、两个静压孔和一套全静压管路；另外，正驾驶全静压管路还包含一个备用静压源转换开关。全压受感器、静压孔与大气数据计算机、备用飞行显示器之间通过全静压管路相连。全压受感器具有加温功能，在其加温系统中包含雷电抑制器和加温继电器。

#### 10.1.6.2 系统功能

全静压系统通过全压受感器接收外界大气的全压，通过静压孔接收外界大气的静压，通过系统管路将全压、静压传送给机上大气数据系统和备份飞行显示器。全静压系统分为相互独立的左右两套，分别为正、副驾驶员使用；另外，正驾驶全静压系统中还包含一个静压源转换开关，在应急情况下提供备用静压源。

#### 10.1.6.3 主要技术参数

全压受感器符合 CTSO-C16 要求。

空速指示系统误差：

(a) 在速度超过起飞安全速度 80% 的水平飞行中，系统误差不得超过 3% 或 5kt，两者中取大值；

(b) 在速度从低于起飞安全速度 10kt 到超过 $v_y$ 速度 10kt 范围内爬升时，系统误差不得超过 10kt。

静压和气压高度指示系统误差：

(a) 正、副驾驶静压系统的高度读数差值不大于 50ft；

(b) 在海平面标准大气条件下所指示的气压高度误差（不包括仪表校准误差），速度每 100kt 时不超过±30ft，速度小于 100kt 时，气压高度误差不超过±30ft。

### 10.1.7 风挡雨刷

#### 10.1.7.1 概述

风挡雨刷系统可以除去附着在风挡玻璃上的水雾，通过雨刷通断开关可以控制风挡雨刷的接通和断开，通过雨刷快慢开关实现风挡雨刷快速、慢速转换。当雨刷控制开关置于断开位置时，雨刷臂自动运转到复位位置并停止工作。

#### 10.1.7.2 系统功能性能

通过驾驶舱内的三位控制开关控制雨刷的工作状态，雨刷的刮刷范围应满足驾驶舱视野要求，以减小雨雪对飞行员视线的影响。

通过对雨刷控制开关手柄位置的切换实现雨刷工作模式的控制。将雨刷控制开关置于“SLOW（慢速）”位，风挡雨刷工作在慢速状态，刷臂以低频率摆动，去除附着在风挡玻璃上的水雾；将雨刷控制开关置于“FAST（快速）”位，风挡雨刷工作在快速状态，刷臂以高频率摆动，去除附着在风挡玻璃上的水雾；需要停止使用雨刷时，将雨刷控制开关手柄经由“SLOW（慢速）”位置移至“OFF（断开）”位置，刷臂自动复位在风挡中央处，雨刷停止工作，不影响驾驶员视线。

## 10.2 重要条款概述

### 10.2.1 条款原文

#### 10.2.1.1 CCAR29. 1307 其他设备

所需的其他设备规定如下：

(a) 每名乘员一个经批准的座椅；

(b) 除点火以外的电气线路有一个总开关；

(c) 手提灭火器；

(d) 每个驾驶员工作位置一个风挡雨刷或其他等效设备；

(e) 双向无线电通信系统。

### 10.2.1.2 FAR29. 1307 Miscellaneous equipment (Amendment 29-55)

The following is required miscellaneous equipment：

(a) An approved seat for each occupant.

(b) A master switch arrangement for electrical circuits other than ignition.

(c) Hand fire extinguishers.

(d) A windshield wiper or equivalent device for each pilot station.

(e) A two-way radio communication system.

### 10.2.1.3 CS-29. 1307 Miscellaneous equipment (Amendment 8)

The following is required miscellaneous equipment：

(a) An approved seat for each occupant.

(b) A master switch arrangement for electrical circuits other than ignition.

(c) Hand fire extinguishers.

(d) A windshield wiper or equivalent device for each pilot station.

(e) A two-way radio communication system.

## 10.2.2 条款背景和历史沿革分析

### 10.2.2.1 FAA 相关修正案及背景说明

FAR29. 1307 相关的修正案情况如表 10-1 所示。经对修正案涉及的 NPRM 和 Final Rule 进行分析，情况如下。

表 10-1 FAR29. 1307 相关的修正案情况

| 序号 | 条款号 | 标题 | 修正案 | 生效时间 | 现行有效 |
|---|---|---|---|---|---|
| 1 | 29. 1307 | Miscellaneous equipment. | Original | 1965. 2. 1 | |
| 2 | 29. 1307 | Miscellaneous equipment. | 29-12 | 1977. 2. 1 | 与 CCAR 现行有效条款等效 |

(a) 1965 年，FAA 根据原有 CAR，重新编排制定 FAR。以下首先详述 CAR 期间与其他设备相关的修订说明及结果，之后分析此次 FAR 制定过程中的修订内容。

FAA 于 1964 年发布 NPRM，表示将依据现有 CAR 重新编排制定 FAR。在 NPRM64-30（1964 年 5 月 20 日）中，FAA 提出，将原有的 CAR7. 602 到 7. 605 修订为 FAR29. 675，其中 29. 675 的（d）部分为“其他设备”，由 7. 605 转换而来。

FRA5084 最终法规部分采纳了 NPRM64-30 的建议，将条款 CAR7. 605 改为了 29. 1307。

(b) 在针对 FAR29 部进行的第 12 次修订中，FAA 对 29. 1307 条进行了修订。本次修改是包含在一个为期两年的适航审查计划中的，该计划旨在更新和改进飞机、发动机和螺旋桨认证规定，以及包含适航标准的操作规程。

适航审查计划第 1 号通知；第 74-33 号通知；于 1974 年 10 月 11 日发布。适航审查计划第 2 号通知；第 75-10 号通知；于 1975 年 2 月 27 日发布。

适航审查计划第 3 号通知；第 75-19 号通知；于 1975 年 5 月 13 日发布。

适航审查计划第 4 号通知；第 75-20 号通知；于 1975 年 5 月 13 日发布。

适航审查计划第 5 号通知；第 75-23 号通知；于 1975 年 5 月 19 日发布。

适航审查计划第 6 号通知；第 75-25 号通知；于 1975 年 5 月 29 日发布。

适航审查计划第 7 号通知；第 75-26 号通知；于 1975 年 6 月 9 日发布。

适航审查计划第 8 号通知；第 75-31 号通知；于 1975 年 6 月 30 日发布。

在 NPRM75-10（1975 年 2 月 27 日）中，FAA 提出修订 29.1307 条，将原 1307 条中的下列内容删去，并将剩余的内容按原先后顺序重新变为（a）～（e）条，原因是这些内容和规章其他条款的内容重复。

（b）为每位乘员配备经批准的安全带。

（d）充足的电能来源。

（e）电气保护装置。

（ⅰ）每个发动机和所有发动机的点火开关，如第 29.1145 条。

FRA14324 最终法规（1976 年 12 月 13 日）采纳了 NPRM75-10 的建议，没有评论者提出反对意见，所以未做实质性修改。

#### 10.2.2.2　EASA 相关修正案及背景说明

CS29 修正案不涉及 29.1307 条。

#### 10.2.2.3　规章差异分析

（a）FAR29 与 CS29 规章差异。

CS29. 1307 条与 FAR29. 1307 条第 12 修正案内容完全一致。

（b）CCAR-29-R2 与 FAR29 规章差异。

CCAR-2929. 1307 中的内容与 FAR 第 12 修正案的内容完全一致。

（c）CCAR 与 FAR、CS 条款及修正案等效对照（表 10-2）。

表 10-2　条款及修正案等效对照

| 等效关系 | CCAR | FAR | CS |
|---|---|---|---|
| | | 29. 1307 Original(1965 年) | |
| 等效 | 29. 1307 R0(1988 年) | 29. 1307 29-12(1977 年) | 29. 1307 Original(2003 年) |

注：同一行的条款互为等效。

### 10.2.3　条款发展方向

本条款为相对成熟的条款，对于旋翼航空器上必备的几项其他设备的要求比较明确和详细，后续随着技术的发展不会影响旋翼航空器上必备的几项其他设备的适航要求。

## 10.3　符合性验证思路

本条款说明性文件涉及图纸。通过说明表明航空器上配备了要求的设备，说明设备的功能、安装，使用图纸作为支持文件。通过说明表明航空器上配备了要求的设备，并使用图纸作为支持文件。

（a）编写符合性说明文件，表明：

（Ⅰ）座椅已经过批准，并明确批准的形式（取得的 CTSOA 批准书或 VDA 批准书或随机批准），为每名乘员都配备了一个经批准的座椅；

（Ⅱ）总开关可控制发电机及蓄电池等电源与汇流条的连接；

（Ⅲ）机上配备了手提灭火器，并已经过批准，明确批准的形式；

（Ⅳ）每个驾驶员正前方的风挡玻璃处有风挡雨刷；

（Ⅴ）航空器具备要求的双向无线电通信系统，说明系统的功能和基本工作原理。并说明安装的双向无线电通信系统已经过批准，明确批准的形式（取得 CTSOA 批准书或 VDA

批准书或随机批准）。

（b）图纸。

通过安装或布置图样表明，航空器安装了经过批准的座椅，除点火以外的电气线路有一个总开关，有手提灭火器，每个驾驶员工作位置有一个风挡雨刷，安装了双向无线电通信系统。

通过航空器检查进行验证，电气总开关的安装容易识别与操作。

供应商提供座椅、手提灭火器、风挡雨刷资料，包括相关报告和说明、CTSOA 或等效的相关证明等，表明座椅、手提灭火器、风挡雨刷经过批准，满足条款要求。

# 10.4 条款解析

## 10.4.1 条款安全意图

第 29.1307 条规定了旋翼航空器上必备的几项其他设备，以确保在紧急情况下的飞行安全。

## 10.4.2 实质要求分析

本条款列出了几项必要的其他设备。

## 10.4.3 条款关键点分析

29.1307(a) 应为每名乘员提供一个经批准的座椅，保证乘员的舒适乘坐和可靠系留。经批准的座椅是指座椅名称、型号、制造厂家、批准标记以及装机数量等信息获得（局方）批准。适用条款 29.2、29.785 满足，则本条款符合。

29.1307(b) 要求给电气线路（点火除外）布置一个总开关。发生坠撞情况时，电源极有可能成为火源，如果不能够快速切断则很有可能导致严重的航空事故。必须在电源与主汇流条之间安装一个总开关，在发生故障时机组能够快速切断电源，可将坠撞时电源系统成为火源的可能性减至最低。

29.1307(c) 应为航空器提供相应数量、经批准的手提灭火器。

29.1307(d) 每个驾驶员正前方的风挡玻璃处需有风挡雨刷。

29.1307(e) 运输类旋翼航空器应该配备双向无线电通信系统。双向是指可以发射和接收无线电信号，从而完成航空器与外界的通信。

# 10.5 符合性验证方法和审查要点

## 10.5.1 国内外符合性验证方法分析

### 10.5.1.1 FAAAC 相关分析

FAA 颁布过 3 项与 FAR29.1307 相关的咨询通告，如表 10-3 所示。

表 10-3 FAR29.1307 相关咨询通告

| 咨询通告编号 | 标题 | 生效时间 | 是否有效 |
|---|---|---|---|
| AC29-2A | Certification of Transport Category Rotorcraft | 1987.9.16 | 无效 |

续表

| 咨询通告编号 | 标题 | 生效时间 | 是否有效 |
| --- | --- | --- | --- |
| AC29-2B | Certification of Transport Category Rotorcraft | 1997. 7. 30 | 无效 |
| AC29-2C | Certification of Transport Category Rotorcraft | 2018. 7. 2 | 有效，适用于当前 CCAR 要求 |

现行有效的 AC29-2C-Change8 中的 AC29. 1307，是针对 FAR29. 1307Amendment 29-12 版本条款要求所颁布的咨询通告，自 1997 年 AC29-2B 生效以后一直沿用至今，按照 AC29. 1307 的规定，AC29. 1307 现仍适用于 29. 1307 条款，因此现行有效的 AC29-2C 的 AC29. 1307 是适用于我国当前有效的 CCAR29. 1307 条要求的。

AC29-2C-Change8，AC29. 1307 对 FAR29. 1307 各款进行了详细的解释和说明，其中表明了条款符合性验证的着眼点。

#### 10.5.1.2 FAA 和 EASA 差异分析

根据 CS-29BOOK2 的规定，现行有效的 CS29. 1307 的 AMC 与 FAAAC29-2C-Change7（日期为 2016 年 2 月 4 日）的 AC29. 1307 保持一致，FAAAC29-2C-Change7 与 FAAAC29-2C-Change8 无差异。

针对此条款要求的符合性方法，FAA 和 EASA 无差异。

#### 10.5.1.3 经验教训和风险分析

目前美国、英国、法国、加拿大等国家已有很多型号直升机获得了型号合格证，已证明直升机的其他设备符合 29. 1307 的要求。国内的航空器制造厂家同样具备型号研制经验，已有多种型号直升机完成了适航取证，完成了其他设备的符合性验证过程。

该条款为相对成熟的条款，对于配备了条款中要求的设备的直升机来说，国内该条款目前无较大风险。

#### 10.5.1.4 CAAC 的相关 AC

CAAC 已起草的与 29. 1307 条款相关 AC 包括：《运输类旋翼航空器其他设备适航符合性验证指南》。该咨询通告的主要内容包括三部分：定义和缩略语、规章安全意图、可接受的符合性验证方法。在定义和缩略语部分，明确了 CCAR29. 1307 条款涉及的关键术语及定义。规章安全意图部分，对 CCAR29. 1307 条款的安全意图进行了解读。可接受的符合性验证方法部分，明确了符合性验证方法，并按照验证工作开展的逻辑顺序提出了建议的验证思路，提出了申请人应关注的关键技术要点和建议的实施方案。

### 10.5.2 符合性验证工作流程及具体要求

#### 10.5.2.1 验证对象

本条款主要验证对象为几项必要的其他设备。

#### 10.5.2.2 符合性验证方法

该条款主要的符合性验证工作如下。

（a）MC1 设计评审。本条款说明性文件涉及图纸。通过说明表明航空器上配备了要求的设备，说明设备的功能、安装，使用图纸作为支持文件。通过说明表明航空器上配备了要求的设备，并使用图纸作为支持文件。

（Ⅰ）编写符合性说明文件，表明：

（ⅰ）座椅已经过批准，并明确批准的形式（取得的 CTSOA 批准书或 VDA 批准书或随机批准），为每名乘员都配备了一个经批准的座椅；

（ⅱ）总开关可控制发电机及蓄电池等电源与汇流条的连接；

（ⅲ）机上配备了手提灭火器，并已经过批准，明确批准的形式；

（ⅳ）每个驾驶员正前方的风挡玻璃处有风挡雨刷；

（ⅴ）航空器具备要求的双向无线电通信系统，说明系统的功能和基本工作原理。并说明安装的双向无线电通信系统已经过批准，明确批准的形式（取得 CTSOA 批准书或 VDA 批准书或随机批准）。

（Ⅱ）图纸。通过安装或布置图样表明，航空器安装了经过批准的座椅，除点火以外的电气线路有一个总开关，有手提灭火器，每个驾驶员工作位置有一个风挡雨刷，安装了双向无线电通信系统。

（b）MC7 工程符合性检查。通过航空器检查进行验证，电气总开关的安装容易识别与操作。

（c）MC9 设备鉴定。供应商提供座椅、手提灭火器、风挡雨刷资料，包括相关报告和说明、CTSOA 或等效的相关证明等，表明座椅、手提灭火器、风挡雨刷经过批准，满足条款要求。

## 10.5.3 符合性验证资料

申请人在表明对第 29. 1307 条款符合性时，应根据审定项目计划的安排，提交以下文件：

（a）设备符合性说明文件；

（b）设备安装图纸；

（c）设备合格性说明或报告；

（d）条款符合性报告。

## 10.5.4 审定要点

### 10.5.4.1 审定流程

审查中需要关注的一般要素和审查重点如下。

（a）如果座椅取得 CTSOA 或 VDA，则对批准书进行确认即可；如果座椅为随机批准，则需重点关注座椅和安全带肩带的静力试验、动态试验、燃烧试验等是否顺利通过，相应试验报告是否规范齐全。

（b）在对总开关的符合性进行审查时，需要结合电气系统的系统隔离综合考虑。在检查总开关的安装布局时，除评估驾驶员是否可顺利接近，标识是否易于识别，是否可通过一个动作实现总开关的通、断操作外，还应注意避免使用单个开关来完成总开关的功能，因为这可能会由于开关的单个故障导致整个电气系统的失效，使用合在一起的开关组或提供联动杆的方式都是实际应用中可接受的方法。

（c）手提灭火瓶必须经过批准，相关批准证明、报告是否齐全。

### 10.5.4.2 审查对象及介入范围和深度

29. 1307 条款的审查范围为其他设备，审查代表应介入机上检查报告的审查等活动中，在审查中需要着重审查条款符合性报告。其余项目可由 DER 完成，如：座椅、手提灭火器、风挡雨刷的设备合格性可由 DER 检查。

# 第11章 电动旋翼航空器适航发展与展望

## 11.1 适航认证进展与核心里程碑

电动垂直起降飞行器（eVTOL）作为低空经济的核心载体，其适航认证进程在全球范围内加速推进。中国民航局（CAAC）、美国联邦航空管理局（FAA）和欧洲航空安全局（EASA）三大适航管理机构正通过持续探索与创新，推动这个新兴领域的认证标准体系建设。2023～2025年间，全球eVTOL适航认证取得突破性进展，中国企业表现尤为突出，多个产品实现里程碑式跨越，为行业发展注入强劲动力。

（a）全球认证格局。

中国在eVTOL适航认证领域已处于全球第一梯队（表11-1）。2024年4月，亿航智能的EH216-S无人驾驶载人航空器创造了历史，成为全球首个同时获得型号合格证（TC）、标准适航证（AC）、生产许可证（PC）和运营合格证（OC）的“四证齐全”eVTOL机型。这一成就标志着无人驾驶eVTOL适航体系的重大突破。紧随其后，峰飞航空的V2000CG于2024年3月获得TC认证，成为全球首个获证的吨级载物电动垂直起降飞行器，为大型eVTOL货运机型树立了安全标杆。中国民用航空华东地区管理局在2023年10月正式受理了时的科技倾转旋翼E20 eVTOL的型号适航审定申请，该项目采用创新方法，结合现有规章及国外同类型号专用条件，提出了适用于倾转旋翼的审定基础。

（b）传统电动固定翼飞机。

2025年年初，辽宁通用航空研究院研发的RX4E锐翔四座电动飞机获得中国民航局型号适航认证，历时5年完成全部适航验证工作。这款按照CCAR-23部设计的正常类电动飞机，最大起飞质量1260kg，动力锂电池总容量70kW·h，最大续航时间1.5h，可广泛应用于飞行员培训、观光旅行等领域。这一认证为电动航空器的适航标准积累了宝贵经验。

（c）复合翼与倾转旋翼。

沃飞长空AE200采用“八轴内四倾转”动力布局的适航新构型，显著提升了危险飞行工况与单动力装置失效情况下的安全性。2023年12月，中国民航局发布了《关于就沃飞长空 AE200-100 型电动垂直起降航空器型号合格审定项目专用条件征求意见的通知》，标志着其适航审定工作的审定基础已初步具备。沃飞长空计划在 2025 年启动符合性验证工作，2026 年完成 TC 申请，有望成为国内首个完成载人飞行试验的六座 eVTOL 产品。

**表 11-1　中国主要 eVTOL 机型适航进展概览**

| 企业名称 | 机型 | 适航进展 | 技术特点 | 预计取证时间 |
|---|---|---|---|---|
| 亿航智能 | EH216-S | 已获 TC/AC/PC/OC 四证（2024 年 4 月） | 无人驾驶，16 旋翼，载重 2 人 | 已取证 |
| 峰飞航空 | V2000CG | 已获 TC（2024 年 3 月） | 吨级货运 eVTOL | 已取证 |
| 时的科技 | E20 | 适航审定申请受理（2023 年 10 月） | 倾转旋翼，载重 5 人，航程 200km | 2026 年 |
| 沃飞长空 | AE200 | 专用条件征求意见（2023 年 12 月） | 八轴内四倾转，载重 6 人 | 2026 年 |
| 辽宁通航 | RX4E 锐翔 | 已获型号适航证（2025 年 1 月） | 四座固定翼电动飞机 | 已取证 |

适航认证周期与路径方面，eVTOL 取得 TC 的周期通常为 3～5 年。不同技术路线的取证进度存在差异：多旋翼构型因机械结构相对简单而率先突破；复合翼与倾转旋翼因技术复杂度更高，其适航认证稍晚但应用潜力更大。时的科技 E20 eVTOL 作为中国首个倾转旋翼载人电动飞机，预计将在 2026 年实现适航取证并投入量产。这个时间节点与国际领先企业基本同步，体现了中国在高端航空装备领域的快速进步。

## 11.2　适航审定体系与技术挑战

电动旋翼航空器的适航审定体系正处于从传统航空器框架向新型技术规范过渡的关键阶段。当前全球主要民航管理机构采用“专用条件＋豁免”的创新模式，在现有适航规章基础上，针对 eVTOL 的技术特点制定特殊标准。这个灵活务实的审批准入机制，为电动航空器的安全认证开辟了符合技术发展规律的现实路径。

### 11.2.1　适航审定框架创新

专用条件制定：中国民航局在推进沃飞长空 AE200 适航审定过程中，创新性地发布了型号合格审定项目专用条件征求意见通知，针对倾转旋翼结构、分布式电推进系统、高电压环境下的电磁兼容性等新型技术领域提出特殊审查要求。这种模式既保证了安全标准的严谨性，又兼顾了技术创新的包容性。时的科技在 E20 项目适航审定中同样采用这个思路，从设计特点出发，结合现有规章及国外同类型号专用条件，提出了适用于倾转旋翼 eVTOL 的审定基础。

符合性验证方法：适航审定的核心环节是确定符合性验证方法。时的科技在 E20 项目受理后，持续就配套的符合性验证方法与局方展开沟通讨论。华羽先翔与蔚蓝航空合作构建智能数据分析系统，通过定制试飞及应急科目验证，显著缩短产品认证周期。这些创新方法正在重塑传统适航审定流程，提高认证效率。

全链条适航体系：2025 年 3 月，华羽先翔与蔚蓝航空签署战略合作协议，共建国内首个 eVTOL“研发-培训-应用”全场景解决方案生态体系。该合作覆盖飞行器设计研发、智能制造、适航验证测试及商业化运营全链条，首次实现了航培领军机构与核心主机企业的生态共建。这种全产业链协作模式为适航体系建设提供了系统性支撑。

### 11.2.2 核心技术挑战与解决方案

电动旋翼航空器的适航认证面临三大关键技术挑战：动力系统可靠性、轻量化材料应用和电池安全性能。这些挑战既是适航审定的重点，也是产业技术攻关的核心方向（表 11-2）。

动力系统冗余设计：沃飞长空 AE200 采用的“八轴内四倾转”构型通过创新布局显著提升了危险飞行工况与单动力装置失效情况下的安全性，同时降低了动力系统最大拉力需求。这种设计使飞行器在单个甚至多个电机失效情况下仍能安全着陆，满足航空安全标准冗余要求。峰飞航空 V1500M 盛世龙同样采用垂直起降固定翼构型，集性能、效率及可靠于一身，降低成本的同时满足航空安全标准冗余要求。

先进复合材料应用：eVTOL 整机高达 70% 的材料由复合材料构成，而碳纤维复合材料又占其中的 90%。中信证券测算仅现有订单对碳纤维的需求就高达 75 亿元，未来空间巨大。碳纤维复合材料在减轻重量的同时提供更高结构强度，是满足适航结构要求的关键材料。时的科技在 E20 研发中开展了复合材料积木式试验、结构强度试验等系列测试，确保材料性能满足适航标准。

高能量密度电池：电池直接决定了 eVTOL 的续航能力，占整机价值量的 10%。eVTOL 里程焦虑正推动以固态电池为首的新型电池技术的落地。RX4E 锐翔电动飞机采用 70kW · h 动力锂电池，可提供 1. 5h 最大续航时间。沃飞长空 AE200 通过优化气动外形，结合低速大扭矩电机与静音螺旋桨，在提升静音性能的同时降低能耗。

表 11-2 eVTOL 适航审定关键技术挑战与解决方案

| 技术挑战 | 适航要求 | 创新解决方案 | 典型案例 |
|---|---|---|---|
| 动力系统可靠性 | 单点失效不影响安全飞行 | 多冗余电机设计（八轴内四倾转） | 沃飞长空 AE200 |
| 轻量化结构 | 结构强度与重量平衡 | 碳纤维复合材料（占材料 90%） | 时的科技 E20 |
| 电池安全与续航 | 热失控防护与能量密度 | 固态电池技术应用 | 辽宁通航 RX4E |
| 噪声控制 | 城市噪声限值 | 低速大扭矩电机＋静音螺旋桨 | 沃飞长空 AE200 |
| 飞控系统安全 | 故障操作能力 | 多重飞控计算机冗余 | 亿航智能 EH216-S |

适航人才培养已成为支撑产业可持续发展的关键环节。华羽先翔与蔚蓝航空合作构建中国首个适配全倾转旋翼 eVTOL 机型特性的试飞员与飞行员标准化培训体系。沃飞长空自 AE200 进入适航审定程序后，组建了具有丰富民航适航经验的团队，按照中国民航局规定的相应类别培训科目开展适航培训工作。这些举措为适航审定体系提供了人才保障，确保认证工作专业高效推进。

## 11.3 产业链协同与商业生态建设

电动旋翼航空器的适航发展不仅依赖单一产品的技术突破，更需要全产业链协同和商业生态共建。中国低空经济政策红利持续释放，为 eVTOL 适航认证与商业化创造了有利环境。2023 年 12 月中央经济工作会议将低空经济纳入新质生产力范畴，2024 年政府工作报告首次将低空经济定义为增长引擎。据预测，2030 年中国低空经济规模有望达到 2 万亿元；2025 年市场规模达 1. 5 万亿元，到 2035 年将达 3. 5 万亿元。

### 11.3.1 产业链配套建设

上游材料与核心部件：据德国企业 Lilium 分析，其 eVTOL 整机价值量分布中，动力系统占比 40%、结构与内饰占 25%、电池占 10%。基于 Global Info Research 预测的 2026 年中国 eVTOL 产值 46.02 亿美元计算，对应动力系统市场约 18.4 亿美元，结构材料市场约 11.5 亿美元，电池市场约 4.6 亿美元。非晶合金电机因铁芯损耗小、效率高、体积小，正成为 eVTOL 动力系统的理想选择；碳纤维复合材料在结构件中占据主导地位；高能量密度固态电池则是解决续航瓶颈的关键技术方向。

适航试验验证能力：时的科技在 E20 研发过程中系统性地开展了复合材料积木式试验、结构强度试验、航电设备功能与环境适应性试验、电池电机性能试验、旋翼开发试验、动力系统验证试验等系列测试，并完成了框架机试飞测试、原型机整机设备联调、地面压载试验、全机振动试验等工作。沃飞长空 AE200 适航构型原型机已总装下线，正在持续开展相关密集试验试飞工作。这些系统化的试验验证为适航认证奠定了科学基础。

适航人才培养体系：华羽先翔与蔚蓝航空的战略合作包括构建我国首个适配全倾转旋翼 eVTOL 机型特性的试飞员与飞行员标准化培训体系，为低空产业闭环提供关键人才保障。蔚蓝航空拥有成熟的飞行器驾驶员培养体系与丰富的教学经验，这个合作将人才培养与适航认证紧密结合，形成创新闭环。

### 11.3.2 应用场景与商业模式

eVTOL 的商业化应用场景正从单一领域向多元化拓展，形成多层次应用生态。中信证券预测，2025 年将迎来首批 eVTOL 商业化运营项目，2026 年行业有望开启高速增长。不同技术路线的 eVTOL 将分阶段投入市场：多旋翼类 eVTOL 有望率先投入市场，复合翼、矢量推进型 eVTOL 会稍晚落地，但会凭借其航程、航速优势适用于更多场景。

观光旅游：有望成为最早商业化的应用场景。eVTOL 在旅游观光领域的潜在市场规模有望超过 50 亿元。时的科技 E20 eVTOL 设计最大航程 200km、最快时速 320km，可提供 25min 内从上海市区抵达苏州的“空中出租车”服务。亿航智能 EH216-S 可搭载两人，最大飞行速度 130km/h，特别适合城市空中观光体验。

跨境出行服务：时的科技计划在取证后，将产品卖到马来西亚等共建“一带一路”国家。亿航智能与阿根廷国家飞机制造公司（FAdeA）签署战略合作备忘录，聚焦 EH216-S 在阿根廷及拉美地区的适航认证、本地化生产及运营服务体系建设。这个合作标志着中国 eVTOL 技术在拉丁美洲市场的首次深入落地。

公共服务与物流：峰飞航空 V2000CG 作为全球首个获证的吨级载物 eVTOL，开辟了大型电动航空器货运市场。华羽先翔与蔚蓝航空的合作将探索 eVTOL 在空中出行、应急救援、物流运输等应用场景，共同构建安全可靠的 eVTOL 运营生态。

成本控制与票价策略对商业化推广至关重要。时的科技计划量产后为用户提供每千米约 3 元每座的出行服务，还有点对点固定班次，目标是让 eVTOL 进入人们日常生活，而不只是高端出行。这个亲民价格策略将显著提升市场接受度，推动大规模商业化应用。

## 11.4 国际拓展与标准体系建设

中国电动旋翼航空器企业正积极拓展全球市场，通过技术输出、国际合作和标准共建，加速 eVTOL 适航认证的国际化进程。这个战略不仅拓展了中国航空产业的全球影响力，也为国际适航标准体系的完善贡献了中国智慧。

### 11.4.1 全球化战略布局

拉美市场突破：2025 年 6 月，亿航智能在巴黎国际航空航天展期间与阿根廷国家航空航天制造商 FAdeA 签署战略合作备忘录（MoU）。FAdeA 作为阿根廷国家级航空制造企业，具备强大的工程研发能力、完整的飞机制造基础设施以及与监管机构长期合作的丰富经验，将为 EH216-S 在拉美的顺利落地与规模化应用提供有力支撑。这个合作凸显了拉美地区在全球低空经济战略布局中的重要地位。

欧洲适航认证：峰飞航空在德国奥格斯堡成立欧洲研发及适航中心，任命原空客 EC135 及 H145 直升机产品负责人 Mark R. Henning 担任峰飞欧洲总经理。Henning 拥有 26 年航空从业经验，将带领团队根据 EASA 的安全标准打造产品，达到民航客机安全级别。峰飞航空于 2022 年启动 V1500M“盛世龙”的欧洲适航认证，2025 年最终取得 EASA 适航认证。

东南亚市场开拓：辽宁通用航空研究院研发的 RX4E 锐翔四座电动飞机计划在 2025 年进军海外市场，主要目标市场包括东南亚、中东和非洲等地区，特别针对岛屿较多、道路基础设施较差的区域。时的科技同样计划在取证后，将 E20 产品卖到马来西亚等共建“一带一路”国家。

### 11.4.2 国际标准共建

全球 eVTOL 适航标准正处于建设初期，欧洲、美国和中国基本上处于前后脚起步阶段，都是边探索、边制定相应规则。中国企业在积极参与国际标准制定方面发挥了重要作用。

标准输出：沃飞长空表示当第一代产品拿到适航证后，会协同民航局方、产业伙伴等其他相关机构，将适航积累的标准流程慢慢固化，成为未来适航审定的基础。这种“实践先行、标准后立”的模式是新兴航空技术领域的典型特征。

适航审定国际合作：时的科技积极推动产学研协同，与中国民航大学签署《E20 eVTOL 适航审定合作协议》，全面推动 E20 项目适航审定工作的开展；与中国民用航空飞行学院签署战略合作协议，共同推进 eVTOL 行业发展。同时，公司已向局方推荐多位合格人员成为委任工程代表，联合高校共同推进适航审定工作。

适航人才国际化：峰飞航空聘请原空客直升机产品负责人 Mark R. Henning 担任欧洲总经理，这个举措不仅提升了企业的适航认证能力，也促进了中欧适航理念的融合。Henning 特别认同峰飞 V1500M 盛世龙的简洁设计理念，认为其“安全可靠、舒适便捷、安静环保，既可垂直起降又可快速巡航，集性能、效率及可靠于一身”。

## 11.5 未来趋势与挑战应对

电动旋翼航空器适航发展正处于从技术验证向商业化运营过渡的关键阶段。展望未来五年，行业将迎来适航认证的集中突破和商业模式的多元化探索，同时也面临基础设施、空域管理、公众接受度等多重挑战。

### 11.5.1 适航认证与商业化进程

适航取证时间表：多家中国 eVTOL 企业明确了适航取证时间表。时的科技预计其倾转旋翼 E20 eVTOL 将在 2026 年取得适航取证并投入量产。沃飞长空 2025 年启动 AE200 的符合性验证工作，争取成为国内首个完成载人飞行试验的六座 eVTOL 产品，2026 年完成型号合格证（TC）申请。峰飞航空 V1500M 盛世龙计划于 2025 年取得 EASA 适航认证。

量产能力建设：沃飞长空在 2024 年 11 月正式宣布其首款自主研发的六座电动垂直起降航空器 AE200 的量产构型和未来发展规划。时的科技正在紧锣密鼓地进行原型机的飞行测试，为 2026 年量产做准备。量产能力建设是适航认证后的关键环节，直接关系到商业应用的规模扩张。

低空基础设施：中国各地正在加快低空飞行起降基地建设。浙江、山东、海南、安徽、广东等地的低空飞行起降基地已基本落成，多地正在加快低空经济发展布局。一些地方政府还建立了专门的产业基金，为低空经济发展提供资金基础。这些基础设施将为取证后的 eVTOL 商业化运营提供物理支撑。

## 11.5.2 技术发展方向

动力系统优化：eVTOL 电机有小型化、高频化的发展趋势，非晶电机因铁芯损耗小、效率高、体积小，有望被广泛应用。沃飞长空 AE200 通过优化气动外形，结合低速大扭矩电机与静音螺旋桨，显著提升了静音性能，满足现代都市出行对环境噪声的严格要求。

电池技术突破：eVTOL 里程焦虑有望推动以固态电池为首的新型电池技术的落地。RX4E 锐翔采用 70kW·h 动力锂电池提供 1.5h 续航，代表了当前电动航空电池技术的先进水平。随着能量密度提升和充电速度加快，电池技术突破将显著扩展 eVTOL 的应用场景。

自主飞行系统：亿航智能 EH216-S 为全智能无人驾驶航空器，通过地面指挥调度系统管理，多架航空器可以在空中完成井然有序的无人驾驶飞行。无人驾驶技术不仅降低运营成本，也减少了人为操作失误带来的安全风险，是适航安全的重要保障。

## 11.5.3 面临挑战与应对策略

eVTOL 适航发展面临的挑战与应对策略如表 11-3 所示。

表 11-3 eVTOL 适航发展面临的挑战与应对策略

| 挑战领域 | 具体问题 | 应对策略 | 典型案例 |
|---|---|---|---|
| 适航认证 | 标准不完善、验证方法复杂 | 专用条件＋豁免模式、符合性验证方法创新 | 沃飞长空 AE200 审定 |
| 空域管理 | 低空空域开放不足 | 设立专门管理机构、推进分类管理 | 国家低空经济发展司 |
| 基础设施 | 起降点不足 | 多地建设起降基地、规划立体交通网络 | 浙江、广东起降基地 |
| 公众接受度 | 安全担忧、噪声问题 | 冗余设计、静音技术、科普宣传 | AE200 静音螺旋桨 |
| 商业模式 | 初期运营成本高 | 亲民票价策略、规模化本地生产 | 时的科技 3 元/km 定价 |

适航认证复杂度：eVTOL 适航认证面临标准不完善、验证方法待探索等挑战。沃飞长空采用“专用条件＋豁免”模式，在现有适航规章基础上制定特殊标准。华羽先翔与蔚蓝航空合作构建智能数据分析系统，通过定制试飞及应急科目验证，缩短产品认证周期。

空域管理改革：eVTOL 商业化运营需要低空空域开放和精细化管理。中国设立低空经济发展司，拟订并组织实施低空经济发展战略、中长期发展规划，提出有关政策建议，协调有关重大问题。空域分类管理、数字化空中交通管理系统建设将是支持 eVTOL 大规模商业运营的关键。

公众接受度提升：安全性、噪声和隐私问题是影响公众接受度的主要因素。沃飞长空

AE200优化了舱内空间利用率及驾驶员、乘员的视野设计，提高了乘坐舒适性和飞行安全性。时的科技E20通过倾转旋翼构型，在起飞时是多旋翼模式，升空后螺旋桨逐步倾转变成固定翼飞行器，减少悬停噪声对城市环境的影响。

商业模式验证：初期高成本是商业化的主要障碍。时的科技计划量产后提供每千米约3元/座的出行服务，通过亲民价格提升市场接受度。亿航智能与FAdeA合作推动EH216-S在拉美地区的本地化生产，通过规模化降低制造成本。

未来展望：根据中信证券预测，2025年将迎来eVTOL的商业化运营，2026年行业有望开启高速增长。到2027年，中国对eVTOL的需求量约为500架。随着适航认证标准体系不断完善、技术持续进步和应用场景多元化，电动旋翼航空器将逐步成为城市立体交通体系的重要组成部分，实现“空中出租车”从概念到日常出行方式的转变。

电动旋翼航空器适航发展是一个技术、法规、产业和生态协同演进的系统工程。通过持续的技术创新、灵活的适航政策、完善的基础设施建设和商业模式的不断验证，这个新兴领域将逐步克服当前挑战，实现安全、高效、可持续的商业化运营，重塑未来城市交通格局。